H.-J. Christ

Ermüdungsverhalten metallischer Werkstoffe

WILEY-VCH

WILEY-VCH GmbH & Co. KGaA

Beachten Sie bitte auch weitere interessante Titel zu diesem Thema

Krenkel, W. (Hrsg.)
Ceramic Matrix Composites
2008
ISBN: 978-3-527-31361-7

Schumann, H., Oettel, H.
Metallografie
2005
ISBN: 978-3-527-30679-4

Schatt, W., Worch, H. (Hrsg.)
Werkstoffwissenschaft
2003
ISBN: 978-3-527-30535-3

Lange, G. (Hrsg.)
Systematische Beurteilung technischer Schadensfälle
2001
ISBN: 978-3-527-30417-2

Degischer, P., Lüftl, S. (Hrsg.)
Leichtbau - Prinzipien, Werkstoffauswahl und Fertigungsvarianten
2009
ISBN: 978-3-527-32372-2

H.-J. Christ

Ermüdungsverhalten metallischer Werkstoffe

2. Auflage

WILEY-VCH GmbH & Co. KGaA

Autor

Prof. Dr. H.-J. Christ
Institut für Werkstofftechnik
Universität GH Siegen
Paul-Bonatz-Str. 9 -11
57076 Siegen

2. Auflage 2009

Bibliografische Information
der Deutschen Nationalbibliothek
Die Deutsche Nationalbibliothek verzeichnet diese Publikation in der Deutschen Nationalbibliografie; detaillierte bibliografische Daten sind im Internet über <http://dnb.d-nb.de> abrufbar.

Printed in the Federal Republic of Germany

Gedruckt auf säurefreiem Papier.

Satz WGV Verlagsdienstleistungen GmbH, Weinheim

Druck betz-druck GmbH, Darmstadt

Bindung Litges & Dopf GmbH, Heppenheim

Printed in the Federal Republic of Germany
Gedruckt auf säurefreiem Papier.

ISBN: 978-3-527-31340-2

Vorwort

Beim Einsatz von Konstruktionswerkstoffen – meist Metalle und Legierungen – tritt fast immer eine Beanspruchung der Bauteile durch periodisch wechselnde Lasten auf. Als Folge dieser zyklischen Beanspruchung und der daraus resultierenden Wechselverformung kommt es zu einer allmählichen Veränderung der Werkstoffeigenschaften; ein Phänomen, für das sich der Begriff *Materialermüdung* eingebürgert hat. Die Ermüdung führt zu einer Schädigung des Werkstoffs und reduziert somit seine Belastbarkeit und Einsatzdauer. Bezeichnenderweise taucht der Begriff Materialermüdung im Alltagsleben häufig im Zusammenhang mit technischen Schadensfällen auf.

Die Werkstoffschädigung durch zyklische Beanspruchung ist seit nahezu 180 Jahren Gegenstand von Untersuchungen, und damit kann dieses Thema sicherlich als klassisches Gebiet der Materialwissenschaften bezeichnet werden. Die Bemühungen der Wissenschaft hat zum Erkennen grundlegender Zusammenhänge und Gesetzmäßigkeiten geführt, aber auch die Komplexität der Thematik offenbart. Gerade in den letzten Jahrzehnten hat das zunehmende Bewußtsein der Notwendigkeit einer sicheren Lebensdauervorhersage in Kombination mit dem Bestreben eines ökonomischen und ökologisch angemessenen Werkstoffeinsatzes die Bedeutung der Materialermüdung als Forschungsgebiet anwachsen lassen. Dies kommt auch im beständig steigenden Umfang der jährlich veröffentlichten Originalliteratur zum Ausdruck, die zudem weit verstreut erscheint und oft sehr spezielle, werkstoffspezifische Aussagen beinhaltet. Für den interessierten Studenten, Ingenieur, Wissenschaftler oder Anwender, der sich einen Überblick und ein Grundverständnis verschaffen will, stellt sich dadurch dieses Themengebiet als sehr unübersichtlich dar. Dieser Eindruck wird zudem noch durch den multidisziplinären Charakter der Ermüdungsforschung verstärkt, der sehr unterschiedliche Behandlungsweisen der betrachteten Phänomene zur Folge hat. Wahrscheinlich liefert dies den Hauptgrund, warum die bisher gewonnenen und als gesichert geltenden Erkenntnisse nur sehr zögerlich und eingeschränkt Eingang in die industrielle Praxis finden.

In dem vorliegenden Buch wird versucht, einen überschau- und erfassbaren Überblick über die Ermüdung metallischer Werkstoffe unter Berücksichtigung der wichtigen Teilaspekte und Wissenschaftsgebiete darzustellen. Die Betonung wird bewusst auf Verständlichkeit und Übersichtlichkeit gelegt, was nur durch Einschränkung der Breite der Behandlung und durch Verzicht auf neueste wissenschaftliche Details möglich ist. Im Vordergrund stehen die bei der Ermüdung ablaufenden werkstoffkundlichen Vorgänge und die sich daraus ergebenden Konsequenzen für den Werkstoffeinsatz und die –auslegung. Primär soll ein solides Grundverständnis für die möglichen Prozesse vermittelt werden, aus dem sich ein Gefühl für die Vorgänge im Werkstoff bei zyklischer Beanspruchung entwickeln kann.

Die Beiträge in diesem Buch sind als Unterlagen zu der von der Deutschen Gesellschaft für Materialkunde angebotenen Fortbildungsveranstaltung „Ermüdungsverhalten metallischer Werkstoffe“ entstanden, die seit 1997 am Institut für Werkstofftechnik der Universität Siegen im ein- bis zweijährigen Rhythmus bei ungebrochener Nachfrage durchgeführt wird. Für die Veranstaltungen in den Jahren 2006 und 2008 wurde eine weitreichende Aktualisierung der Inhalte vorgenommen, die sich unter anderem durch die Einbeziehung neuer Themengebiete, wie z.B. die Beschreibung des Wachstums mikrostrukturell kurzer Ermüdungsrisse und die Darstellung der Besonderheiten des Ermüdungsverhaltens bei sehr hohen Lastspielzahlen (Very High

Cycle Fatigue, VHCF), äußert. Insofern weicht das vorliegende Buch inhaltlich von der durch die Werkstoff-Informationsgesellschaft mbH verlegten Vorgängerversion von 1998 ab.

Während die mit dem Begriff „Überblick“ überschriebenen Kapitel Übersichtscharakter haben und während der Fortbildungsveranstaltung als Vorträge präsentiert werden, beziehen sich die mit „Vertiefung“ bezeichneten Arbeiten auf Demonstrationsversuche, in denen wichtige Teilaspekte aus den Übersichten in ergänzender Weise behandelt werden. Die Reihenfolge der Kapitel gehorcht der Idee, dass nach einer einführenden und weitgehend phänomenologischen Behandlung des Ermüdungsverhaltens zunächst die das zyklische Spannungs-Dehnungsverhalten bestimmenden mikrostrukturellen Aspekte vorgestellt werden sollten. Diesen schließen sich in der Abfolge der Geschehnisse bis zum Ermüdungsversagen die Stadien Rissbildung und Rissausbreitung an, wobei Letzteres durch ein Kapitel zu den Grundlagen der Bruchmechanik vorbereitet wird. Das letzte Drittel des Buchs behandelt speziellere, aber dennoch sehr wichtige Aspekte der Materialermüdung, wie z.B. die dynamische Lüdersbandausbreitung bei Stählen und die Wirkung hoher Temperatur, die konstant oder variierend der zyklischen mechanischen Beanspruchung überlagert wird. Abschließend wird durch die Behandlung von Schweißverbindungen und Konzepten der Bauteilauslegung die Brücke zur Betriebsfestigkeit geschlagen.

Allen Autoren sei an dieser Stelle herzlichst für die Bereitschaft gedankt, bei der Fortbildungsveranstaltung mitzuwirken und die entsprechenden schriftlichen Unterlagen abzufassen. Sehr gefreut habe ich mich über die Spontanität dieser Bereitschaft bei allen Beteiligten und das große und zugleich disziplinierte Engagement bei der Durchführung der Fortbildung. Herrn Dipl.-Ing. W. Kramer gilt mein besonderer Dank für die Übernahme so mancher mühevoller redaktioneller Arbeit, die bei der Umgestaltung der Veranstaltungsunterlagen zu einer einheitlichen Druckvorlage anfiel.

Siegen, im November 2008 H.-J. Christ

Inhalt

Materialermüdung – Einführung und Überblick

H.-J. Christ

1 Einleitung und Definition

Der Begriff „Ermüdung“ mag zwar zunächst durch seine Anlehnung an eine jedem sicherlich gut bekannte menschliche Eigenschaft fast zur Nachsicht verleiten, taucht aber im technischen Alltagsleben meist immer nur im direkten Zusammenhang mit dem Versagen eines Bauteils auf, was im günstigeren Fall „nur“ mit dem Ausfall einer technischen Anlage, oft aber auch mit dem Verlust an Menschenleben verbunden ist. Das mit dem Wort *Materialermüdung* überschriebene Gebiet der Materialwissenschaft beschäftigt sich mit dem Werkstoffverhalten bei Schwingbeanspruchung und der dadurch verursachten Werkstoffschädigung. Es ist durch seine große praktische Bedeutung im Hinblick auf den sicheren Betrieb von derart beanspruchten Strukturen gekennzeichnet, sowie durch die Komplexität der zusammenwirkenden Vorgänge, die eine interdisziplinäre Betrachtung erforderlich machen.

Eine der vielen Definitionen des Begriffes Ermüdung wurde von der *International Organization for Standardization* 1964 gegeben und lautet frei übersetzt:

"Ermüdung umfasst Eigenschaftsveränderungen, die in einem metallischen Werkstoff durch die wiederholte Belastung mit Spannung oder Dehnung stattfinden, wobei sich üblicherweise dieser Begriff auf die Veränderungen bezieht, die zum Reißen und Versagen führen."

Grundsätzlich sind also die Änderungen aller Eigenschaften gemeint, wenngleich – wie in diesem und allen folgenden Kapiteln auch – die Veränderung der mechanischen Belastbarkeit im Vordergrund steht. Die Einschränkung auf metallische Werkstoffe entspricht dem Kenntnisstand zur Zeit der Formulierung obiger Definition; heute gilt als gesichert, dass auch nichtmetallische Werkstoffe, wie Kunststoffe und Keramik, eine Ermüdung erfahren, die allerdings auf andere Grundmechanismen zurückzuführen ist.

2 Charakteristika des Ermüdungsbruchs

Was macht die Materialermüdung eigentlich so gefährlich? Abbildung 1 versucht diese Frage in einfacher und anschaulicher Form zu beantworten. Dargestellt sind beispielhaft Schulterkopfproben aus einem rostfreien Stahl, wie sie zur Ermittlung der Kenngrößen des Verformungsverhaltens eines Werkstoffs Anwendung finden können. Die links abgebildete Probe zeigt den unverformten Ausgangszustand mit einer zylinderförmigen Messlänge, deren Oberfläche poliert ist. Im rechten Teilbild äußern sich unverkennbar die Folgen einer Zugverformung bis zum Bruch: die Probe ist stark verlängert, zeigt eine ausgeprägte Einschnürung in der Mitte und eine veränderte Oberfläche in Bereich der massiven einsinnigen plastischen Verformung. Die in der Mitte dargestellte Probe war einer Wechselverformung mit symmetrischer Zug-Druck-Beanspruchung bis wenige Zyklen vor dem endgültigen Versagen ausgesetzt worden. Erst auf den zweiten Blick erkennt man eine drastische Schädigung in Form eines Ermüdungsrisses in der oberen Hälfte der Messlänge, der bereits etwa zwei Drittel der Querschnittsfläche durchtrennt hat. Charakteristisch für die Ermüdung ist es, dass eine zyklische Beanspruchung bei Spannungen, die u.U. weit unter der technischen Streckgrenze bleiben können, zu einem Versagen führen kann, das sich – anders als bei einsinniger Überbeanspruchung – nicht durch eine deutliche und damit leicht detektierbare Gestaltsänderung ankündigt.

3 Historischer Hintergrund

Im Folgenden erfolgt eine sehr knapp gehaltene Auflistung des Erkenntnisfortschritts auf dem Gebiet der Materialermüdung[1]. Diese komprimierte Darstellung soll zum Einen einen Überblick über die wichtigsten Teilgebiete der Ermüdungsforschung vermitteln, zum Anderen aber auch grundlegende Beobachtungen und Gesetzmäßigkeiten vorstellen, die in den späteren Kapiteln in vertiefter Weise behandelt werden.

Die Forschung auf dem Gebiet der Verformung und des Bruchs von Werkstoffen durch Wechselbeanspruchung geht bis in die erste Hälfte des neunzehnten Jahrhunderts zurück und wurde in vielen Fällen durch das Auftreten katastrophaler Schäden angestoßen und thematisch ausgerichtet. Es wird angenommen, dass die ersten systematischen Untersuchungen zur Metallermüdung von dem deutschen Bergbauingenieur W. A. J. Albert um 1829 durchgeführt wurden [1]. Untersuchungsgegenstand waren Ketten aus Eisen, die wiederholter Biegebelastung ausgesetzt wurden. Der Begriff "Ermüdung" wurde von Poncelet im Jahre 1839 zum ersten Mal im Zusammenhang mit dem Versagen von Metall benutzt [2].

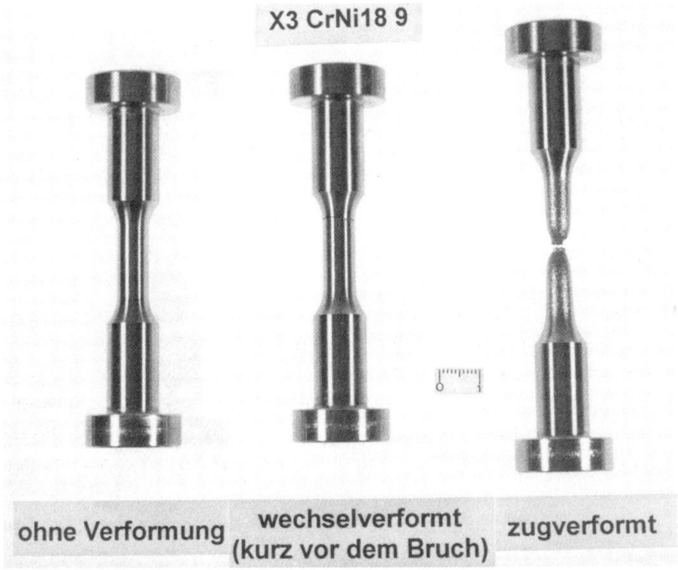

Abb. 1: Bruch durch einsinnige und zyklische Beanspruchung

[1] Ein ausführlichere Darstellung findet sich z.B. in: S. Suresh, *Fatigue of Materials*, Second Edition, Cambridge University Press, Cambridge, 1998.

Im Jahre 1842 kam es durch den Bruch der Vorderachse einer Lokomotive eines mit 1500 Menschen voll besetzten Zuges zu einem schrecklichen Eisenbahnunglück in der Nähe von Versailles, das mindestens 40 Menschenleben kostete. Konsequenterweise wurden insbesondere in den Ländern mit Eisenbahntechnik Untersuchungen begonnen, die eine sichere Vermeidung von Ermüdungsbrüchen zum Ziel hatten. In der Folge konnten grundlegende Erkenntnisse gewonnen werden. So erkannte in England der britische Eisenbahningenieur W. J. M. Rankin 1843 die gefährliche Wirkung von Spannungskonzentrationen in Maschinenkomponenten [3]. Etwas später führte Wöhler seine Untersuchungen zur Ermüdung von Eisenbahnwagenachsen durch [4]. Sein Interesse galt aufgrund der hohen Betriebsbeanspruchungszyklenzahlen der *dauerhaft* ertragbaren Biegespannungsamplitude bei Umlaufbiegebelastung. Er beobachtete, dass diese Dauerfestigkeit deutlich niedriger ist als die statische Festigkeit. Die graphische Darstellung der Spannungsamplitude über der Bruchzyklenzahlen, die unter dem Begriff *Wöhler-Diagramm* bekannt ist, wurde nicht von Wöhler, sondern erst viel später eingeführt. J. Bauschinger [5] bestätigte viele der Ergebnisse von Wöhler und zeigte, dass die Elastizitätsgrenze von Metallen nach plastischer Vorverformung und anschließender Umkehrung der Beanspruchungsrichtung reduziert ist (Bauschinger-Effekt, 1886).

Im Jahre 1910 formulierte O. H. Basquin [6] ein empirisches Gesetz, das einen Zusammenhang zwischen der Bruchlastspielzahl N_B und der Spannungsamplitude $\Delta\sigma/2$ herstellt:

$$\frac{\Delta\sigma}{2} = konst.\left(N_B\right)^b \tag{1}$$

Dabei ist b eine werkstoffspezifische Konstante.

Das Basquinsche Gesetz ermöglichte erstmalig eine Bauteilauslegung im Bereich der Zeitfestigkeit.

In den zwanziger und dreißiger Jahren entwickelte sich die Ermüdung von Metallen zu einem wichtigen Forschungsgebiet, und die ersten Monographien zu diesem Thema wurden publiziert. Das Interesse, das zunächst nahezu ausschließlich der zyklischen Lebensdauer galt, erweiterte sich auch auf das Wechselverformungsverhalten. In diesem Zusammenhang sind die Arbeiten von Masing [7] zu nennen, der das zyklische Spannungs-Dehnungsverhalten mit Hilfe eines einfachen Verbundmodells beschrieb, welches heute noch Anwendung findet. Die Untersuchungen aus dieser Zeit führten auch zur Formulierung der *linearen Schadensakkumulationsregel* nach Palmgren [8] und Miner [9], die nicht zuletzt wegen ihrer bestechenden Einfachheit gern bei Betriebsfestigkeitsbetrachtungen benutzt wird. Erwähnt werden sollte in diesem Zusammenhang als bekannter deutscher Forscher auch Gassner [10], dessen Untersuchungen zur Ermüdung bei variabler Amplitude Anwendung in der deutschen Luftfahrtindustrie fand. Einen lesenswerten Überblick zum Beitrag der deutschen Wissenschaftler und Ingenieure zur Ermüdungsforschung insbesondere in der Zeit zwischen 1920 und 1945 hat Schütz [11] zusammengestellt.

Erst im Jahre 1954 legten Manson [12] und Coffin [13] den Grundstein für eine mehr metallphysikalische Behandlung des Ermüdungsphänomens, indem sie unabhängig voneinander erkannten, dass zyklische Schädigung immer die Folge einer plastischen Dehnung (ausgedrückt als plastische Dehnungsamplitude $\Delta\varepsilon_{pl}/2$) ist.

$$\frac{\Delta\varepsilon_{pl}}{2} = konst.\ (N_B)^c \tag{2}$$

c ist dabei ein Werkstoffparameter.

Zwar war bereits seit dem Anfang des zwanzigsten Jahrhunderts bekannt, dass die Ermüdung von Metallen mit Rissbildung und allmählicher Rissausbreitung verbunden ist. Das Konzept der *linear-elastischen Bruchmechanik* (LEBM) entwickelte sich aber erst allmählich und bezog sich zunächst ausschließlich auf einsinnige Beanspruchung. Erst ab 1957 ermöglichte die Beschreibung der Spannungssingularität vor der Rissspitze mit Hilfe des von Irvin vorgeschlagenen *Spannungsintensitätsfaktors K* die Anwendung eines relativ einfachen Bruchkriteriums durch Vergleich dieser Beanspruchungsgröße mit der zugeordneten Werkstoffkenngröße K_c (die Bruchzähigkeit). Eine Übertragung der Konzepte der LEBM auf Wechselbeanspruchung gelang 1961 mit dem von Paris, Gomez und Anderson [14] vorgeschlagenen Gesetz, das einen einfachen, aber physikalisch schwer zu begründenden Zusammenhang zwischen der Rissausbreitungsgeschwindigkeit (Rissverlängerung pro Lastspiel) $\mathrm{d}a/\mathrm{d}N$ und der Schwingbreite des Spannungsintensitätsfaktors ΔK bei zyklischer Belastung mit konstanter Amplitude herstellt:

$$\frac{\mathrm{d}a}{\mathrm{d}N} = C(\Delta K)^m \tag{3}$$

C und *m* sind Konstanten, deren Wert vom Werkstoff abhängt.

Obwohl die Originalarbeit, in der das *Paris-Gesetz* vorgestellt wurde, von führenden Zeitschriften nicht zur Veröffentlichung angenommen wurde, dürfte die Gleichung (3), deren Gültigkeit inzwischen vielfach bestätigt werden konnte, die wichtigste Beziehung zur Beschreibung der Ermüdungsrissausbreitung und der darauf aufbauenden Lebensdauerabschätzungsmethode sein.

In den letzten vier Jahrzehnten der Ermüdungsforschung konnten wichtige Erkenntnisse in bezug auf die Mechanismen der bei zyklischer Verformung ablaufenden Vorgänge gewonnen werden. Dabei standen die mikrostrukturellen Prozesse im Werkstoffinneren, die zur Rissbildung führenden, meist an der Oberfläche stattfindenden Vorgänge und die mit der Ermüdungsrissausbreitung verbundenen, auf das Gebiet um die Rissspitze lokalisierten Ereignisse im Vordergrund. Beispielhaft für die Ergebnisse dieser Untersuchungen sei die Beobachtung von Thompson, Wadsworth und Louat [15] erwähnt, dass Gleitbänder, in denen sich die Verformung in ermüdeten Metallen konzentriert, nach dem Abpolieren der Oberfläche bei weiterer zyklischer Beanspruchung immer wieder erscheinen, was zu der Bezeichnung *persistente Gleitbänder* geführt hat.

Für die Anwendung bruchmechanischer Konzepte zur Beschreibung des Rissausbreitungsverhaltens ist ein lange Zeit sehr kontrovers diskutiertes Messergebnis von Elber aus dem Jahr 1970 [16] von grundsätzlicher Bedeutung, wonach Ermüdungsrisse *Rissschließen* aufweisen können. Gemeint ist damit, dass nur in einem Teilbereich der zyklischen Kraft ein geöffneter Riss vorliegt und somit nur der entsprechende Teil von ΔK, der als ΔK_{eff} bezeichnet wird, zur Ermüdungsrissausbreitung beiträgt. Inzwischen gilt als akzeptiert, dass im Paris-Gesetz (3) ΔK durch ΔK_{eff} zu ersetzen ist, um den Rissschließeffekt zu berücksichtigen.

Die Besonderheiten im Ausbreitungsverhalten sogenannte *kurzer Risse* wurden 1975 von Pearson [17] zum ersten Mal identifiziert. Bruchmechanische Konzepte scheitern, wenn der betrachtete Ermüdungsriss so klein ist, dass er die Größe mikrostruktureller Dimensionen (z.B. die Korngröße) erreicht. Das Ausbreitungsverhalten erweist sich als nicht vorhersehbar; im Vergleich zum langen Riss kann der kurze Riss bei gleichem ΔK schneller oder langsamer wachsen und sich sprunghaft verhalten. Dies kann letztlich dazu führen, dass eine Auslegung nach bruchmechanischen Konzepten auf der Basis von im Labor gewonnenen Langrissdaten nichtkonservativ sein kann. Verständlicherweise hat diese Erkenntnis sehr viel Forschungsaktivität hervorgerufen, mit dem Ziel, dieses Kurzrissproblem zu entschlüsseln und Lösungen aufzuzeigen.

Als ein neues und attraktives Forschungsgebiet innerhalb der Materialermüdung hat sich die Ermüdung bei sehr hohen Lastspielzahlen (*Very High Cycle Fatigue (VHCF)*, manchmal auch als Ultra-High Cycle Fatigue oder Giga Cycle Fatigue bezeichnet) herauskristallisiert. Durch die Entwicklung hochfrequenter Prüfsysteme kann in akzeptablen Zeiträumen eine hohe Lastwechselzahl erreicht werden, was die Untersuchung grundsätzlicher Fragestellungen, wie zum Beispiel nach der Existenz einer echten Dauerfestigkeit, ermöglicht. Frau Stanzl-Tschegg [18] hat maßgeblich zur Konsolidierung und Verbreitung der Versuchstechnik *Ultraschallermüdung* und damit zur Etablierung des Forschungsgebiets VHCF beigetragen.

Eines der schwierigsten Herausforderungen innerhalb des Gebietes der Materialermüdung dürfte die Entwicklung von Methoden der Lebensdauervorhersage sein, die in der Lage sind, auch die komplexe Beanspruchungssituation unter Betriebsbedingungen zuverlässig und sicher zu beherrschen. Obwohl in neueren Arbeiten wichtige Fortschritte erzielt wurden, was die Auswirkung z.B. von Umgebungseinfluss, einer variablen Beanspruchungsamplitude, erhöhter Temperatur und mehrachsiger Belastung auf die Lebensdauer betrifft, entbehren die gewonnen, meist empirischen Beziehungen nach wie vor die anzustrebende Allgemeingültigkeit.

4 Abschließende Bemerkungen

Wie die obige Darstellung zeigt, waren die Untersuchungen zur Materialermüdung über lange Zeit ausschließlich auf das Ziel gerichtet, einfache ingenieurmäßige Regeln abzuleiten, die eine sichere Vermeidung von Ermüdungsschäden primär durch konstruktive Maßnahmen ermöglichen sollten. Erst in den letzten Jahrzehnten hat sich die Materialermüdung zu einem wichtigen Gebiet nicht nur der angewandten, sondern auch der erkenntnis- und grundlagenorientierten Forschung entwickelt, mit dem sich viele, z.T. sehr unterschiedliche Wissenschaftsdisziplinen beschäftigen. Beispielhaft seien hier die Werkstoffwissenschaften, die Mechanik (insbesondere die Bruchmechanik), der Maschinenbau, die Luft- und Raumfahrttechnik, das Bauingenieurwesen, die Biomechanik, die angewandte Physik und die angewandte Mathematik genannt. Diese Multidisziplinarität ist sicherlich ein wichtiger Grund, warum selbst für den Fachmann eine gemeinsame wissenschaftliche Basis für das Verstehen des Ermüdungsverhaltens von Werkstoffen nur sehr schwer zu erkennen ist. In den folgenden Kapiteln werden die verschiedenen Aspekte der Thematik "Materialermüdung" auf der Basis der zugrundeliegenden, werkstoffkundlichen Vorgänge dargestellt und die sich daraus ergebenden Konsequenzen für den Werkstoffeinsatz und die -auslegung aufgezeigt. Primär soll damit ein solides Grundverständnis unter Berücksichtigung des multidisziplinären Charakters des Themas vermittelt werden.

Literatur

[1] W. A. J. Albert: Archive für Mineralogie, Geognosie, Bergbau und Hüttenkunde 10 (1837) 215.
[2] J. V. Poncelet: Introduction á la Mècanique, Industrielle, Physique our Expèrimentale, Deuxième èdition, Imprimerie de Gauthier-Villar, Paris, 1839.
[3] W. J. M. Rankine: Proceedings of the Institute of Civil Engineers, London, 2 (1843) 105.
[4] A. Wöhler: Zeitschrift für Bauwesen, Bd. VIII (1858) 641.
[5] J. Bauschinger: Mittheilungen aus dem Mechanisch-Technischen Laboratorium der Königlich Technischen Hochschule in München, 13 (1886) 1.
[6] O. H. Basquin: Proceedings of the American Society for Testing and Materials 10 (1910) 625.
[7] G. Masing: Wissenschaftliche Veröffentlichungen aus dem Siemens-Konzern 3 (1923) 231.
[8] A. Palmgren: Zeitschrift des Vereins Deutscher Ingenieure 68 (1924) 339.
[9] M. A. Miner: Journal of Applied Mechanics 12 (1945) 159.
[10] E. Gassner: Jahrbuch 1941 der deutschen Luftfahrtforschung, 472.
[11] W. Schütz: Materialwissenschaften und Werkstofftechnik 24 (1993) 203.
[12] S. S. Manson: Behaviour of materials under conditions of thermal stress, National Advisory Commission on Aeronautics: Report 1170, Cleveland: Lewis Flight Propulsion Laboratory, 1954.
[13] L. F. Coffin: Transactions of the American Society of Mechanical Engineers 76 (1954) 931.
[14] P. C. Paris, M. P. Gomez und W. P. Anderson: The Trend in Engineering 13 (1961) 9.
[15] N. Thompson, N. J. Wadsworth und N. Louat: Philosophical Magazin 1 (1956) 113.
[16] W. Elber: Engineering Fracture Mechanics 2 (1970) 37.
[17] S. Pearson: Engineering Fracture Mechanics 7 (1975) 235.
[18] S. E. Stanzl-Tschegg: Proceedings of the Sixth International Fatigue Congress, Vol. III, herausgegeben von G. Lütjering und H. Nowack, Pergamon, Berlin, 1996, S. 1887.

Materialermüdung: Begriffe, Definitionen und gebräuchliche Darstellungen

H.-J. Christ

1 Einleitung

Im ersten Kapitel wurden das Phänomen der Materialermüdung und seine technische Bedeutung kurz dargestellt. Im Zusammenhang mit einem kurzen Überblick über fast zwei Jahrhunderte der Forschung zu diesem Gebiet konnten bereits wichtige Erkenntnisse und Gesetzmäßigkeiten aufgezählt werden. In diesem zweiten Kapitel sollen nun die relevanten Versuchsparameter und Messgrößen vorgestellt, sowie die zur Darstellung dieser Größen gebräuchlichen Abbildungen definiert werden. Die Fragen, deren Beantwortung Ziel dieses Kapitels ist, lauten:

- Welche Versuche müssen im Labor durchgeführt werden, um die für eine (in bezug auf Materialermüdung) sichere Bauteilauslegung notwendigen Informationen zu gewinnen?
- Wie werden die so gewonnenen Ergebnisse dargestellt?
- Welche Begriffe werden verwendet, um häufig beobachtete Charakteristika, die sich in diesen Darstellungen zeigen, zu bezeichnen?

Die Materialermüdung findet häufig unter Einwirkung weiterer (schädigender) Einflussgrößen statt, sodass es in synergetischer Weise zu einer Lebensdauerverminderung kommen kann. Bekannte „Spielarten" der Ermüdung sind u.a.:

- die Kriech-Ermüdung bei hoher Temperatur,
- die thermomechanische Ermüdung (TMF) bei gleichzeitiger Belastungs- und Temperaturfluktuation,
- die Korrosionsermüdung (z.B. die Schwingungsrisskorrosion) bei gleichzeitigem Einwirken eines korrosiven Mediums,
- die Kontaktermüdung bei gleitendem oder rollendem Kontakt,
- die Reibermüdung (fretting fatigue).

Da jede dieser Ermüdungsarten mit speziellen Versuchstechniken und oft auch mit eigener Terminologie verbunden ist, beschränken sich der Übersichtlichkeit halber die Ausführungen in diesem Kapitel auf die reine mechanische Ermüdung, bei der nur Spannungs- bzw. Dehnungsfluktuationen Ursache der Schädigung sind.

Erste Information über die zur Charakterisierung des Ermüdungsverhaltens im Labor durchzuführenden Versuche liefert Abb.1, in der eine Trennung der Vorgänge, die letztendlich zum Ermüdungsbruch führen, entsprechend ihrer zeitlichen Abfolge während der Wechselverformung durchgeführt ist. Die unter der Überschrift *zyklische Verformung* aufgeführten Prozesse betreffen das gesamte Werkstoffvolumen und stellen somit „globale" Erscheinungen dar. Zyklische plastische Verformung aufgrund von Versetzungsprozessen führt zu einer Zu- oder Abnahme der zyklischen Festigkeit (Wechselver- oder Wechselentfestigung) und stellt dann oft einen Zustand der zyklischen Sättigung ein. In diesem Zustand erfährt weder das mechanische Verhalten des Werkstoffs noch seine Mikrostruktur eine erkennbare Veränderung mit fortschreitender zyklischer Verformung. Eine Dehnungslokalisierung ist die Ursache für die Bildung von Rissen (siehe Kapitel 6) und leitet über zu den mit *Ermüdungsschädigung* überschriebenen Vorgängen. Durch das Wachstum eines kleinen Risses und auch durch das Zusammenwachsen mehrerer kleiner Risse bildet sich ein dominierender oder fataler Riss, der nach einer Phase stabiler Rissausbreitung letztlich zum Ermüdungsversagen führt.

Abbildung 1 sollte als Schemabild verstanden werden, das keinen Anspruch auf Allgemeingültigkeit erhebt. Insbesondere die exakte zeitliche Reihenfolge der Einzeleffekte kann sehr unterschiedlich sein und ist mangels präziser Definition von Begriffen wie „Rissbildung“ und dem fließenden Übergang zwischen den Vorgängen nur sehr willkürlich festlegbar.

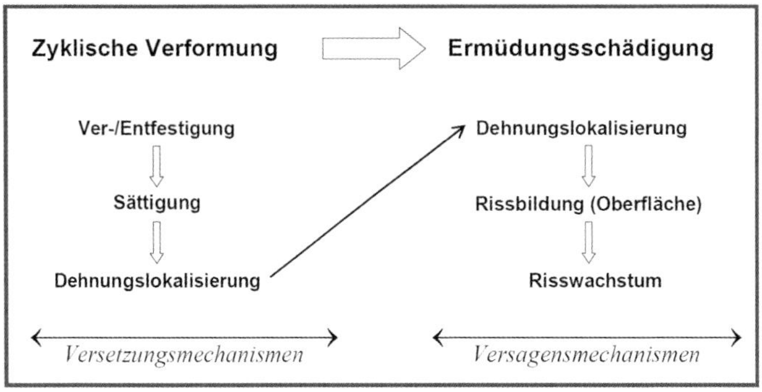

Abb. 1: Schematische Darstellung der Vorgänge bis zum Ermüdungsbruch (nach Mughrabi [1])

2 Versuchführung und Auslegungsphilosophie

Die Art der im Labor durchzuführenden Versuche hängt in entscheidender Weise von der für die betrachtete Komponente favorisierten Auslegungsphilosophie ab. Bezieht man die Zyklen der Wechselverformung, in denen ausschließlich globale Veränderungen im Werkstoff ablaufen (linke Seite von Abb.1), in die Rissbildungsphase mit ein, so lässt sich allgemein die Zyklenzahl bis zum Bruch (Bruchlastspielzahl N_B) additiv aus der Zyklenzahl der Rissbildung, N_{RB}, und der des Risswachstums, N_{RW}, zusammensetzen:

$$N_B = N_{RB} + N_{RW} \tag{1}$$

Eine eindeutige Aufteilung in Rissbildung und -ausbreitung ist eine schwierige und wahrscheinlich unlösbare Aufgabe.

Je nach Bauteiltyp, Anwendungsart und Sicherheitsrelevanz wird meist eine von zwei grundsätzlich unterschiedlichen Auslegungsphilosophien herangezogen:

Die klassische Auslegung gegen Ermüdungsbeanspruchung betrachtet die gesamte Ermüdungslebensdauer ohne dabei zwischen Rissbildung- und -ausbreitungsphase zu unterscheiden. Die Anzahl der Zyklen bis zum Bruch wird dazu im Labor an glatten Proben in Abhängigkeit von der Beanspruchungsamplitude (d.h. der Spannung oder Dehnungsamplitude) erfasst und die gewonnen Werte in Form von Diagrammen von Typ des Wöhler-Diagramms aufgetragen. Da das Stadium bis zur Rissausbreitung unter Umständen einen sehr großen Lebensdaueranteil einnehmen kann, entspricht diese Vorgehensweise in vielen Fällen einer Auslegung gegen Bildung eines (technischen) Anrisses. Die mehr grundlegenden und erkenntnisorientierten Untersuchungen zum zyklischen Spannungs-Dehnungsverhalten werden meist in ähnlicher Weise ausgeführt, nur dass nicht ausschließlich die Bruchzyklenzahl von Interesse ist, sondern die gesamte Verformungsantwort verfolgt und ggfs. die mikrostrukturellen Werkstoffveränderungen untersucht werden.

Die zweite, häufig angewandte Auslegungsphilosophie betrachtet nur und ausschließlich das Stadium der Rissausbreitung. Die grundsätzliche Annahme ist, dass alle Bauteilkomponenten bereits vor Beginn der Beanspruchung rissbehaftet sind. Die Größe dieses Ausgangsrisses wird mit Hilfe zerstörungsfreier Rissdetektionsverfahren ermittelt. Ist kein Riss detektierbar, so wird die Anfangsrisslänge mit dem Auflösungsvermögen der Prüfverfahrens (größter nicht nachgewiesener Riss) gleichgesetzt. Die zulässige Beanspruchungszyklenzahl ist dann als die Anzahl der Zyklen definiert, innerhalb der der Riss von der ursprünglichen Größe bis zu einer kritischen Größe, bei der instabile Rissausbreitung erfolgt, wächst. Zur Abschätzung dieser Risswachstumszyklenzahl dienen empirische Gesetze, die auf bruchmechanischen Überlegungen basieren. Um die für die Anwendung dieser Beziehungen notwendigen Materialkonstanten zu gewinnen, sind Laborexperimente erforderlich, in denen unter definierten Beanspruchungsbedingungen das Rissausbreitungsverhalten an bereits von Anfang an rissbehafteten Proben erfasst wird (Rissausbreitungsmessungen).

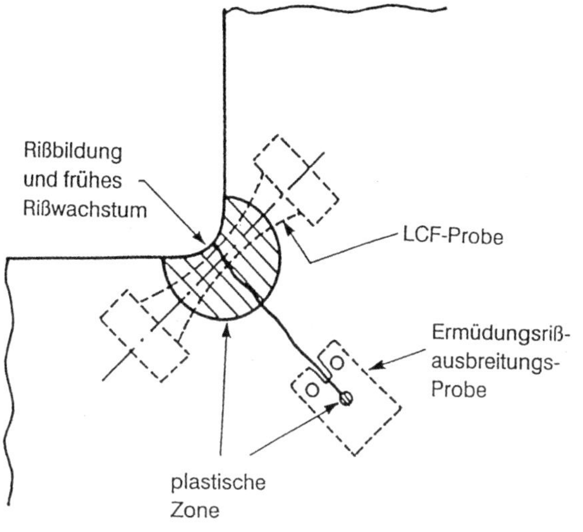

Abb. 2: Schematische Darstellung zum Unterschiede zwischen den beiden Auslegungsphilosophien lebensdauerbestimmende Anrissbildung und lebensdauerbestimmende Rissausbreitung [2]

Der Unterschied, der aus den beiden Auslegungsphilosophien bezüglich der Versuchsarten im Labor resultiert, ist in Abb.2 illustriert. Die Rissbildung und frühe Rissausbreitung findet in einem Bauteil an der Stelle höchster Belastung statt (z.B. Kerben oder Durchmessersprünge) und erfolgt in einem Bereich, der plastisch verformt wird. Entsprechende Laborexperimente unter einachsiger zyklischer Beanspruchung ersetzen die große plastische Zone durch eine aufgezwungene homogene plastische Verformung in der gesamten Probenmesslänge. Umgekehrt besitzt ein stabil wachsender langer Ermüdungsriss eine im Vergleich zur Risslänge nahezu vernachlässigbar kleine plastische Zone, sodass die Ermüdungsrissausbreitungsexperimente bei annähernd elastischen Verformungsbedingungen für die Probe durchgeführt werden müssen.

3 Prüfsysteme für Ermüdungsversuche

In lebensdauerorientierten Ermüdungsversuchen können sehr unterschiedliche Belastungsarten aufgebracht werden. Dabei gilt ganz generell, dass die Belastungsart gewählt werden sollte, die der späteren Beanspruchung im Betrieb am nächsten kommt, da eine Übertragung der Lebensdauerdaten auf andere Belastungsarten mit großer Unsicherheit verbunden ist. Gebräuchliche Prüfsysteme im Ermüdungslabor sind:

- Umlaufbiegeapparaturen (Biegewechsel je Umdrehung einer rotierenden stabförmigen Probe)
- Wechselbiegeapparaturen (reine Biegung)
- Wechseltorsionsapparaturen
- Zug-Druck-Materialprüfsysteme für einachsige zyklische Beanspruchung.

Die verschiedenen Systeme werden im Kapitel „Bestimmung der Lebensdauer bei schwingender Belastung“ näher erläutert. Die folgenden Betrachtungen beziehen sich ausschließlich auf die zuletzt genannte Klasse von Prüfsystemen, die aufgrund ihrer relativ universellen Verwendungsmöglichkeit die größte Bedeutung besitzt.

Eine Zug-Druck-Wechselbelastung wird in den kommerziell erhältlichen Systemen durch eine Vielzahl unterschiedlicher Antriebskonzepte realisiert, wobei die geforderte Versuchsfrequenz, die einzustellende Beanspruchungsgröße (Kraft, Dehnung oder Weg) und deren Höhe meist die entscheidenden Kriterien darstellen. So lässt ein elektromagnetischer Vibrator (Anker in einer Spule) eine schnelle Versuchsführung mit konstanter aber kleiner Spannungsamplitude zu. Für hohe Versuchsfrequenzen werden häufig Resonanzmaschinen verwendet, die zudem den Vorteil eines geringen Energieverbrauchs besitzen. Das gesamte System einschließlich Probe ist schwingungsfähig und wird mechanisch (Versuchsfrequenzen von ca. 10 Hz bis 130 Hz), elektromechanisch (35 Hz bis 300 Hz) oder hydraulisch (150 Hz bis 1000 Hz) angeregt. Noch höhere Versuchsfrequenzen (ca. 20 kHz, d.h. 10^6 Zyklen in 50 Sekunden) können mit Ultraschallprüfmaschinen [3] eingestellt werden.

Die für systematische und grundlagenorientierte Untersuchungen geeignetsten Materialprüfsysteme arbeiten nicht im Resonanzbetrieb, sondern besitzen einen geschlossenen Regelkreis, über den standardmäßig die Kraft (bzw. die Spannung), die Dehnung und der Weg (d.h. die Verlängerung) geregelt werden können. Das entsprechende Messsignal wird ständig ermittelt und als elektrisches Spannungssignal einem Regler eingespeist. Dieser führt einen Vergleich mit einem Sollwertsignal, welches von einem Funktionsgenerator geliefert wird, durch und gibt ein Steuersignal zur ständigen Minimierung des Unterschiedes zwischen diesen beiden Signalen ab. Der geschlossene Regelkreis (closed loop) wird in Kombination mit einem elektromechanischen Antrieb (Versuchsfrequenzen bis ca. 1 Hz) oder mit Hilfe einer hydraulischen Kraftaufbringung realisiert. In Abb.3 ist schematisch ein servohydraulisches Prüfsystem dargestellt. Das von einem Hydraulikaggregat auf hohen Druck gebrachte Hydrauliköl wird mittels eines Servoventils, welches vom Regler angesteuert wird, schnell und präzise auf die beiden Zylinderkammern verteilt. Die Druckdifferenz ist für die Kraft auf die Probe verantwortlich. Je nach Systemausführung, Typ des Servoventils und Prüfbedingungen sind üblicherweise Prüffrequenzen bis 100 Hz möglich. Spezielle servohydraulische Hochfrequenzsysteme erlauben sogar bis 1 kHz.

Neben den Standardregelarten der Spannungs-, Dehnungs- und Wegregelung kann auch eine Regelung der plastischen Dehnung erfolgen. Dazu wird durch Anwendung des Hookeschen Gesetzes von der direkt in der Probenmesslänge ermittelten Gesamtdehnung ε der aus Elastizitäsmodul E und Spannung σ errechnete elastische Dehnungsanteil abgezogen:

$$\varepsilon_{\text{pl}} = \varepsilon - \sigma / E \tag{2}$$

Der verbleibende plastische Dehnungsanteil wird als Istwert dem Regler (PID in Abb.3 für Regler mit Proportional-, Integral- und Differentialanteil) zugeführt.

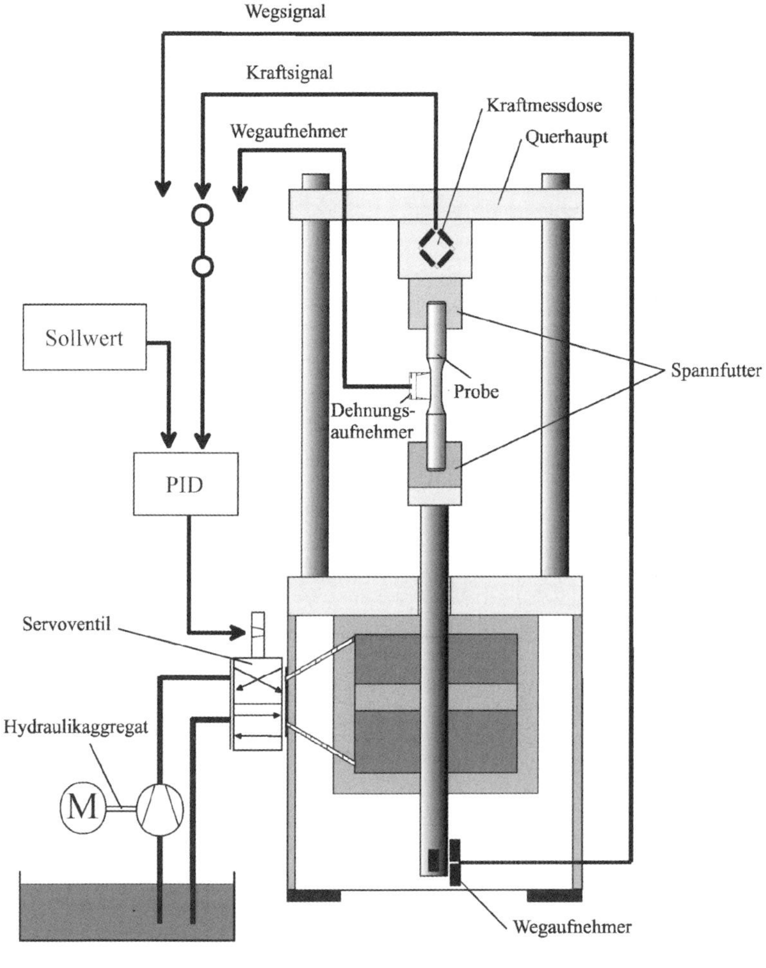

Abb. 3: Schematische Darstellung eines servohydraulischen Prüfsystems [4]

4 Regelarten und Beanspruchungsverläufe

Grundsätzlich ist in jeder Regelart ein Konstanthalten oder ein Verändern der Beanspruchungsamplitude durch entsprechende Sollwertvorgabe möglich. Im ersten Fall spricht man vom Einstufenversuch, im zweiten Fall vom Mehrstufenversuch, wenn die Amplitude stufenweise verändert wird (Abb.4). Insbesondere bei Betriebsfestigkeitsuntersuchungen spielen sehr komplizierte, mitunter auch zufällige Beanspruchungsverläufe eine wichtige Rolle. Der dritte in Abb.4 für dreiecksförmigen Sollwertverlauf dargestellte Versuchstyp ist der Incremental Step Test, bei dem die Beanspruchungsamplitude zunächst linear mit der Zeit bis zu einem Maximalwert erhöht und anschließend wieder erniedrigt wird. In der Regel wird dieser Beanspruchungsblock ständig wiederholt, bis keine weitere Veränderung mehr im Wechselverformungsverhalten des zu untersuchenden Werkstoffs beobachtet werden kann. Mehrstufenversuch und Incremental Step Test werden benutzt, um unter Einsparung von Probenmaterial und Zeit mehrere Belastungsamplituden im Hinblick auf das zyklische Spannungs-Dehnungsverhalten in einem Versuch zu untersuchen (siehe Kapitel „Zyklisches Spannungs-Dehnungsverhalten bei konstanter und variierender Beanspruchungsamplitude").

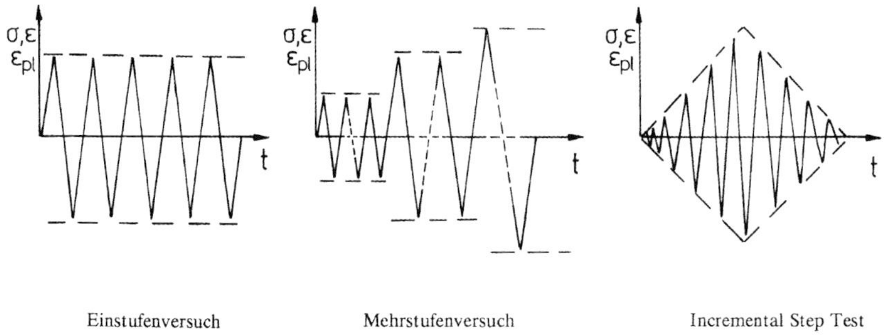

Abb. 4: Beanspruchungsverläufe des Ein- und Mehrstufenversuchs, sowie des Incremental Step Tests

Abbildung 5 zeigt die zeitlichen Verläufe der Messsignale im Einstufenversuch bei Regelung der Spannung, der Dehnung und der plastischen Dehnung (von oben nach unten). Vorausgesetzt ist, dass das Sollwertsignal dreicksfömig ist, d.h. dass der Sollwert von Minimalwert zu Maximalwert linear mit der Zeit ansteigt und anschließend mit identischer Geschwindigkeit (bei negativem Vorzeichen) wieder bis zum Minimalwert abfällt. Ein Zyklus beginnt jeweils bei einem mit positiver Steigung verbundenen Nulldurchgang der zur Regelung verwendeten Größe und endet beim nächsten positiven Nulldurchgang.

Für den Fall, dass ein dehnungsgeschwindigkeits- und regelgrößenunabhängiges zyklisches Verformungsverhalten vorliegt, führen alle drei Regelarten zu deckungsgleichen Spannungs-Dehnungshysteresekurven, wenn die Amplituden einander entsprechen. Vor allem bei kubisch raumzentrierten Metallen kann das mechanische Verhalten stark von der plastischen Dehngeschwindigkeit bestimmt sein. Hier bietet die plastische Dehnungsregelung neben dem Vorteil der konstanten plastischen Dehnungsamplitude im Einstufenversuch die Möglichkeit, die plastische Dehngeschwindigkeit $\dot{\varepsilon}_{pl}$ (betragsmäßig) konstant zu halten. Im Gegensatz dazu variiert $\dot{\varepsilon}_{pl}$ bei spannungs- und dehnungskontrollierter Versuchsführung innerhalb jedes Zyklus [6]. Insbesondere in Versuchen bei hoher Temperatur oder periodischer Temperaturveränderung ergibt sich dadurch eine starke Beeinflussung der Form der mechanischen Hysteresekurve [7].

Versuche zur Charakterisierung des Ermüdungsrissausbreitungsverhaltens werden meist in Kraftregelung durchgeführt, wobei zur Vermeidung des mit spielfreier Einspannung verbundenen Aufwands häufig eine Beanspruchung im Zugschwellbereich erfolgt. Neben den in Abb.3 dargestellten Messgrößen wird die Risslänge mit der Zyklenzahl verfolgt, was z.B. durch Messung des elektrischen Potentialabfalls über der rissbehafteten Probe erfolgen kann (Potentialsondenmethode).

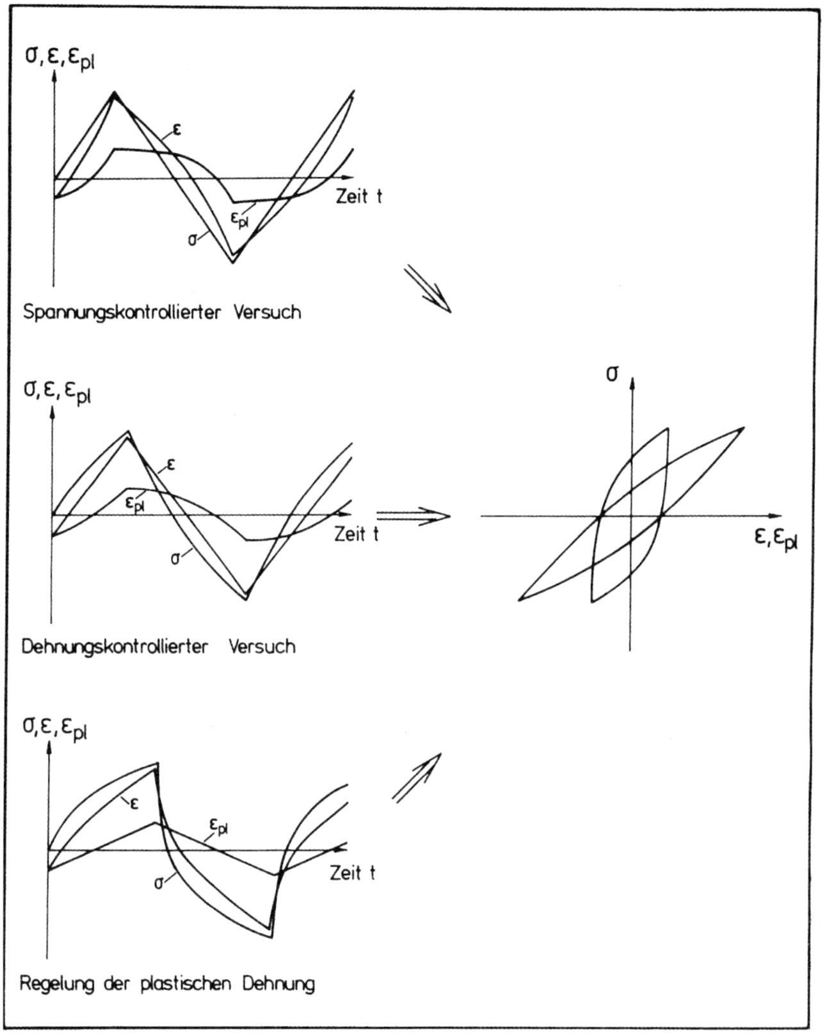

Abb. 5: Verläufe von Spannung, Dehnung und plastischer Dehnung über der Zeit bei dreiecksförmigem Funktionsgeneratorsignal für verschiedene Regelgrößen [5]

5 Gebräuchliche Darstellungen zur Erfassung und Beschreibung des Ermüdungsverhaltens

5.1 Die Rissausbreitungskurve

Auf das Ermüdungsrissausbreitungsverhalten metallischer Werkstoffe und die Ansätze, dieses Verhalten zu beschreiben, wird in den Beiträgen „Grundlagen der Bruchmechanik“ und „Ermüdungsrissausbreitung“ eingegangen. Nähere Information zur experimentellen Vorgehensweise liefert das Kapitel „Charakterisierung des Ausbreitungsverhaltens von Ermüdungsrissen“.

Die Beanspruchung einer mit einem Anriss versehenen Probe bei konstanter Kraftamplitude führt zu einem Wachstum des Risses der Länge a, das mit Hilfe der Risswachstumsgeschwindigkeit, definiert als Rissverlängerung pro Zyklus oder (differentiell) als $\mathrm{d}a/\mathrm{d}N$, beschrieben wird. Die Bruchmechanik liefert als relevante Beanspruchungsgröße den Spannungsintensitätsfaktor K, der mit der Wurzel der Risslänge zunimmt und somit im Versuch ständig steigt. Bei zyklischer Beanspruchung ist die Rissausbreitungsgeschwindigkeit unter bestimmten Bedingungen in eindeutiger Weise mit der Schwingbreite von K, die als ΔK bezeichnet wird, verbunden. Aus diesem Zusammenhang, der werkstoffabhängig ist, resultiert die gebräuchliche Form der Darstellung experimenteller Rissausbreitungsdaten, die $\mathrm{d}a/\mathrm{d}N$-ΔK-Auftragung (beide Größen werden logarithmisch dargestellt).

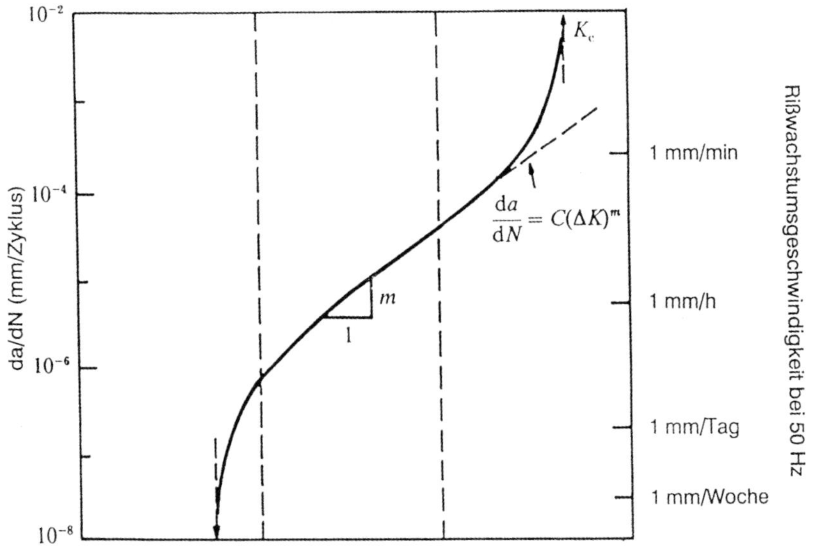

Abb. 6: Ermüdungsrissausbreitungskurve (schematisch, nach [8])

Abbildung 6 zeigt den typischen Verlauf der Risswachstumskurve metallischer Werkstoffe. Man erkennt, dass eine (endliche) Risswachstumsgeschwindigkeit erst erreicht wird, wenn ein Schwellenwert von ΔK überschritten wird. In einem mittleren Bereich der Kurve gilt das bekannte Paris-Gesetz:

$$\frac{da}{dN} = C(\Delta K)^m \qquad (3)$$

Bei hohen Werten von ΔK macht sich die Annäherung an die einsinnige Belastbarkeit (die Bruchzähigkeit) in Form einer deutlich erkennbaren Beschleunigung der Rissausbreitungsgeschwindigkeit bemerkbar. Zur Veranschaulichung der Fortschrittsgeschwindigkeit (als Rissverlängerung pro Zeit), mit der sich die Rissspitze in den verschiedenen Bereichen von ΔK bewegt, sind auf der rechten Seite von Abb.6 die jeweiligen Zahlenwerte für eine Versuchsfrequenz von 50 Hz angegeben.

5.2 Die Spannungs-Dehnungs-Hysteresekurve

Bei der Untersuchung des zyklischen Spannungs-Dehnungsverhaltens wird der Experimentator mit dem Problem konfrontiert, dass innerhalb kurzer Zeit sehr viel Information zum Werkstoffverhalten anfällt. Die modernen Methoden der digitalen Messdatenerfassung liefern zwar die Möglichkeit der schnellen Registrierung, führen dabei aber häufig zu kaum mehr zu bewältigenden Datenmengen. Für eine sinnvolle Datenreduktion sind geeignete graphische Darstellungen unerlässlich, die charakteristische Merkmale des Werkstoffverhaltens rasch erfassen lassen.

Wie bereits in Abb.5 dargestellt, führt die zyklische Verformung nicht zu einem eindeutigen Zusammenhang von Spannung und Dehnung, sondern zu einer mechanischen Hystereseschleife. In Abb.7 ist gezeigt, wie sich aus dem zeitlichen Verlauf von Spannung und Dehnung (bzw. der plastischen Dehnung) durch Auftragung von Spannung σ über der Dehnung ε (bzw. der plastischen Dehnung ε_{pl}) eine Hysteresekurve ergibt. Durch Verwendung des plastischen Anteils der Dehnung als Abszisse wird diese Hystereseschleife „in die Vertikale gekippt". Eine Lastumkehrung im Zug (bzw. im Druck) führt zunächst zu einer rein elastischen Spannungsabnahme (bzw. Spannungszunahme), sodass in diesem Bereich die plastische Dehnung konstant bleibt (vertikaler Verlauf). Jeder Zyklus führt zu einer kompletten Hystereseschleife; diese ist geschlossen, wenn keine (erkennbaren) Veränderungen im Spannungs-Dehnungsverlauf von Zyklus zu Zyklus stattfinden, und wird im Uhrzeigersinn durchlaufen.

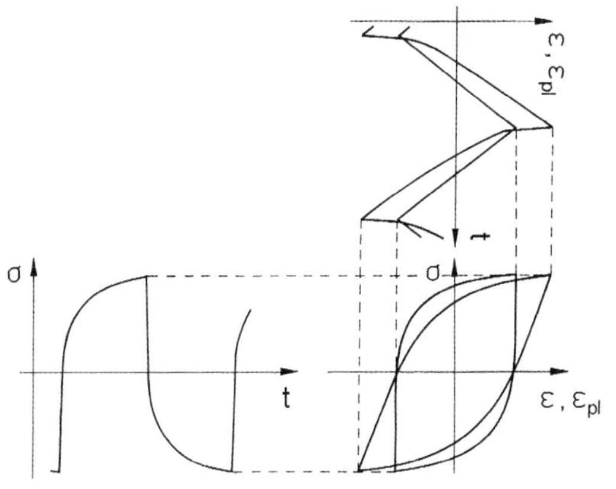

Abb. 7: Mechanische Hystereseschleife für einen Beanspruchungszyklus, zusammengesetzt aus dem Verlauf von Spannung und Dehnung (bzw. plastischer Dehnung)

Die Hystereseschleife gibt in integraler Form das mikroskopische Verformungsgeschehen bei zyklischer Beanspruchung wieder. Einige charakteristische Größen, die in später vorgestellten Auftragungen von Bedeutung sind, können *direkt* aus der Hysteresekurve entnommen werden und sind in Abb.8 dargestellt.

Die Entlastung nach dem Lastumkehrpunkt im Zug, der die Koordinaten ε_{max}, σ_{max} für maximale Dehnung und Spannung besitzt, erfolgt mit einer Tangentensteigung, die den Elastizitätsmodul E wiedergibt. Dies gilt sinngemäß auch für die Entlastung nach Erreichen des Minimums von Spannung und Dehnung (ε_{min}, σ_{min}). Die Schwingbreite der Spannung ergibt sich aus:

$$\Delta\sigma = \sigma_{max} - \sigma_{min} \tag{4}$$

Analog gilt für die Dehnungsschwingbreite:

$$\Delta\varepsilon = \varepsilon_{max} - \varepsilon_{min} \tag{5}$$

Die Amplituden von Spannung und Dehnung errechnen sich als halbe Schwingbreite und werden konsequenterweise als $\Delta\sigma/2$ und $\Delta\varepsilon/2$ bezeichnet.

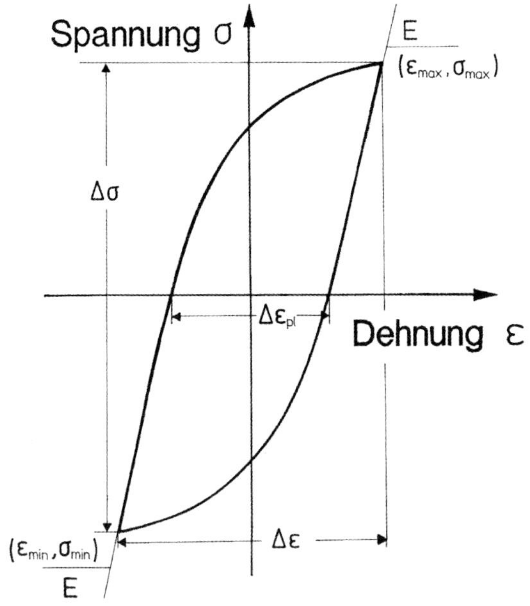

Abb. 8: Kenngrößen der mechanischen Hystereseschleife

Die Schwingbreite der plastischen Dehnung $\Delta\varepsilon_{pl}$ entspricht der Differenz der Nulldurchgänge der Spannung. Entsprechend der Beziehung (2) sind an diesen Stellen die Werte der plastischen Dehnung und der Gesamtdehnung gleich groß, sodass sich dort die Hysteresekurven in den beiden Auftragungen σ über ε und σ über ε_{pl} schneiden. Die in Abb.8 gezeigte Hysteresekurve bezieht sich auf den symmetrischen Beanspruchungsfall, bei dem keine Mittelspannung oder Mitteldehnung vorliegt. Eine Mittelspannung kennzeichnet das Ausmaß der Verschiebung der Hysteresekurve parallel zur Spannungsachse; eine Mitteldehnung beschreibt die Verschiebung der Hystereseschleife parallel zur Dehnungsachse:

$$\sigma_{\mathrm{m}} = \frac{\sigma_{\max} + \sigma_{\min}}{2} \tag{6}$$

$$\varepsilon_{\mathrm{m}} = \frac{\varepsilon_{\max} + \varepsilon_{\min}}{2} \quad \mathrm{y} \tag{7}$$

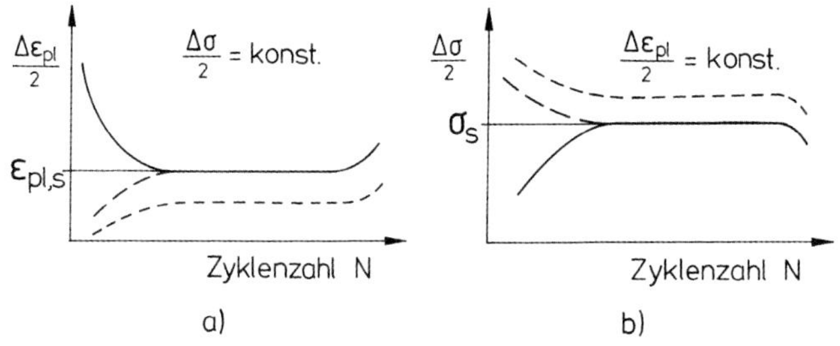

Abb. 9: Wechselverformungskurven für (a) spannungs- und (b) plastisch dehnungsgeregelte Versuche

5.3 Die Wechselverformungskurve, transiente Vorgänge und Vorgeschichteabhängigkeit

In der Regel werden während der Ermüdungsversuche nicht alle Hysteresekurven erfasst, da dies insbesondere bei hohen Bruchzyklenzahlen zu sehr großen Datenmengen führen würde. Die Registrierung beschränkt sich meist auf die Amplitudenwerte von Spannung, Dehnung oder plastischer Dehnung, wobei auf die Erfassung der Regelgröße verzichtet werden kann, da diese im Einstufenversuch und bei optimierter Regelung eine konstante Amplitude aufweisen sollte. In Abb.9 sind schematisch zwei Wechselverformungskurven dargestellt. Im Falle einer Versuchsführung mit konstanter Spannungsamplitude (Abb.9a) wird die Werkstoffantwort in Form des Verlaufes der plastischen Dehnungsamplitude mit der Zyklenzahl N erfasst. Bei konstanter plastischer Dehnungsamplitude (Abb.9b) wird man entsprechend $\Delta\sigma/2$ gegen N auftragen; bei konstanter Gesamtdehnungsamplitude können beide Auftragungsarten benutzt werden.

Da Versuche mit unterschiedlicher Beanspruchungsamplitude zu stark unterschiedlichen Bruchlastspielzahlen führen, wird, um mehrere Wechselverformungskurven in einem Diagramm besser vergleichen zu können, entweder die Zyklenzahl logarithmisch dargestellt, oder anstelle von N die sogenannte kumulative plastische Dehnung $\varepsilon_{\mathrm{pl,kum}}$ aufgetragen:

$$\varepsilon_{\mathrm{pl,kum}} = 4N\frac{\Delta\varepsilon_{\mathrm{pl}}}{2} = 2N\,\Delta\varepsilon_{\mathrm{pl}} \tag{8}$$

Diese entspricht der aufsummierten (kumulierten) plastischen Dehnung, die die Probe während der zyklischen Verformung erfährt, und übertrifft die bei einsinniger Beanspruchung (z.B.

im Zugversuch) ertragbare Dehnung um Größenordnungen (typischer Wert: $\varepsilon_{pl,kum}$ = 100 = 10000 %).

Für viele metallische Werkstoffe kann man grob den Verlauf der Wechselverformungskurve in drei Bereiche unterteilen. Zu Beginn der zyklischen Verformung findet eine Wechselver- oder Wechselentfestigung statt. Die Wechselverfestigung äußert sich bei konstanter Spannungsamplitude (Abb.9a) in einer Abnahme der plastischen Dehnungsamplitude; bei konstanter plastischer Dehnungsamplitude nimmt die Spannungsamplitude zu (durchgezogenen Linien). Umgekehrt nimmt bei einer Wechselentfestigung $\Delta\varepsilon_{pl}/2$ zu (bei $\Delta\sigma/2$ = konst.) oder $\Delta\sigma/2$ ab (bei $\Delta\varepsilon_{pl}/2$ =konst.). Ob ein Werkstoff wechselver- oder -entfestigt, wird durch die mechanische Vorgeschichte bestimmt (z.B. führt starke Kaltverformung zur Wechselentfestigung) oder ist eine Folge von verformungsbedingten Gefügeveränderungen..

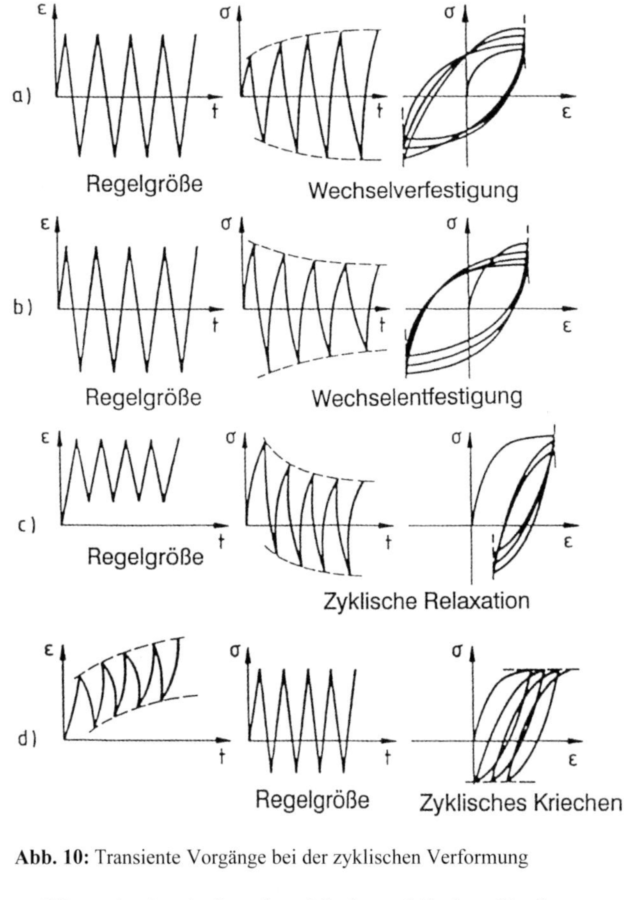

Abb. 10: Transiente Vorgänge bei der zyklischen Verformung

Die meist im Anfangsbereich der zyklischen Verformung auftretenden Ver- oder Entfestigungsvorgänge gehören zu den sogenannten *transienten zyklischen Verformungsvorgängen*. In Abb.10 ist in den Teilbildern a und b die Veränderung des Spannungs-Zeitverlaufs und der Form der Hysteresekurve für den Fall einer Verfestigung (a) und einer Entfestigung (b) bei Gesamtdehnungsregelung dargestellt. Weitere transiente Vorgänge finden bei Versuchen mit überlagerter Mitteldehnung (Abb.10c) oder Mittelspannung (Abb.10d) statt. Bei mitteldehnungsbeaufschlagter Versuchsführung strebt der Werkstoff an, durch eine *zyklische Relaxation* den asymmetrischen Spannungsverlauf abzubauen und einen symmetrischen Spannungsverlauf einzustellen. Bei Vorliegen einer konstanten Mittelspannung während der Wechselverformung entsteht eine Mitteldehnung, die mit der Zyklenzahl zunimmt. In Anlehnung an den Vorgang des Kriechens von Werkstoffen unter konstanter Last und hoher Temperatur wird der Begriff *zyklisches Kriechen* benutzt.

Nach dem Anfangsbereich der Wechselver- oder -entfestigung schließt sich oftmals ein zweiter Bereich an, in dem die Werkstoffantwort auf die zyklische Belastung unabhängig von der Zyklenzahl ist. In der Wechselverformungskurve ist dieser Bereich durch ein Plateau erkennbar. Die zyklische Verformung erfolgt stationär, ein Zustand *zyklischer Sättigung* ist erreicht. Die mit dem Sättigungszustand verknüpften Amplituden der Spannung bzw. der plastischen Dehnung werden mit den Symbolen σ_S und $\varepsilon_{pl,s}$ gekennzeichnet. Der zyklische Sättigungsbereich erstreckt sich häufig über den größten Teil der Werkstofflebensdauer. Aus diesem Grund finden in Lebensdauerbetrachtungen meist nur die Werte von σ_S und $\varepsilon_{pl,s}$ Eingang.

Der dritte Bereich in der Wechselverformungkurve ist durch die Existenz und den Fortschritt eines bereits im zyklischen Spannungs-Dehnungsverhalten deutlich erkennbaren Ermüdungsrisses gekennzeichnet. Da dieser Riss schon einen nicht mehr zu vernachlässigenden Teil des ursprünglichen Probenquerschnitts einnimmt, sind die gemessenen Werte von $\Delta\varepsilon_{pl}/2$ und $\Delta\sigma/2$ physikalisch nicht mehr relevant. Der Ermüdungsbruch stellt das Ende der Wechselverformungskurve dar.

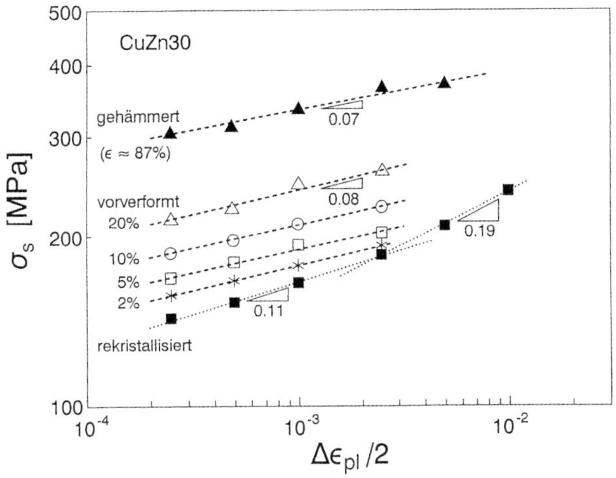

Abb. 11: Einfluss der Vorverformung auf den Zustand zyklischer Sättigung [9]

Hat der Werkstoff eine mechanische Vorgeschichte, z.B. in Form einer Zugvorverformung, erfahren, so ist nicht gewährleistet, dass nach einem Übergangsbereich in der Wechselverformungskurve ein Sättigungszustand eingestellt wird, der dem des unverformten Ausgangszustandes entspricht. Dies ist in Abb.9 durch die gestrichelt eingezeichneten Kurvenverläufe angedeutet. Führt die Wechselentfestigung zum gleichen Sättigungszustand $\varepsilon_{pl,s}$ bzw. σ_S unabhängig von der Vorverformung, so spricht man von einem *vorgeschichteunabhängigen Wech-*

selverformungsverhalten. Nach neueren Untersuchungen [9,10] ist ein *vorgeschichteabhängiges Verhalten* die Regel, d.h. die Wechselverformung ist nicht in der Lage, die durch die Vorverformung eingebrachten mikrostrukturellen Veränderungen komplett auszulöschen. In Abb.9 führt die Vorgeschichteabhängigkeit zu „härteren" Sättigungszuständen.

Zur Verdeutlichung ist in Abb.11 die Sättigungsspannungsamplitude in Abhängigkeit von der (geregelten) plastischen Dehnungsamplitude dargestellt. Jeder Messpunkt ist das Ergebnis eines Einstufenversuches. Die Messungen wurden an Proben aus Messing (CuZn30) durchgeführt, die vor der zyklischen Beanspruchung glühbehandelt und bis zu Dehnungen von 20 % zugvorverformt oder rundgehämmert (entspricht einem Vorverformungsgrad von 87 %) wurden. Erkennbar ist eine deutliche Abhängigkeit des Niveaus von σ_S vom Vorverformungsgrad.

5.4 Die zyklische Spannungs-Dehnungskurve

Die zyklische Spannungs-Dehnungskurve (ZSD-Kurve) stellt einen weiteren Schritt in der Komprimierung der Information zum Wechselverformungsverhalten eines Werkstoffes dar. Diese bereits in Abb.11 benutzte Auftragungsart repräsentiert ausschließlich das zyklische Sättigungsverhalten durch eine Auftragung der Sättigungsspannungsamplitude gegen die (Gesamt- oder plastische) Dehnungsamplitude. Um eine komplette ZSD-Kurve zu erhalten, sind viele Wechselverformungsversuche mit unterschiedlichen, innerhalb eines Versuchs aber konstant gehaltenen Amplituden von ε_{pl} (bzw. ε) oder von σ erforderlich. Aus dem Plateauwert der Wechselverformungskurve und dem Amplitudenwert der Regelgröße ergibt sich pro Versuch ein Wertepaar für die ZSD-Kurve.

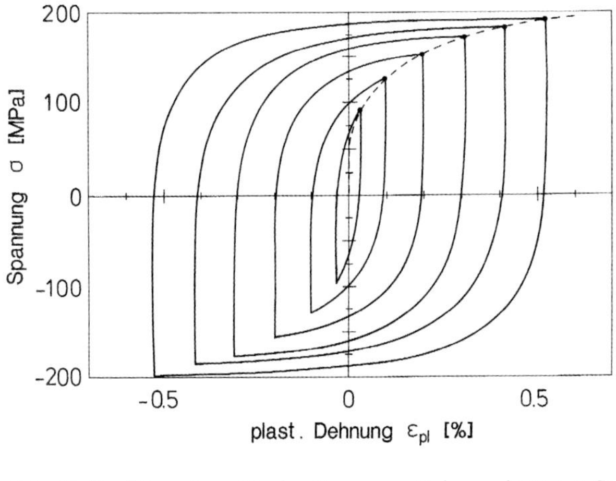

Abb. 12: Ermittlung der zyklischen Spannungs-Dehnungskurve aus Sättigungshysteresen

In Abb.12 ist anschaulich der Zusammenhang zwischen Hysteresekurve und ZSD-Kurve dargestellt. Im Allgemeinen ist im Sättigungszustand nicht nur die Amplitude der Werkstoffantwort (z.B. σ_S bei $\Delta\varepsilon_{pl}/2$=konst.) konstant, sondern die gesamte Hysteresekurve nimmt eine stationäre Form und Größe an (Sättigungshysterese). Trägt man die aus mehreren Versuchen ermittelten Sättigungshystereseschleifen in ein gemeinsames Diagramm ein, so kann die ZSD-Kurve durch das Verbinden der Eckpunkte (gestrichelt in Abb.12) gewonnen werden. Für den

Fall asymmetrischer Schleifen muss zwischen den Beträgen von Zug- und Drucklastumkehrpunkt gemittelt werden.

Für die Werkstoffauswahl spielt die ZSD-Kurve im direkten Vergleich mit der monotonen Spannungs-Dehnungs-Kurve (aus dem Zugversuch) eine wichtige Rolle. Trägt man beide Kurven in ein gemeinsames Diagramm ein, so lässt sich aus der relativen Lage beider Kurven zueinander feststellen, ob der betrachtete Werkstoff durch Wechselverformung im Vergleich zum Verhalten unter einsinniger Beanspruchung *zyklisch verfestigt* oder *zyklisch entfestigt*. Letzteres kann für die Anwendung als Bauteil sehr kritisch sein, da bei wiederholter Belastung eine Dehnung auftritt, die größer ist, als einer statischen Auslegung zugrunde liegt.

Ob eine zyklische Ver- oder Entfestigung auftritt, ist nicht exakt vorhersehbar. Zur ersten Orientierung und groben Abschätzung dienen zwei Faustregeln, die besagen, dass eine zyklische Entfestigung zu erwarten ist, wenn:

a) der einsinnige Verfestigungskoeffizient n, der zur Beschreibung des einsinnigen Spannungs-Dehnungsverhaltens gemäß der Beziehung $\sigma = k\,(\varepsilon_{\rm pl})^n$ dient, einen Wert von größer 0,15 hat und/oder
b) das Verhältnis von Zugfestigkeit $R_{\rm m}$ zur 0,2%-Dehngrenze $R_{\rm p0,2}$ größer als 1,4 ist.

Umgekehrt kann mit einer zyklischen Verfestigung gerechnet werden für $n \leq 0{,}1$ und/oder $R_{\rm m}/R_{\rm p0,2} < 1{,}2$.

5.5 Lebensdauerkurven

Aus ingenieurmäßiger Sicht stellt das Wöhler-Diagramm nach wie vor die wichtigste Darstellungsart zur überschlägigen Lebensdauerabschätzung schwingend beanspruchter Werkstoffe dar. Die meist benutzte Auftragungsart der Spannungsamplitude über dem Logarithmus der Bruchlastspielzahl ist in Abb.13 schematisch gezeigt. Entsprechend dem Zahlenwert von $N_{\rm B}$ wird in die Bereiche Kurzeitfestigkeit (oder LCF für low-cycle fatigue, $N_{\rm B} < 5 \cdot 10^4$), Zeitfestigkeit (oder HCF für high-cycle fatigue, $5 \cdot 10^4 < N_{\rm B} < 2 \cdot 10^6$) und Wechsel- bzw. Dauerfestigkeit ($N_{\rm B} > 2 \cdot 10^6$) eingeteilt. Für Werkstoffe (wie Aluminium und Kupfer), die in der Wöhler-Kurve keine echte Dauerfestigkeit (Plateau bei großen Werten von $N_{\rm B}$) aufweisen, wird als Dauerfestigkeit der Spannungsamplitudenwert festgelegt, bei dem eine für die technischen Anwendung ausreichend hohe Grenzschwingspielzahl $N_{\rm G}$ sicher ertragen wird. Ob es grundsätzlich physikalisch gerechtfertig ist, von einer Dauerfestigkeit zu reden, oder ob vielmehr auch bei Stählen von einer mehrstufigen Wöhlerlinie mit einer reduzierten Dauerfestigkeit bei sehr hohen Lastspielzahlen (VHCF für very high cycle fatigue) auszugehen ist, ist Gegenstand aktueller Forschung [11].

Aus der Tatsache, dass ein Werkstoff bei einer Spannungsamplitude, die deutlich unterhalb der Streckgrenze liegt, nach einer endlichen Anzahl von Schwingspielen versagt, wurde lange Zeit der Schluss gezogen, dass die Ursache für die Materialermüdung die elastische Verformung ist. Dies drückt sich auch in dem von O.H. Basquin formulierten Zusammenhang zwischen der Spannungsamplitude $\Delta\sigma/2$ und der Bruchlastspielzahl $N_{\rm B}$ aus:

$$\frac{\Delta\sigma}{2} = konst.\left(N_{\rm B}\right)^b \qquad (9)$$

Dabei ist b eine werkstoffspezifische Konstante.

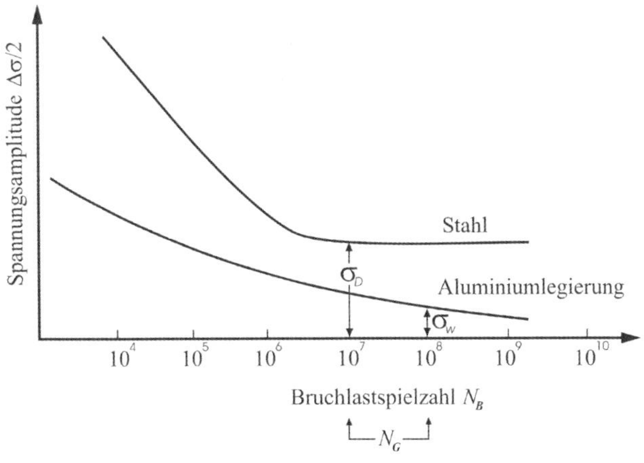

Abb. 13: Schematische Darstellung der Wöhler-Kurve mit und ohne Dauerfestigkeit

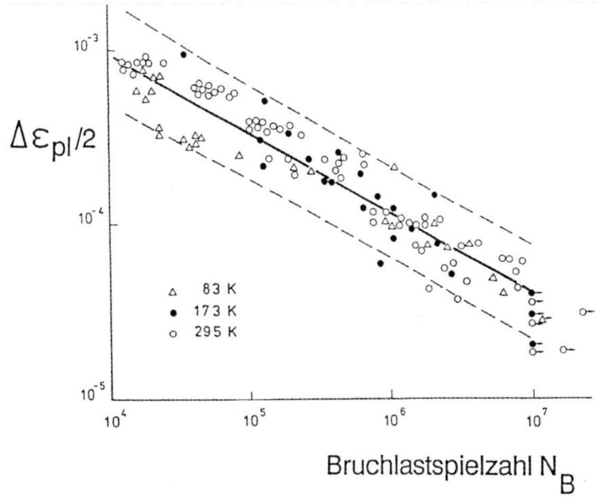

Abb. 14: Coffin-Manson-Auftragung von Bruchlastspielzahlen gemessen an Kupfer bei unterschiedlichen Temperaturen [12]

Einen wesentlichen Fortschritt im Erkenntnisstand zur Ermüdung lieferten Manson und Coffin, die unabhängig voneinander erkannten, dass die Lebensdauer eines Werkstoffs bei zyklischer Beanspruchung mit der Amplitude der plastischen Dehnung verknüpft ist:

$$\frac{\Delta\varepsilon_{pl}}{2} = konst. \left(N_{\mathrm{B}}\right)^{c} \qquad (10)$$

c ist dabei ein Werkstoffparameter, der in der sogenannten Coffin-Manson-Auftragung, der doppellogarithmischen Darstellung von $\Delta\varepsilon_{\mathrm{pl}}/2$ über N_{B}, die Steigung der Geraden bestimmt.

Zur Verdeutlichung der physikalischen Relevanz des Manson-Coffin-Gesetzes sind in Abb.14 die Lebensdauerdaten, die an Kupfer bei drei verschiedenen Versuchstemperaturen gemessen wurden, aufgetragen. Alle Messpunkte können in einheitlicher, temperaturunabhängiger Weise in Abhängigkeit von der plastischen Dehnungsamplitude durch das Coffin-Manson-Gesetz beschrieben werden. Eine Darstellung derselben Ergebnisse in einem Wöhler-Diagramm führt zu je einer Kurve je Versuchstemperatur.

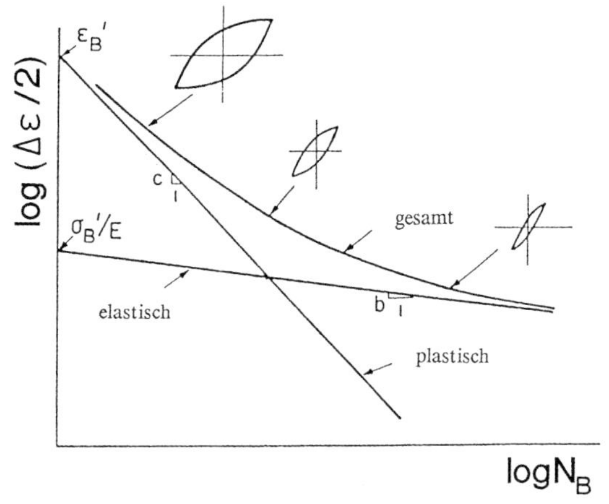

Abb. 15: Zusammenhang von elastischer, plastischer und Gesamtdehnungsamplitude mit der Ermüdungslebensdauer

Die Messung der sehr kleinen plastischen Dehnungsamplituden bei großen Bruchzyklenzahlen ist experimentell aufwändig und mit großen Fehlern behaftet. Um eine Lebensdauervorhersage auf der Basis einer experimentell relativ einfach zu bestimmenden Größe zu ermöglichen, wird, einem Vorschlag von Landgraf [13] folgend, häufig die Gesamtdehnungsamplitude doppellogarithmisch über der Bruchlastspielzahl aufgetragen. Abbildung 15 zeigt diese Auftragungsart schematisch.

Die Gesamtdehnungsamplitude setzt sich additiv aus einem elastischen und einem plastischen Anteilen zusammen:

$$\frac{\Delta\varepsilon}{2} = \frac{\Delta\varepsilon_{\mathrm{el}}}{2} + \frac{\Delta\varepsilon_{\mathrm{pl}}}{2} = \frac{\Delta\sigma}{2E} + \frac{\Delta\varepsilon_{\mathrm{pl}}}{2} \tag{11}$$

Der plastische Dehnungsanteil dominiert bei hohen Beanspruchungsamplituden (kleine Bruchlastspielzahlen, LCF), sodass in diesem Bereich das Coffin-Manson-Gesetz in guter Näherung gilt. Dies führt zu der Geraden mit der Steigung c und dem Achsenabschnitt $\log\varepsilon_{\mathrm{B}}'$ in Abb.15. Bei niedriger Gesamtdehnungsamplitude (hohe Bruchlastspielzahl, HCF) ist der plastische Dehnungsanteil an der Gesamtdehnung vernachlässigbar gering. Zur Beschreibung der Lebensdauer in diesem Bereich ist die Verwendung des Basquin-Gesetzes einfacher. Da in Gleichung (9) die Spannungsamplitude direkt in die Amplitude der elastischen Dehnung umgerechnet werden kann, ergibt sich in Abb.15 eine Asymptote mit der Steigung b und dem Achsenabschnitt $\log(\sigma_{\mathrm{B}}'/E)$.

Literatur

[1] H. Mughrabi: Dislocations and Properties of Real Materials (Conf. Proc.), Book No. 323, The Institute of Metals, London, 1985, S .244.

[2] L. F. Coffin: Fatigue and Microstructure, herausgegeben von M. Meshii, American Society of Metals, Metals Park, 1079, S. 1.

[3] S. E. Stanzl-Tschegg: Proc. Fatigue 96, Vol. III, herausgegeben von G. Lütjering und H. Nowack, Pergamon, 1996, S. 1887.

[4] K. Schöler und H.-J. Christ: Materialprüfung 38 (1996) 488.

[5] H.-J. Christ: Wechselverformung von Metallen, Monographiereihe WFT, Nr. 9, Springer-Verlag, Berlin, 1991.

[6] H. Mughrabi: Werkstoffverhalten und Bauteilbemessung, herausgegeben von E. Macherauch, DGM-Informationsgesellschaft, Oberursel, 1987, S. 49.

[7] H.-J. Christ, H. Mughrabi, S. Kraft, F. Petry, R. Zauter und K. Eckert: Fatigue under Thermal and Mechanical Loading - Mechanisms, Mechanics and Modelling, herausgegeben von J. Bressers und L. Remy, Kluwer Academic Publishers, Dordrecht, 1996, S. 1

[8] S. Suresh: Fatigue of Materials, Cambridge University Press, Cambridge, 1991.

[9] G. Hoffmann: Wechselverformungsverhalten und Mikrostruktur ein- und mehrphasiger Werkstoffe nach einer Vorverformung, Dissertation, Universität Erlangen-Nürnberg, 1996.

[10] K. Schöler, Einfluss der Mikrostruktur auf das Wechselverfomungsverhalten teilchengehärteter Legierungen bei hohen Temperaturen nach einer Vorverformung, Dissertation, Universität Siegen, Fortschritts-Berichte VDI, Reihe 5, Nr. 574, Düsseldorf, 1999.

[11] Proceedings of the Third International Conference on Very High Cycle Fatigue, herausgegeben von T. Sakai und Y. Ochi, The Society of Materials Science, Japan, 2004.

[12] P. Lukáš und L. Kunz: Mater. Sci. Engng A 103 (1988) 233.

[13] R. W. Landgraf: Achievement of High Fatigue Resistance in Metals and Alloys, ASTM STP 467, American Society for Testing and Materials, Philadelphia, Pennsylvania, 1070, S. 3.

Bestimmung der Lebensdauer bei schwingender Belastung

M. Zimmermann

1 Einleitung

Metallische Werkstoffe ertragen schwingende Belastungen selbst dann nicht beliebig oft, wenn die hierbei auftretenden Spannungsamplituden gering gegenüber der im Zugversuch ermittelten Zugfestigkeit sind. Die sich zeitlich verändernden und wiederholenden Beanspruchungen führen in vielen Fällen zu einem Ermüdungsbruch bzw. -anriss. So versagen z.B. Proben aus normalisierten unlegierten Stählen unter Zug-Druck-Wechselbeanspruchung selbst dann noch, wenn die Spannungsamplitude kleiner als ihre Streckgrenze ist. Hieraus ergibt sich für die Auslegung schwingend belasteter Bauteile die zwingende Forderung, Werkstoffkenngrößen zu verwenden, welche das mechanische Verhalten unter schwingender Beanspruchung widerspiegeln [1]. Solche Kenngrößen können aus Ermüdungsversuchen (auch: Dauerschwingversuche oder Wöhlerversuche) ermittelt werden. Hierbei wird meist ein sinusförmiger Belastungsverlauf mit konstanter Amplitude bis zum Bruch bzw. techn. Anriss der Probe aufgebracht und die Bruch- bzw. Anrisszyklenzahl registriert. Die Belastung kann last- oder dehnungskontrolliert erfolgen. Zusätzlich zur schwingenden Belastung kann eine statische Last (Mittelspannung bzw. Mitteldehnung) überlagert sein. Je nach Lage der Mittelspannung werden verschiedene Beanspruchungsfälle unterschieden. So ist beispielsweise der Druckschwellbereich dadurch gekennzeichnet, dass die aufgebrachte Unter- wie auch die Oberspannung im Druckbereich liegen. Analog hierzu ist der Zugschwellbereich durch eine Unter- und Oberspannung im Zugbereich gekennzeichnet. Im Wechselbereich liegt die Oberspannung im Zug- und die Unterspannung im Druckbereich. Diese in Abb. 1 schematisch dargestellten Bereiche lassen sich in einfacher Form durch das Spannungsverhältnis R angeben. Das Spannungsverhältnis ergibt sich aus dem Quotienten von Unter- zu Oberspannung ($R = \sigma_u/\sigma_o$).

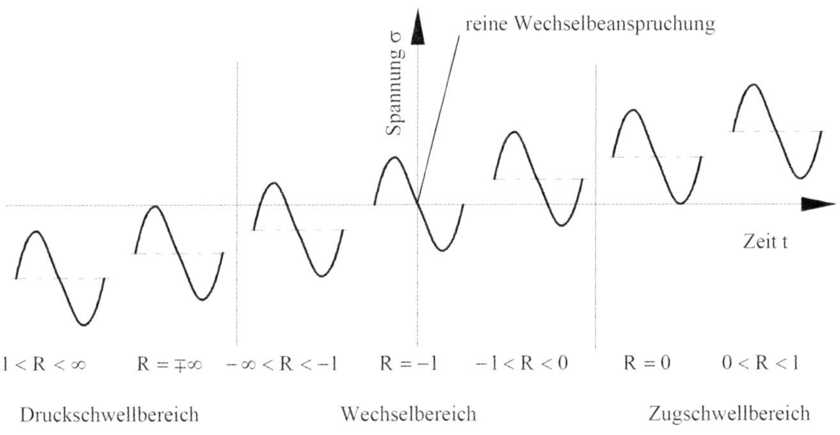

Abb. 1: Beanspruchungsfälle mit zugehörigem Spannungsverhältnis

2 Versuchsarten

Ermüdungsversuche zur Lebensdauerermittlung werden in der Regel an Prüfmaschinen durchgeführt, die eine rasche Folge von Lastwechseln ermöglichen. Die Belastungsart sollte der Beanspruchung im Betrieb möglichst nahe kommen, um schwer kalkulierbare Fehler bei der Übertragung von Lebensdauerdaten einer Belastungsart in eine andere zu vermeiden. Aus der gewählten Belastungsart ergibt sich der zu verwendende Prüfmaschinentyp. Für Ermüdungsversuche werden Schwingprüf-, Umlaufbiege-, Wechselbiege- und Torsionsschwingmaschinen verwendet [2]. Abhängig von der Antriebsart (Zwangs-, Resonanz- oder hydraulischer Antrieb) können Lastwechselfrequenzen von 5 bis 1000 Hz erzeugt werden. Abb. 2 zeigt den schematischen Aufbau dieser Maschinen jeweils mit Zwangsantrieb (Schwingprüf-, Umlaufbiege-, Wechselbiege- und Torsionsschwingmaschine). Die Versuchsamplituden sind stufenlos über den jeweiligen Exzenterhub einstellbar.

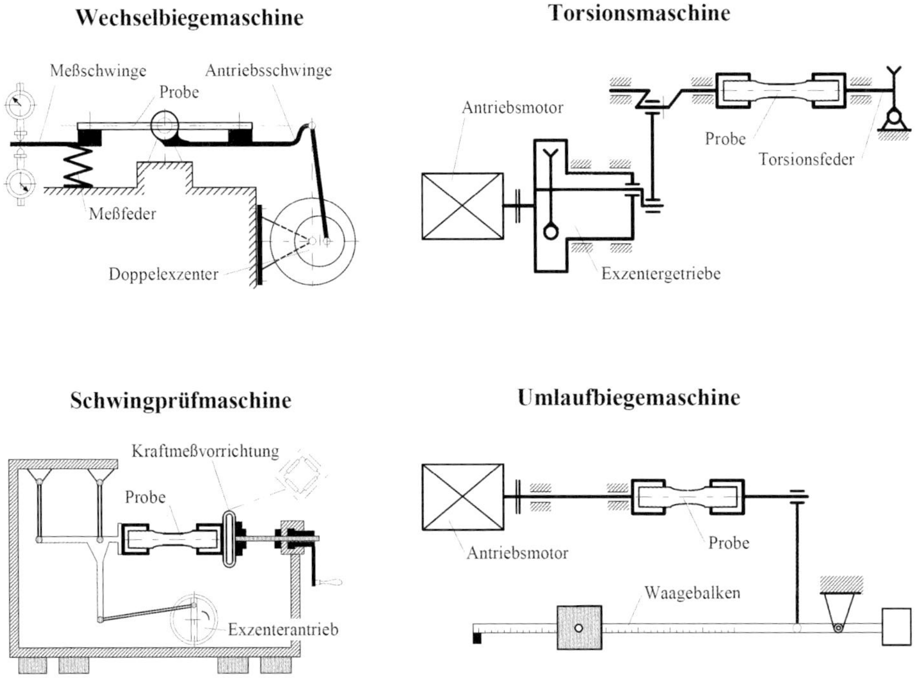

Abb.2: Schematischer Aufbau einer Schwingprüf-, einer Umlaufbiege-,einer Wechselbiege- und einer Torsionsmaschine mit Zwangsantrieb

3 Wöhlerdiagramm

Aus ingenieurmäßiger Sicht ist das Wöhlerdiagramm nach wie vor eines der am häufigsten angewandten Darstellungsarten des Zusammenhangs zwischen erreichbarer Lebensdauer (Bruch- oder Anrisszyklenzahl) und Beanspruchungsamplitude als Grundlage zur Bauteilbemessung. Dabei kann es sich bei der Beanspruchung um eine Spannung oder Dehnung handeln. Die Erstellung einer (klassischen) Spannungs-Wöhlerkurve erfolgt auf der Basis einer ausreichend hohen Anzahl an Ermüdungsversuchen an ungekerbten, polierten Probestäben, welche bei verschiedenen Lastamplituden und konstanter Mittellast bis zum Probenversagen durchgeführt werden. Jeder Lasthorizont ist mit einer ausreichenden Anzahl an Proben experimentell abzudecken. Das je Versuch erhaltene Wertepaar aus Spannungsamplitude σ_a und Bruchzyklenzahl N_B wird in ein σ_a–N_B-Diagramm eingetragen. In vielen Fällen wird auch die Spannungsamplitude über dem Logarithmus der Bruchzyklenzahl (Abb. 3) oder der Logarithmus der Spannungsamplitude über dem Logarithmus der Bruchzyklenzahl aufgetragen. Aus der statistischen Auswertung der Versuchsergebnisse resultieren Ausgleichskurven, welche als Spannungs-Wöhlerkurven bezeichnet werden.

Die Verläufe der Wöhlerkurven nehmen bei den verschiedenen Werkstoffen charakteristische Formen an. So geht z.B. die Wöhlerkurve für unlegierte Stähle und Titanlegierungen [3] bei großen Zyklenzahlen ($N > 10^6$) in einen horizontalen Verlauf über. Dieser Kurvenverlauf wird als Wöhlerkurve vom Typ I bezeichnet. Aus der Lage der Horizontalen resultiert dann die Dauerschwingfestigkeit. Dagegen fällt die Wöhlerkurve vom Typ II auch bei niedrigeren Belastungsamplituden, wenn auch nur allmählich, ab. Ein solches Verhalten tritt bei vielen kubisch flächenzentrierten Legierungen, wie z.B. Aluminiumlegierungen, α-Messing oder austenitischen Stählen, auf. Die Dauerschwingfestigkeit ergibt sich in diesem Fall aus der Beanspruchungsamplitude, welche eine zuvor festgelegte Bruchzyklenzahl erwarten lässt. Gemäß FKM-Richtlinie [4] – ein weit verbreitetes Standardwerk zum rechnerischen Festigkeitsnachweis – wird der theoretisch angenommene Abknickpunkt der Wöhlerlinie bei 10^6, $5 \cdot 10^6$ oder 10^8 festgesetzt, je nachdem ob es sich um einen ungeschweißten oder geschweißten Stahl- oder Aluminiumwerkstoff handelt. Abb. 3 zeigt qualitative Verläufe von Spannungs-Wöhlerkurven des Typs I und II.

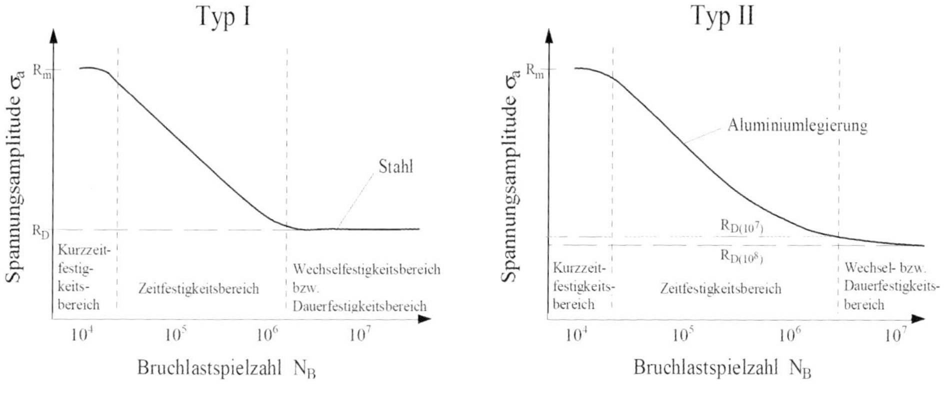

Abb. 3: Wöhlerkurven vom Typ I und II

4 Statistische Auswertung von Dauerschwingversuchen

Das Ermüdungsverhalten metallischer Werkstoffe hängt neben der Beanspruchungsart und -höhe von einer Vielzahl weiterer Einflussfaktoren ab. Zu nennen wären hier, neben Mikro- und Makrokerben und den daraus resultierenden lokalen Spannungsmaxima, die Oberflächenqualität (Rauhigkeit), Materialinhomogenitäten sowie Umgebungseinflüsse (Korrosionsangriff, Temperatur). Der nicht exakt abzuschätzende Einfluss dieser Faktoren hat erhebliche Streuungen der Versuchsergebnisse zur Folge, was eine große Anzahl an Versuchen und eine statistische Auswertung zur Erstellung von Wöhlerkurven notwendig macht. Aus Zeit- und Kostengründen ist allerdings die Anzahl an Versuchen zumeist begrenzt. Empfohlen werden in der Praxis bis zu 5 Beanspruchungshorizonte mit jeweils 6–10 identischen Proben [3]. Die Streuung der Versuchsergebnisse führt zur Darstellung einer Schar von Wöhlerlinien bezogen auf bestimmte Überlebenswahrscheinlichkeiten, welche anhand statistischer Verfahren abgeleitet werden können. So bietet sich für die Auswertung im Zeitfestigkeitsbereich bspw. die Gauß-Normalverteilung mittels Wahrscheinlichkeitsnetz bzw. Ausgleichsrechnung an (Abb. 4). Lassen die Versuche keine Gerade im Wahrscheinlichkeitsnetz zu, so ist auf andere Verfahren wie die Weibull-Verteilung oder die nachfolgend noch näher erläuterte $\arcsin\sqrt{P}$-Transformation zurückzugreifen. Insbesondere im Dauerfestigkeitsbereich kommen andere Verfahren als die Gauß-Normalverteilung zur Anwendung: das Treppenstufen-, das PROBIT-, das Abgrenzungs- oder das $\arcsin\sqrt{P}$-Verfahren. Alternativ zu den hier aufgeführten Verfahren stellt die FKM-Richtlinie [4] ein Verfahren zur Auswertung von Ermüdungsversuchen vor, für den Fall dass sich die Versuchsführung auf wenige Einzelversuche beschränkt. Hierbei kommt ein Schätzwert der logarithmischen Standardabweichung zur Anwendung.

Die Wöhlerkurven ergeben sich aus der Verbindung von Punkten gleicher Bruchwahrscheinlichkeit. Hierfür werden die Bruchwahrscheinlichkeiten für die vor Versuchsbeginn festzulegenden Spannungshorizonte nach Gl. (1) bis (8) berechnet. Mit Hilfe von Gl. (1) und (2) werden den experimentell ermittelten Bruchzyklenzahlen Bruchwahrscheinlichkeiten zugeordnet. Bei der Berechnung entspricht n der Gesamtzahl der mit σ_a beanspruchten Proben und i der der Bruchlastspielzahl zugeordneten Laufzahl ($i = 1$ entspricht dem kleinstem, $i = n$ dem größtem N_B-Wert).

$$P = \frac{i}{n} \cdot 100\,[\%] \tag{1}$$

für $i < n$ und

$$P = \left(1 - \frac{1}{2n}\right) \cdot 100\,[\%] \tag{2}$$

für $i = n$

Gl. (2) ist erforderlich, damit der Probe mit $i = n$, die voraussetzungsgemäß wie alle anderen Proben zu Bruch geht, eine Bruchwahrscheinlichkeit $P < 100\ \%$ zukommt.

Als besonders nützlich für die weitere statistische Auswertung von Dauerschwingversuchen hat sich die sogenannte $\arcsin\sqrt{P}$-Transformation erwiesen. Sie ermöglicht eine einfache Auswertung sowohl im Zeitfestigkeitsbereich als auch im Übergangsgebiet von Zeit- zu Dauerfes-

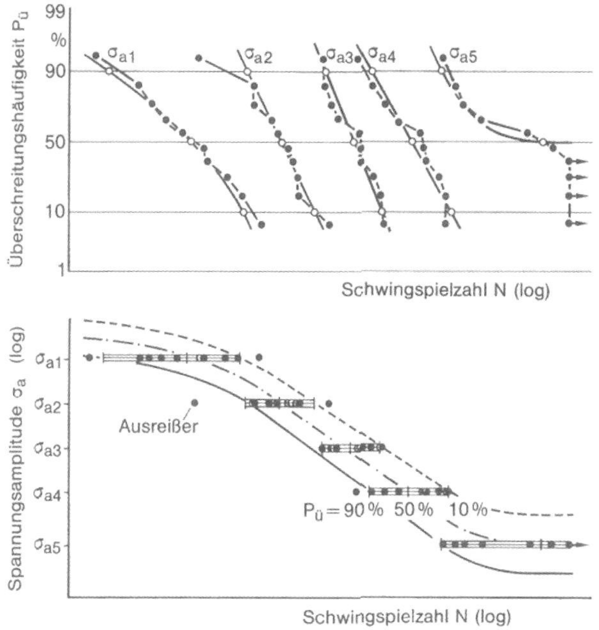

Abb. 4: Statistische Auswertung von Ermüdungsversuchen nach Haibach [5]

tigkeit. Das Verfahren liefert in der Regel technisch brauchbare Resultate und kommt mit einer erträglichen Probenzahl (etwa 40 – 60 pro Wöhlerkurve) aus. Abb. 5 veranschaulicht die zweigeteilte Vorgehensweise des arcsin$\sqrt{P}$-Verfahrens im Zeitfestigkeits- und im Übergangsgebiet einer Wöhlerkurve vom Typ I.

Im Zeitfestigkeitsgebiet ist die Bruchwahrscheinlichkeit als Funktion der Bruchlastspielzahl relevant. Im Übergangsgebiet führt diese Vorgehensweise jedoch zu keiner Lösung, da ein Teil der Proben beliebig viele Lastwechsel erträgt. Aus diesem Grund wird im Übergangsgebiet eine Bruchwahrscheinlichkeit als Funktion der Spannungsamplitude eingeführt.

Im Zeitfestigkeits- und im Übergangsgebiet lässt sich mit Hilfe der Größe arcsin$\sqrt{P}$ ein linearer Zusammenhang zu lg N_B bzw. σ_a herstellen. In Gl. (3) ist die entsprechende Beziehung für den Zeitfestigkeitsbereich dargestellt. Mit ihrer Hilfe können die statistischen Bruchzyklenzahlen für beliebige Bruchwahrscheinlichkeiten innerhalb eines Spannungshorizontes berechnet werden.

$$\lg N_B = a_{Zeit} + b_{Zeit} \cdot arc\sin\sqrt{P_{Zeit}} \qquad (3)$$

Die Konstanten a_{Zeit} und b_{Zeit} eines Spannungshorizontes ergeben sich aus den Gl. (4) und (5), welche aus Gl. (3) nach Anwendung der Regeln der Regressionsrechnung hervorgehen. Hierbei wurde arcsin$\sqrt{P_{Zeit}} = x$ gesetzt und die Bruchwahrscheinlichkeit im Zeitfestigkeitsbereich P_{Zeit} nach Gl. (1) und (2) bestimmt.

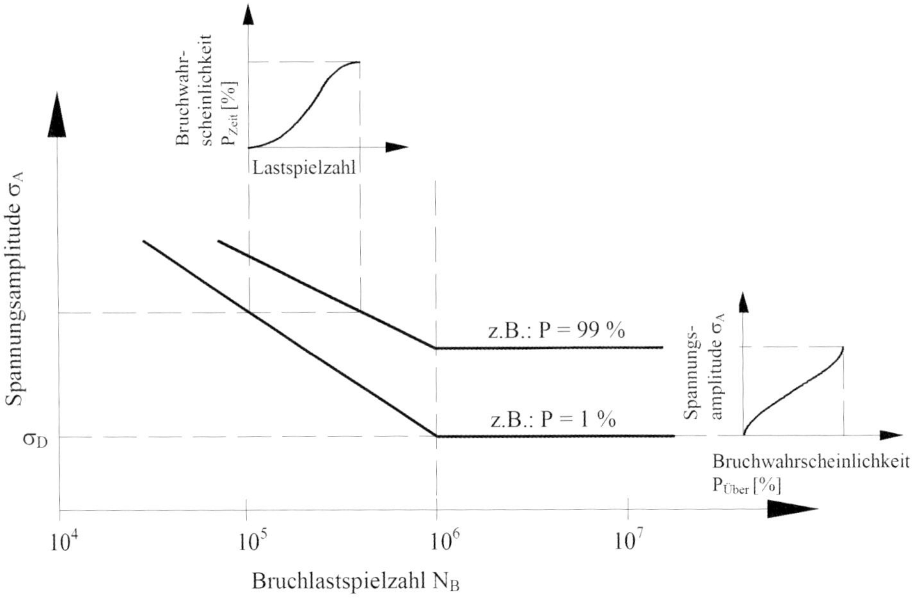

Abb. 5: Zweigeteilte Vorgehensweise beim arcsin√P-Verfahren

$$b_{Zeit} = \frac{\sum_{i=1}^{n} x \cdot \lg N_B - \left(\sum_{i=1}^{n} \lg N_B\right) \cdot \frac{\sum_{i=1}^{n} x}{n}}{\sum_{i=1}^{n} x^2 - \frac{\left(\sum_{i=1}^{n} x\right)^2}{n}} \tag{4}$$

$$a_{Zeit} = \frac{\sum_{i=1}^{n} \lg N_B - b_{Zeit} \cdot \sum_{i=1}^{n} x}{n} \tag{5}$$

Für den Übergangsbereich von Wöhlerkurven des Typs I gilt Gl. (6), welche die gleiche Struktur wie Gl. (3) aufweist. Gl. (6) beschreibt die Wahrscheinlichkeit, dass eine Probe bei einer bestimmten Spannung bricht. Die Konstanten $a_{\text{Über}}$ und $b_{\text{Über}}$ errechnen sich analog zu den Gl. (4) und (5) mit der Substitution $\arcsin\sqrt{P_{\text{Über}}} = x$.

$$\sigma_a = a_{\text{Über}} + b_{\text{Über}} \cdot arc\sin\sqrt{P_{\text{Über}}} \tag{6}$$

Der gravierende Unterschied zur Vorgehensweise im Zeitfestigkeitsgebiet liegt in der Herkunft der Bruchwahrscheinlichkeit für den Übergangsbereich $P_{\text{Über}}$.

Zur Bestimmung von $P_{\text{Über}}$ werden die Ergebnisse mehrerer Dauerschwingversuche bei verschiedenen Spannungshorizonten im Übergangsbereich benötigt. $P_{\text{Über}}$ ergibt sich dann aus den Gl. (7) und (8).

$$P_{\text{Über}} = \frac{r}{n} \cdot 100\,[\%] \tag{7}$$

für $r > 0$ und

$$P_{\text{Über}} = \frac{1}{2n} \cdot 100\,[\%] \tag{8}$$

für $r = 0$

Hierbei entspricht r der Anzahl der gebrochenen und n der Anzahl der beanspruchten Proben pro Spannungshorizont. Gl. (8) ist erforderlich, damit einem Spannungshorizont mit $r = 0$ (keine Probe gebrochen) eine Bruchwahrscheinlichkeit $P_{\text{Über}} > 0$ % zukommt.

5 Ermüdungsversuche im VHCF-Bereich

Das Ermüdungsverhalten metallischer Werkstoffe im Bereich sehr hoher Lastspielzahlen (Very-High-Cycle-Fatigue = VHCF) gewinnt seit geraumer Zeit verstärkt an Bedeutung. In den gängigen Regelwerken zum rechnerischen Festigkeitsnachweis wird zumeist davon ausgegangen, dass bei Unterschreiten eines bestimmten Schwellwerts eben diese Beanspruchungsamplitude unendlich oft von einem Bauteil ertragen wird ohne eine Schädigung hervorzurufen. Dass dies bei einer Vielzahl von Werkstoffen nicht der Fall ist, wird im Kapitel zur Rissbildung bei zyklischer Beanspruchung hinreichend erläutert und in diesem Zusammenhang für den VHCF-Bereich typische Rissbildungsphänomene sowie ein Vorschlag zur Neudefinition einer Wöhlerlinie vorgestellt. Der experimentellen Beobachtung eines Materialversagens auch oberhalb des klassischen Dauerfestigkeitsbereichs von $N = 2 \cdot 10^6$ wird in den Regelwerken bisher durch die Fortführung der Wöhlerlinie mit veränderter (häufig: halbierter) Neigung Rechnung getragen. An dem Abknicken der Wöhlerkurve in die Horizontale und damit der Definition einer endgültigen Dauerfestigkeit ab einer bestimmten Lastspielzahl (z.B. $N = 10^8$)wird dennoch festgehalten.

Ein experimenteller Zugang zum VHCF-Bereich wurde erst durch die Entwicklung von Prüfeinrichtungen geschaffen, welche entsprechend hohe Prüffrequenzen zulassen, sodass die Wechselverformungsversuche in einem zeitlich vertretbaren Rahmen durchgeführt werden können. So lassen sich mit einer servohydraulischen Prüfeinrichtung der Fa. MTS (Abb. 6a) maximale Prüffrequenzen von 1 kHz erreichen. Ein System, welches die erforderlichen Lasten durch Anregung des Prüfkörpers mittels piezoelektrischer Vibrationsplatten in mechanische Schwingungen im Eigenresonanzbereich erreicht – eine sogenannte Ultraschallprüfanlage (Abb. 6b) – ermöglicht sogar Prüffrequenzen um ca. 20 kHz. Eine weitere Alternative stellen elektromechanisch arbeitende Resonanzprüfmaschinen mit Prüffrequenzen bis ca. 300 Hz dar.

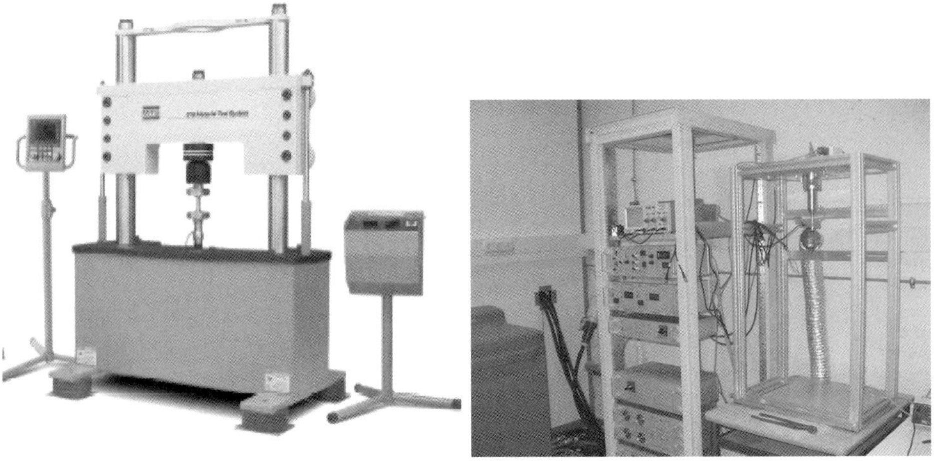

a) Servohydraulische Prüfeinrichtung b) Ultraschallprüfeinrichtung

Abb. 6: Hochfrequenzprüfeinrichtungen am Institut für Werkstofftechnik der Universität Siegen

Unabhängig vom Anlagentyp ist allen Prüfeinrichtungen gemein, dass die Konstruktion so zu entwickeln war, dass es nicht zu verfrühtem Ermüdungsversagen der beweglichen Komponenten kommt. In diesem Sinne stellt ein neuartig entwickeltes, sogenanntes Voice-Coil-Servoventil der servohydraulischen Anlage einen entscheidenden Bestandteil dieses Systems dar. Dieses Servoventil arbeitet in zwei Stufen. Ein Vorsteuerventil arbeitet elektrodynamisch ähnlich einem Lautsprechersystem. Die zweite und damit Hauptstufe funktioniert lediglich als eine Art hydraulischer Verstärker, sodass außer den Ventilfedern des Voice-Coil-Servoventils keine weitere Komponente mechanisch beansprucht wird [6].Zudem ermöglicht dieses Servoventil ein besseres Regelverhalten im Hochfrequenzbereich und höhere Durchflussraten als ein konventionelles Ventil, wie es üblicherweise in servohydraulischen Pulsationsprüfanlagen zum Einsatz kommt.

Das Problem des vorzeitigen Ermüdungsversagens bei der Ultraschallanlage ist bedingt durch die Funktionsweise des Systems gelöst. Die Probenbeanspruchung wird durch die Erzeugung einer mechanischen Schwingung in Form einer stehenden Längswelle über der System- und Probenachse mittels piezoelektrischer Energieumwandler aufgebracht. Alle schwingenden Komponenten müssen hinsichtlich Größe und Gestalt so aufeinander abgestimmt sein, dass die Resonanzschwingung erreicht wird. Die relative Position der stehenden Längswelle zur Probengeometrie ist ebenfalls von der Dimensionierung, nämlich der summierten Länge aller schwingenden Komponenten abhängig. Außerdem müssen die Proben axial symmetrisch sein.

Durch die gezielte Dimensionierung der schwingenden Komponenten und der Probe tritt die maximale Last und Dehnung in der Probenmitte auf, der maximal zurückgelegte Weg wird hingegen am Probenende erreicht. Dort ist eine Art elektronischer Wegaufnehmer positioniert, welcher die Versuchssteuerung in einem geschlossenen Regelkreis ermöglicht [8]. Gleichzeitig erfolgt zudem eine Kontrolle der Resonanzfrequenz, sodass durch das Setzen von Grenzwerten ein Abschalten der Anlage bei höheren Abweichungen gewährleistet ist. Die Dimensionierung der Einzelkomponenten geschieht mit Blick auf die stehende Längswelle so, dass die durch die Welle erzeugte Beanspruchung an den ermüdungskritischen Stellen – also an den Kontaktstel-

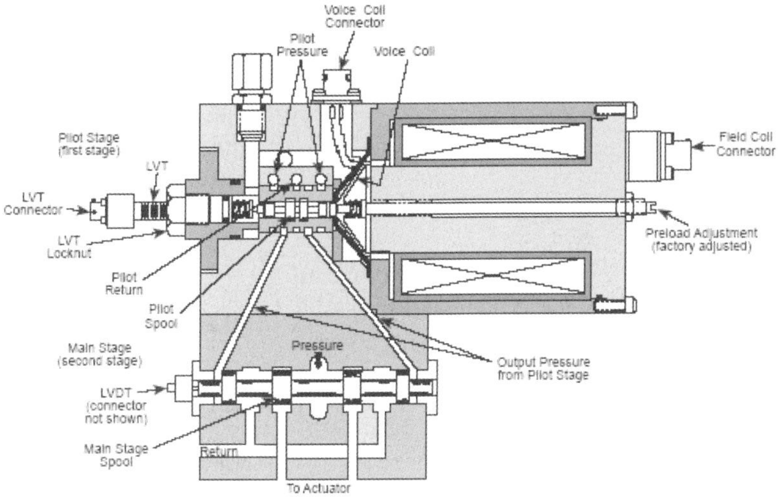

Abb. 7: Schnitt durch das Voice-Coil-Servoventil [7]

len der einzelnen Komponenten – gleich Null bzw. minimal ist [9], siehe hierzu Abb. 8 (Positionen A, B und C).

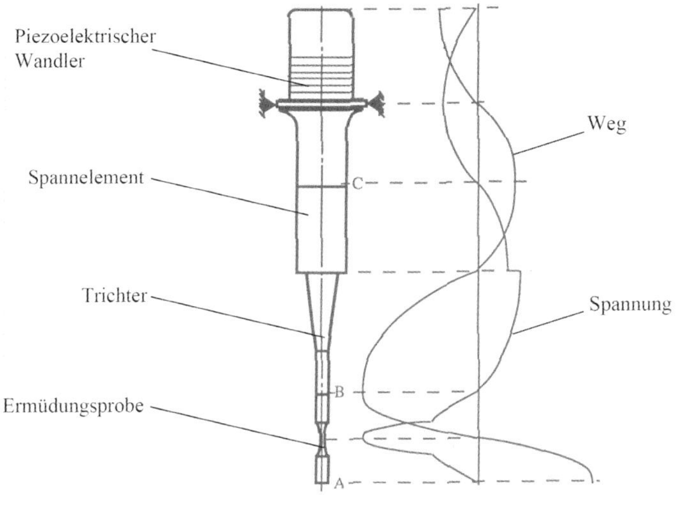

Abb. 8: Verlauf von Weg und Spannung über der Probenlängsachse [9]

6 Zusammenfassung

Unterschiedliche Versuchsapparaturen dienen zur Bestimmung der Lebensdauer (Wechselbiege-, Umlaufbiege-, Torsionsschwingmaschine). Eine statistische Auswertung der Bruchlastspielzahlen kann mit Hilfe des arc sin $\sqrt{P}$–Verfahrens erfolgen. Die Verfügbarkeit von Prüfeinrichtungen, mit denen sich eine ausreichend hohe Prüffrequenz realisieren lässt, ermöglichen den experimentellen Zugang zur Erforschung des Ermüdungsverhaltens und der damit verknüpften Schädigungsmechanismen im Bereich sehr hoher Lastspielzahlen.

Literatur

[1] W. Bergmann: Werkstofftechnik Teil 1, Carl Hanser Verlag, München/Wien, 2003.

[2] E. Macherauch: Praktikum in Werkstoffkunde, Vieweg & Sohn Verlag, Braunschweig/ Wiesbaden, 1992.

[3] D. Radaj: Ermüdungsfestigkeit – Grundlagen für Leichtbau, Maschinen- und Stahlbau, Springer-Verlag, Berlin/Heidelberg/New York, 2003.

[4] B. Hänel, E. Haibach, T. Seeger, G. Wirthgen, H. Zenner: Rechnerischer Festigkeitsnachweis für Maschinenbauteile, Hrsg.: Forschungskuratorium Maschinenbau, 5. Ausgabe, VDMA-Verlag, Frankfurt, 2003.

[5] E. Haibach: Betriebsfestigkeit – Verfahren und Daten zur Bauteilberechnung, VDI-Verlag, Düsseldorf, 2002.

[6] J. M. Morgan, W. M. Milligan: A 1kHz Servohydraulic Fatigue Testing System in: *Proceedings of the Conference "High Cycle Fatigue of Structural Materials"* (Ed.: W. O. Soboyejo, T. S. Srivatsan), TMS, Warrendale PA, 1997, p. 305–312.

[7] N. N. : Product Information : 1000Hz High-Cycle Fatigue Test System, MTS Systems Corporation, Michigan, 2001.

[8] S. E. Stanzl-Tschegg: Ultrasonic Fatigue in: *Proceedings of the Sixth International Fatigue Congress* (Ed..: G. Lütjering, H. Nowack), Pergamon, Berlin, 1996, p. 1887–1898.

[9] G. Jago, T. Y. Wu, D. Guichard, C. Bathias: A Cryogenic Fatigue Machine Working at 20 kHz and 77 K in: *Proceedings of the Sixth International Fatigue Congress* (Ed..: G. Lütjering, H. Nowack), Pergamon, Berlin, 1996, p. 1917–1922.

Materialermüdung und Werkstoffmikrostruktur

H.-J. Christ

1 Einleitung

Im vorangegangenen Kapitel wurden anhand der dortigen Abb. 1 die Vorgänge bei zyklischer Verformung vorgestellt, die für die allmähliche Werkstoffschädigung bis hin zum Versagen verantwortlich sind. Die Ausführungen in diesem Kapitel beziehen sich auf den Teilaspekt „zyklisches Verformungsverhalten" der Materialermüdung, das sich grob aus den Stadien zyklische Ver- oder Entfestigung und zyklische Sättigung zusammensetzt. Die mikrostrukturellen Vorgänge bei Wechselverformung werden anhand ausgewählter Beispiele vorgestellt und sollen die Basis für ein grundsätzliches Verständnis der bei zyklischer Belastung ablaufenden Prozesse und des resultierenden makroskopischen Verhaltens, das sich in Form des Spannungs-Dehnungsverlaufes äußert, liefern. Der Zusammenhang mit der Schädigungsentwicklung ist insofern gegeben, als diese mikrostrukturellen Veränderungen letztlich die Ursache für die Ermüdungsrissbildung darstellen (siehe Kapitel „Rissbildung bei zyklischer Beanspruchung"). Ein einmal gebildeter kurzer Riss wird in seinem Ausbreitungsverhalten signifikant von der Werkstoffmikrostruktur beeinflusst, was im Kapitel „Ermüdungsrissausbreitung" näher beleuchtet wird. Weiterhin beinhalten moderne Methoden zur Beschreibung des Rissausbreitungsverhaltens das durch die Mikrostruktur bestimmte zyklische Verformungsverhalten (meist im Sättigungszustand) in Form von Kennwerten aus der Spannungs-Dehnungshysteresekurve.

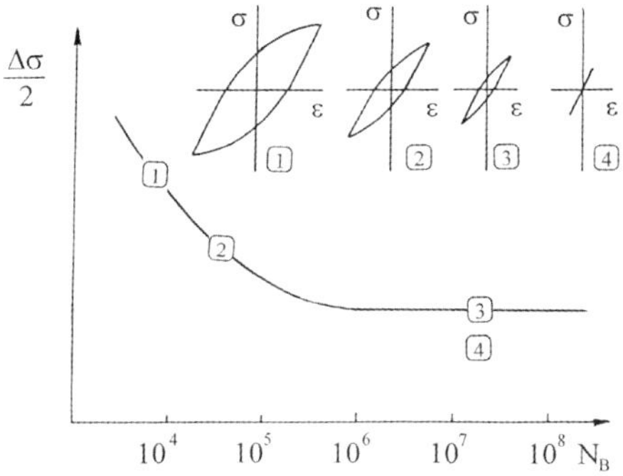

Abb. 1: Zusammenhang von Wöhler-Kurve und Hystereseschleife [1]

Seit den grundlegenden Arbeiten von Coffin und Manson im Jahre 1954, die zur Formulierung des Coffin-Manson-Gesetzes geführt haben, ist bekannt, dass die Ermüdung metallischer Werkstoffe eine Folge der zyklischen *plastischen* Dehnung ist. Zwar kann eine Werkstoffschädigung durch Wechselbeanspruchung auch bei Spannungsniveaus unterhalb der Streckgrenze stattfinden, dies ist aber immer eine Folge von plastischen Verformungsvorgängen, die dann relativ klein sind und u.U. lokalisiert (und damit schlecht messbar) auftreten. Der irreversible Verformungsanteil ruft in jedem Belastungszyklus eine geringfügige Werkstoffschädigung hervor, welche sich in kumulativer Weise ständig erhöht, bis ein kritischer Wert erreicht ist und Versagen auftritt.

Der Zusammenhang zwischen dem Auftreten plastischer Dehnung und dem Wöhler-Diagramm ist schematisch in Abb.1 dargestellt. Für verschiedene Positionen auf der Wöhler-Kurve sind die zugehörigen Hysteresekurven gezeigt. Im LCF-Bereich ist die Hystereseschleife breit, d. h. die plastische Dehnungsschwingbreite, die der Öffnung der Hysteresekurve bei der Spannung von Null entspricht, ist relativ groß (Kurven 1 und 2). Selbst im Gebiet der Dauerfestigkeit (Punkt 3) ist eine zwar kleine, aber endliche zyklische plastische Dehnung vorhanden. In anderen Worten heißt das, der Werkstoff ist in der Lage eine kleine plastische Verformung „unendlich oft" zu ertragen. Erst bei Spannungsamplituden deutlich unterhalb der Dauerfestigkeit[1] (Punkt 4), verschwindet die plastische Verformung und die Hystereseschleife wird zu einer elastischen σ–ε-Linie.

Ursache für die Ermüdung metallischer Werkstoffe sind somit die mikrostrukturellen Vorgänge, die aufgrund plastischer Verformungsvorgänge ablaufen. In einem ersten einführenden Abschnitt sollen deshalb zunächst die Grundmechanismen der plastischen Verformung kristalliner Werkstoffe in knapper Form wiedergegeben werden. Danach wird an einigen typischen und relativ gut verstandenen Beispielen gezeigt, welcher Natur die Mikrostrukturveränderungen bei Wechselbeanspruchung sind und welche Zustände in der zyklischen Sättigung vorliegen. Dabei wird der Übersichtlichkeit halber der Schwerpunkt auf einphasige Werkstoffe gelegt. Die aus der Mehrphasigkeit resultierenden Veränderungen werden kurz aufgezeigt und abschließend werden zwei Beispiele für wechselverformungsbedingte massive Gefügeveränderung dargestellt.

2 Grundlagen der plastischen Verformung kristalliner Werkstoffe

Metalle und Legierungen sind kristallin aufgebaute Werkstoffe, d. h. die Anordnung und Position der Atome sind weitestgehend durch den jeweiligen Kristallgittertyp festgelegt. Beispielhaft zeigt Abb.2 die Elementarzelle für das kubisch raumzentrierte (krz, Teilbild a) und für das kubisch flächenzentrierte (kfz, Teilbild b) Kristallgitter. Gut erkennbar ist die sehr dichte Packung der als Kugeln eingezeichneten Atome, die im Falle des kfz Gitters mit der größten Raumerfüllung (74%) verbunden ist.

Die plastische Verformung in einem kristallinen Werkstoff erfolgt in Form einer Abgleitung auf bestimmten kristallographischen Ebenen (Gleitebenen) und dabei in bestimmte kristallographische Richtungen (Gleitrichtungen). Meistens ist für das vorliegende Kristallgitter die Gleitebene die dichtest gepackte Ebene und die Gleitrichtung die Richtung mit dem geringsten Atomabstand (d.h. die dichtest gepackte Richtung). Dieser Grundvorgang der plastischen Verformung äußert sich am anschaulichsten bei der Zugverformung eines einkristallinen Werkstoffs (Abb.3) und wird mit dem so genannten „Wurstscheibenmodell" beschrieben.

---

[1] Auf die Frage der Existenz einer echten Dauerfestigkeit wird in den Kapiteln „Rissbildung bei zyklischer Beanspruchung" und „Bestimmung der Lebensdauer bei schwingender Belastung" näher eingegangen.

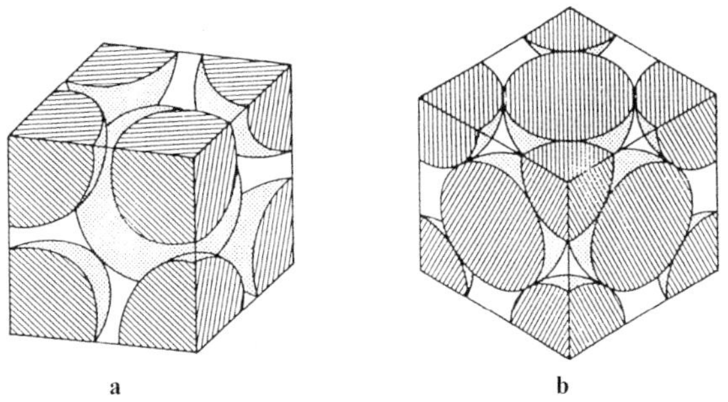

Abb. 2: Atome im kubisch raumzentrierten und im kubisch flächenzentrierten Gitter

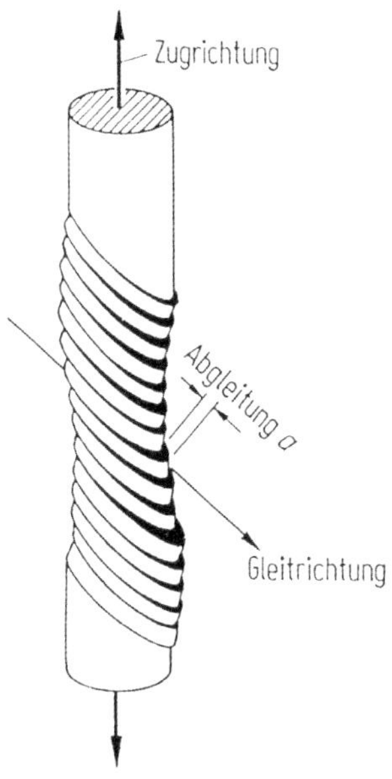

Abb. 3: Zugverformung eines einkristallinen Werkstoffs („Wurstscheibenmodell"); aus [2]

Eine mikroskopische Betrachtung des in Abb.3 dargestellten makroskopischen Verformungsvorgangs zeigt, dass die Abgleitung der atomaren Ebenen nicht in einem Schritt durch starre Abscherung erfolgt, sondern dass die Natur vielmehr aufgrund der Existenz (und ggfs. der Neubildung) von Versetzungen im Kristallgitter die Möglichkeit hat, diesen Vorgang wesentlich leichter ablaufen zu lassen. Die Grundtypen von Versetzungen sind für den einfachsten Fall des kubisch primitiven Kristallgitters in Abb.4 gezeigt. Mit Hilfe der Transmissionselektronenmikroskopie (TEM) sind Versetzungen nachweisbar; sie erscheinen als Linien, welche durch die große Gitterverzerrung im Versetzungskern (Ende der eingeschobenen Halbebene bei der Stufenversetzung und Zentrum der Schraubenversetzung) entstehen.

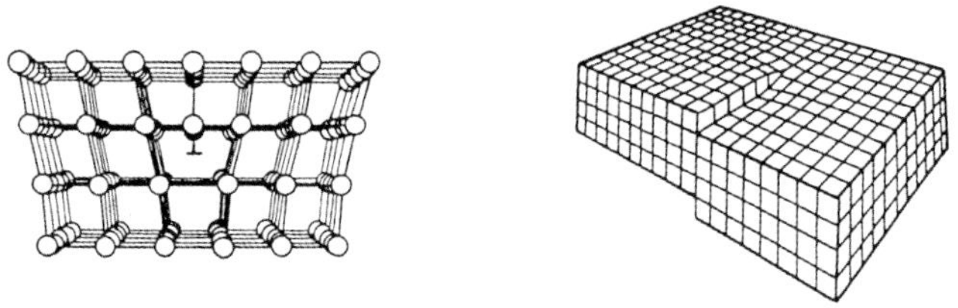

Abb. 4: Grundtypen von Versetzungen: Stufenversetzung (links) und Schraubenversetzung (rechts)

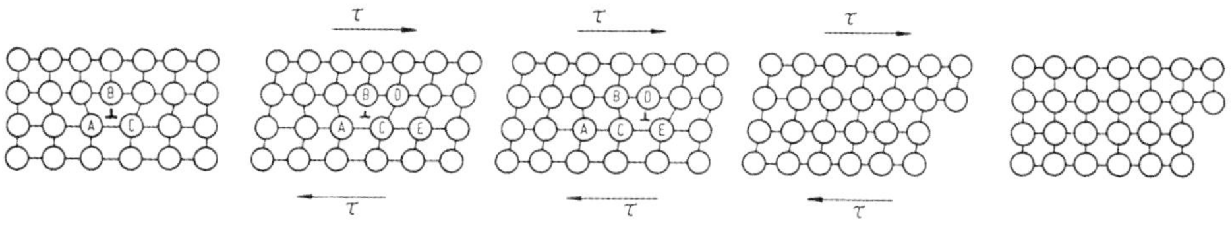

Abb. 5: Plastische Verformung durch Abgleitung einer Stufenversetzung in einer Gleitebene

Abbildung 5 gibt den mikroskopischen Elementarprozess der plastischen Verformung schematisch wieder. Eine Abscherung zweier Gitterebenen gegeneinander erfolgt durch das Abgleiten einer Versetzung (hier Stufenversetzung) in der Gleitebene. Da bei diesem Vorgang die Atome ihre Positionen nicht vertauschen müssen (siehe die Anordnung der Atome A bis E in Abb.5) und weiterhin nur ein geringer Teil der Bindungen zwischen den zu verschiebenden Ebenen „umklappen" und somit kurzzeitig „aufgebrochen" werden müssen, ist die zur plastischen Verformung notwendige Schubspannung τ relativ klein.

3 Der Versetzungsgleitcharakter

Der Versetzungsgleitcharakter ist ein wichtiger Parameter für die bei der Wechselverformung entstehende Versetzungsanordnung. Man versteht darunter die Größe, welche ein Maß für die Tendenz darstellt, dass sich in einem Werkstoff eine dreidimensionale, räumliche Anordnung der Versetzungen ausbildet. Die beiden extremen Fälle des Gleitcharakters führen zum Einen zu einer *planaren Versetzungsanordnung*, in der die Versetzungen nicht in der Lage sind, ihre Gleitebene zu verlassen, zum Anderen ergibt sich eine *wellige Versetzungsanordnung*, die sich in einer räumlichen Versetzungsanordnung äußert. Beispiele aus jeder Klasse von Werkstoffen werden später dargestellt.
Leider ist es nicht möglich, aus direkt messbaren Werkstoffkenngrößen den Versetzungsgleitcharakter zu bestimmen. Die klassische Betrachtung für die Ursache der Art des in einem Werkstoff vorherrschenden Gleitcharakters führt auf die *Stapelfehlerenergie* als entscheidende Größe. Dem Zusammenhang zwischen diesen Größen liegt folgende Überlegung zugrunde.

Im Falle (als Beispiel) eines kfz Gitters findet die Abgleitung in der dichtest gepackten Ebene statt, von der ein Ausschnitt mit sieben Atomen in Abb.6 dargestellt ist. Die Zentren der Atome dieser Ebene sind mit dem Buchstaben A gekennzeichnet. Die Atome der nächsten, darauf gepackten Ebene liegen in den Mulden, die mit B markiert sind. Erst die übernächste Ebene be-

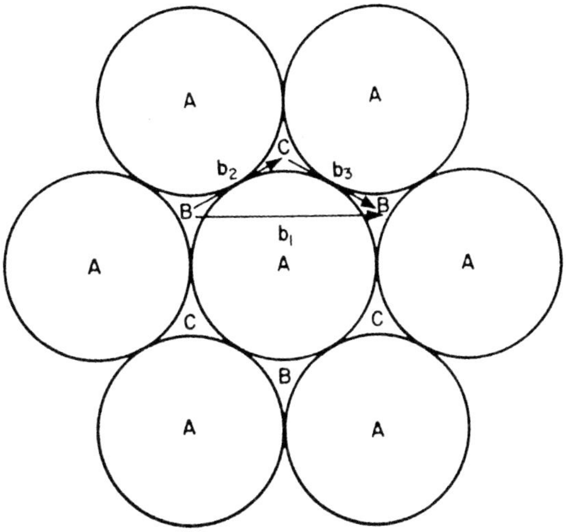

Abb. 6: Atompositionen der dichtest gepackten Ebene im kfz Gitter [3]

setzt die C-Positionen, sodass eine Stapelfolge ...ABCABC... resultiert, die das kfz Gitter kennzeichnet. Ein vollständiges Verschieben einer Versetzung über die A-Ebene als Gleitebene hinweg führt dazu, dass jedes B-Atom entsprechend dem Vektor b_1 von einer B-Position in eine kristallographisch äquivalente B-Position gebracht wird. Dazu muss es aber „über den Berg" des jeweils darunterliegenden A-Atoms, was eine ausreichend hohe Schubspannung erforderlich macht.

Länger aber leichter ist der Weg über eine C-Position entlang b_2 und anschließend b_3, da dieser Pfad „im Tal" verläuft. Die Natur nutzt diese Möglichkeit, bei der plastischen Verformung Kraft zu sparen, indem sie eine *vollständige Versetzung* in zwei *Partialversetzungen* aufspaltet, die in geringem Abstand parallel zueinander verlaufen und bei der gemeinsamen Abgleitung zunächst zu der Atomverschiebung b_2 (durch die erste Partialversetzung) und zu der anschließenden Verschiebung um b_3 (durch die zweite Partialversetzung) führen. In dem Gebiet zwischen den Partialversetzungen liegt ein Stapelfehler vor, weil sich dort die B-Atome in C-Positionen befinden. Da der Stapelfehler ein Gitterdefekt ist, stellt er bezogen auf das ungestörte Kristallgitter einen Energieaufwand dar. Die Höhe dieses Energieaufwands pro Fläche (die Stapelfehlerenergie) bestimmt den Abstand zwischen den Partialversetzungen. Ist die Stapelfehlerenergie groß, dann ist die Aufspaltungsweite klein, da sonst der Energieaufwand groß wäre, und umgekehrt.

Der Zusammenhang zwischen Stapelfehlerenergie einerseits und Versetzungsgleitcharkter andererseits ergibt sich aus Abb.7. Damit eine dreidimensionale Versetzungsanordnung entstehen kann, müssen die Versetzungen in der Lage sein, ihre Gleitebene zu verlassen. Schraubenversetzungen können dies durch Quergleitung bewerkstelligen. Ist eine Schraubenversetzung aufgespalten, so müssen die Partialversetzungen lokal zu einer vollständigen Versetzung rekombinieren (Abb.7a). Diese kann dann in eine Quergleitebene übergehen und dort erneut aufspalten (Abb.7b). Durch eine Schubspannung in der Quergleitebene kommt es schließlich zu einer Versetzungsbewegung (Abb.7c). Es leuchtet ein, dass die Rekombination als Voraussetzung

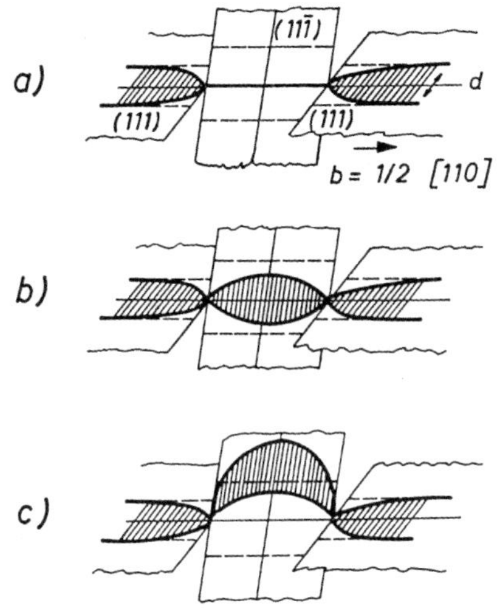

Abb. 7: Vorgang des Quergleitens bei aufgespaltener Versetzung; aus [4] nach [5]

für die Quergleitung um so leichter erfolgt, je geringer die Aufspaltungsweite und somit je größer die Stapelfehlerenergie ist.

Vergleicht man die experimentellen Beobachtungen mit der Vorhersage dieser Betrachtung, so führt dies zu der Feststellung, dass die Korrelation von Gleitcharakter und Stapelfehlerenergie höchstens auf reine Metalle anwendbar ist. Für Legierungen müssen andere Vorstellungen benutzt werden.

Ein Modell zur Erklärung des physikalischen Ursprungs des Gleitcharakters [6] berücksichtigt die Wirkung gelöster Fremdatome, die eine zusätzliche Reibungsspannung für die Versetzungsbewegung verursachen und so die Rekombination von Partialversetzungen zu vollständigen (quergleitfähigen) Versetzungen behindern.

Gemäß einer anderen Vorstellung [7] bildet sich eine planare Versetzungsanordnung immer dann, wenn in der Legierung eine *Nahordnung* oder eine *Nahentmischung* vorliegt, d. h. gleich- oder ungleichnamige nächste Nachbarschaften sind im Gitter bevorzugt. Umgekehrt entsteht in Legierungen, die keine Nahordnung (oder Nahentmischung) aufweisen, eine wellige Struktur. Die grundsätzliche Idee ist in Abb.8 schematisch dargestellt.

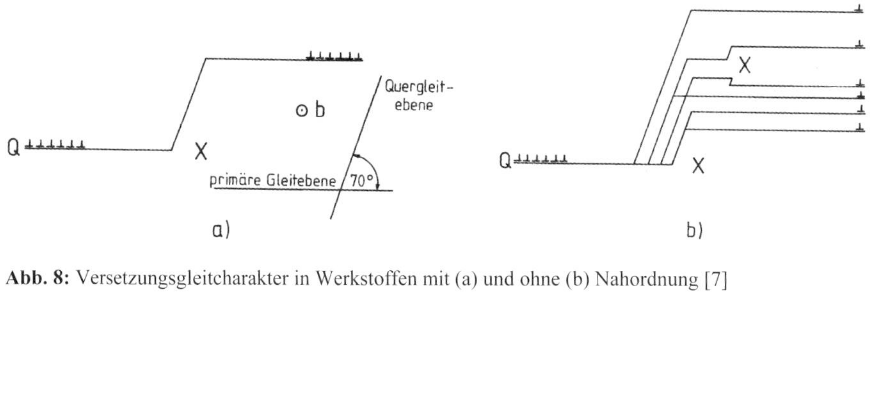

Abb. 8: Versetzungsgleitcharakter in Werkstoffen mit (a) und ohne (b) Nahordnung [7]

Liegt eine Nahordnung vor (Abb.8a), dann wird diese in der Gleitebene bei der Versetzungsbewegung aufgrund der Abgleitung der Gitterebenen gegeneinander zerstört. Um diese Zerstörung durchführen zu können, muss auf die erste, von einer Versetzungsquelle Q kommende Versetzung eine leicht erhöhte Schubspannung wirken. Die weiteren Versetzungen werden der ersten folgen, da die Versetzungsbewegung in der nicht mehr nahgeordneten Gleitebene leichter ist. Muss die erste Versetzung einem Hindernis X durch Quergleiten ausweichen, so werden die folgenden Versetzungen den gleichen „einfacheren" Pfad wählen. Insgesamt wird sich eine planare Versetzungsanordnung ergeben. Liegt umgekehrt keine Nahordnung vor (Abb.8b), werden sich alle Versetzungen individuell verhalten und zur Umgehung eines Hindernisses unterschiedliche Quergleitebenen benutzen. Nach Überwindung des Hindernisses liegen die Versetzungen auf viele Gleitebenen verteilt vor und können eine räumliche (wellige) Anordnung bilden.

4 Versetzungsanordnung in der zyklischen Sättigung

4.1 Das Verhalten von einkristallinen Werkstoffen

Das Ergebnis zahlreicher Untersuchungen an einkristallinen Werkstoffen mit kfz Kristallgitter ist in Form einer Art Landkarte der Versetzungsanordnungen in Abb.9 dargestellt. Auf der Abszisse ist die Bruchlastspielzahl nach rechts bzw. die plastische Dehnungsamplitude nach links aufgetragen. Der Gleitcharakter mit den Extremfällen wellige und planare Gleitung dient als Parameter auf der Ordinate. Die Darstellung bezieht sich auf den Zustand zyklischer Sättigung, in dem keine erkennbaren mikrostrukturellen Veränderungen mit der Zyklenzahl mehr ablaufen.

Abbildung 9 verdeutlicht den Unterschied zwischen Metallen mit planarem und solchen mit welligem Gleitverhalten. Bei planarem Gleitverhalten liegen planare Versetzungsanordnungen in Form parallel zueinander ausgerichteter Stufenversetzungen im gesamten Beanspruchungsbereich vor. Die Versetzungsanordnung bei welliger Gleitung hängt dagegen sehr stark von der Belastungsamplitude ab. Bei niedriger plastischer Dehnungsamplitude $\Delta\varepsilon_{pl}/2$ wird weitgehend nur ein Gleitsystem (bestehend aus einer Gleitebene und einer Gleitrichtung) betätigt. Da sich bei zyklischer Verformung die Schraubenversetzungen aufgrund ihres Quergleitvermögens leicht auslöschen können, dominieren Stufenversetzungen, die sich zu Bündeln oder Adern zusammenlagern und die später ausführlicher behandelten persistenten Gleitbänder (PGB) bilden. Hohe Werte von $\Delta\varepsilon_{pl}/2$ führen zur Mehrfachgleitung, d.h. mehrere Geitsysteme sind gleichzeitig aktiv. Dadurch können sich Zellstrukturen bilden, die aus versetzungsreichen Zellwänden und versetzungsarmen inneren Bereichen bestehen.

4.2 Einkristalline Werkstoffe mit welliger Gleitung

Viele der grundlegenden Untersuchungen zu den mikrostrukturellen Aspekten des zyklischen Spannungs-Dehnungsverhaltens sind an einkristallinem Kupfer durchgeführt worden. Kupfer ist zwar kein wichtiger Konstruktionswerkstoff, dient aber in diesem Zusammenhang als Modellwerkstoff, dessen Verhalten sich auf viele technische Legierung übertragen lässt und der somit einen relevanten Einblick in das komplexe Verformungsgeschehen bei zyklischer Bean-

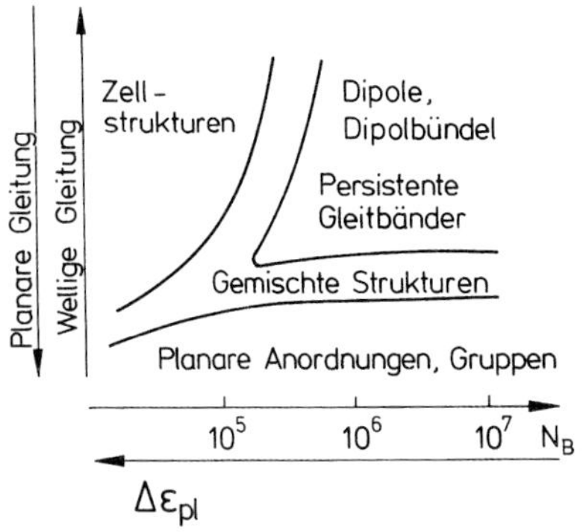

Abb. 9: Arten der Versetzungsanordnung in kfz Einkristallen bei zyklischer Sättigung [8, 9]

spruchung erlaubt. Das Versetzungsgleitverhalten in Kupfer ist wellig, sodass die Versetzungsanordnungen aus dem oberen Bereich von Abb.9 zu erwarten sind.

In Abb.10 ist die zyklische Spannungs-Dehnungskurve von Kupfereinkristallen in der Auftragung der Sättigungsschubspannungsamplitude τ_S über der in den Versuchen vorgegebenen plastischen Scherdehnungsamplitude γ_{ap} aufgetragen. Die Kurve kann in drei Bereiche aufgeteilt werden, die mit A, B und C bezeichnet werden.

Bei sehr kleinen Amplituden der plastischen Scherung nimmt erwartungsgemäß die Sättigungsspannung mit der Verformungsamplitude zu. In Bereich B liegt ein Plateau vor, d. h. trotz der Veränderung der plastischen Scherdehnungsamplitude über mehr als zwei Zehnerpotenzen bleibt die Sättigungsspannungsamplitude unverändert. Erst wenn γ_{ap} einen Zahlenwert von knapp 1 % erreicht, beginnt τ_S im Gebiet C wieder anzusteigen.

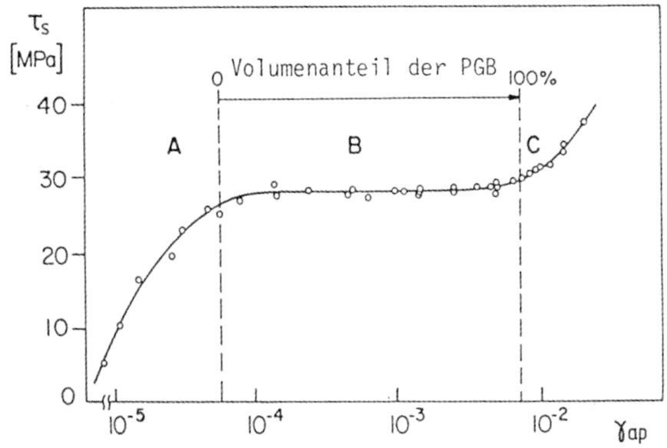

Abb. 10: Zyklische Spannungs-Dehnungskurve von Kupfereinkristallen [10]

Für das überraschende Verhalten im Bereich B der ZSD-Kurve sind die persistenten Gleitbänder verantwortlich, die nur in diesem Gebiet von γ_{ap} beobachtet werden. In Abb.11 ist eine dreidimensionale Montage von TEM-Aufnahmen gezeigt, die einen Eindruck von der im Sättigungszustand vorliegenden Versetzungsanordnung gibt. Die sogenannte Matrix-Struktur besteht aus dunkel erscheinenden Bündeln oder Adern von Stufenversetzungslinien. Bei den hellen Bereichen handelt es sich um relativ versetzungsarme Kanäle. Eine dieser Matrix-Struktur entsprechende Bündel/Ader-Anordnung wird auch im Bereich A der ZSD-Kurve beobachtet.

In der Seitenfläche des in Abb.11 dargestellten Körpers ist die charakteristische Versetzungsanordnung der persistenten Gleitbänder sichtbar. Eine ergänzende schematische Darstellung zeigt Abb.12. Die Versetzungen bilden eine Leiterstruktur, wobei die Sprossen dieser Leiter aus dicht neben einander liegenden Stufenversetzungen bestehen. Zwischen den Sprossen sind wiederum nahezu versetzungsfreie Kanäle zu beobachten.

Die PGB sind deshalb von großer Bedeutung, weil sich in ihnen die plastische Verformung konzentriert. Messungen haben ergeben, dass die lokal in den PGB vorliegende plastische Scheramplitude mehr als 100 Mal so groß ist wie die Verformung in der einbettenden Matrix. Das Plateau in der ZSD-Kurve entsteht dadurch, dass – ohne die lokalen plastischen Scherdehnungsamplituden in Matrix und PGB zu verändern – der zunehmenden plastischen Gesamtscherdehnungsamplitude bei konstantem τ_S durch eine Erhöhung des Volumenanteils der PGB Rechnung getragen wird.

Die PGB treten an der Oberfläche aus und bilden dort Gleitlinien. Die Bezeichnung „persistent" geht auf N. Thompson zurück, der beobachtete, dass nach Abpolieren der Oberfläche bei weiterer zyklischer Verformung die Linien genau wieder an den ursprünglichen Stellen auftraten. Aufgrund der hohen Gleitaktivität der PGB entwickeln die resultierenden Oberflächenbänder eine starke Rauhigkeit, sodass der Werkstoff herausgedrückt (*Extrusion*) oder hineingedrückt (*Intrusion*) erscheint. Diese Rauhigkeit führt zu Spannungsüberhöhungen und kann für die Rissbildung verantwortlich sein.

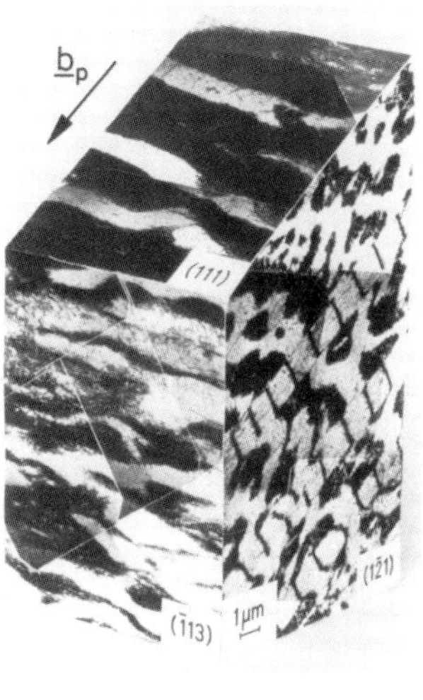

Abb. 11: Versetzungsanordnung im Bereich B der ZSD-Kurve von einkristallinem Kupfer ermittelt bei $\gamma_{ap} = 1{,}5 \cdot 10^{-3}$ [11]

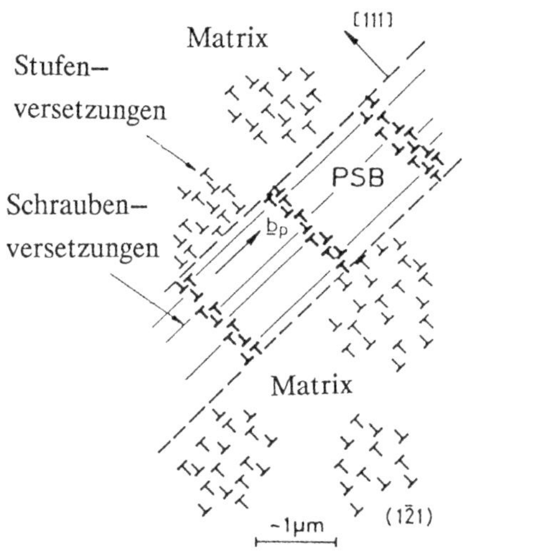

Abb. 12: Schematische Darstellung der Versetzungsanordnung in der Ebene senkrecht zur Gleitebene und parallel zur Gleitrichtung

Der Übergang von Bereich B zu Bereich C in Abb.10 ist dadurch gekennzeichnet, dass ausgehend von PGB, die nahezu 100 Prozent des Volumens ausfüllen, durch die Gleitung auf einem zweiten Gleitsystem (sekundäre Gleitung) eine Zellstruktur entsteht. Die Zellen sind bei niedrigen Scherdehnungsamplituden im Gebiet C länglich, werden aber mit steigendem γ_{ap} zunehmend gleichachsig.

4.3 Vielkristalline Werkstoffe mit welliger Gleitung

Der nächste logische Schritt in Richtung technischer Konstruktionswerkstoffe ist der Übergang vom ein- zum vielkristallinen Werkstoff. Das Vorliegen von Körnern unterschiedlicher Orientierung, die zudem in einem festen Kornverband eingebettet sind und sich deshalb in kompatibler Weise verformen müssen, führt dazu, dass die für die Versetzungsbewegung relevanten lokalen Spannungen nicht mehr eindeutig durch die äußere Belastung definiert werden, sondern vielmehr eine breite Verteilung aufweisen. Weiterhin ist zu erwarten, dass die Beschränkung der Gleitung auf ein Gleitsystem (Einfachgleitung) nur in einem sehr kleinen, mit niedrigen plastischen Dehnungsamplituden verknüpften Bereich möglich ist.

Die Beobachtungen an vielkristallinem Kupfer dokumentieren, dass zunächst zwischen inneren Körnern und Oberflächenkörnern unterschieden werden muss. Ein PGB ist mit hoher plastischer Verformung verbunden, die nur dann problemlos möglich ist, wenn das PGB an der Oberfläche austreten kann. Somit ist die Bildung eines PGB in einem im Inneren eines Werkstoffs „eingeklemmten" Korn unwahrscheinlicher als in einem Oberflächenkorn.

Vergleicht man weiterhin die am Vielkristall beobachteten Existenzgrenzen der verschiedenen Versetzungsanordungstypen mit den Grenzen zwischen den Bereichen A, B und C aus Abb.10, so wird erwartungsgemäß eine deutliche Erweiterung des Gebietes der Mehrfachgleitung C zu Lasten der Einfachgleitungsbereiche (A und B) beobachtet. In einfachen Worten heißt dies, bereits ab sehr niedrigen plastischen Dehnungsamplituden liegt im Zustand der zyklischen Sättigung eine Versetzungszellanordnung vor.

Aufgrund der unterschiedlichen Kornorientierungen relativ zur Beanspruchungsachse werden in verschiedenen Körnern zum Teil verschiedene Arten von Versetzungsanordnungen beobachtet. Darüber hinaus kann der Zwang zur kompatiblen Verformung zu unterschiedlichen Anordnungstypen innerhalb eines Korns führen. Abbildung 13 zeigt hierfür ein Beispiel. Im oberen Bereich sind die leiterähnlichen Strukturen der PGB erkennbar, die die Dominanz einer Einfachgleitung ausdrücken, im unteren Bereich liegt als Folge einer Vielfachgleitung eine Labyrinthstruktur vor, die als eine Art Vorstufe einer Zellstruktur interpretiert werden kann.

Die geometrische Dimension der Versetzungsanordnung steht bei Werkstoffen mit welligem Gleitverhalten in eindeutiger Weise in Beziehung zur Beanspruchungsamplitude. Bei hohen Amplituden von ε_{pl} kann als geometrische Größe der mittlere Durchmesser der im Sättigungszustand vorliegenden Zellen d_Z dienen. Es wurde in verschiedenen Untersuchungen gezeigt, dass die Sättigungsspannung σ_S in guter Näherung umgekehrt proportional zu d_Z ist. Abbildung 14 dokumentiert diesen Zusammenhang für die Metalle Aluminum, Kupfer und Eisen. Da Ergebnisse zu verschiedenen Temperaturen dargestellt sind, wurde zur „Temperaturkompensation" der Spannungswert σ_S nach Abzug der für die Betrachtung nicht relevanten Reibungsspannung σ_F auf den Elastizitätsmodul E bezogen. Den Unterschied in der Gitterkonstante berücksichtigt die Verwendung der Länge des Burgersvektors b als Normiergröße für d_Z.

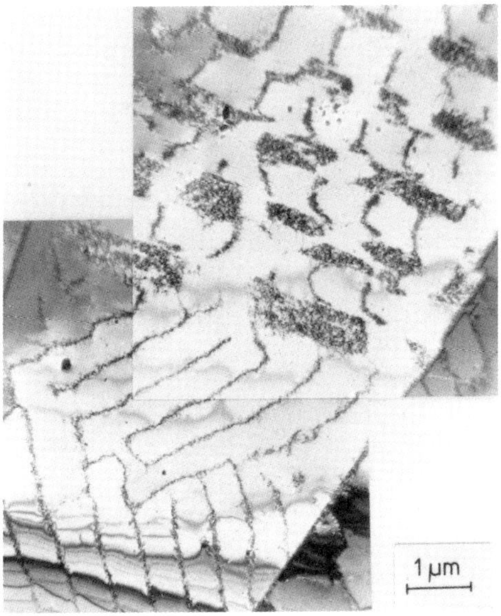

Abb. 13: Unterschiedliche Versetzungsanordnungen innerhalb eines Korns; vielkristallines Kupfer, $\Delta\varepsilon_{pl}/2 = 5 \cdot 10^{-4}$, $N \approx 10^5$

Abbildung 14 liefert, dass für alle dargestellten Werkstoffe gilt:

$$\frac{\sigma_S - \sigma_F}{E} \propto \frac{b}{d_Z} \tag{1}$$

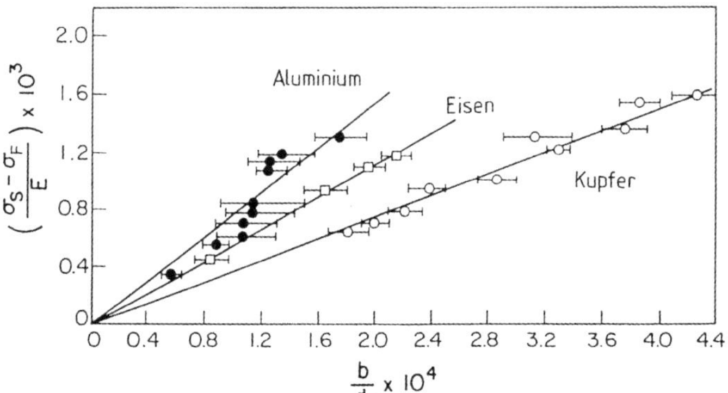

Abb. 14: Zusammenhang von Zelldurchmesser und Sättigungsspannungsamplitude [12]

Anzumerken ist, dass in Abb.14 auch Ergebnisse aus einsinnigen Versuchen eingetragen sind. Dies weist darauf hin, dass der in Gleichung (1) formulierte Zusammenhang unabhängig von der Versuchsführung gilt. Der Zusammenhang von Zelldurchmesser und Sättigungsspannungsamplitude kann umgekehrt benutzt werden, um durch eine mikrostrukturelle Nachuntersuchung eines massiv verformten Bauteils oder eines hochbeanspruchten Bauteilbereichs, Rückschlüsse auf die Höhe der erlebten (lokalen) Belastung zu ziehen.

4.4 Werkstoffe mit planarer Versetzungsanordnung

Bei der Behandlung von Abb.9 wurde bereits darauf hingewiesen, dass in metallischen Werkstoffen mit planarem Versetzungsgleitverhalten keine grundsätzliche Veränderung in der Versetzungsanordnung mit steigender Beanspruchungsamplitude beobachtet werden kann.

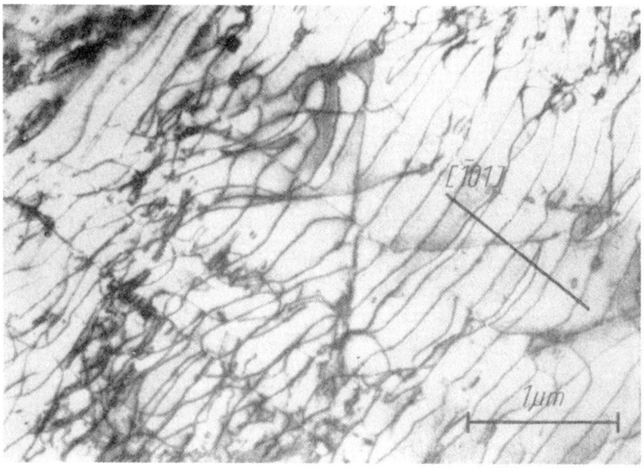

Abb. 15: Versetzungsanordnung in Cu31Zn parallel zur Gleitebene [13]

Abbildung 15 zeigt eine TEM-Aufnahme einer TEM-Folie aus Messing (Cu31Zn), die parallel zur Gleitebene entnommen worden ist. Man kann lange parallele Segmente von primären Versetzungen mit überwiegend Stufencharakter erkennen. Ein Schnitt senkrecht zur Gleitebene zeigt, dass die Versetzungen in diskreten Bändern vorliegen, zwischen denen relativ versetzungsarme Bereiche vorhanden sind. Mit Zunahme der plastischen Dehnungsamplitude erhöht sich die Versetzungsdichte in diesen Bändern und deren Abstand zueinander vermindert sich. Eine Zellbildung erfolgt aber selbst bei höchsten Beanspruchungsamplituden nicht. Zwar kann ein Übergang zur Mehrfachgleitung erfolgen, sodass sich die beteiligten Gleitebenen aufgrund ihrer unterschiedlichen kristallographischen Orientierung schneiden, dies führt aber nicht zur Ausbildung von Zellwänden.

Typisch für Werkstoffe mit planarem Versetzungsgleitcharakter ist eine sehr langsame zyklische Verfestigung, die oft so lange andauert, dass innerhalb der zyklischen Lebensdauer kein Sättigungszustand erreicht wird. Eine Bestimmung der ZSD-Kurve ist deshalb meist schwierig und erfordert die Erhöhung von N_B (z.B. durch eine Versuchsdurchführung im Vakuum).

5 Einfluss von Ausscheidungen auf das zyklische Verformungsverhalten

Zur Festigkeitssteigerung in technischen Legierungen wird vielfach der Effekt der *Teilchenhärtung* genutzt. Dazu wird meist durch eine spezielle Wärmebehandlung eine Ausscheidungsphase in Form fein und gleichmäßig verteilter Teilchen im Gefüge eingestellt. Diese Teilchen behindern die Versetzungsbewegung und führen somit zur Zunahme der Streckgrenze.

In ausscheidungsgehärteten Legierungen hängt das zyklische Verformungsverhalten maßgeblich vom Mechanismus der Veränderung der Teilchengeometrie und -verteilung sowie von der Art der Wechselwirkung zwischen Teilchen und Versetzungen ab. Oft wird zu Beginn der zyklischen Verformung eine Wechselverfestigung beobachtet, die auf eine Zunahme der Versetzungsdichte und eine starke Versetzungs-Ausscheidungs-Wechselwirkung zurückgeführt wird. Gerade wenn ein Ausscheidungszustand vorliegt, der mit einem hohen Zuwachs an einsinniger Festigkeit verbunden ist, kann die zyklische Beanspruchung nach anfänglicher Wechselverfestigung zu einer ausgeprägten Wechselentfestigung führen, da die kleinen, dicht benachbarten und kohärenten Teilchen von Versetzungen geschnitten werden können. Es entstehen sehr dünne persistente Gleitbänder, in denen sehr hohe lokale Scherungen möglich sind.

Aufgrund der Gefährlichkeit dieser massiven zyklischen Entfestigung in teilchengehärteten Legierungen wurden die Ursachen vielfach untersucht, was zur Postulierung folgender Mechanismen führte:

- Durch mehrfaches Schneiden der Teilchen reduziert sich deren Größe so stark, dass sie nicht mehr stabil sind, sondern aufgelöst werden.
- Geordnete Ausscheidungsteilchen werden beim Schneiden durch Versetzungen entordnet, sodass sie einen Teil ihrer Hinderniswirkung verlieren.
- Die Gleitbänder bilden sich aufgrund von Gefügeinhomogenitäten an Stellen, die entweder ausscheidungsfrei sind, oder mit weniger wirksamen Ausscheidungen belegt sind.
- Durch die zyklische Verformung wird die Punktdefektdichte so angehoben, dass die Ausscheidungsteilchen relativ rasch vergröbern (überaltern).
- Eine Vergröberung der nicht geschnittenen Ausscheidungen führt zur Verkeinerung und schließlich zur Auflösung der Teilchen in den Gleitbändern.

Wichtig ist die Aussage, dass – unabhängig vom betrachteten Mechanismus – ein für einsinnige Verformung hinsichtlich Festigkeit optimierter Gefügezustand für zyklische Beanspruchungsbedingung sehr schlecht geeignet sein kann. Aushärtbare Legierungen werden aus diesem Grund für wechselbelastete Bauteile nicht im maximal ausscheidungsgehärteten sondern im leicht überalterten Zustand eingesetzt.

6 Verformungsinduzierte Umwandlung

Der vorangegangene Abschnitt wies auf die Gefahr hin, dass durch zyklische Verformung ein gezielt eingestellter Gefügezustand so verändert wird, dass es zu einer deutlichen Reduzierung der Festigkeit kommt. In den folgenden Ausführungen soll anhand von zwei Beispielen gezeigt werden, dass auch der umgekehrte Vorgang eintreten kann, dass nämlich durch die zyklische Verformung eine Umwandlung hervorgerufen wird, die zu einer Festigkeitszunahme führt. Beide Beispiele zeigen in eindrücklicher Weise den direkten Zusammenhang von Mikrostruktur und zyklischem Spannungs-Dehnungsverhalten.

6.1 Wechselverformungsinduzierte Martensitbildung in metastabilen austenitischen Stählen

Sogenannte metastabile austenitische Stähle besitzen aufgrund ihrer Zusammensetzung eine Tendenz zur Umwandlung des Austenits in Martensit. Diese diffusionslose Phasenumwandlung kann bei Unterschreiten einer ausreichend tiefen Temperatur erfolgen; allerdings liegt diese Grenztemperatur (Martensitstarttemperatur, M_S) oft so niedrig, dass eine Umwandlung durch Abschrecken technisch nicht durchgeführt werden kann. Durch eine (elastische) Spannung oder durch plastische Verformung kann die Umwandlungstemperatur so weit erhöht werden, dass u.U. bereits bei Raumtemperatur eine spannungs- oder verformungsinduzierte Martensitbildung auftritt.

In Abb.16 ist der Spannungs-Dehnungsverlauf der ersten dreißig Zyklen eines austenitischen Stahls unter plastischer Dehnungsregelung mit $\Delta\varepsilon_{pl}/2 = 1{,}26 \cdot 10^{-2}$ gezeigt. Der Versuch wurde bei einer Temperatur von 103 K durchgeführt, um die Martensitbildung zu verstärken. Man erkennt deutlich, dass die Spannungsamplitude von Zyklus zu Zyklus zunimmt. Der Maximalwert von $\Delta\sigma/2$ wird nach etwa 40 Zyklen erreicht.

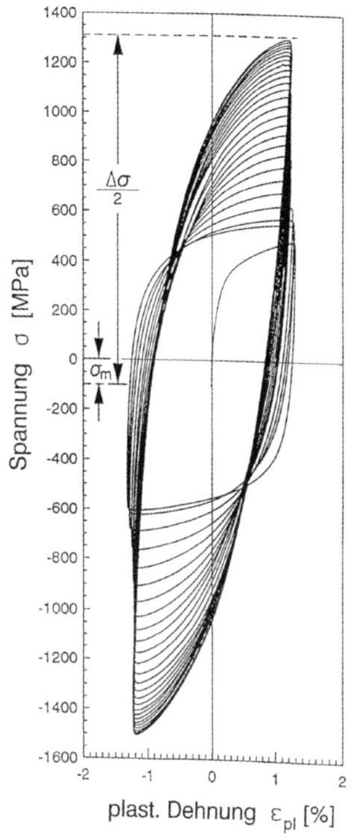

Abb. 16: Spannungs-Dehnungsverlauf der ersten 30 Zyklen eines austenitischen Stahls bei $\Delta\varepsilon_{pl}/2=1{,}26\cdot10^{-2}$, 103K [14]

Die ausgeprägte Wechselverfestigung ist eine direkte Folge der Umwandlung von Austenit in Martensit. Mit zunehmender Zyklenzahl steigt der Volumenanteil von Martensit. Systematische Untersuchungen zeigen, dass die Martensitbildung erst oberhalb einer kritschen plastischen Dehnungsamplitude einsetzt und zudem eine bestimmte kumulative plastische Dehnung voraussetzt (eine Art „Inkubations"-Dehnung). Mit der Wechselverfestigung entwickelt sich eine negative Mittelspannung (siehe Abb.16). Diese resultiert aus der Volumenzunahme als Folge des etwas größeren spezifischen Volumens von Martensit im Vergleich zum Austenit.

6.2 Wechselverformungsinduzierte Ausscheidung in einer Aluminiumlegierung

Abbildung 17 zeigt Wechselverformungskurven einer kommerziellen ausscheidungshärtbaren Aluminiumlegierung (AlZnMgCu), die vor der zyklischen Beanspruchung in drei unterschiedlichen Arten wärmebehandelt worden war. Dadurch konnten die Zustände maximal ausscheidungsgehärtet, überaltert und (durch Abschrecken nach Lösungsglühung) ausscheidungsfrei eingestellt werden.

Überraschender Weise zeigt der abgeschreckte, vor der Wechselverformung ausscheidungsfreie Zustand eine sehr drastische Wechselverfestigung, die zu Spannungsamplituden führt, welche selbst die des maximal ausscheidungsgehärteten Zustands übertreffen. Der Zugewinn an Festigkeit erfolgt aber auf Kosten der zyklischen Lebensdauer.

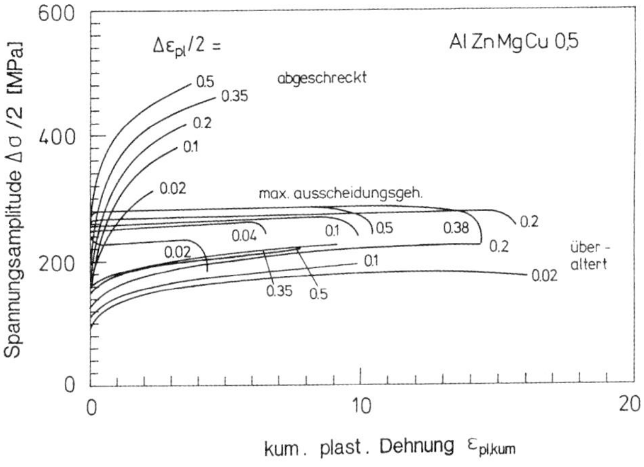

Abb. 17: Wechselverformungskurven von AlZnMgCu0,5 in drei Zuständen [15,16]

Die Interpretation des makroskopischen Verhaltens ist auf der Grundlage der Ergebnisse begleitender TEM-Untersuchungen zur Mikrostruktur möglich. In Abb. 18a ist das Gefüge vor der zyklischen Beanspruchung dargestellt. Teilchen der härtenden zweiten Phase sind nicht zu beobachten. Bei den dunklen Partikeln handelt es sich um relativ große, für die Festigkeit unwesentliche Dispersoide, die während der Lösungsglühung nicht aufgelöst werden.

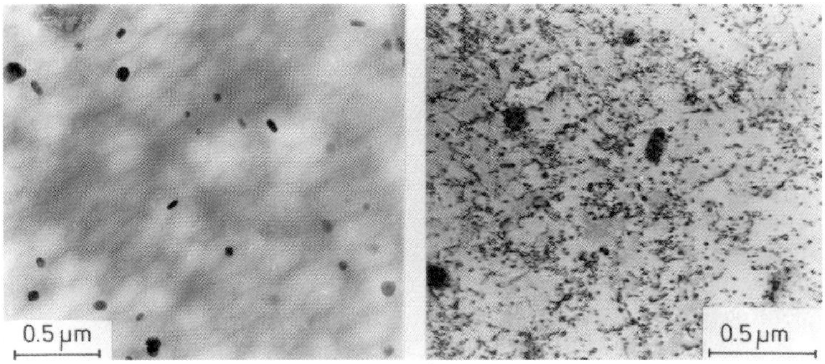

a b

Abb. 18: TEM-Aufnahme des Gefüges des abgeschreckten Zustandes von AlZnMgCu0,5 (a) vor und (b) nach zyklischer Verformung [15,16]

Der Grund für den drastischen Anstieg von $\Delta\sigma/2$ ist in Abb.18b erkennbar. Die TEM-Aufnahme zeigt kleine, gleichmäßig verteilte Ausscheidungen, die während der Wechselbelastung gebildet werden und eine starke Behinderung für die gleitenden Versetzungen darstellen. Mit zunehmender Höhe von $\Delta\varepsilon_{pl}/2$ steigt die Ausprägung der verformungsinduzierten Ausscheidung. Sie wird aber bereits bei der niedrigsten der untersuchten Amplituden beobachtet.

Literatur

[1] H. Mughrabi: Ermüdungsverhalten metallischer Werkstoffe, herausgegeben von D. Munz, DGM-Informationsgesellschaft, Oberursel, 1985, S. 7.

[2] B. Ilschner: Werkstoffwissenschaften, Springer-Verlag, Berlin, 1990.

[3] A. H. Cottrell: Dislocations and Plastic Flow in Crystals, Oxford, at the Claredon, Oxford, 1953.

[4] D. Munz, K. Schwalbe und P. Mayr: Dauerschwingverhalten metallischer Werkstoffe, Vieweg&Sohn GmbH, Braunschweig, 1971.

[5] A. Seeger: Dislocations and Mechanical Properties of Crystals, Wiley, 1957.

[6] S. I. Hong und C. Laird: Acta Metall. Mater. 38 (1990) 1581.

[7] V. Gerold und H. P. Karnthaler, Acta Metall. Mater. 37 (1989) 2177.

[8] C. E. Feltner und C. Laird: Tans. Met. Soc. AIME 242 (1968) 1253.

[9] P. Lukáš und L. Kunz: Proc. of 2nd Int. Conf. on Corrosion Fatigue, herausgegeben von O. J. Devereux, A. J. McEvily und R. W. Stahl, NACE, Houston, 1972, S. 118.

[10] H. Mughrabi: Mater. Sci. Engng. 33 (1978) 207.

[11] H. Mughrabi, F. Ackermann und K. Herz: Fatigue Mechanisms, herausgegeben von J. T. Fong, ASTM-STP 675, American Society for Testing Materials, Philadelphia, 1979, S. 69.

[12] A. Plumtree: Proc. 2nd Conf. on Low Cycle Fatigue and Elasto-Plastic Behaviour of Materials, herausgegeben von K.-T. Rie, Elsevier, Amsterdam, 1987, S. 19.

[13] P. Lukáš und M. Klesnil: Phys. Stat. Sol. 73 (1970) 833.

[14] H. J. Maier, B. Donth, M. Baierlein, H. Mughrabi, B. Meier und M. Kesten, Z. Metallkde 84 (1993) 820.
[15] H.-J. Christ, K. Lades, L. Völkl und H. Mughrabi: Proc. 3rd Conf. on Low Cycle Fatigue and Elasto-Plastic Behaviour of Materials, herausgegeben von K.-T. Rie, Elsevier, London, 1992, S. 106.
[16] H.-J. Christ: Fatigue and Fracture, ASM Handbook, Vol. 19, ASM International, Materials Park, Ohio, 1996, S. 73.

Die Durchstrahlungselektronenmikroskopie zur Aufklärung grundlegender Ermüdungsphänomene

U. Krupp

1 Einleitung

Es war in den 1930er Jahren als Ernst Ruska mit der Möglichkeit, Elektronen anstelle von Licht zur Abbildung von Materie einzusetzen, die Durchstrahlungselektronenmikroskopie (Transmissionselektronenmikroskopie, TEM) erfand. Diese Erfindung, die Wissenschaftlern in vielen Bereichen von Forschung und Entwicklung erstmals die direkte Abbildung des Mikrokosmos ermöglichte, wurde ein halbes Jahrhundert später im Jahre 1985 mit der Verleihung des Nobelpreises an Ruska gewürdigt. Auch die physikalische Metallkunde profitierte gewaltig von den Möglichkeiten der Durchstrahlungselektronenmikroskopie. Allen voran war es Peter Hirsch an der University of Oxford, der die Durchstrahlungselektronenmikroskopie erfolgreich dazu einsetzte, die Versetzungstheorie experimentell zu untermauern (s. [1]). Die weitere Entwicklung und Optimierung der elektronenoptischen Abbildungstechnik aber auch der Präparationsmethoden erlaubt mittlerweile die Beobachtung von z.B. Versetzungen im atomaren Maßstab (high resolution transmission electron microscopy, HRTEM) oder die Verfolgung von Versetzungsbewegung in Wechselwirkung mit der umgebenden Mikrostruktur durch in-situ-Verformung innerhalb des TEM (z.B. [2]).

Der folgende Beitrag soll eine kurze Einführung in den Aufbau und die Funktionsweise von Durchstrahlungsmikroskopen geben, die gängigen Präparationsmethoden vorstellen und anhand einiger Beispiele einen Eindruck über das breite Anwendungsspektrum der Durchstrahlungselektronenmikroskopie in der Materialwissenschaft, wie u.a. zur Untersuchung von Versetzungsstrukturen, der hochauflösenden Analyse von Grenzflächen, sowie der Phasenanalyse und Darstellung kleiner Ausscheidungen und Dispersoide, vermitteln.

2 Grundlagen der Elektronenoptik

Die Verwendung von Elektronen an Stelle von Licht für die Mikroskopie dient zunächst der deutlichen Erhöhung der Auflösung (=Abstand g zweier gerade noch voneinander unterscheidbarer Punkte), da die Wellenlänge λ der Elektronen u. U. mehr als 100000 mal kleiner ist als die des sichtbaren Lichts (400–800nm). Abb. 1a verdeutlicht diesen Zusammenhang am Beispiel eines Gitters [3].

Um zwei Einzelheiten im Abstand g voneinander unterscheidbar abzubilden, muss gemäß der Theorie von *Abbé* mindestens das erste *Fraunhofer*sche Beugungsmaximum die Linse treffen. Da die Phasendifferenz dieses Beugungsmaximums zum Hauptmaximum eine Wellenlänge λ beträgt, ergibt sich für die Auflösung g:

$$g = \lambda / \sin\alpha \ . \tag{1}$$

Dieser für die Lichtoptik hergeleitete Zusammenhang gilt näherungsweise auch für die Elektronenoptik. Durch die gegenüber sichtbaren Licht um einen Faktor von ca. 10^5 geringere Wellenlänge von Elektronen im elektrischen Feld kann die Auflösungsgrenze um ein Vielfaches verringert werden. Moderne leistungsfähige Elektronenmikroskope erlauben somit Auflösungen im Bereich von 0,1 nm (Gitterkonstante von z.B. Ni: 0,35 nm), so dass hochauflösende Untersuchungen bis in die atomare Größenordnung hinein möglich sind.

Grundsätzlich unterscheidet man bei der Elektronenmikroskopie zwischen der indirekten oberflächenabbildenden Rasterelektronenmikroskopie (REM) und der direkten Durchstrahlungsmikroskopie (=Transmissionselektronenmikroskopie (TEM)). Der Strahlengang der Transmissionselektronenmikroskope ist dem von Lichtmikroskopen ähnlich. Da es sich dabei jedoch um einen Elektronenstrahl handelt, erfolgt die Bilderzeugung anstelle von Glaslinsen mit elektromagnetischen Linsen, die über ein inhomogenes Magnetfeld die Elektronen zur optischen Achse fokussieren können [4]. Dies ist schematisch in Abb. 1b dargestellt.

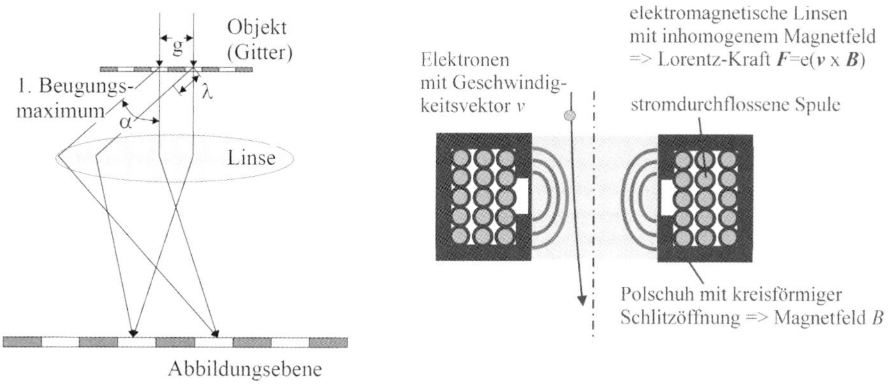

Abb. 1: (a) Mikroskopische Auflösung nach *Abbé* und (b) schematische Darstellung der Funktionsweise einer elektromagnetischen Linse.

Abb. 2 zeigt schematisch anhand des Strahlengangs die Funktionsweise eines Transmissionselektronenmikroskops. Um Streuung der Elektronen an Teilchen aus der Umgebung, die eine Bilderzeugung verhindern würde, und Oxidation der Kathode zu vermeiden erfolgt die Elektronenmikroskopie in der Regel im Hochvakuum ($p < 10^{-4}$ mbar). Als Elektronenquelle dient entweder eine auf ca. 2000–2700°C elektrisch geheizte Kathode aus Wolfram bzw. Lanthanhexaborid (LaB_6) oder eine extrem feine Wolframspitze (Radius der Spitze ca. 100 nm) aus der durch ein starkes elektrisches Feld Elektronen herausgezogen werden („tunneln", Feldemissionskathode). Die austretenden Elektronen werden durch eine im Wehneltzylinder anliegende negative Bias-Spannung gebündelt und zur Anode hin beschleunigt (U_{beschl} = 50...1200 kV). Die meisten Geräte verfügen über eine max. Beschleunigungsspannung zwischen 200 kV und 300 kV. Die Kondensorlinse (meist ein System aus zwei elektromagnetischen Linsen, vgl. Abb 1b) fokussiert den Strahl auf die Probe (bei metallischen Präparaten meist eine ca. 100 µm dicke zylindrische Scheibe mit ∅ = 3 mm), wobei mit Hilfe der Kondensoraperturblende (∅ = 100...400 µm) der Strahldurchmesser bestimmt und die Konvergenz verbessert wird. Die Objektivlinse bündelt die hindurchgelassenen Elektronen und bildet die erste Vergrößerungsstufe. Die nachfolgende Objektivaperturblende (∅ = 10 bis 50 µm) hält abgebeugte Elektronen zurück und führt so zu einer Kontraststeigerung. Sie wird daher auch als Kontrastblende bezeichnet. Die Endvergrößerung erfolgt über ein System von Zwischen- bzw. Projektionslinsen, die schließlich das endvergrößerte Bild auf einen Phosphorschirm projizieren, wo durch Fluoreszenz die auftreffenden Elektronen als Bild sichtbar werden. Zur Erstellung von Fotos bzw. zur Abbildung auf einem CCD-Chip zur elektronischen Bildverarbeitung kann der Phosphorschirm hochgeklappt werden.

Die Selektorblende dient zur Festlegung eines Bereiches für die Elektronenbeugung (Punktdiagramme, selected area diffraction, s. Abschnitt 3). Zu diesem Zweck wird die Objektivaperturblende herausgenommen und die Linsenanregung derart umgeschaltet, dass die an den Netzebenen kristalliner Proben abgebeugten Strahlen auf dem Phosphorschirm als Punkte abgebildet werden (vgl. Abb. 2c und 4b).

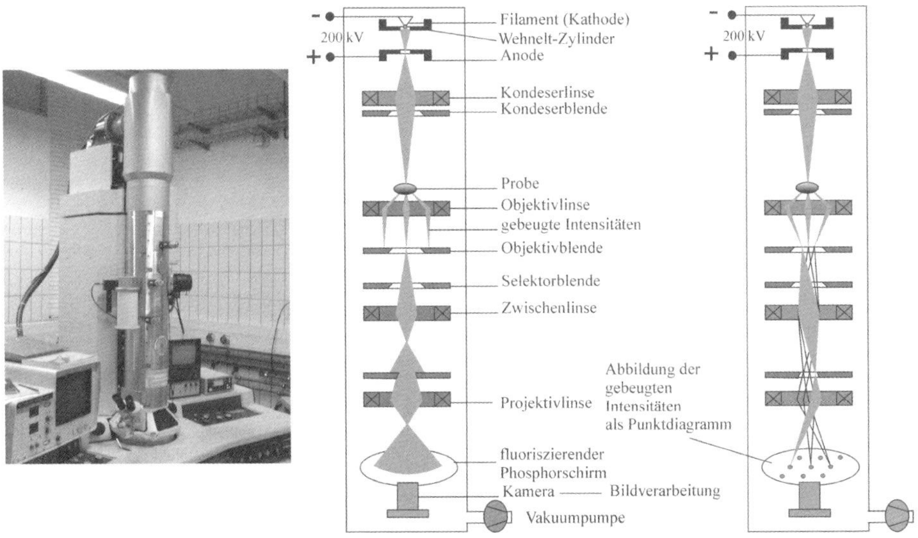

a b c

Abb. 2: (a) Hitachi TEM, schematische Darstellung des Strahlengangs im Transmissionselektronenmikroskop (b) im abbildenden Modus und (c) im Beugungsmodus.

3 Kontrastentstehung und Elektronenbeugung

Handelt es sich um kristalline Präparate, wie es bei den meisten Metallen der Fall ist, so kann der Elektronenkontrast auf folgende elementaren Wechselwirkungen zurückgeführt werden (vgl. [5]):

- Streuung der Elektronen in alle Richtungen,
- Absorption eintreffender Primärelektronen (Elektronenstrahl),
- Beugung der Elektronen an den Netzebenen der Kristallite der Probe.

Während die Streuung und die Absorption im Wesentlichen durch die lokale Probendicke t und Dichte ρ bestimmt sind, hängt die Elektronenbeugung von der geometrischen Lage der Netzebenen zu den einfallenden Elektronen ab. Zur Erklärung der Beugung betrachtet man die Elektronen als Welle mit der Wellenlänge λ. Diejenigen Wellenbündel, deren Gangunterschied bei Reflektion an benachbarten Netzebenen (Netzebenenabstand d) ein ganzzahliges (n) Vielfaches der Wellenlänge λ beträgt, erfahren unter dem Winkel Θ eine Intensitätserhöhung, d.h. die Intensität der direkt durchstrahlenden Primärelektronen nimmt entsprechend ab. Dieser Zusammenhang wird durch die *Bragg*-Gleichung wiedergegeben und ist in Abb. 3 illustriert.

$$\overbrace{n\lambda}^{=2x} = 2d\sin\Theta. \tag{2}$$

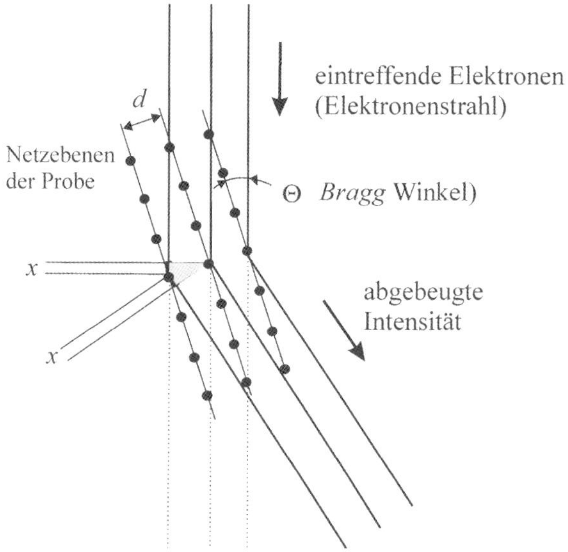

Abb. 3: Geometrische Zusammenhänge bei der *Bragg*schen Beugung von Elektronen in kristallinen Materialien.

Die *Bragg*sche Beugung ist sowohl für die Abbildung als auch für die quantitative Bewertung von TEM-Aufnahmen kristalliner Proben von immenser Bedeutung. So erklärt sie das Artefakt der sog. Biegelinien, die bei der Bewegung der Probe unter dem Strahl wie von Geisterhand gesteuert an verschiedenen Stellen erscheinen und auch wieder verschwinden. Dieser Effekt kann auf Unebenheiten der TEM-Probenfolie und die daraus resultierenden geringen Abweichungen bei der Erfüllung der *Bragg*-Bedingung zurückgeführt werden. Ganz wesentlich ist die Abbildung von Punktdiagrammen im Beugungsmodus (vgl. Abb. 2c): Die abgebeugten Intensitäten erzeugen gemäß der Darstellung in Bild 4 ein Punktdiagramm, wobei jeder Punkt einer Netzebenenschar (hkl) im realen Kristallgitter der Probe entspricht. So kann man sich das Punktdiagramm als Schnitt durch das sog. reziproke Gitter vorstellen, wobei sich aus den geometrischen Verhältnissen in Abb. 3a und der Voraussetzung, dass der Winkel Θ sehr klein ist ($\Theta \approx R/2L$), für die Abstände R der Punkte vom Ursprung gilt:

$$R = \frac{\lambda L}{d} = \frac{\lambda L}{a}\sqrt{h^2 + k^2 + l^2}, \tag{3}$$

mit der Gitterkonstante des Kristalls a. Durch Auswertung der Punktdiagramme (Beugungsdiagramme) ist es möglich, für einen bestimmten Bereich die vorliegende kristallographische Orientierung der Folie zu ermitteln (selcted area diffraction). Es gibt dazu eine Reihe von Regeln und schematische Beugungsdiagramme für bestimmte Lagen der Kristallzonenachsen parallel zum einfallenden Elektronenstrahl. Dazu sei an dieser Stelle jedoch auf die Lehrbücher zur Transmissionselektronenmikroskopie verwiesen (z.B. [3–6]). Hilfreich ist unter anderem die graphische Auswertung der R-Verhältnisse im Punktdiagramm und deren Vergleich mit den theoretischen Werten aus Tabellen (s. z.B. Abb. 4b für kfz Gitter):

$$\frac{R_1}{R_2} = \frac{\sqrt{h_1^2 + k_1^2 + l_1^2}}{\sqrt{h_2^2 + k_2^2 + l_2^2}}. \tag{4}$$

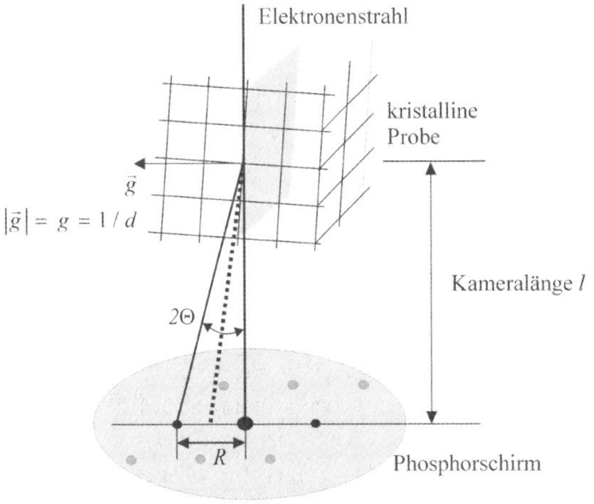

a

$R_2/R_1=$

hkl	111	200	220	311	331	420	422	511 333	531
111	1*								
200	1.155	1							
220	1.63*	1.414	1*						
311	1.92*	1.66	1.17*	1*					
222	2.00	1.73	1.225	1.045					
400	2.31*	2.00	1.415*	1.21*					
331	2.52*	2.18	1.54*	1.31*	1*				
420	2.58	2.235	1.58	1.35	1,027	1			
422	2.85*	2.45	1.73*	1.48*	1.124*	1.096	1*		
333,511	3.00*	2.60	1.84*	1.57*	1.19*	1.16	1.06*		
440	3.27*	2.83	2.00*	1.71*	1.30*	1.217	1.156*	1.09*	
531	3.42*	2.96	2.09*	1.785*	1.36*	1.32	1.21*	1.14*	1*
600,442	3.46	3.00	2.12	1.81	1.38	1.34	1.225	1.157	1.014
620	3.66*	3.16	2.24*	1.91*	1.45*	1.42	1.29*	1.22*	1.07*
533	3.79*	3.28	2.32*	1.98*	1.503*	1.47	1.34*	1.26*	1.11*
622	3.82	3.32	2.34	2.00	1.52	1.48	1.355	1.28	1.12
444	4.00*	3.47	2.45*	2.09*	1.59*	1.55	1.415*	1.33*	1.17*
711,551	4.12*	3.57	2.52*	2.15*	1.64*	1.595	1.458*	1.374*	1.207*

b

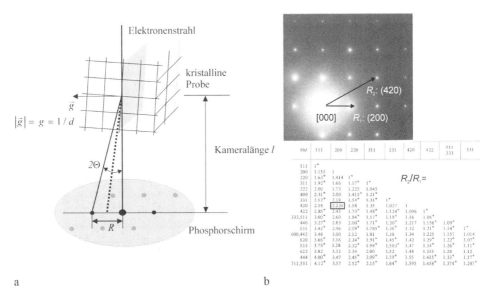

Abb. 4: (a) Schematische Darstellung des Ursprungs von Beugungsdiagrammen (selected area diffraction, SAD) und (b) SAD-Digramm für eine kfz Probe (Zonenachse [100]) mit exemplarischer Darstellung der Auswertung über das R-Verhältnis ((b) nach [5]).

Vor dem Hintergrund der Untersuchung der grundlegenden Ermüdungsmechanismen ist neben der kristallographischen Analyse die Darstellung und quantitative Bewertung von Versetzungsstrukturen von zentraler Bedeutung. Versetzungen werden als dunkle Linien im TEM-Bild sichtbar wenn die durch die eingeschobene Halbebene erzeugte Gitterverzerrung lokal zur Erfüllung der *Bragg*-Bedingung führt. Dies ist schematisch in Abb. 5 dargestellt. Da der *Bragg*-Winkel Θ sehr klein ist, erhält man für die Versetzungen maximalen Kontrast, wenn der *Burgers*vektor $\vec{b}$ parallel zum Normalenvektor $\vec{g}$ des Elektronenstrahls liegt ($\vec{b} \parallel \vec{g}$).

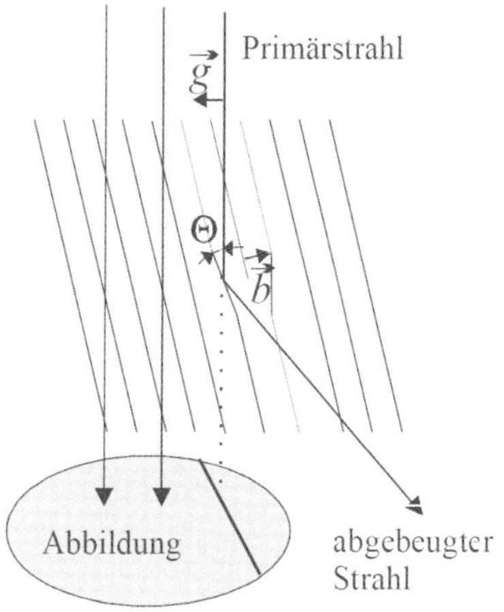

Abb. 5: Abbildung von Versetzungen durch *Bragg*sche Beugung an den entsprechend elastisch verzerrten Netzebenen.

Für eine eindeutige Zuordnung oder zur hochauflösenden Darstellung sollte im sog. Zweistrahlfall gearbeitet werde, d.h. die Position des Kristallits ist so einzustellen, dass die *Bragg*-Bedingung exakt erfüllt ist, d.h. zur Abbildung lediglich der durchgehende Elektronenstrahl und eine abgebeugte Intensität beitragen (entspricht lediglich einem Punkt im Beugungsdiagramm).

4 Probenpräparation

Im einfachsten Fall werden Probenscheiben mit einem Durchmesser von 3mm und einer Höhe von h = 80–120 µm zum Einsetzen in den Probenhalters des Transmissionselektronenmikroskops (Abb. 6a) mechanisch durch Trennen, Polieren und Ausstanzen vorbereitet. Die Elektronentransparenz kann dann mit Hilfe eines Düsenstrahldünnungsgerätes (z.B. Struers Tenupol) realisiert werden. Wie Abb. 6b zeigt, wird die Probenscheibe unter Anliegen eines elektrischen Potentials von beiden Seiten solange einem Elektrolytstrahl ausgesetzt, bis ein kleines Loch entstanden ist. Mit etwas Glück sind die Lochflanken dann so dünn, dass sie für die Elektronen transparent sind. Das ist ab einer Dicke von $t \approx 200$ nm der Fall (vgl. Abb. 6a). Alternativ zu diesem Verfahren (=elektrolytisches Dünnen) wird das Ionendünnen angewandt (Abb 6c). Dabei wird die vorpräparierte Scheibe solange unter einem kleinen Winkel im Vakuum mit einem Ar-Ionenstrahl beschossen, bis ein Loch mit elektronentransparenten Flanken entstanden ist. Da der Materialabtrag pro Zeit bei diesem Verfahren vergleichsweise gering ist, wird im Rahmen der Probenvorpräparation vor dem Ionendünnen mit einem Schleifrad an der zu dünnenden Stelle eine kleine Mulde eingebracht. Neben diesen beiden gängigen Verfahren gibt es natürlich eine große Vielfalt weiterer Verfahren (z.B. Zielpräparation für Querschnittspräparate, Replikatechniken etc., siehe z.B. [3,7]).

Es sei an dieser Stelle erwähnt, dass sich in den vergangenen 10 Jahren eine neue, sehr komfortable Technik zur direkten Entnahme von dünnen Proben etabliert hat, die Focussed-Ion-beam-Technik (FIB). Dabei werden mit einem steuerbaren Ga^+-Ionen-Strahl die zu untersuchenden Segmente wie mit einer CNC-Werkzeugmaschine präzise herausgearbeitet. Bei modernen Geräten ist diese Technik mit einem Rasterelektronenmikroskop (Dual-Beam-Systeme) verknüpft, so dass die Bearbeitung direkt beobachtet werden kann und zusätzlich die analytischen Techniken der Rasterelektronenmikroskopie, wie EDS oder EBSD zur Anwendung kommen können.

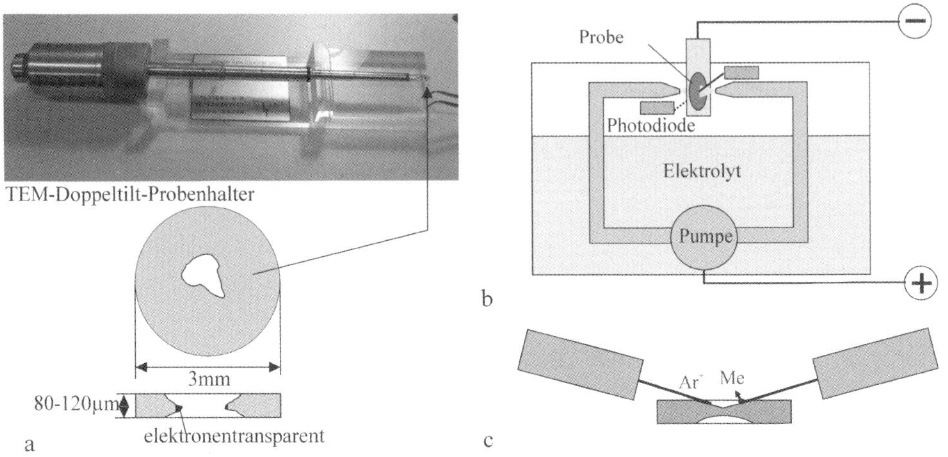

Abb. 6: (a) Probenhalter zum Einschieben in die Säule des TEM (vgl. Abb. 2a), (b) schematische Darstellung des elektrolytischen Düsenstrahldünnens und (c) des Ionendünnens.

3 Anwendungsbeispiele

Beispiele für TEM-Aufnahmen von Versetzungsstrukturen, die sich während der Materialermüdung einstellen, finden sich in den Kapiteln „Materialermüdung und Mikrostruktur", „Rissbildung bei zyklischer Beanspruchung" und „Schwingfestigkeit von Stählen" in diesem Buch.

Die nachfolgend dargestellten Aufnahmen sollen in Ergänzung dazu einen Eindruck über die Anwendungsvielfalt der Transmissionselektronenmikroskopie geben. In Abhängigkeit von der Kristallstruktur, der Stapelfehlerenergie und der lokalen plastischen Dehnungsamplitude stellen sich charakteristische Versetzungsstrukturen ein, die mittels Transmissionselektronenmikroskopie identifiziert werden können. Abb. 7 zeigt für das Beispiel einer wechselverformten Probe aus der β-Titanlegierung LCB (Ti-6,8Mo-4,5Fe-1,5Al) die charakteristische Anordnung der Versetzungen bei planarem Gleitverhalten. Die Versetzungen bewegen sich entlang diskreter {110}-Gleitebenen.

Abb. 8 zeigt ebenfalls planares Gleitverhalten, hier während Wechselverformung bei geringer Spannungsamplitude im HCF-Bereich des austenitisch-ferritischen Duplexstahls 1.4462 (X2CrNiMoN 22-5-3). Sowohl die Korn- als auch die Phasengrenzen wirken als Barrieren gegenüber Versetzungsbewegung und tragen so auch für zyklische Beanspruchung zur Festigkeit metallsicher Werkstoffe bei. In Analogie zu den der Hall-Petch-Beziehung zugrunde liegenden Annahmen stauen sich die Versetzungen an der Austenit-Ferrit-Phasengrenze (γ–α-Grenze in Abb. 8) auf.

Abb. 7: Planare Versetzungsanordnung in der β-Titanlegierung LCB (low-cost beta) nach Wechselbeanspruchung bei $\Delta\sigma/2 = 600$ MPa ($\vec{g} = [001]$) [8].

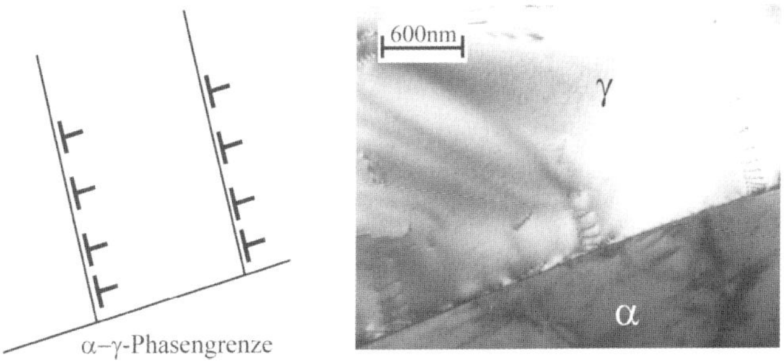

Abb. 8: Planare Versetzungsanordnung in der Austenitphase (γ) des Duplexstahls 1.4462 und Versetzungsaufstau (pile up) an der Phasengrenze zum Ferrit ($\Delta\sigma/2 = 350$ MPa, nach [9]).

Ebenso wie die Rasterelektronenmikroskopie kann die Transmissionselektronenmikroskopie in Kombination mit einer Reihe von Analysemöglichkeiten genutzt werden, wie die Elektronenenergieverlust-Spektroskopie (electron energy loss spectroscopy EELS) oder die energiedispersive Röntgenspektroskopie (EDS). Letztere beruht auf der Emission elementspezifischer charakteristischer Röntgenstrahlung, die als Energiedifferenz entsteht, wenn ein Elektron einer inneren Schale durch ein Primärelektron herausgeschlagen wird und die freigewordene Position durch ein Elektron einer höheren Schale wiederbesetzt wird (vgl. Kapitel „Der Einsatz der Rasterelektronenmikroskopie zur Bewertung der Ermüdungsschädigung metallischer Werkstoffe“). Da man bei der Transmissionselektronenmikroskopie mit sehr dünnen Proben arbeitet, ist das Wechselwirkungsvolumen der Primärelektronen mit der Probe sehr viel geringer als bei der Rasterelektronenmikroskopie und man kann die charakteristische Röntgenstrahlung für hochauflösende chemische Analysen nutzen. Abb. 9 zeigt als Beispiel die Auswertung von EDS-Analysen zur Bestimmung des Volumenbruchteils der kohärenten γ'-Phase ($Ni_3(AlTi)$) in der einkristallinen Nickelbasis-Superlegierung CMSX-6. Abb. 9a zeigt die charakteristischen kubischen γ'-Ausscheidungen dieser Legierung als Dunkelfeldaufnahme, d.h. Beugungsreflexe, die nur auf die geordnete γ'-Überstruktur zurückzuführen sind, dienen der Abbildung. Zur Auswertung wurden chemische Analysen dieser Phase und den schwarz erscheinenden „Kanälen“ der γ-Matrix durchgeführt. Trägt man die Ergebnisse als Differenzen Konzentration Werkstoff c_i minus Konzentration γ-Phase $c_{\gamma,i}$ über Konzentration γ'-Phase $c_{\gamma',i}$ minus Konzentration Werkstoff c_i für die verschiedenen Elemente i gemäß Abb. 9b auf, so erhält man aus der Steigung den Volumenanteil der kohärenten γ'-Phase der in diesem Fall $V(\gamma')$=0,71 beträgt.

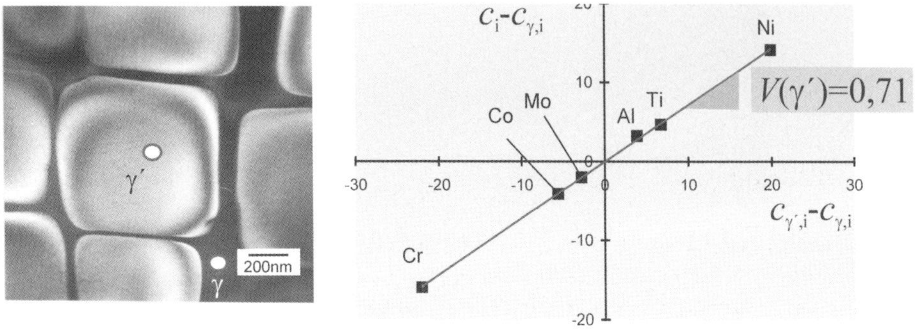

a b

Abb. 9: (a) Dunkelfeldaufnahme von γ'-Ausscheidungen in der einkristallinen Nickelbasis-Superlegierung CMSX-6 und (b) Ergebnisse der EDS-Analysen zur Bestimmung des γ'-Volumenbruchteils [10].

Literatur

[1] P.B. Hirsch, R.W. Horne, M.J. Whelan: Direct Observation of the Arrangement and Motion of Dislocations in Aluminum, Philosophical Magazine, **1** (1956) 677

[2] D.K. Dewald, T.C. Lee, I.M. Robertson, H.K. Birnbaum: Dislocation Structure of Advancing Cracks, Metallurgical Transactions A, **21A** (1990) 2411

[3] M. von Heimendahl: Einführung in die Elektronenmikroskopie, Vieweg-Verlag, Braunschweig, 1970.

[4] J. W. Eddington: Practical Electron Microscopy in Materials Science, Vol. 1–5, The McMillan Press, London, 1974.

[5] E. Hornbogen, B. Skrotzki: Werkstoffmikroskopie, Springer-Verlag, Berlin Heidelberg 1993.

[6] D.B. Wiliams, C.B. Carter: Transmission Electron Microscopy – A Textbook for Materials Science, Plenum Press, New York 1996.

[7] H.-J. Klaar, und C.-A. Huang: Querschnittspräparation für die Untersuchung von dünnen Schichten, Grenzflächen, Pulvern und Fasern im Transmissionselektronenmikroskop, Praktische Metallographie 31 (1994) 290.

[8] W. Floer: Untersuchungen zur mechanismenorientierten Lebensdauervorhersage an einer ß-Titanlegierung, VDI-Verlag Reihe 5, Düsseldorf 2003

[9] O. Düber: Untersuchungen zum Ausbreitungsverhalten mikrostrukturell kurzer Ermüdungsrisse in zweiphasigen Metallen am Beispiel eines austenitisch-ferritischen Duplexstahls, Dissertation, Universität Siegen 2006

[10] U. Krupp: Innere Nitrierung von Nickelbasislegierungen, Fortschritt-Berichte VDI, Reihe 5, Nr. 529, VDI Verlag, Düsseldorf 1998

Zyklisches Spannungs-Dehnungs-Verhalten bei konstanter und variierender Beanspruchungsamplitude

A. Ohrndorf

1 Einleitung

Die Mehrzahl der in der Technik eingesetzten Bauteile wird nicht nur rein statisch belastet, sondern erfährt eine wechselnde mechanische Beanspruchung. In metallischen Werkstoffen können dadurch mikrostrukturelle Veränderungen verursacht werden, welche sich makroskopisch auf die Festigkeitseigenschaften des Werkstoffes auswirken. Im folgenden Beitrag wird exemplarisch anhand des Modellwerkstoffs Kupfer gezeigt, welche Veränderungen durch zyklische Verformung in der Versetzungsstruktur ablaufen können und wie diese Veränderungen von der Versuchsführung beeinflusst werden. Weiterhin wird der Zusammenhang zwischen der Mikrostruktur und dem Verformungsverhalten aufgezeigt.

2 Das zyklische Spannungs-Dehnungs-Verhalten

Das gebräuchlichste Verfahren zur experimentellen Untersuchung des Dauerschwingverhaltens im Labor ist der Wechselverformungsversuch mit konstanter Amplitude der Spannung $\Delta\sigma/2$, der Gesamtdehnung $\Delta\varepsilon/2$ oder aber der plastischen Dehnung $\Delta\varepsilon_{pl}/2$. Seit der Entdeckung des Coffin-Manson-Gesetzes, das erstmals einen direkten Zusammenhang zwischen Bruchlastspielzahl und der plastischen Dehnungsschwingbreite $\Delta\varepsilon_{pl}$ herstellte, haben sich Versuche bei konstanter plastischer Dehnungsamplitude $\Delta\varepsilon_{pl}/2$ immer mehr durchgesetzt. Im Gegensatz zur einsinnigen Verformung beobachtet man bei der zyklischen Verformung keinen eindeutigen σ-ε-Verlauf, sondern eine σ-ε-Hysterese, die von den Versuchsbedingungen abhängt. Vielfach registriert man nicht die komplette Hystereseschleife, sondern beschränkt sich bei Versuchen mit konstantem $\Delta\varepsilon_{pl}$ auf die Erfassung der Spannungsamplitude $\Delta\sigma/2$ als Funktion der Zyklenzahl N (Wechselverformungskurve).

Bei vielen Werkstoffen kann man beobachten, daß mit zunehmender Zyklenzahl zunächst eine zyklische Ent- oder Verfestigung erfolgt, die sich in der Ab- bzw. Zunahme von $\Delta\sigma/2$ äußert. An diesen Anfangsbereich schließt sich ein meist ausgedehnter Bereich quasistationärer zyklischer Verformung an, in dem $\Delta\sigma/2$ näherungsweise konstant bleibt. Dieser Bereich wird als zyklischer Sättigungsbereich bezeichnet. Er nimmt insofern eine Sonderstellung ein, weil er sich in der Regel über den größten Teil der Lebensdauer erstreckt. Der Ermüdungsbruch durch Rissfortschritt erfolgt im Anschluss an diesen Sättigungsbereich. Wechselverformte Metalle und einphasige Legierungen weisen in der Sättigung in Abhängigkeit von der Beanspruchungsamplitude eine charakteristische Versetzungsanordnung auf.

Die zyklische Spannungs-Dehnungskurve (ZSD-Kurve) beschreibt den Zusammenhang zwischen der Spannungsamplitude $\Delta\sigma/2$ und der plastischen Dehnungsamplitude $\Delta\varepsilon_{pl}/2$ in der Sättigung (im folgenden mit σ_S und $\varepsilon_{pl,S}$ bezeichnet). Die Kenntnis der ZSD-Kurve ist von zentraler Bedeutung für die Beschreibung des Wechselverformungsverhaltens und ist z.B. bei der empirischen Lebensdauervorhersage oder aber auch in der modellmäßigen Beschreibung der Rissausbreitung durch zyklische Verformung an der Rissspitze eine wichtige Voraussetzung. Aus der Definition der ZSD-Kurve ergibt sich bereits die experimentelle Methodik, die üblicherweise zur Bestimmung benutzt wird. In mehreren Versuchen mit vorgegebener, während des einzelnen Versuchs konstant gehaltener plastischer Dehnungsschwingbreite werden die Wertepaare (σ_S, $\varepsilon_{pl,S}$) bestimmt. Diese Vorgehensweise entspricht Verfahren, die ZSD-Kurve als Verbindungslinie der Spitzen der gesättigten Hystereseschleifen zu ermitteln.

Im Zusammenhang mit der ZSD-Kurve spielt die Gestalt der σ-ε-Hysterese eine wichtige Rolle. Sie spiegelt die Art und Verteilung der Hindernisse wieder, die von den Gleitversetzungen während eines Zyklus überwunden werden müssen. Ändert sich in homogenen Werkstoffen die Versetzungsanordung des quasistationären Zustands mit der Belastungsamplitude der zyklischen Verformung, so wird dieses zu einer Änderung der Gestalt der mechanischen Hysteresekurve führen. Meist liegt somit also kein eindeutiger Zusammenhang zwischen Spannung und Dehnung vor. Eine Ausnahme stellt das sogenannte *Masing-Verhalten* dar. In diesem Fall ergibt sich der Spannungs-Dehnungs-Zusammenhang der Hysteresekurve nach Lastumkehr in einfacher Weise aus der Spannungs-Dehnungskurve der einsinnigen Verformung, die ihrerseits mit der ZSD-Kurve identisch ist. Die ZSD-Kurve entspricht der um einen Faktor 2 verkleinerten Hysteresekurve. Masing leitete dieses Verhalten aus einer Modellvorstellung zur plastischen Verformung ab, nach der der Werkstoff aus parallel belasteten Elementen aufgebaut ist (d.h. jedes Element erfährt dieselbe Dehnung), wobei jedes Element eine nicht veränderliche Streckgrenze aufweist, bei deren Überschreiten es sich ohne weitere Spannungserhöhung ideal elastisch-plastisch verformt.

Masing-Verhalten ist nur dann zu erwarten, wenn die Hindernisstruktur von der plastischen Dehnungsamplitude $\Delta\varepsilon_{pl}/2$ näherungsweise unabhängig ist. Die anschaulichste Überprüfung, ob Masing-Verhalten vorliegt, ist, die Hysteresekurven des untersuchten Werkstoffes so zu verschieben, daß die unteren (oder oberen) Lastumkehrpunkte zusammenfallen. In Abb. 1 wird dies am Beispiel des normalisierten unlegierten Stahles Ck10 gezeigt. Falls, wie im dargestellten Fall, alle ansteigenden Äste der σ-ε-Hysteresen auf einer gemeinsamen Kurve zu liegen kommen, liegt Masing-Verhalten vor.

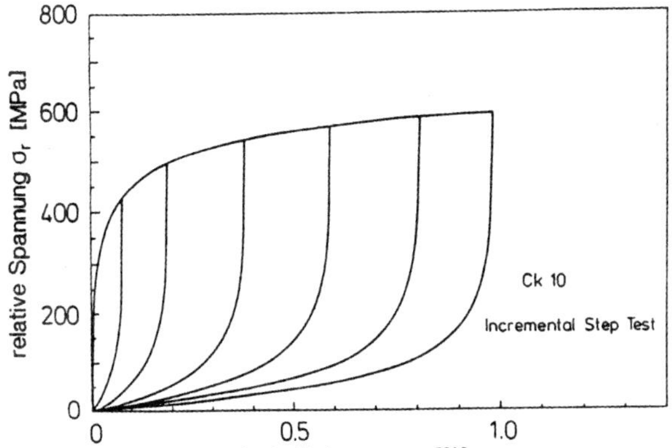

Abb. 1: Beispiel für die positive Überprüfung des Masing-Verhaltens [1]

Die für das Masing-Verhalten geforderte Unabhängigkeit der Hindernisstruktur von $\Delta\varepsilon_{pl}$ kann zum einen eine direkte Folge des Gefüges sein, wenn z.B. die Behinderung der plastischen Verformung durch Teilchen einer zweiten Phase bestimmt wird, oder kann durch einen Belastungsverlauf erreicht werden, der eine Versetzungsstruktur unabhängig von $\Delta\varepsilon_{pl}$ einstellt. Als Beispiel für den zuletzt dargestellten Fall dient der Incremental Step Test.

3 Der Incremental Step Test

Im Incremental Step Test wird eine Probe einem Block von ca. 30 Zyklen unterworfen, innerhalb derer die Beanspruchungsamplitude (hier die plastische Dehnungsamplitude) zeitlich linear auf einen Maximalwert ansteigt und dann wieder abfällt (Abb. 2).

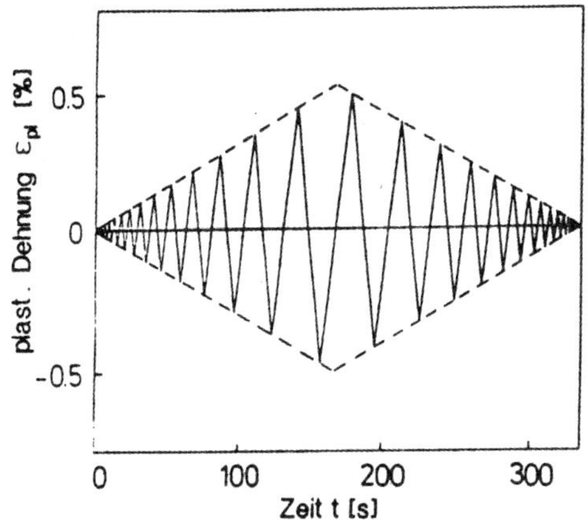

Abb. 2: Zeitlicher Verlauf der plastischen Dehnung im Incremental Step Test [1]

Die "Werkstoffantwort" in Form des zeitlichen Verlaufes der Spannung ist in Abb. 3 dargestellt. In Anlehnung an die σ-ε-Hysteresen der Versuche mit konstanter Belastungsamplitude

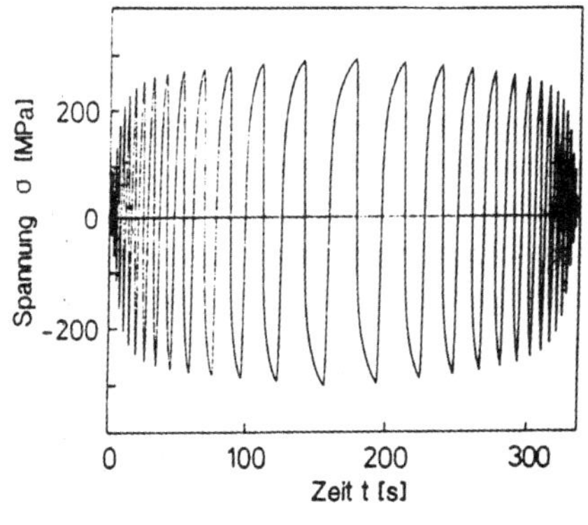

Abb. 3: Werkstoffantwort auf den in Abb. 2 dargestellten Dehnungs-Zeit-Verlauf in Form des zeitlichen Verlaufes der Spannung [1]

kann durch Auftragung der Spannung gegen die Dehnung (oder besser gegen die plastische Dehnung ε_{pl}) eine "Hysteresenspirale" erhalten werden, wie sie Abb. 4 zeigt.

Der Incremental Step Test wird vielfach als ein rasches Verfahren zur Bestimmung der ZSD-Kurve benutzt, wobei diese dann als die Verbindungslinie der Lastumkehrpunkte der Hysteresenspirale entnommen wird, sobald ein stationärer Zustand erreicht ist, d.h. das zyklische Spannungs-Dehnungs-Verhalten unabhängig von der Blockzahl geworden ist. Allerdings kann das zyklische Spannungs-Dehnungs-Verhalten eines Werkstoffes im Incremental Step Test nicht auf zyklische Belastungen mit konstanter Amplitude übertragen werden. Andererseits kann der Incremental Step Test eine sinnvolle Anwendung finden, wenn eine zyklische Betriebsbelastung mit (zufällig) veränderlicher Belastungsamplitude vorliegt.

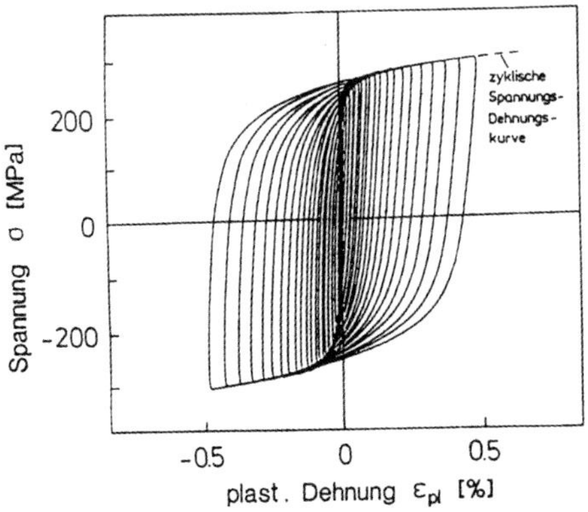

Abb. 4: Spannungs-Dehnungs-Hysteresenspirale eines halben Belastungsblocks (aufsteigende ε_{pl}-Amplitude) des Incremental Step Tests [1]

4 Einfluss der Versuchsführung auf Mikrostruktur und ZSD-Verhalten

Im folgenden sind Ergebnisse für polykristallines Kupfer dargestellt, die examplarisch den Zusammenhang von Versuchstyp (konstante Amplitude oder variierende Amplitude), sich einstellender Versetzungsanordnung und ZSD-Verhalten verdeutlichen [2–4].

Nach einer Rekristallisationsglühung ist der Werkstoff relativ versetzungsarm und duktil. Bei zyklischer Beanspruchung mit konstanter plastischer Dehnungsamplitude zeigt sich eine Wechselverfestigung, der sich ein Bereich mit nahezu konstanter Spannungsamplitude anschließt (zyklischer Sättigungszustand). Eine Erhöhung der plastischen Dehnungsschwingbreite während der Sättigung führt zu einer Erhöhung von $\Delta\sigma$. Die Spannungsschwingbreite nähert sich erneut einem konstantem Wert, d.h. ein weiterer Sättigungszustand wird eingestellt.

Abb. 5 zeigt verschiedene, im Incremental Step Test registrierte ZSD-Kurven in Abhängigkeit von der Nummer des Belastungsblockes, bei dem die jeweilige Kurve aufgenommen wurde. Anders als im Einstufenversuch erfährt das zyklische Spannungs-Dehnungs-Verhalten keine rasche Sättigung; selbst bei hohen Blockzahlen ist eine Zunahme der Spannungsamplitude mit der Blockzahl beobachtbar.

In Abb. 6 ist die ZSD-Kurve, wie sie definitionsgemäß mit Hilfe von Versuchen mit konstantem $\Delta\varepsilon_{pl}$ ermittelt wurde, direkt mit den Kurven verglichen, die sich im Incremental Step Test nach vielen Belastungsblöcken aus der Verbindung der Lastumkehrpunkte ergeben. Es ist ersichtlich, dass die im Incremental Step Test ermittelten ZSD-Kurven in charakteristischer Weise von der ZSD-Kurve aus Einstufenversuchen abweichen: Sie schneiden die letztere bei $\Delta\varepsilon_{pl} / 2 \cong 0{,}3$ % und liegen oberhalb dieses Schnittpunktes bei niedrigeren und darunter bei höheren Spannungen. Weiterhin wird die genaue Lage der ZSD-Kurve des Incremental Step Tests durch die Art der Versuchsführung (konstante Versuchsfrequenz oder konstante plastische Dehnungsgeschwindigkeit $\dot{\varepsilon}_{pl}$) und die Registriertechnik (Messung im Halbzyklus bei auf- oder absteigender Amplitude) beeinflusst.

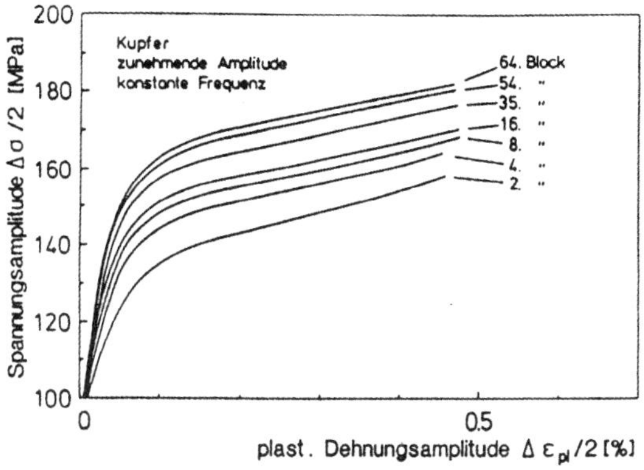

Abb. 5: Abhängigkeit der ZSD-Kurve von der Anzahl der durchlaufenen Belastungsblöcke

Der Schnittpunkt der ZSD-Kurven aus Einstufenversuchen und dem Incremental Step Test kann folgendermaßen gedeutet werden. Im Incremental Step Test bleibt die zyklische Verfestigung bei den höheren Belastungsamplituden gegenüber den Einstufenversuchen zurück. Andererseits wird die im Incremental Step Test bei den höheren Amplituden erzeugte Versetzungsanordnung beim Durchlaufen der darauf folgenden niedrigen Amplituden nicht wieder abgebaut, so dass im letzteren Fall die Spannungsamplitude über der aus entsprechenden Versuchen bei konstantem $\Delta\varepsilon_{pl}/2$ liegt.

Die obige Vorstellung wird durch entsprechende transmissionselektronenmikroskopische Untersuchungen bestätigt. Abb. 7a zeigt die Versetzungsanordnung einer bei $\Delta\varepsilon_{pl} = 0{,}04$ % bis in die Sättigung ermüdeten Probe in einem Schnitt parallel zur Spannungsachse. Man erkennt die für zyklisch verformte Metalle bei niedriger Amplitude typischen Stufenversetzungsbündel (Adern) der Matrixstruktur sowie ein persistentes Gleitband mit der charakteristischen Leiterstruktur. Im Vergleich dazu zeigt Abb. 7b die Versetzungsanordnung in einer Probe aus dem Incremental Step Test, der nach Erreichen von $\Delta\varepsilon_{pl} = 0{,}04$ % unterbrochen wurde. Trotz der Tatsache, daß diese Probe zuletzt bei dieser niedrigen Amplitude ermüdet wurde, weist sie eine für hohe Amplituden charakteristische Versetzungszellstruktur auf. Diese Versetzungszellstruktur entspricht der Versetzungsanordnung, die man nach Abbrechen des Incremental Step Test bei der höchsten Amplitude ($\Delta\varepsilon_{pl} = 1$%) findet und ist qualitativ sehr ähnlich der, die im Einstufenversuch bei den höheren $\Delta\varepsilon_{pl}$ beobachtet wird.

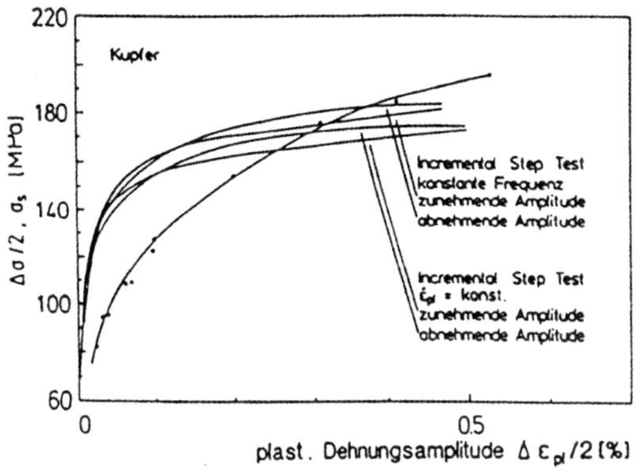

Abb. 6: Vergleich der im Incremental Step Test und in Versuchen mit konstantem $\Delta\varepsilon_{pl}$ ermittelten ZSD-Kurven [2]

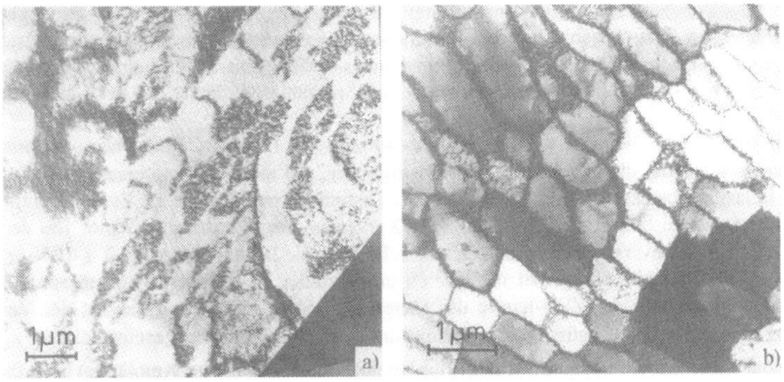

Abb. 7: Versetzungsanordungen in bis zur Sättigung wechselverformtem Kupfer: a) Versetzungsdipolbündel (Matrix) und persistentes Gleitband nach Wechselverformung im Einstufenversuch mit $\Delta\varepsilon_{pl}$ = 0,04 %; b) Versetzungszellstruktur nach Wechselverformung im Incremental Step Test mit maximalem $\Delta\varepsilon_{pl}$ = 1 % und Abbruch des Versuches bei $\Delta\varepsilon_{pl}$ = 0,04 %

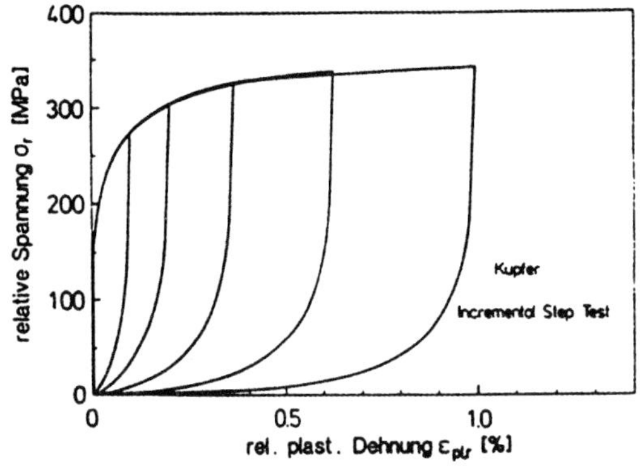

Abb. 8: In einen gemeinsamen Lastumkehrpunkt im Druck verschobene σ-ε_{pl}-Hysteresen des Incremental Step Test

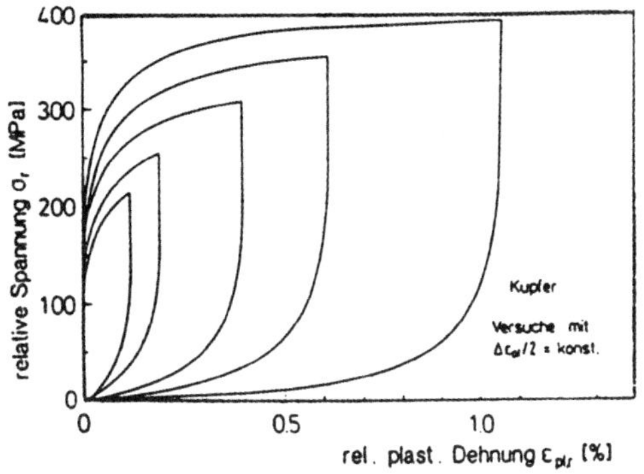

Abb. 9: In einen gemeinsamen Lastumkehrpunkt im Druck verschobene σ-ε_{pl}-Hysteresen von Versuchen mit konstantem $\Delta\varepsilon_{pl}$

In Abb. 8 wurden die im Incremental Step Test bei verschiedenen Werten von $\Delta\varepsilon_{pl}$ registrierten Hysteresekurven so gegeneinander verschoben, daß sie im Punkt minimaler Spannung zur Deckung kommen. Es zeigt sich, daß die steigenden Hystereseäste auf einer gemeinsamen Kurve liegen. Dieser Befund entspricht nahezu idealem Masing-Verhalten und bestätigt die Ergebnisse der TEM-Untersuchungen einer $\Delta\varepsilon_{pl}$-unabhängigen Versetzungsstruktur für diese spezielle Versuchsführung. Im Gegensatz hierzu zeigen die Hysteresekurven, die in den Einstufenversuchen mit konstantem $\Delta\varepsilon_{pl}$ bestimmt wurden, deutliche Abweichungen vom Masing-Verhalten (Abb.9), was mit der von der plastischen Beanspruchungsamplitude abhängigen Mikrostruktur, wie sie bei Werkstoffen mit welligem Gleitcharakter typisch ist, in Einklang steht.

5 Zusammenfassung

Das zyklische Spannungs-Dehnungs-Verhalten bei Wechselverformung mit konstanter Beanspruchungsamplitude wird bei vielen Metallen und Legierungen durch einen Zustand zyklischer Sättigung bestimmt, der den überwiegenden Teil der Lebensdauer einnimmt. In diesem Zustand liegt eine stationäre Versetzungsanordnung vor, die in charakteristischer Weise von der Höhe der Beanspruchungsamplitude abhängt. Da sich die Mikrostruktur des Werkstoffes in der Form der Spannungs-Dehnungs-Hysterese widerspiegelt, sind die Hystereseschleifen amplitudenabhängig und Masing-Verhalten ist nicht zu erwarten. Das zyklische Spannungs-Dehnungs-Verhalten im Versuch mit veränderlicher Amplitude kann deutlich von dem der Einstufenbelastung abweichen. Die Einstellung eines Sättigungszustandes erfolgt langsam und die Versetzunganordnung wird im stationären Zustand hauptsächlich durch die großen Beanspruchungsamplituden bestimmt. Variiert die Amplitude ausreichend schnell und oft, dann sind die Hystereseäste amplitudenunabhängig, d.h. es liegt Masing-Verhalten vor.

Literatur

[1] H.-J. Christ: Wechselverformung von Metallen, Monographiereihe WFT, Nr. 9, Springer-Verlag, Berlin, 1991.

[2] M. Bayerlein, H.-J. Christ und H. Mughrabi: A critical evaluation of the incremental step test, in: Proceedings of The Second International Conference on Low-Cycle Fatigue and Elasto-Plastic Behaviour of Materials, 7.–10. September 1987, München, herausgegeben von K.-T. Rie, Elsevier Applied Science, 1987, S. 149–154.

[3] H. Mughrabi, M. Bayerlein und H.-J. Christ: Microstructural foundation of cyclic stress-strain response and Masing behaviour, in: Proceedings of the 8th Risø International Symposium on Metallurgy and Materials Science, Constitutive Equations and their Physical Basis, 7. –11. September 1987, Roskilde, Dänemark, herausgegeben von Bilde Sørensen et al., S. 447–452.

[4] H.-J. Christ und H. Mughrabi: Cyclic stress-strain response and microstructure under variable amplitude loading, Fatigue and Fracture of Engng Mater. Structures **19** (1996) 335–348.

Rissbildung bei zyklischer Beanspruchung

H.J. Maier

1 Vorbemerkung

Viele Komponenten technischer Anlagen werden schwingend mit niedrigen Spannungsamplituden im Bereich der Dauerfestigkeit beansprucht. In anfänglich rissfreien Werkstoffen bestimmt die Bildung und/oder das Wachstum kurzer Risse dann meist die Lebensdauer der Bauteile. Die zahlreichen vorliegenden Untersuchungen zur Rissbildung zeigen, dass die Prozesse der Rissbildung sehr komplexer Natur sind, und eine einheitliche, werkstoffunabhängige Beschreibung ist bisher nicht möglich. Die enge Verknüpfung zwischen Mikrostruktur und Rissbildung ist jedoch ein gemeinsames Merkmal und im Folgenden soll der Schwerpunkt daher auf den mikroskopischen Mechanismen der Rissbildung in defektfreien, ungekerbten reinen Metallen und Legierungen liegen.

Bereits für den Begriff *Anriss* ist in der Literatur keine einheitliche Definition zu finden. In der technischen Praxis wird als Kriterium für die Unterscheidung zwischen Rissbildungsphase und Rissausbreitungsphase häufig die Auflösung des verwendeten Rissdetektionsverfahrens verwendet. In Tabelle 1 sind einige gängige Rissdetektionsmethoden zusammen mit der jeweiligen Risslängenauflösung des Verfahrens aufgelistet. Zur Untersuchung der grundlegenden Mechanismen der Ermüdungsrissbildung sind hochauflösende Verfahren notwendig. Die Methoden, die die Beobachtung von Rissbildungsprozessen bis herab in atomare Dimensionen erlauben, sind jedoch meist auf Laboranwendungen beschränkt.

2 Experimentelle Verfahren

Zur Detektion von Anrissen wurde eine Vielzahl von Methoden entwickelt. Die Wahl des Verfahrens hängt hierbei von mehreren Einflussgrößen wie Proben- oder Bauteilgeometrie, Umgebungsmedium und geforderter Nachweisempfindlichkeit ab. Eine ausführliche Übersicht findet sich z.B. in [1]. Während für die Anwendung in der technischen Praxis auch die Detektionswahrscheinlichkeit eine erhebliche Rolle spielt, steht bei der Auswahl des Verfahrens für die Laboranwendung häufig die Nachweisempfindlichkeit des Verfahrens im Vordergrund. Wie die Tabelle 1 zeigt, variiert die Nachweisempfindlichkeit je nach verwendetem Verfahren zwischen etwa 0,1 μm und 500 μm.

Für die hier im Vordergrund stehende Untersuchung der Mechanismen der Ermüdungsanrissbildung wurden spezielle Methoden entwickelt, die nicht nur die Messung der Risslänge und -tiefe erlauben, sondern auch eine detaillierte Untersuchung des Oberflächenreliefs ermöglichen. Beispiele hierfür sind u.a.:

- „taper-sectioning method“: Die Oberfläche wird hierbei unter einem flachen Winkel (α) angeschnitten, wodurch das Oberflächenrelief vergrößert wird. Die Vergrößerung (V) des Oberflächenreliefs ergibt sich zu $V = 1/\cos\alpha$.

- „sharp-corner technique": Hierbei wird mittels einer Mikrofräse ein verformungsarmer Schnitt senkrecht zur Oberfläche angefertigt. Die Abb. 1 und 2 zeigen Beispiele für die hiermit erreichbare Präparationsqualität.

Tabelle 1: Verfahren zur Detektion von Ermüdungsanrissen und typische Nachweisempfindlichkeit

Methode	Rissdetektion, µm
Rastertunnelmikroskopie	0,1
Transmissionselektronenmikroskopie	0,1
Rasterelektronenmikroskopie	1
Compliance-Verfahren	10
Farbeindringverfahren	10–200
Lichtmikroskopie, Replikaverfahren	1–10
Ultraschallprüfung	50
Potentialsondenverfahren	10–100
Wirbelstrom, magn. Verfahren	100–500
Röntgengrobstruktur	ab ca. 2 % der Bauteildicke

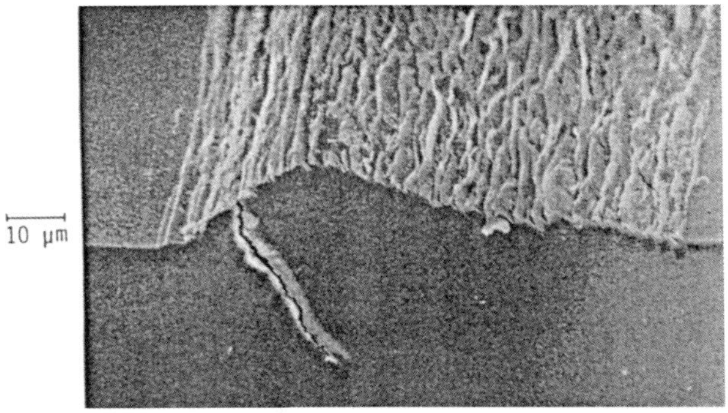

Abb. 1: Persistentes Gleitband in wechselverformtem Kupfer mit Anriss [2]

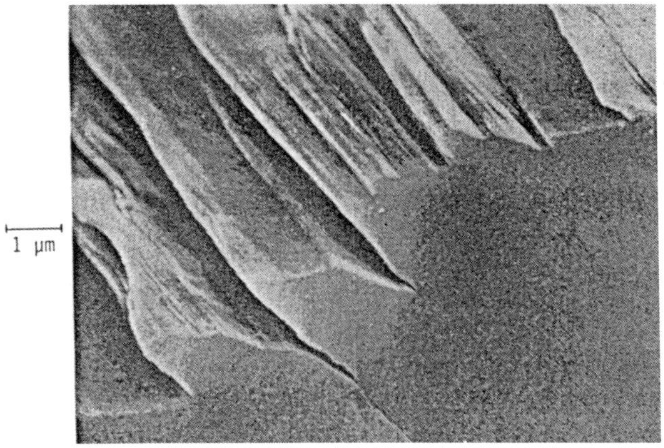

Abb. 2: Detail des Oberflächenprofils eines persistenten Gleitbands [2]

In Abb. 3 ist ein Beispiel für die Untersuchung der Anrissbildung und des Kurzrisswachstums mittels Replikatechnik gezeigt. Im Unterschied zu den meisten anderen hochauflösenden Verfahren lassen sich mittels Replikatechnik auch größere Probenbereiche untersuchen, indem in regelmäßigen Abständen bei vorgegebenen Zyklenzahlen Oberflächenabdrücke der gesamten Probe genommen werden. Nach dem Versuch kann dann ausgehend vom gut erkennbaren Hauptriss das Risswachstum bis zur Anrissbildung relativ einfach zurückverfolgt werden. Der oftmals niedrige Kontrast der Oberflächenabdrücke kann erheblich gesteigert werden, indem der Oberflächenabdruck schräg mit einem dünnen Schwermetallfilm bedampft wird.

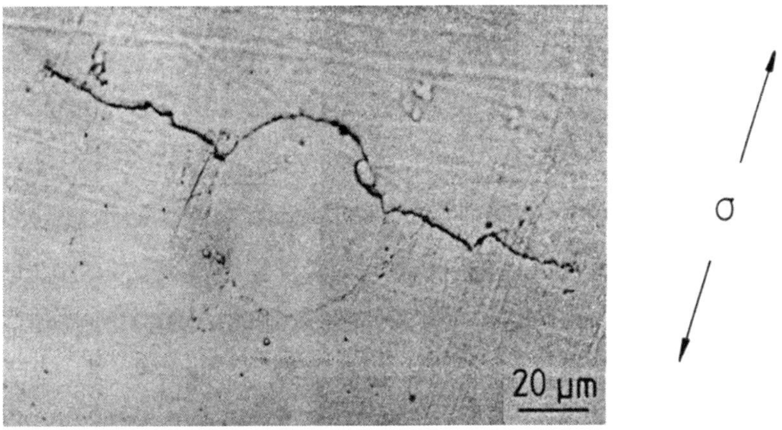

Abb. 3: Rissbildung an einem Aluminium-Calcium-Mischoxid in einem niedriglegierten Stahl (Oberflächenabdruck)

3 Dehnungslokalisierung und Anrissbildung

Die Ermüdungsrissbildung ist in der Mehrzahl der Fälle eine direkte Folge der Irreversibilität der plastischen Verformung. Dies erklärt u.a., warum die Anrissbildung meist von der Werkstofffläche ausgeht, da die oberflächennahen Bereiche i.d. Regel eine höhere plastische Aktivität zeigen als das Werkstoffinnere. Wesentliche Gründe hierfür sind u.a.:

- Oberflächenrauhigkeiten und/oder Kerben, die zu lokalen Spannungsüberhöhungen und damit größerer plastischer Verformung führen.
- In vielkristallinen Werkstoffen ist in Körnern im Werkstoffinneren meist Mehrfachgleitung notwendig, um die Kompatibilität der Verformung zu gewährleisten. Körner an der Werkstoffoberfläche unterliegen geringeren Einschränkungen, und es kann daher leichter zu einer Lokalisierung der Verformung auf wenigen Gleitebenen kommen [3].

Experimentell konnte nachgewiesen werden, dass die plastische Dehnung in oberflächennahen Bereichen lokal um mehrere Größenordnungen über der mittleren Dehnung liegen kann [4]. Die Lokalisierung der plastischen Verformung stellt daher in vielen Fällen die mikrostrukturelle Ursache für die Ausbildung von Oberflächenrauhigkeiten und damit für die Ermüdungsrissbildung dar. Eine der wichtigsten Formen der Dehnungslokalisierung sind die sog. persistenten Gleitbänder. Grundlegende Untersuchungen hierzu wurden vor allem an einkristallinen Werkstoffen durchgeführt. Im Folgenden sollen nur die wichtigsten Ergebnisse dargestellt werden. Ausführlichere Darstellungen finden sich z.B. in [5–7].

4 Rissbildung in Einkristallen

Die Abb. 1 und 2 zeigen Beispiele für das mikroskopische Erscheinungsbild von persistenten Gleitbändern (PGB) in wechselverformtem Kupfer. Wird der Ermüdungsversuch unterbrochen und die PGB elektrolytisch abpoliert, so entstehen an den gleichen Stellen erneut PGB. Diese Experimente haben auch die Bedeutung der PGB für die Ermüdungsrissbildung gezeigt, da durch wiederholtes elektrolytisches Abpolieren der Probe die Rissbildung im PGB vermieden wird und damit die Ermüdungslebensdauer nahezu beliebig verlängert werden kann.

Die Abb. 1 zeigt eine sog. Protrusion (oder Macro-PGB), die, wie in Abb. 2 zu erkennen ist, aus vielen dicht liegenden PGB besteht und ein in etwa dreiecksförmiges Profil aufweist. In der Protrusion liegt eine hohe Rauhigkeit in Form sog. Intrusionen und Extrusionen vor. Der Ermüdungsanriss beginnt i.d. Regel an einer Intrusion an der Grenzfläche Protrusion/Matrix.

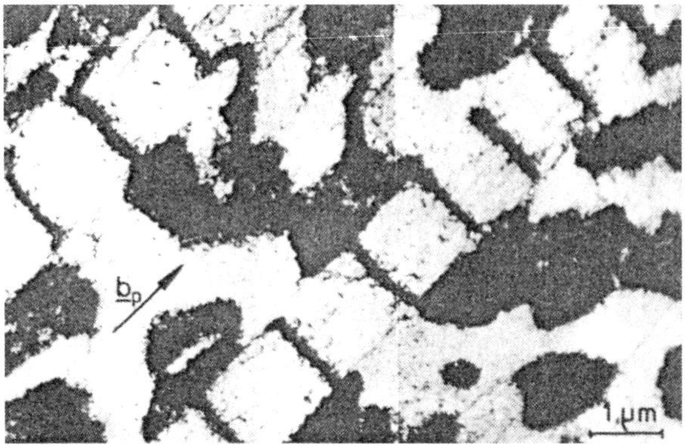

Abb. 4: TEM-Aufnahme der Versetzungsanordnung in ermüdetem Kupfer [5]

Im Transmissionselektronenmikroskop (TEM) zeigt sich, dass die PGB eine charakteristische Versetzungsanordnung aufweisen. PGB liegen parallel zur Gleitebene und zeigen häufig die in Abb. 4 erkennbare Leiterstruktur, die sich deutlich von der Versetzungsanordnung in der Matrix unterscheidet. Die plastische Dehnungsamplitude im PGB ist etwa 100x höher als in der Matrix. Im Fall von Kupfer erreicht die plastische Abgleitamplitude γ_{ap} im PGB Werte von ca. 7,5 x 10^{-3}. Im PGB werden bei der zyklischen Verformung Versetzungen ständig neu erzeugt und annihiliert. Bei der Annihilation von Versetzungsdipolen des Leerstellentyps werden Leerstellen gebildet, und Material tritt in Form der Protrusion an der Oberfläche aus. Basierend auf mikrostrukturellen Beobachtungen haben Eßman, Goesele und Mughrabi [8] ein halbquantitatives Modell (EGM-Modell) zur Berechnung des Oberflächenprofils eines PGB entwickelt, vgl. Abb. 5.

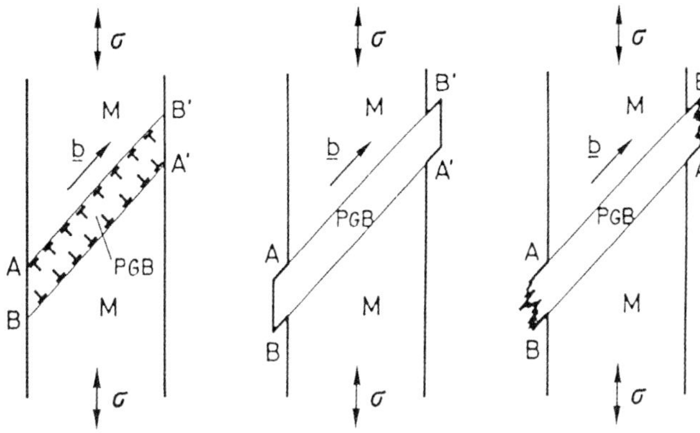

Abb. 5: Bildung des PGB-Oberflächenprofils im EGM-Modell [8]

Ein wesentliches Ergebnis dieses Modells ist, dass sich aus der Leerstellenkonzentration (c_{LS}) und der Länge des PGB ($d_0/\cos\theta$) die Extrusionshöhe (e) im stationären Zustand ergibt zu:

$$e = \frac{c_{LS} d_0}{\cos\theta} \tag{1}$$

Hierbei ist d_0 der Probendurchmesser und θ der Winkel zwischen Spannungsachse und Gleitebenennormale.

Aus diesem Modell lassen sich bereits einige Folgerungen für die Rissbildung an PGB ableiten:

- Während im Einkristall d_0 dem Kristalldurchmesser entspricht, ist im Vielkristall die Korngröße für die PGB-Länge maßgeblich und in vielkristallinen Werkstoffen wird die Extrusionshöhe deutlich niedriger sein. Man erwartet daher, dass mit abnehmender Korngröße die Zahl der Lastwechsel bis zur Rissbildung erhöht wird. Dies entspricht auch dem experimentellen Befund [9].
- Bei hoher Temperatur können Leerstellen aus dem PGB in die Matrix diffundieren, und es kann sich eine stationäre Leerstellenkonzentration und damit eine konstante Extrusionshöhe einstellen. Bei tieferen Temperaturen, bei denen die Diffusionsgeschwindigkeit zu niedrig wird, wächst die Extrusionshöhe dagegen mit steigender Zyklenzahl ständig an und erleichtert die Rissbildung mit abnehmender Temperatur.

Neben dem EGM-Modell existieren zahlreiche weitere Rissbildungsmodelle, die z.B. die Rissbildung in Werkstoffen bei Grobgleitung beschreiben [10]. Eine umfassende Übersicht findet sich u.a. in [6].

5 Rissbildung in Vielkristallen und technischen Legierungen

In der technischen Praxis werden i.d. Regel vielkristalline, häufig kompliziert aufgebaute heterogene Werkstoffe eingesetzt. Im Folgenden sind daher nur die wichtigsten Mechanismen beschrieben. Weiterführende Literatur zur Rissbildung in einzelnen Werkstoffen findet sich in [6].

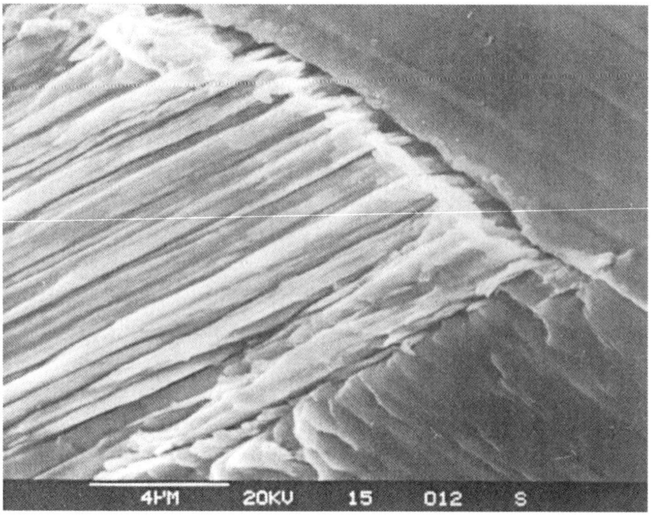

Abb. 6: Interkristalline Rissbildung in Kupfer durch Wechselwirkung von PGB u. Korngrenzen [11]

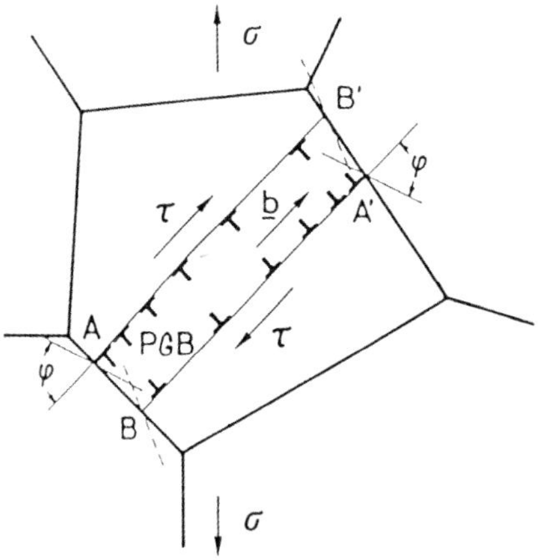

Abb. 7: Versetzungsmodell zur Rissbildung durch PGB an Korngrenzen [12]

5.1 Rissbildung an Korngrenzen

Neben den *transkristallinen* Risskeimen, die meist an PGB gebildet werden, beobachtet man gelegentlich auch *interkristalline* Risskeime (ohne Temperatur- und/oder Umgebungseinfluss). Auch dies lässt sich basierend auf einer Erweiterung des EGM-Modells verstehen. In Abb. 6 ist ein interkristalliner Riss gezeigt, der durch die Wechselwirkung von PGB mit einer Korngrenze entstanden ist. Das in Abb. 7 dargestellte Versetzungsmodell zeigt, dass der Versetzungsaufstau im PGB gegen die Korngrenze eine Spannungskonzentration an der Korngrenze bewirkt. Abschätzungen [12] zeigen, dass die in den Korngrenzen induzierten Zugspannungen ausreichen, um die Korngrenzen aufzureißen.

In Abb. 8 ist ein Beispiel gezeigt, in dem zu erkennen ist, dass bei Werkstoffen mit Zwillingskorngrenzen Rissbildung nur an jeder zweiten Korngrenze zu beobachten ist. Dies ist auf die elastische Anisotropie kristalliner Werkstoffe zurückzuführen, d.h. die elastischen Eigenschaften des Werkstoffes variieren mit der Richtung im Kristall. Dadurch ergeben sich an der Zwillingskorngrenze innere Spannungen bei Belastung (elastische Inkompatibilität). Das Vorzeichen dieser inneren Spannungen ändert sich von Zwillingsgrenze zu Zwillingsgrenze. Risse entstehen dort, wo die innere Spannung die von außen aufgebrachte Spannung unterstützt.

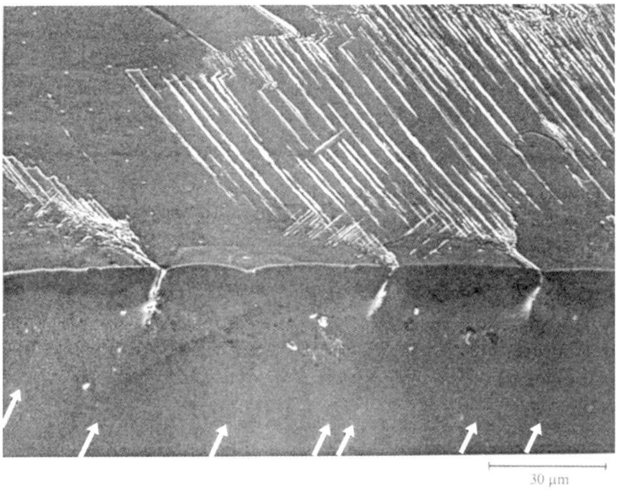

Abb. 8: Rissbildung an Zwillingskorngrenzen [13]

5.2 Rissbildung an Einschlüssen und Poren

Bei vielen Schadensfällen findet man, dass die Ermüdungsanrisse von Werkstoffeinschlüssen oder Poren ausgehen. Die Wirkung von Einschlüssen und Poren hängt von einer Vielzahl von Faktoren ab. Wesentliche Parameter sind u.a.:

- Verhältnis der elastischen Moduln von Matrix und Einschluss; hierdurch wird maßgeblich die spannungsüberhöhende Wirkung bestimmt
- Festigkeit der Grenzfläche zwischen Matrix und Einschluss
- Verhältnis der Festigkeit von Matrix und Einschluss
- Lage des Einschlusses zur Oberfläche.

Wie Abb. 9 zeigt, können große Einschlüsse dazu führen, dass die Rissbildung unterhalb der Oberfläche im Werkstoffinneren erfolgt. Diese Art der Ermüdungsrissbildung setzt voraus, dass der Werkstoff genügend große Einschlüsse (oder Poren) besitzt. Je nach Art der Fehlstelle begünstigt die spannungsüberhöhende Wirkung die Rissbildung in der Matrix, oder die Ermüdungsrisse gehen durch Sprödbruch direkt vom Einschluss aus. Die Abb. 3 zeigt hingegen ein Beispiel für einen Ermüdungsanriss, der durch Ablösungen an der Grenzfläche Einschluss /Matrix an einem oberflächennahen Einschluss entstanden ist.

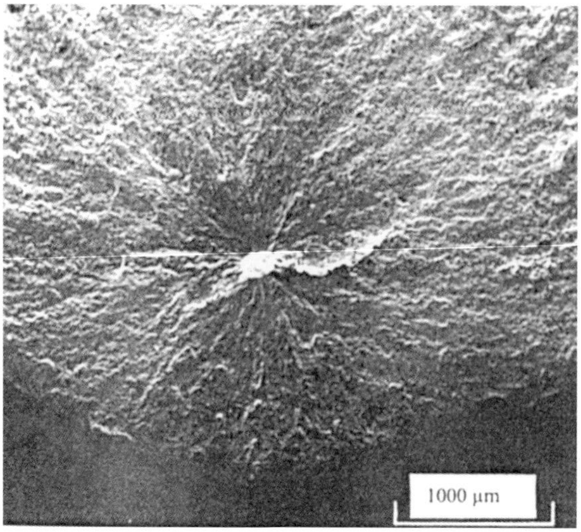

Abb. 9: Rissbildung an einem Einschluss unterhalb der Probenoberfläche. Nickelbasis-Superlegierung, $T = 760$ °C aus [14]

Einschlüsse wirken sich vor allem auf die Rissbildung im Bereich geringer Beanspruchungsamplituden aus. Da die Matrix hierbei im Wesentlichen elastisch beansprucht wird, nimmt der Rissbildungsvorgang einen Großteil der Gesamtlebensdauer ein. Bei hohen Beanspruchungsamplituden und starker Plastifizierung werden die Anrisse hingegen – auch wenn keine Einschlüsse vorliegen – bereits nach wenigen Lastwechseln gebildet, und die Lebensdauer wird dann durch die Rissausbreitungsphase bestimmt.

5.3 Dehnungslokalisierung in ausscheidungsgehärteten Legierungen

In ausscheidungsgehärteten Legierungen, in denen die härtenden Teilchen von Versetzungen geschnitten werden können, beobachtet man häufig eine Dehnungslokalisierung in Form von planaren Gleitbändern. In der in Abb. 10 gezeigten TEM-Aufnahme einer wechselverformten γ'-gehärteten Nickelbasis-Superlegierung sind die geschnittenen γ'-Teilchen gut erkennbar. In dieser Legierung führt das Schneiden der γ'-Teilchen zur Ausbildung extrem schmaler Gleitbänder. In Legierungen mit mehr welliger Gleitung findet man oft auch breitere Gleitbänder, in denen die Ausscheidungen durch wiederholte Schneidprozesse vollständig aufgelöst sind.

Ausscheidungsgehärtete Legierungen, bei denen extreme Dehnungslokalisierung auftritt, sind besonders anfällig für Ermüdungsrissbildung, da dies an der Werkstoffoberfläche scharfe Gleitstufen oder schmale Extrusionen erzeugt, vgl. Abb. 11. Lokalisierung der plastischen Verformung kann in ausscheidungsgehärteten Legierungen auch im Bereich der Korngrenzen auftreten, wenn dort ausscheidungsfreie Säume vorliegen. Die Dehnungslokalisierung kann in diesen Fällen zu interkristalliner Rissbildung führen.

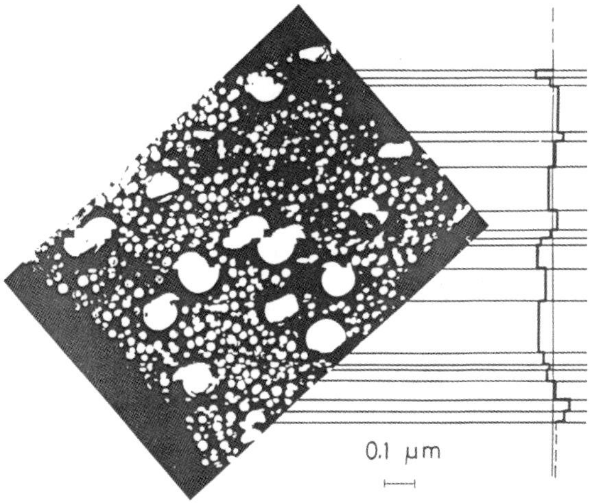

Abb. 10: Dehnungslokalisierung durch Schneiden von γ'-Teilchen in bei 650°C ermüdetem Waspaloy [15]

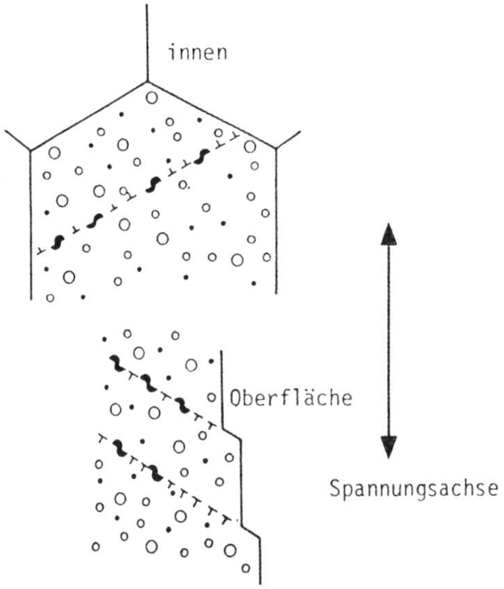

Abb. 11: Ausbildung von hohen Gleitstufen an der Oberfläche bei zyklischer Dehnungslokalisierung [16]

5.4 Ermüdungsrissbildung in kubisch-raumzentrierten Metallen und Legierungen

Eine spezielle Form der Rissbildung kann an krz Metallen beobachtet werden. Durch die Asymmetrie der Gleitung kommt es zu einer Formänderung der Oberflächenkörner. In Abb. 12a ist die hierdurch hervorgerufene Aufrauhung der Probenoberfläche deutlich zu erkennen. Die Formänderung der Oberflächenkörner erzeugt lokale Spannungskonzentrationen und führt schließlich zu der für krz Metalle typischen interkristallinen Rissbildung, vgl. Abb. 12b. Bei höheren Temperaturen oder niedrigeren Dehnraten wird die Asymmetrie der Gleitung deutlich verringert, das Verformungsverhalten wird dem der kfz Metalle ähnlicher, und man findet dann auch in krz Metallen bevorzugt transkristalline Rissbildung. Der Wechsel von interkristalliner zu transkristalliner Rissbildung in Abhängigkeit von Temperatur und Dehnrate tritt besonders ausgeprägt bei reinen krz Metallen auf, wurde aber auch an Fe-Si und Fe-Cr-Mo Legierungen beobachtet [17].

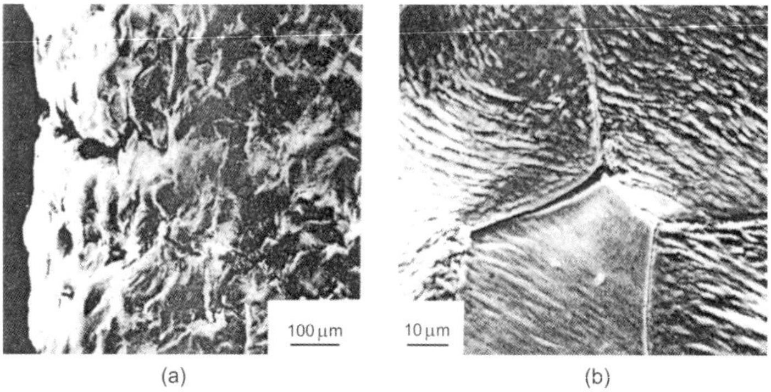

Abb. 12: (a) Aufrauhung der Probenoberfläche durch Gestaltsänderung, (b) interkristalline Rissbildung am Beispiel ermüdeter α-Eisenvielkristalle, nach [5]

6 Einflussgrößen

Die Ermüdungsrissbildung wird durch eine Vielzahl von Parametern beeinflusst, die meist in komplexer Weise wechselwirken. Im Folgenden werden nur einige ausgewählte Einflussgrößen diskutiert. Umfassendere Darstellungen und weiterführende Literatur zur Rissbildung in technischen Legierungen finden sich z.B. in [6].

6.1 Gefügeeinfluss

Gut untersucht ist der Gefügeeinfluss auf die Rissbildung an Titanlegierungen, da die Mikrostruktur durch geeignete Wärmebehandlungen über weite Bereiche gezielt variiert werden kann. Für das Beispiel einer binären Titanlegierung zeigt Abb. 13, dass mit abnehmender Korngröße die Dauerfestigkeit erhöht wird. Dieser Effekt lässt sich auf die Reduzierung der Gleitlänge mit abnehmender Korngröße zurückführen.

In technischen Legierungen kann der Korngrößeneinfluss jedoch durch andere Effekte überdeckt werden. So zeigt Abb. 14, dass bei der Titanlegierung IMI 834 beim Übergang vom rein lamellaren Gefüge mit ca. 500 μm großen Körnern zum bi-modalen Gefüge die Dauerfestigkeit abnimmt. Diese Abnahme ist zu beobachten, obwohl die Rissbildung in beiden Fällen im lamellaren Bereich erfolgt, und das bi-modale Gefüge feinere lamellare Bereiche enthält. In den im bi-modalen Gefüge vorhandenen primären α-Körnern sind die die Aushärtung der Legierung bewirkenden Elemente angereichert, so dass die Festigkeit im lamellaren Bereich deutlich niedriger ist, als in einem rein lamellaren Gefüge. Die Festigkeitsabnahme im lamellaren Bereich erleichtert die Rissbildung trotz geringerer Gleitlänge, und mit steigendem Volumenanteil an primärer α-Phase nimmt die Dauerfestigkeit daher auch ab, vgl. Abb. 14.

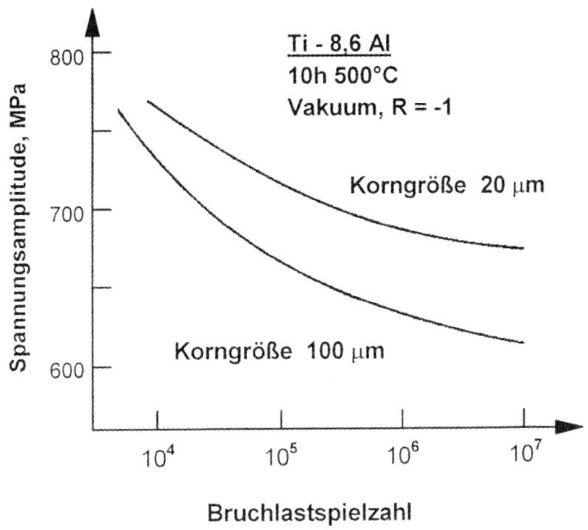

Abb. 13: Korngrößenabhängigkeit der Schwingfestigkeit in Ti-8,6Al, nach [18]

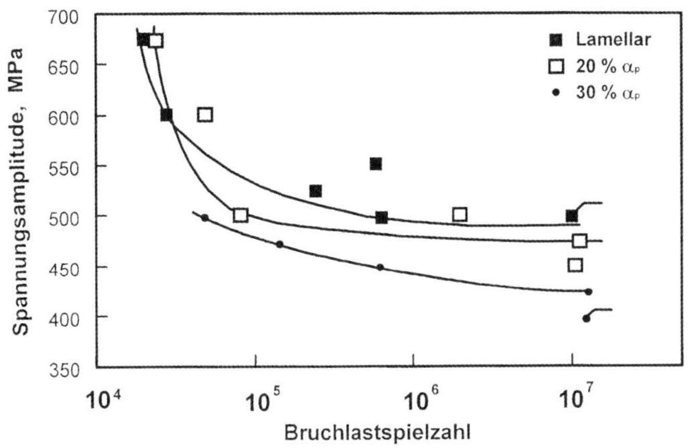

Abb. 14: Einfluss des Primär-α Gehaltes auf die Dauerfestigkeit in IMI 834 nach [19]

6.2 Umgebungsmedium

Zahlreiche Untersuchungen belegen den großen Einfluss des Umgebungsmediums sowohl auf die Anrissbildung als auch auf den Rissfortschritt. Beim Wechsel von Laborluft zu Vakuum erhöht sich die Lebensdauer bei zyklischer Beanspruchung je nach Werkstoff und Beanspruchungsamplitude zum Teil deutlich. Ein Teil dieser Lebensdauererhöhung ist auf die Verlängerung der Rissinitiierung zurückzuführen. Für reine Metalle wurde beobachtet, dass die Rissbildungsprozesse in Vakuum um 1 bis 2 Größenordnungen langsamer ablaufen als bei Vergleichsversuchen an Luft [20]. Es wird u.a. angenommen, dass bei Versuchen in Vakuum Gleitstufen, die in der Zugphase gebildet werden, in der Druckphase größtenteils wieder verschweißen und damit die Werkstoffschädigung gering bleibt. Die bei zyklischer Verformung an den austretenden Gleitstufen entstehenden frischen Metalloberflächen werden bei Versuchen in sauerstoffhaltigen Medien bevorzugt mit Sauerstoff belegt. Die Oberflächenbelegung mit chemisorbiertem Sauerstoff bewirkt, dass bei zyklischer Beanspruchung Sauerstoff in den Werkstoff transportiert werden kann. Dieser in Abb. 15 schematisch dargestellte Prozess verhindert das Wiederverschweißen der Gleitstufen und erleichtert hierdurch die Anrissbildung.

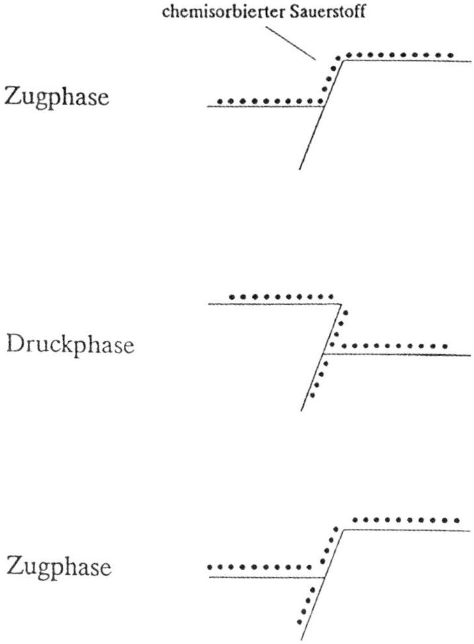

Abb. 15: Beschleunigte Anrissbildung in aggressiven Umgebungsmedien (schematisch)

Anrissbildung muss nicht in allen Fällen durch Gleitaktivität ausgelöst werden. Werkstoffe, die eine sehr hohe Sauerstofflöslichkeit besitzen, können auch direkt durch Sauerstoffaufnahme versprödet werden. In Abb. 16 ist der Anrissbereich einer bei hohen Temperaturen ermüdeten Titanlegierung zu sehen. Deutlich erkennbar ist, dass in diesem Fall der Ermüdungsanriss von einem spröden Anrissbereich am Probenrand ausgeht. Die auf der Oberfläche bei hohen Temperaturen ($T > 600°C$) gebildete Oxidschicht ist nicht dicht und sperrt somit den Sauerstoffzutritt zum Grundwerkstoff nicht. Hierdurch kann Sauerstoff in den Werkstoff eindiffundieren, und es bildet sich eine spröde Randschicht unterhalb der Bauteiloberfläche (sog. α-case).

Während zyklischer Beanspruchung bei tieferen Temperaturen versagt diese Randschicht, und es kommt zur Bildung der in Abb. 16 erkennbaren Anrisse auf der Basalebene.

Korrosive Umgebungsmedien erleichtern die Anrissbildung bei zyklischer Beanspruchung meist erheblich, und je nach Werkstoff und Umgebungsmedium lassen sich eine Vielzahl von Rissbildungsmechanismen feststellen. Elektrolyten, die Lochfraß auslösen, erleichtern offen-

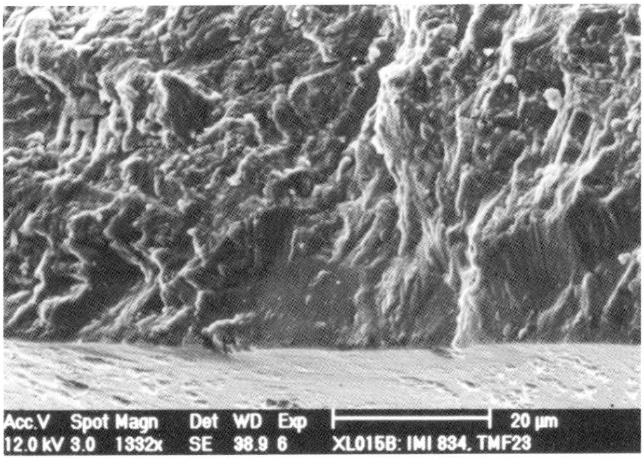

Abb. 16: Anrissbildung in der durch Sauerstoff versprödeten Randzone an einer Titanlegierung (IMI 834)

sichtlich die Anrissbildung. In manchen Fällen wird jedoch erst durch die an der Werkstoffoberfläche bei schwingender Beanspruchung austretenden Gleitstufen die schützende Deckschicht (Passivoxid) des Werkstoffs zerstört. Dies führt zu lokalisiertem Korrosionsangriff, und die einsetzende Wechselwirkung zwischen Ermüdungsbeanspruchung und Korrosion kann bereits bei extrem niedrigen Beanspruchungsamplituden zu Bauteilversagen führen. Ausführliche Darstellungen über das Gebiet dieser sog. Schwingungsrisskorrosion finden sich z.B. in [21].

6.3 Oberflächenbehandlung

Da die Rissbildung i.d. Regel von der Werkstoffoberfläche ausgeht, lässt sich durch geeignete Verfahren die Rissbildung und damit letztlich die Ermüdungsfestigkeit günstig beeinflussen. Da eine Vielzahl von möglichen Verfahren zur Modifikation der Werkstoffoberfläche zur Verfügung steht und in vielen Fällen die Verbesserung der Schwingfestigkeit auch auf einer Kombination verschiedener Effekte beruht, sollen hier nur die grundlegenden Prozesse angesprochen werden.

Viele Verfahren, wie Kugelstrahlen, Schleifen, Wärmebehandlung usw. führen zu einer Veränderung des Spannungszustandes im oberflächennahen Bereich. Der günstige Einfluss von Druckeigenspannungen auf die Ermüdungslebensdauer wird in der technischen Praxis intensiv genutzt und ist häufig der das Ermüdungsverhalten dominierende Parameter. So zeigen viele Untersuchungen, dass oft nicht die Oberflächenrauhigkeit die Dauerfestigkeit bestimmt, sondern die bei der Fertigung der Oberfläche eingebrachte Eigenspannung maßgeblich ist, z.B. [22, 23]. Durch Einbringung von Druckeigenspannungen im oberflächennahen Bereich kann die Rissbildung erheblich verlangsamt werden. Eigenspannungen wirken sich daher vor allem bei Beanspruchungen im Bereich der Dauerfestigkeit der Werkstoffe aus. Abbildung 17 zeigt für das Beispiel eines Stahls, dass eine direkte Korrelation zwischen Eigenspannungen und Dauerfestigkeit hergestellt werden kann. Bei hohen Beanspruchungsamplituden sind die Effekte deutlich geringer, da die Eigenspannungen durch die plastische Verformung schnell abgebaut werden können und die Lebensdauer mehr durch das Risswachstumsverhalten bestimmt wird. Der Abbau der Eigenspannungen bei höheren Temperaturen (Relaxation) erklärt auch, warum die günstige Wirkung von Druckeigenspannungen mit steigender Temperatur zurückgeht.

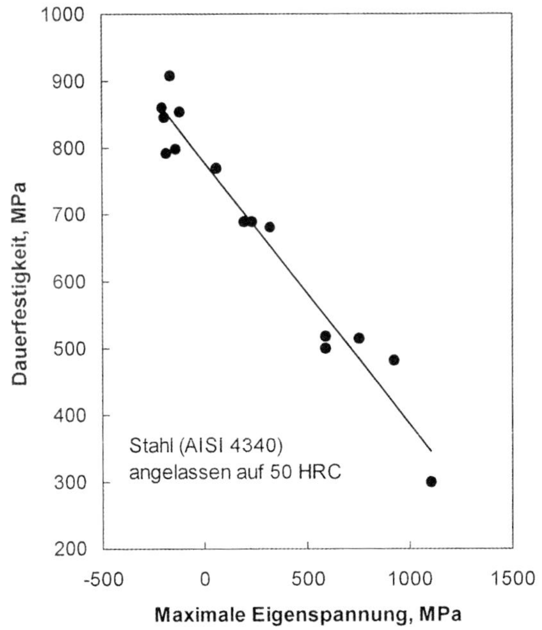

Abb. 17: Abhängigkeit der Dauerfestigkeit von der durch Schleifen eingebrachten Eigenspannung [22]

Aufgrund des starken Einflusses des Oberflächenzustandes auf die Rissbildungsphase und damit vor allem auf die Dauerfestigkeit kommt der Probenpräparation bei der Bestimmung von Werkstoffeigenschaften bei zyklischer Beanspruchung besondere Bedeutung zu. In vielen Fällen werden bei Versuchen im Labor daher die Oberflächen von Proben für Ermüdungsversuche in der Messlänge (elektro)poliert, und Proben zur Ermittlung von Werkstoffkennwerten sind meist weitestgehend eigenspannungsfrei. Bei der Übertragung der so gewonnenen Daten auf reale Bauteile muss dann der Oberflächenzustand des Bauteils berücksichtigt werden. So kann z.B. durch geeignete Modifikation der Werkstoffoberfläche die Rissbildung soweit verzögert werden, dass im realen Bauteil die Anrissbildung nicht mehr an der Werkstoffoberfläche, sondern im Werkstoffinneren erfolgt.

Oberflächenmodifikationen, die zu einer Erhöhung der Werkstofffestigkeit in der oberflächennahen Randschicht führen (z.B. Kaltverformung, Aufkohlung, Induktionshärten), reduzieren die plastische Verformung der Oberfläche bei zyklischer Beanspruchung und erhöhen damit die Dauerfestigkeit. In vielen Fällen ist die Verbesserung der Schwingfestigkeit jedoch nicht nur auf einen Effekt zurückzuführen. So wird z.B. beim Kugelstrahlen die Randschicht verfestigt und gleichzeitig auch der Eigenspannungszustand verändert.

Häufig lässt sich die Rissbildung auch durch geeignete Beschichtungen der Oberfläche verzögern. Da bei korrosiver Beanspruchung keine echte Dauerfestigkeit mehr existiert, werden

Beschichtungen vor allem bei schwingender Beanspruchung in korrosiven Medien eingesetzt, um den Werkstoff vom Umgebungsmedium zu trennen.

7 Rissbildung bei sehr hohen Lastspielzahlen

Zur Auslegung von zyklisch belasteten Bauteilen werden üblicherweise Lebensdauergesetze verwendet, die von der „klassischen" Dauer- bzw. Zeitfestigkeit ausgehen. Diesen Lebensdauergesetzen liegen meist Daten bis maximal 10^7 Schwingspielen zu Grunde. Viele Bauteile, wie z.B. Wälzlager, müssen im Betrieb jedoch sehr viel höhere Belastungszyklen ertragen. Erst durch die Entwicklung von Prüfsystemen, die ausreichend hohe Versuchsfrequenzen erlauben, ist es in den letzten Jahren möglich geworden, mit vertretbarem Zeitaufwand in den Bereich von deutlich über 10^7 Schwingspielen vorzudringen. Als Begriff für diesen Bereich der Ermüdung bei sehr hohen Lastwechselzahlen wurde die Bezeichnung Very High Cycle Fatigue (VHCF[1]) eingeführt.

Als technisch bedeutender, zentraler Punkt der Besonderheiten unter VHCF-Bedingungen ist die Beobachtung zu sehen, dass Ermüdungsversagen bei Bruchzyklenzahlen oberhalb von 10^7 Zyklen bei Spannungsamplituden auftreten kann, die deutlich niedriger als die konventionelle HCF-Dauer- oder -Wechselfestigkeit sind, vgl. Abb. 18. Entsprechende Untersuchungen, die zum größten Teil an hochfesten Stählen durchgeführt wurden (z.B. [24–26]), weisen auf die Existenz einer zweiten niedrigeren Dauerfestigkeit in Form einer mehrstufigen Lebensdauerlinie im Wöhler- bzw. Coffin-Manson-Diagramm hin. Wie in Abbildung 18 angedeutet ist, verschiebt sich beim Übergang von LCF zu VHCF der Ort der Anrissbildung von der Oberfläche in das Werkstoffinnere.

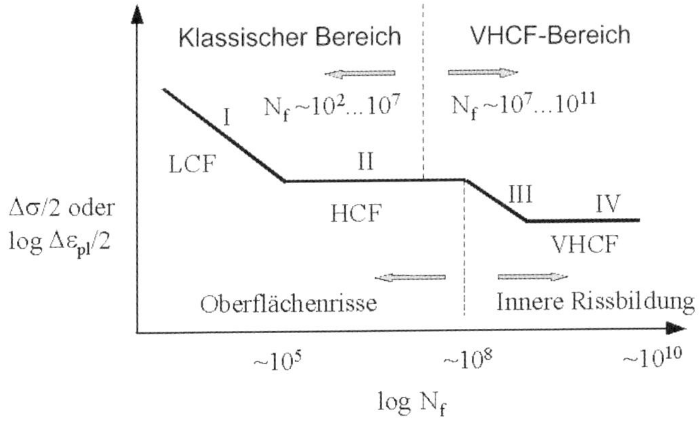

Abb. 18: Schematisches Ermüdungslebensdauer-Diagramm für Typ-II-Werkstoffe nach [27]

Generell muss im VHCF-Bereich davon ausgegangen werden, dass die Rissinitiierungsphase im Vergleich zur Rissausbreitung an der Lebensdauer einen sehr hohen Anteil hat und dass die plastische Verformung aufgrund der niedrigen Spannungsamplituden heterogen im Werkstoff

---

[1] oft auch als Ultra High Cycle Fatigue oder Gigacyle Fatigue bezeichnet

auftritt. Damit gewinnen Orte, an denen eine Spannungsüberhöhung stattfindet, eine herausragende und lebensdauerbestimmende Bedeutung. Um die Mechanismen und mikrostrukturellen Vorgänge, die zum Ermüdungsversagen bei sehr hohen Lastspielzahlen führen, besser zu verstehen, wird eine Unterteilung der metallischen Werkstoffe in zwei Klassen vorgeschlagen (z.B. [28]). Als Werkstoffe vom Typ I werden reine, geglühte und duktile Metalle und Legierungen bezeichnet, die keine (extrinsischen) inneren Defekte aufweisen. Typ-II-Werkstoffe, zu denen auch die Stähle gehören, enthalten Einschlüsse bzw. Dispersoide, oder, wie im Falle der Gusslegierungen, Poren.

Während bei Werkstoffen vom Typ I die mehrstufige Lebensdauerlinie noch nicht zweifelsfrei belegt ist, erscheint die Existenz zweier Dauerfestigkeitswerte im Zusammenhang mit der Verschiebung des Rissbildungsortes mit abnehmender Spannungsamplitude für Werkstoffe vom Typ II plausibel. Im klassischen LCF-Bereich (Bereich I in Abb. 18) bilden sich die Risse an der Oberfläche. Diesem Bereich schließt sich die HCF-Dauerfestigkeit an (Bereich II), welche durch die Bildung von Rissen im Inneren an Defekten im Bereich III begrenzt wird. Wie Abb. 19 schematisch zeigt, weisen daher Bruchflächen von im VHCF-Bereich beanspruchten Werkstoffen vom Typ II typischerweise eine Morphologie auf, die einem Fischauge ähnelt.

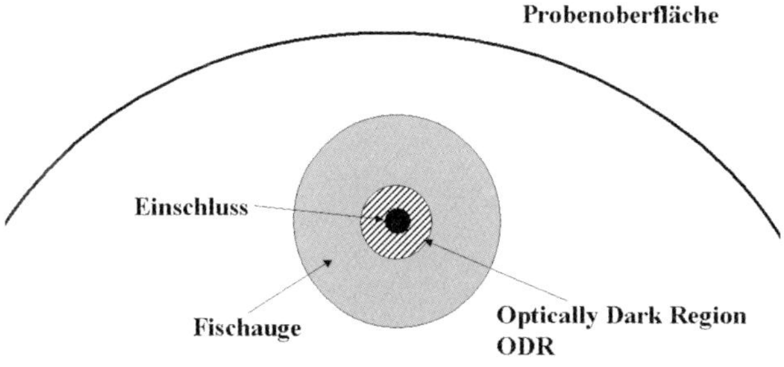

Abb. 19: Schematische Darstellung einer Bruchoberfläche mit Fischauge

Das Fischauge ist in zwei Regionen geteilt, nämlich den so genannten optisch dunklen Bereich (ODA: optically dark area, nach Murakami et al. [29]) und das übrige Gebiet (Abb. 19). Der Größe der Fläche des ODA im Verhältnis zur Größe des rissauslösenden Einschlusses wird eine kritische Rolle für die Ermüdungslebensdauer zugeschrieben [30]. Bei der Entstehung des ODA scheint neben der zyklischen Spannung auch der am Einschluss eingefangene Wasserstoff eine wichtige Rolle zu spielen.

Literatur

[1] S. Shanmugham und P.K. Liaw: ASM Handbook, Vol. 19, Fatigue and Fracture, ASM, Ohio, 1996, S. 210.

[2] A. Hunsche: Dissertation RWTH Aachen, 1982.

[3] H. Mughrabi: Scripta Metall. Mater. 26 (1992) 1492.

[4] P. Neumann: Scripta Metall. Mater. 26 (1992) 1535.

[5] H. Mughrabi: Ermüdungsverhalten metallischer Werkstoffe, Hrsg. D. Munz, DGM Informationsgesellschaft Verlag, Oberursel, 1985, S. 7.

[6] P. Lukáš: ASM Handbook, Vol. 19, Fatigue and Fracture, ASM, Ohio, 1996, S. 96.
[7] T.S. Sudarshan und M.R. Louthan Jr: Int. Mater. Rev. 32 (1987) 121.
[8] U. Eßmann, U. Goesele und H. Mughrabi: Phil. Mag. A 44 (1981) 405.
[9] K.S. Chan: Scripta Metall. Mater. 32 (1995) 235.
[10] P. Neumann: Acta Metall. 17 (1969) 1219.
[11] H.-J. Christ, H. Mughrabi und C. Wittig-Link: Basic Mechanims in Fatigue of Metals, herausgegeben von P. Lukáš und J. Polak, Academia., Prag, 1988, S. 83.
[12] H. Mughrabi, R. Wang, K. Differt und U. Eßmann: Fatigue Mechanisms: Advances in Quantitative Measurement of Physical Damage, Hrsg. J. Lankford, D.L. Davidson, W.L. Morris und R.P. Wei, ASTM STP 811, ASTM, 1983, S. 5.
[13] P. Neumann und A. Tönessen: Strength of Metals and Alloys, Hrsg. P.O. Kettunen, T.K. Lepist und M.E. Lehtonen, Vol 1, Pergamon Press, 1988, S. 743.
[14] J. M. Hyzak und I.M. Bernstein: Met. Trans. 13A (1982) 33.
[15] M. Clavel und A. Pineau: Mat. Sci. Eng. 55 (1982) 157.
[16] E. Starke und G. Lütjering: Fatigue and Microstructure, ASM, Ohio, 1979, S. 205.
[17] T. Magnin und J. H. Driver: Mat. Sci. Eng. 39 (1979) 175.
[18] A. Gysler, J. Lindigkeit und G. Lütjering: Proc. 5 th ICSMA, Pergamon Press, 1979, S. 1113.
[19] F. Torster, A. Gysler und G. Lütjering: Proc. Titanium ´95, Science and Technology, The Institute of Materials, 1996, S. 1395.
[20] P. Neumann: Physical Metallurgy, herausgegeben von R.W. Cahn und P. Haasen, Elsevier, Amsterdam, 1983, S. 1554.
[21] H. Kaesche: Die Korrosion der Metalle, Springer Verlag, Berlin, 1990.
[22] W. Koster: Practical Applications of Residual Stress Technology, ASM, Ohio, 1991, S.1.
[23] B. Leis: ASM Handbook, Vol. 19, Fatigue and Fracture, ASM, Ohio, 1996, S. 314.
[24] C. Bathias: Fatigue Fract. Engng. Mater. Struct. 22 (1999) 559.
[25] Y. Murakami, T. Nomoto und T. Ueda: Fatigue & Fract. Engng. Mater. Struct. 22 (1999) 581.
[26] Y. Furuya, S. Matsuoka, T. Abe und K. Yamaguchi: Scripta Mater. 46 (2002) 157.
[27] H. Mughrabi: Proc. Third International Conference on Very High Cycle Fatigue, Hrsg. T. Sakai und Y. Ochi, The Society of Materials Science, Japan, 2004, S. 14.
[28] H. Mughrabi: Fatigue Fract. Engng. Mater. Struct. 25 (2002) 755.
[29] Y. Murakami, T. Nomato, T. Ueda: Fatigue Fract. Engng. Mater. Struct. 23 (2000) 893 und 903.
[30] Y. Murakami: Proc. Int. Conf. on Fatigue in the Very High Cycle Range, Hrsg. S. Stanzl-Tschegg und H. Mayer, Inst. of Meteorol. and Physics, Univ. of Agricultural Sciences, Wien, 2001, S. 11.

Grundlagen der Bruchmechanik

C. P. Fritzen

1 Einleitung

In der Praxis kann das Versagen eines einzelnen lasttragenden Bauteils katastrophale Folgen verbunden mit Personen-, Sach- und Umweltschäden nach sich ziehen. Schadensfälle an Flugzeugen, Bauwerken, Off-Shore-Strukturen, Maschinen und Anlagen sorgen hier immer wieder für großes Aufsehen. Ausgangspunkt für das Bauteilversagen sind häufig Risse oder rissähnliche Fehler, die z.B. bereits bei der Fertigung entstehen können. Die Existenz derartiger Fehlstellen in einer mechanischen Struktur kann nie ganz ausgeschlossen werden. Diese können sich unter der Einwirkung z.B. einer schwingenden Beanspruchung allmählich weiter vergrößern, bis sie eine kritische Länge erreichen, bei der stabiles in instabiles Risswachstum übergeht und sich der Riss dann mit sehr hoher Geschwindigkeit ausbreitet und damit die Zerstörung des Bauteils und möglicherweise der ganzen Struktur besiegelt ist.

Die Forderung in vielen Ingenieurbereichen nach Energie- und Materialeinsparung zieht leichtere Bauweisen und damit in der Regel geringere Sicherheitsreserven nach sich. Andererseits erlauben verbesserte und verstärkt eingesetzte Methoden der zerstörungsfreien Bauteilprüfung (z.B. mittels Ultraschall) das Auffinden auch kleinerer Schädigungen, die früher unentdeckt blieben. Außerdem bedeutet das Vorhandensein eines Risses nicht von vornherein das sofortige Lebensende des Bauteils. Die Kosten einer Reparatur oder des Austausches des schadhaften Bauteils, was i.d. Regel mit der vorübergehenden Stillegung der Anlage verbunden ist, muss sorgfältig gegen die Möglichkeit des Weiterbetriebs abgewogen werden. Hierzu Entscheidungsgrundlagen zu liefern, ist Gegenstand von Schadenstoleranzkonzepten, in denen die Bruchmechanik eine wichtige Rolle spielt.

Die Bruchmechanik [1–8] beschäftigt sich mit der Beurteilung rissbehafteter Bauteile. Sie ist eine fachübergreifende Ingenieurdisziplin, die sich sowohl der Methoden der Kontinuumsmechanik als auch werkstoffphysikalischer Erklärungsmodelle und werkstoffkundlicher Prüfverfahren bedient. Im Wesentlichen ist es Aufgabe, die Bedingungen zu quantifizieren, unter denen ein belastetes Bauteil aufgrund eines dominanten Risses versagt sowie Lebensdauervorhersagen bei Ermüdungsrissausbreitung zu treffen. Der Konstrukteur erhält damit auch Hilfestellung bei der Auswahl geeigneter Werkstoffe.

Die Versagenskonzepte auf der Grundlage der klassischen Festigkeitsberechnung lassen sich nicht oder nur eingeschränkt zur Beurteilung der Gefahr, die von einem Riss bestimmter Länge in einem belasteten Bauteil ausgeht, bestimmen. Vielmehr müssen Konzepte und aussagefähige Beurteilungsgrößen gefunden werden, die die lokale Beanspruchung des Materials unmittelbar an der Rissspitze beschreiben.

Hinsichtlich der Belastung wird zwischen statischer bzw. monotoner und schwingender Beanspruchung unterschieden. Als Bruchform kann sowohl der Sprödbruch als auch der Zähbruch auftreten. Die klassischen Konzepte der Bruchmechanik beschränkten sich anfangs auf reine Sprödbrüche, s. Abbildung 1, Fall 1. (v bedeutet dabei die Aufweitung an der Rissspitze, F ist die Bauteilbelastung, F_{PG} ist die plastische Grenzlast). Später erweiterte *Irwin* die Theorie zur sog. Linear-Elastischen Bruchmechanik (LEBM), die auch kleine plastische Zonen an der Rissspitze zuließ (Fall 2). Damit ist eine Anwendung auch auf metallische Werkstoffe mit sprödem bis mittelzähem Verhalten möglich. Bei mäßigem bis starkem plastischen Fließen müssen die Konzepte der Fließbruchmechanik (FBM) bzw. bei plastischem Kollaps die klassischen Versagenskriterien angewendet werden (Fälle 3 bzw. 4). Die nachfolgenden Abschnitte sollen einen Überblick über einige wesentliche Begriffe und Konzepte der Bruchmechanik geben. Aus Platzgründen können verschiedene Gebiete nur angeschnitten werden.

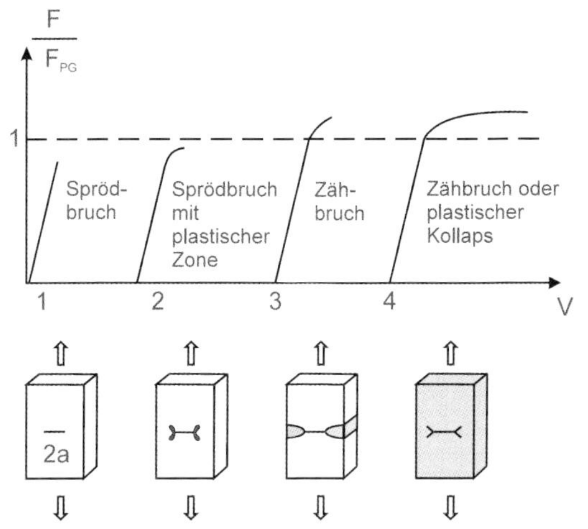

Abb. 1: Verformungsverhalten eines rissbehafteten Bauteils bis zum Versagen, nach [2]

2 Grundlagen der Linear-Elastischen Bruchmechanik

Wir wollen uns zunächst durch statische Lasten beanspruchten Bauteilen zuwenden. Um die Vorgänge an der Rissspitze zu verstehen, betrachten wir zunächst das Problem eines elliptischen Loches in einer sehr großen Scheibe unter einachsiger Zugbelastung, s. Abbildung 2. Bekanntlich treten an Kerben wie dem Innenloch Spannungsüberhöhungen gegenüber der Nominalspannung auf. Das Problem konnte von *Kolosov* (1909) analytisch mittels komplexer Spannungsfunktionen gelöst werden [9]. Die größte Spannung tritt am Lochrand an den quer zur Zugrichtung liegenden Scheiteln der Ellipse auf. Mit der großen bzw. kleinen Halbachse a bzw. b erhalten wir für die maximale Tangentialspannung am Lochrand

$$\sigma_{t\,\max} = \sigma\left(1 + 2\frac{a}{b}\right) = \sigma\left(1 + 2\sqrt{\frac{a}{\rho}}\right) \tag{1}$$

wobei ρ der Krümmungsradius der Ellipse bei $x = a$ ist .Man erkennt, dass die Spannung umso größer wird, je größer das Verhältnis der Halbachsen ist, d.h. je schärfer die Kerbe ist und damit einem langen Schlitz ähnelt. Abbildung 2 zeigt den Spannungsverlauf längs der x-Achse für ein Verhältnis von $a/b = 2.24$ bzw. $a/\rho = 5$.

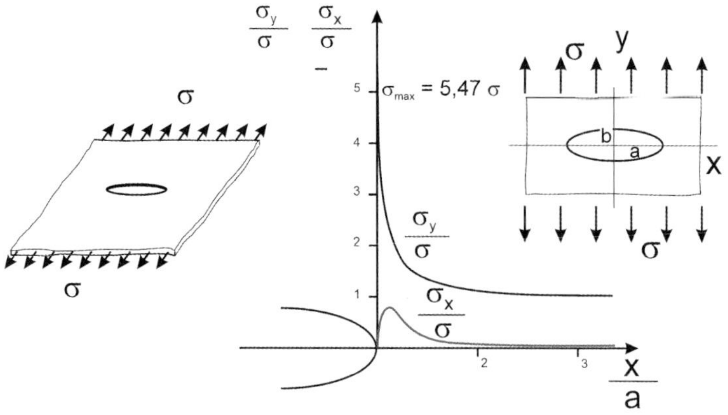

Abb. 2: Spannungen in einer Scheibe mit elliptischem Loch

2.1 Das Griffithsche Rissmodell

Das *Griffith*-Rissmodell (1921) beruht auf der Idee, die Ellipse zu einem schmalen Schlitz der Länge $2a$ entarten ($b \to 0, \rho \to 0$) zu lassen. Die Ausrechnung liefert für diesen Fall längs der x-Achse ($y = 0$), s. [1]:

$$\sigma_x = \sigma \frac{\frac{x}{a}}{\sqrt{\left(\frac{x}{a}\right)^2 - 1}} - \sigma \qquad \sigma_y = \sigma \frac{\frac{x}{a}}{\sqrt{\left(\frac{x}{a}\right)^2 - 1}} \tag{2}$$

für $x > a$.

Wie man erkennt, werden die Spannungen σ_x und σ_y unendlich groß, wenn man sich der Rissspitze nähert (Abbildung 3). Die Schubspannung τ_{xy} ist entlang der x-Achse Null.

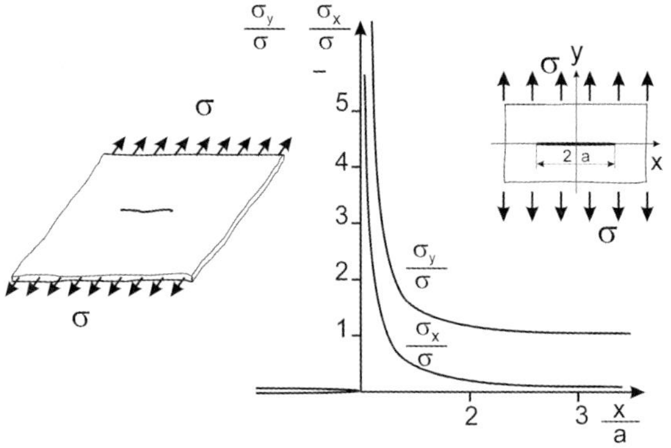

Abb. 3: Spannungen für das *Griffith*sche Rissmodell längs der x-Achse

Dies liegt zum einen an der idealisierten Darstellung des Risses, der einen unendlich kleinen Krümmungsradius an den Rissspitzen aufweist und zum anderen am rein linear-elastischen Materialverhalten. Mit dem *Griffith*schen Rissmodell erkennt man bereits die wesentlichen Vorgänge, die sich an der Rissspitze für einen spröden Werkstoff ohne plastisches Fließen abspielen.

2.2 Rissspitzennahfeld und Spannungsintensitätsfaktoren

Wir untersuchen nun die Spannungen in unmittelbarer Rissspitzennähe und führen zu diesem Zweck ein lokales r-φ-Koordinatensystem ein, das seinen Ursprung an der Rissspitze besitzt, s. Abbildung 4.

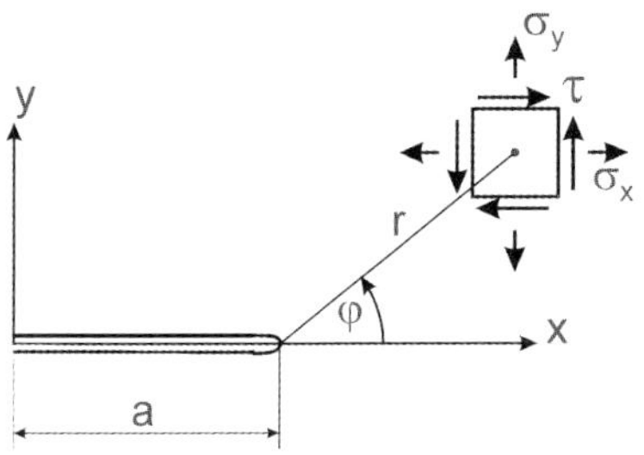

Abb. 4: Polarkoordiatensystem an der Rissspitze

Einsetzen der Koordinatentransformation in die allgemeine Lösung und Vernachlässigung der Glieder, die für kleine r von höherer Ordnung sind, liefert für das *Griffith*sche Rissmodell das Spannungsfeld in unmittelbarer Umgebung der Rissspitze:

$$\sigma_x = \sigma\sqrt{\frac{a}{2r}}\cos\frac{\phi}{2}\left(1-\sin\frac{\phi}{2}\sin\frac{3\phi}{2}\right) \quad - \quad \sigma$$

$$\sigma_y = \sigma\sqrt{\frac{a}{2r}}\cos\frac{\phi}{2}\left(1+\sin\frac{\phi}{2}\sin\frac{3\phi}{2}\right) \tag{3}$$

$$\tau = \tau_{xy} = \sigma\sqrt{\frac{a}{2r}}\cos\frac{\varphi}{2}\sin\frac{\varphi}{2}\cos\frac{3\varphi}{2}$$

Die Berechnungen gehen auf *Sneddon* (1946) zurück. Die Spannungen weisen die für einen Riss typische $1/\sqrt{r}$-Singularität auf: Bei Annäherung an die Rissspitze werden alle Spannungskomponenten unendlich groß. Wegen des Zusammenhangs über das verallgemeinerte *Hooke*sche Gesetz sind auch die Verzerrungen unendlich. Im Gegensatz zu den Spannungen und Verzerrungen bleiben die Verschiebungen in Rissspitzennähe endlich. Man kann nun zeigen, dass auch für andere Geometrien als den *Griffith*-Riss und andere Belastungsfälle immer wieder für die Spannungsverläufe ein charakteristischer Verlauf mit der $1/\sqrt{r}$-Singularität auftritt, was zu einer Vereinheitlichung der Darstellung führt.

Irwin (1958) hat den Begriff des Spannungsintensitätsfaktors (SIF) eingeführt. Für den *Griffith*-Riss ergibt sich

$$\sigma_x = \frac{K_I}{\sqrt{2\pi\, r}} \cos\frac{\phi}{2}(1 - \sin\frac{\phi}{2}\sin\frac{3\phi}{2})$$

$$\sigma_y = \frac{K_I}{\sqrt{2\pi\, r}} \cos\frac{\phi}{2}(1 + \sin\frac{\phi}{2}\sin\frac{3\phi}{2}) \tag{4}$$

$$\tau = \tau_{xy} = \frac{K_I}{\sqrt{2\pi\, r}} \cos\frac{\phi}{2}\sin\frac{\phi}{2}\cos\frac{3\phi}{2}$$

wobei K_I den SIF für Mode I darstellt (auf den Begriff der bruchmechanischen Moden wird später noch eingegangen). Durch Vergleich von Gl. 3 und 4 erkennt man, dass der nichtsinguläre Term, der in Rissspitzennähe ohnehin keine Rolle spielt, weggelassen wurde und sich für K_I beim *Griffith*-Riss dann

$$K_I = \sigma\sqrt{\pi\, a} \tag{5}$$

ergibt. Der SIF besitzt die Einheit $MPa\sqrt{mm} = N\, mm^{-\frac{3}{2}}$; $MPa\sqrt{mm} = 31{,}62\; MPa\sqrt{m}$.

Er charakterisiert die Intensität des elastischen Spannungsfeldes in der Umgebung der Rissspitze und ist damit eine wesentliche Beschreibungsgröße für den Bruchvorgang. Man erkennt, dass er linear von der äußeren Belastung abhängt und ferner die Risslänge mit $\sqrt{a}$ eingeht. Es sei noch einmal darauf hingewiesen, dass die Risslänge beim Griffith-Riss $2a$ ist (Hintergrund: elliptisches Loch).

Die drei Spannungskomponenten lassen sich gemeinsam darstellen durch die Beziehung

$$\sigma_{ij} = \frac{K_I}{\sqrt{2\pi r}} \tilde{f}_{ij}^{I}(\phi) \tag{6}$$

$$i,j = x,y$$

Die Lösung zerfällt also in die singuläre r-Abhängigkeit, in eine reine Winkelfunktion $\tilde{f}_{ij}^{\,I}$ und einen konstanten Vorfaktor, der die „Stärke" des Spannungsfeldes beschreibt.

Die Gültigkeit des K-Feldes (Gl. 4 bzw. 6) ist sowohl zur Rissspitze hin als auch von dieser weg begrenzt. Die Begrenzung nach außen rührt von der Vernachlässigung der Terme her, die für kleine Werte für r, also direkt an der Rissspitze, keine Rolle spielen, weil dort die $1/\sqrt{r}$-Singularität absolut dominiert. Für größere Abstände von der Rissspitze gewinnen die vernachlässigten Terme aber wieder an Bedeutung. Die Begrenzung nach innen hin rührt daher, dass die Spannungen theoretisch gegen ∞ streben, jedoch ist kein reales Material in der Lage, ∞ hohe Spannungen zu ertragen. Vielmehr kommt es zum Spannungsabbau durch plastisches Fließen oder allgemeiner zu inelastischem Materialverhalten. Außerdem sind mit ∞ hohen Spannungen auch ∞ hohe Verzerrungen verknüpft, was jedoch gegen die linear-elastische Theorie verstößt, die auf der Annahme kleiner Verzerrungen beruht [3]. In Abbildung 5 ist dieser Sachverhalt nochmals schematisch dargestellt. Von der plastischen Zone umschlossen wird die sog. Prozesszone, in der sich der eigentliche Bruchvorgang abspielt. Geht man davon aus, dass sowohl die Prozesszone als auch die plastische Zone wesentlich kleiner als der durch den *K*-Faktor beschriebene elastische Bereich ist, so bleibt nach wie vor der Spannungsintensitätsfaktor eine sinnvolle Zustandsgröße zur Beschreibung der Belastung in Rissspitzenumgebung. Wie wir noch sehen werden, tritt dann in der Prozesszone ein kritischer Zustand ein, wenn der SIF einen kritischen Wert annimmt.

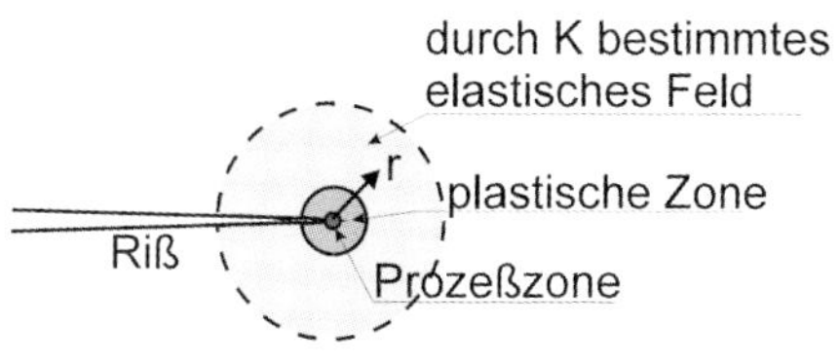

Abb. 5: Schematische Darstellung verschiedener Zonen vor der Rissspitze

2.3 Spannungsintensitätsfaktoren für andere Geometrien und Belastungen

Wir hatten die Spannungsverteilung in unmittelbarer Nähe der Rissspitze für einen *Griffith*-Riss kennengelernt. Für die sehr große (unendlich große) Scheibe unter einachsiger Zugbelastung mit Innenriss der Länge $2a$ ergab sich $K_I = \sigma\sqrt{\pi a}$. Für andere Geometrien wie z.B. einer Scheibe mit Randriss der Länge a gilt Gl. 4 bzw. 6 nach wie vor, aber es ergeben sich andere Werte für den SIF. Man hält jedoch an der *Griffith*schen Lösung als Referenzlösung fest und drückt die Abweichung des aktuellen Falles von der *Griffith*-Lösung durch einen dimensionslosen Korrekturterm Y_I aus, der von der Geometrie des Bauteils, der Lage und Größe des Risses sowie der äußeren Belastung abhängt:

$$K_I = \sigma\sqrt{\pi a}\; Y_I\left(\frac{a}{w}\right) \tag{7}$$

wobei a die Risslänge (bzw. halbe Risslänge beim Innenriss) und w eine charakteristische Bauteilabmessung ist. Beim *Griffith*-Riss ist also $Y_I = 1$. Eine Zusammenstellung einiger wichtiger Fälle findet man in Tab. 1 am Ende des Aufsatzes. Bei endlicher Berandung des Bauteils lässt sich in aller Regel keine analytische Lösung mehr finden, die Lösung wird dann experimentell oder numerisch mittels der Methode der finiten Elemente (FEM) oder der Randintegralgleichungsmethode (BEM) ermittelt. Zusammenstellungen verschiedenster Fälle sind in den Nachschlagewerken [10,11] enthalten. Abbildung 6 zeigt den Einfluss der Bauteilbreite in Form des Geometriefaktors am Beispiel eines Innenrisses und eines Randrisses in einem zugbelasteten Bauteil.

Bislang wurden Fälle betrachtet, bei denen die Rissfront stets durch das ganze Bauteil hindurch verlief. Eine praktisch häufig vorkommende Klasse von Rissgeometrien sind die Oberflächenrisse, s. Abbildung 7.

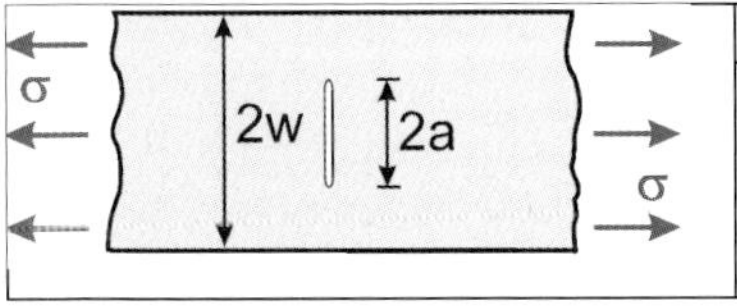

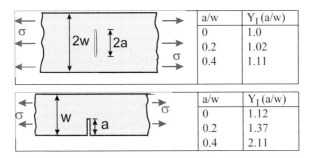

a/w	Y_I (a/w)
0	1.0
0.2	1.02
0.4	1.11

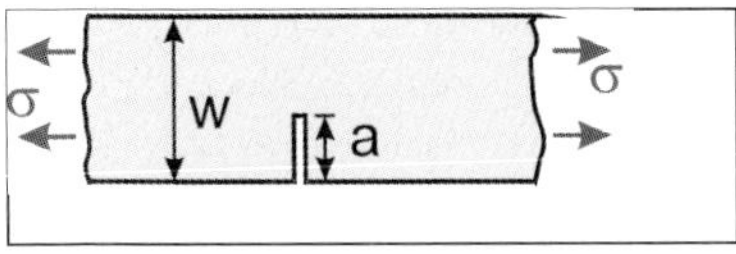

a/w	Y_I (a/w)
0	1.12
0.2	1.37
0.4	2.11

Abb. 6: Einfluss der Bauteilbreite auf den Spannungsinensitätsfaktor (nach [1])

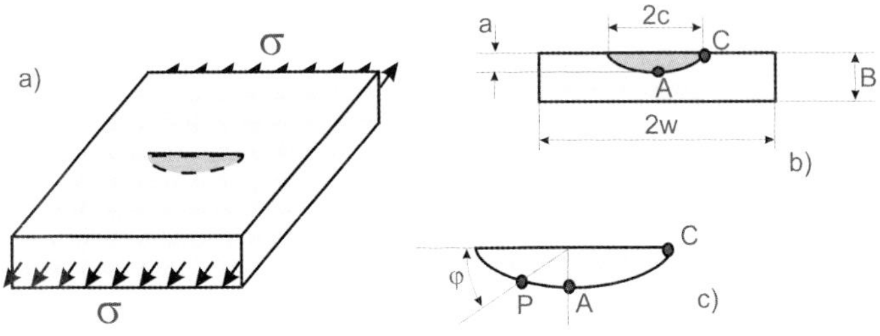

Abb. 7: Oberflächenriss a) Schematische Darstellung einer zugbelasteten Scheibe mit Oberflächenriss, b) und c) geometrische Größen zur Kennzeichnung der Riss- und Bauteilgeometrie

Die Rissfront wird in Form einer Halbellipse mit den beiden Halbachsen a und c dargestellt (Abbildung 7b, wobei die Verwendung der beiden Symbole in der Literatur nicht einheitlich ist). Tatsächlich lassen sich reale Risse mit dieser Beschreibung sehr gut annähern. Das Problem wird nun dreidimensional und der Spannungsintensitätsfaktor variiert längs der Rissfront, was über den Winkel φ (s. Abbildung 7c) ausgedrückt werden kann. Meist interessiert man sich aber nur für den am tiefsten gelegenen Punkt A. Lösungen findet man nur noch mit Hilfe von numerischen Methoden, Ergebnisse sind z.B. in [11,12] zusammengestellt.

Der in Abbildung 7 dargestellte Fall kann durch die allgemeine Beziehung

$$K_I = \sigma\sqrt{\pi\, a}\;\frac{1}{\Phi}\,Y_I(\varphi,\frac{a}{c},\frac{a}{B},\frac{c}{w}) \qquad (8)$$

beschrieben werden, Φ ist das elliptische Integral 2. Art [5], das vom Halbachsenverhältnis (a/c) abhängt. Neben dem Oberflächenriss spielen auch ellipsenförmige Innenrisse, Eckrisse usw. eine wichtige Rolle.

2.4 Die elementaren Rissöffnungsarten

Beim bisher betrachteten Fall des *Griffith*-Risses bewegen sich die Rissufer aufgrund der Normalbelastung symmetrisch voneinander weg. Dies ist die elementare Rissöffnungsart I (Mode I).

Bei einer Mode II-Rissöffnung verschieben sich die beiden Rissufer durch entgegengesetztes Gleiten aufgrund von ebenem Schub in der Rissebene gegeneinander und bei Mode III findet aufgrund von nicht-ebenem Schub eine Bewegung der Rissufer quer zur Rissrichtung statt.

Es zeigt sich, dass die Spannungen bei Mode II und III ebenfalls eine $1/\sqrt{r}$-Singularität aufweisen. Die Stärke der jeweiligen Spannungsfelder wird durch die Spannungsintensitätsfaktor K_{II} bzw. K_{III} beschrieben. Den Moden zugeordnet sind ebenfalls charakteristische Winkelfunktionen. Treten derartige Belastungen auf, dass die gesamte Rissöffnungsverschiebung aus zwei oder drei elementaren Moden besteht, spricht man von überlagerter Beanspruchung oder von Mixed-Mode-Beanspruchung. Für die Spannungen gilt vorliegender linearer Theorie aufgrund des Superpositionsgesetzes, dass die einzelnen Modenanteile additiv überlagert werden können

$$\sigma_{ij} = \frac{1}{\sqrt{2\pi r}}\left[K_I \tilde{f}_{ij}^{I}(\varphi) + K_{II}\tilde{f}_{ij}^{II}(\varphi) + K_{III}\tilde{f}_{ij}^{III}(\varphi)\right] \tag{9}$$

Für den in Abbildung 9 angegebenen Fall einer unendlichen Scheibe (s.a. Tabelle 1) mit unter dem Winkel α geneigten Innenriss der Länge $2a$ erhält man

$$\begin{aligned} K_I &= \sigma^* \sqrt{\pi a} = (\sigma \cos^2\alpha)\sqrt{\pi a} \\ K_{II} &= \tau^* \sqrt{\pi a} = (\sigma \cos\alpha \sin\alpha)\sqrt{\pi a} \\ K_{III} &= 0 \end{aligned} \tag{10}$$

wobei sich die Spannungen σ^* und τ^* aus einer Koordinatentransformation (Drehung um Winkel α) ergibt. Die Normalspannung σ^* steht dabei senkrecht zur Rissrichtung.

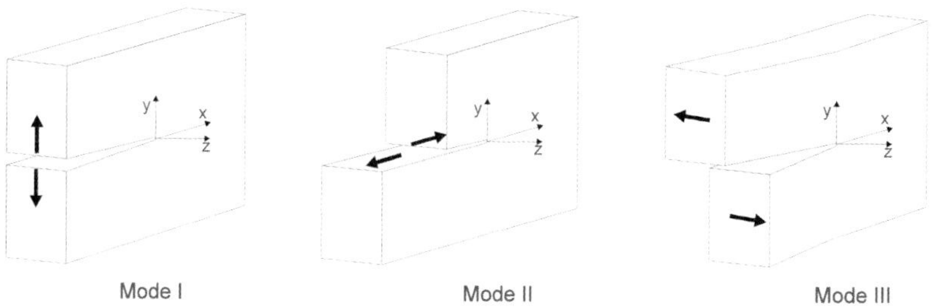

Abb. 8: Die elementaren Rissöffnungsarten

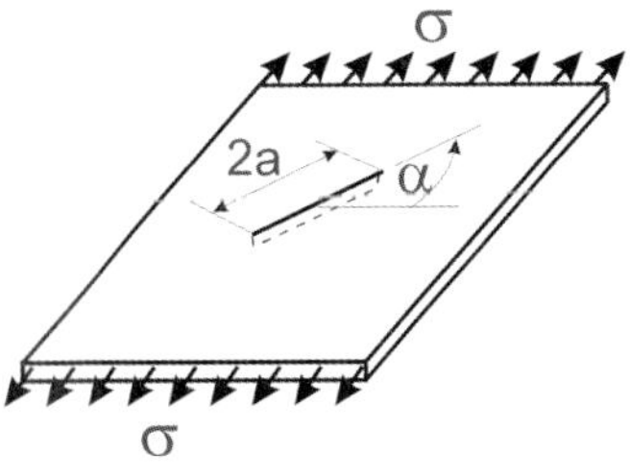

Abb. 9: Scheibe mit schrägliegendem Innenriss als Beispiel für überlagerte Mode I/II- Belastung

2.5 Bruchkonzept und Bruchzähigkeiten

Auf der Basis der Spannungsintensitätsfaktoren hat *Irwin* ein Bruchkonzept vorgeschlagen, das heute in der praktischen Anwendung weite Verbreitung gefunden hat.

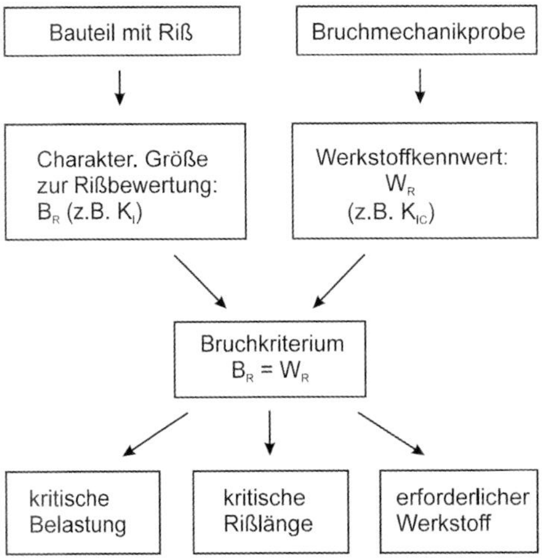

Abb. 10: Schematische Darstellung der Vorgehensweise zur Bewertung eines rissbehafteten Bauteils

Erreicht der aus Belastung, Risslänge und übrigen Geometriedaten rechnerisch ermittelte Spannungsintensitätsfaktor einen kritischen Wert K_{Ic}, so kommt es zur instabilen Rissausbreitung, der Riss breitet sich mit hoher Geschwindigkeit aus und das Bauteil versagt schlagartig. Unter reiner Mode I-Belastung tritt Bruch ein, falls

$$K_I = K_{Ic} \tag{11}$$

K_{Ic} wird als kritischer Spannungsintensitätsfaktor, Bruchzähigkeit oder Risszähigkeit bezeichnet und ist ein Werkstoffkennwert, der experimentell ermittelt werden muss. Zur allgemeinen Vorgehensweise s.a. Abbildung 10.

Aus Gl. 11 lassen sich nun folgende praktisch wichtigen Aspekte ableiten:

1) Gegeben: Länge und Ort eines Risses in einem Bauteil (z.B. aus einer Inspektion); gesucht: die kritische Nennlast σ_c, bei der instabiles Risswachstum entsteht:

$$K_{Ic} = \sigma_c \sqrt{\pi a}\; Y_I\left(\frac{a}{w}\right) \qquad \sigma_c = \frac{K_{Ic}}{\sqrt{\pi a}\; Y_I\left(\frac{a}{w}\right)} \tag{12a}$$

Man erkennt, dass mit steigender Bruchzähigkeit auch die ertragbare Last steigt, während größere Geometriefaktoren Y_I die kritische Last verringern.

2) Gegeben: die äußere Last in Form der Nennspannung σ, z.B. als ständige statische Betriebslast; gesucht: die kritische Risslänge a_c, ab der instabile Rissausbreitung eintritt:

$$K_{Ic} = \sigma \sqrt{\pi a_c}\; Y_I\left(\frac{a_c}{w}\right) \quad \Rightarrow \quad a_c = \frac{K_{Ic}^2}{\pi \sigma^2\, Y_I^2\left(\frac{a_c}{w}\right)} \tag{12b}$$

In den Fällen, in denen die Geometriefunktion noch von der Risslänge abhängt, lässt sich die Risslänge nur iterativ bestimmen.

Die Bruchzähigkeit hängt neben den Werkstoffeigenschaften auch noch von der Temperatur, der Belastungsgeschwindigkeit und dem Spannungszustand ab. Es sind genormte Versuche entwickelt worden, in denen der Ablauf und die zu verwendenden Proben hinsichtlich Typ und Mindestabmessungen genau festgelegt sind (ASTM E399, [13]). Insbesondere ist darauf zu achten, dass die plastischen Zonen an der Rissspitze hinreichend klein bleiben, um nicht die Gültigkeit des *K*-Bruchkonzeptes zu verletzen (vgl. a. Kap. 2.6). Es lässt sich feststellen, dass die Probendicke *B* einen wesentlichen Einfluss auf das Bruchverhalten besitzt (Abbildung 11). Bei dicken Proben tritt Bruch bei den niedrigsten K_c-Werten auf. Es herrscht dann ebener Verzerrungszustand (EVZ) vor, bei dem plastisches Fließen an der Rissspitze am stärksten unterdrückt wird. Dies ist hinsichtlich des Sprödbruchverhaltens der gefährlichste Fall. Für die K_{Ic}-Bestimmung gilt daher für die Mindestbreite der Probe:

$$B \geq 2.5\left(\frac{K_{Ic}}{\sigma_F}\right)^2 \tag{13}$$

wobei σ_F die Spannung ist, bei der der Werkstoff beginnt, plastisch zu fließen. Diese Abschätzung steht auch in engem Zusammenhang mit den in Kap. 2.6 gemachten Ausführungen.

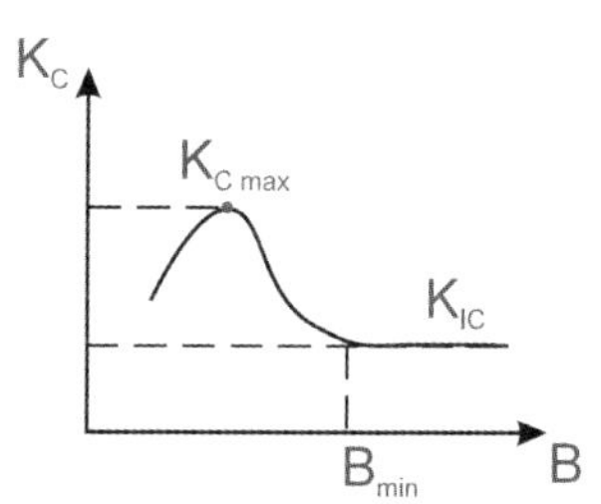

Abb. 11: Abhängigkeit des kritischen Spannungsintensitätsfaktors K_c von der Probenbreite *B*

Eine Standardprobe der Bruchmechanik ist die sog. CT-Probe (engl. Compact Tension), s. Abbildung 12. Die Geometrie der Probe ist hinsichtlich Absolut- und Relativmaßen in der Norm genau festgelegt. Außerdem findet man dort die zugehörige Geometriefunktion. Aus der Dicke B folgen praktisch alle anderen Maße (s. Abbildung 12).

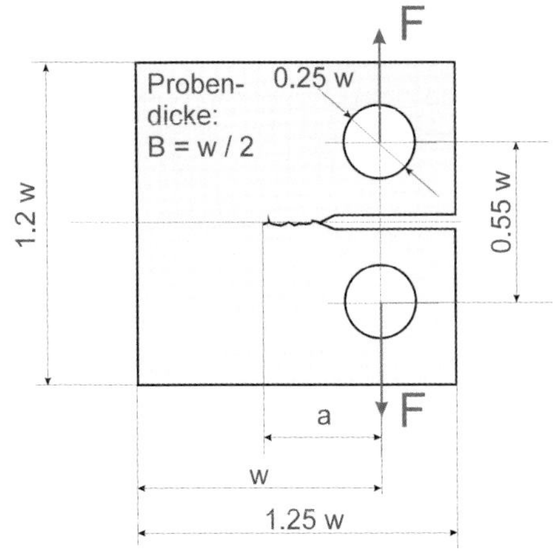

Abb. 12: CT-Probe zur Ermittlung der Bruchzähigkeit

Um einen K_{Ic}-Versuch durchführen zu können, muss zunächst ein Anfangsriss bestimmter Länge a ($0.45 \leq (a/w) \leq 0.55$) durch Anschwingen erzeugt werden. Dann wird der eigentliche Versuch durchgeführt: die Belastung F der Probe wird quasistatisch monoton bis zum Übergang zur instabilen Rissausbreitung erhöht und dabei registriert. Die zugehörige Risslänge kann im Nachhinein an der gebrochenen Probe ausgemessen werden und aus diesen Daten der K_{Ic}-Wert bestimmt werden. Weitere Probenformen wie Dreipunktbiegeprobe und Rundprobe findet man in [2,7]. Um den Zusammenhang zwischen Bruchzähigkeit und der 0.2 %-Dehngrenze aufzuzeigen sind diese Kennwerte in Bild 13 (logarithmisch) für verschiedene Werkstoffgruppen aufgetragen.

Bei reiner Mode II oder reiner Mode III-Belastung gilt Gl. 11 entsprechend. Der Riss geht vom stehenden in den instabilen Zustand über, falls

$$K_{II} = K_{II\,c} \quad \text{bzw.} \; K_{III} = K_{III\,c} \qquad (14)$$

Für Mixed-Mode-Belastung ist der Sachverhalt komplizierter. Abbildung 14 zeigt eine Bruchgrenzkurve bei überlagerter Mode I/II-Beanspruchung. Auf den beiden Achsen findet man die reinen Moden wieder. Der Punkt P mit den zugehörigen K_I und K_{II}-Werten liegt innerhalb des Gebietes, in dem kein Bruch stattfindet.

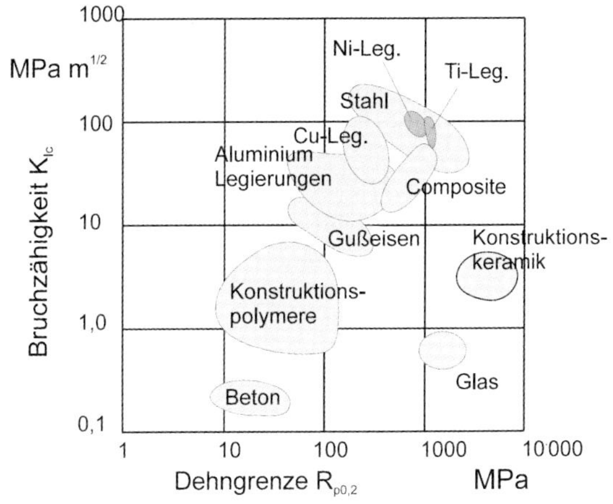

Abb. 13: Darstellung der Bruchzähigkeit und Dehngrenze für verschiedene Werkstoffgruppen

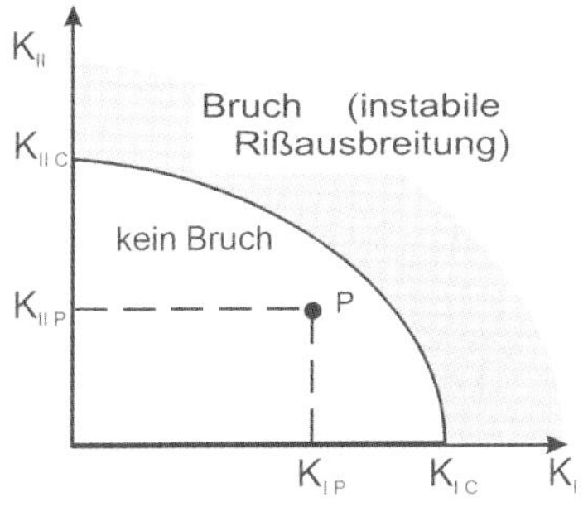

Abb. 14: Schematische Darstellung der Bruchgrenzkurve bei gemischter Beanspruchung

Die Bruchgrenzkurve kann allgemein durch

$$\left(\frac{K_I}{K_{Ic}}\right)^{\beta_I} + \left(\frac{K_{II}}{K_{IIc}}\right)^{\beta_{II}} = 1 \qquad (15)$$

dargestellt werden, wobei die beiden Bruchzähigkeiten für die Moden I und II gemessen und die beiden Exponenten aus weiteren Messwerten bestimmt werden müssen. Über verschiedene analytische Ansätze [14] wurde versucht, die Bruchgrenzkurve rechnerisch zu bestimmen. Der Vorteil ist, dass als einzige Messgröße K_{Ic} benötigt wird. K_{IIc} liegt (je nach Kriterium) im Bereich von $K_{\mathrm{IIc}} \approx 0.9\ K_{\mathrm{Ic}}$ [3]. Allerdings stimmen Versuchswerte abhängig vom Werkstoff teils nur mäßig gut mit den berechneten Bruchgrenzkurven überein. Von *Richard* [8,14] stammt die Idee, einen Vergleichsspannungsintensitätsfaktor K_V aus K_I und K_{II} zu bilden und diesen mit dem Kennwert K_{Ic} zu vergleichen. Außerdem wird in [14] eine Vorrichtung mit Probe (CTS-Probe) zur Durchführung von Mixed-Mode-Versuchen vorgestellt. Zu erwähnen ist noch, dass bei Mixed-Mode-Rissausbreitung auch ein Abknicken der Risses zu beobachten ist.

2.6 Kleinbereichsfließen

In realen Werkstoffen kann die Spannung nicht unendlich groß werden. Vielmehr kommt es, wenn die Vergleichsspannung die Fließgrenze erreicht, zum Abbau der Spannungen durch plastisches Fließen. Ist jedoch die plastische Zone klein (im Vergleich zur Risslänge und anderen Proben- oder Bauteilabmessungen), so behält die bisherige Betrachtungsweise dennoch ihre Gültigkeit, da der Spannungsverlauf außerhalb der plastischen Zone nur wenig von der kleinen plastischen Zone beeinflusst wird. Somit bleibt der Spannungsintensitätsfaktor eine den Beanspruchungszustand an der Rissspitze beschreibende sinnvolle Größe. Erst bei starkem plastischem Fließen mit großer Ausdehnung der plastischen Zonen verliert er seine Bedeutung. Die plastischen Zonen besitzen qualitativ das in Abbildung 15 skizzierte Aussehen. Im Bauteilinneren liegt EVZ vor, dort sind die plastischen Zonen kleiner als am Rand.

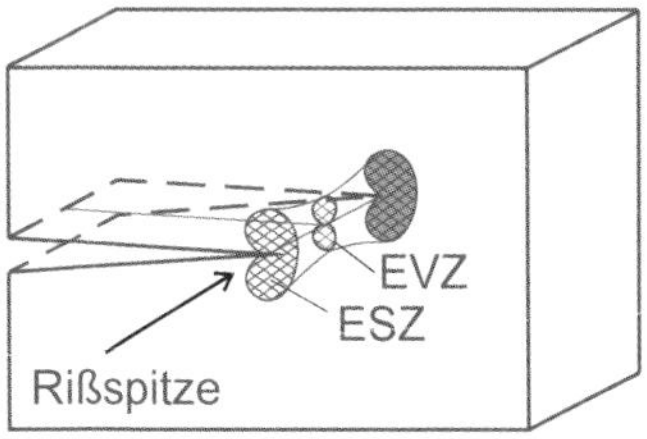

Abb. 15: Plastische Zonen bei Kleinbereichsfließen („Hundeknochenmodell")

Für ein elastisch-ideal plastisches Materialgesetz (Abbildung 16) lässt sich die Ausdehnung der plastischen Zone sowohl für ESZ als auch für EVZ näherungsweise berechnen.

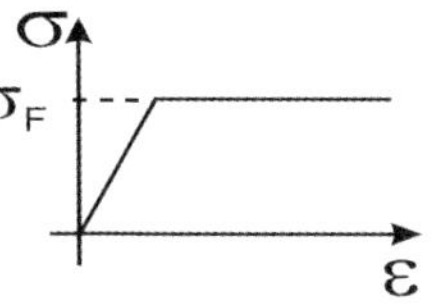

Abb. 16: Spannungs-Dehnungs-Diagramm für elastisch-ideal plastisches Material

Hierfür benötigen wir noch ein Fließgesetz, z.B. die *Tresca*sche Fließbedingung, nach der gilt, dass plastisches Fließen einsetzt, wenn die Differenz aus größter und kleinster Hauptnormalspannung die Fließspannung erreicht: $\sigma_V = \sigma_1 - \sigma_3 = \sigma_F$. Zunächst untersuchen wir, wann die elastische Vergleichsspannung, gebildet mittels Gl. 4, auf der x-Achse ($\varphi = 0$) die Fließgrenze erreicht, wobei bei ESZ $\sigma_3 = \sigma_z = 0$ und beim EVZ wegen der Dehnungsbehinderung $\sigma_3 = \sigma_z = 2\nu\sigma_y$ ist. Hiermit ergibt sich für den Abstand r_p von der Rissspitze (s. Abbildung 17, gestrichelte Kurve), bei dem die Fließgrenze erreicht wird:

$$r_{p,ESZ} = \frac{1}{2\pi}\left(\frac{K_I}{\sigma_F}\right)^2 \quad \text{bei ESZ} \tag{16a}$$

$$r_{p,EVZ} = \frac{1}{2\pi}\left(\frac{K_I}{\sigma_F}\right)^2 (1-2\nu)^2 \quad \text{bei EVZ} \tag{16b}$$

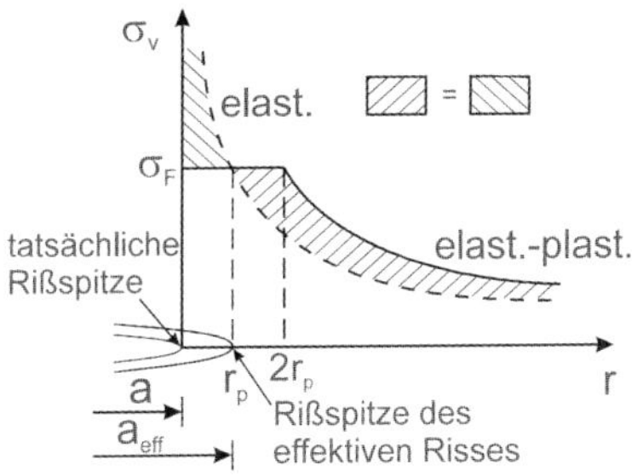

Abb. 17: Zur Berechnung der plastischen Zone vor der Rissspitze und Definition der effektiven Risslänge

In der plastischen Zone kann bei elastisch-ideal plastischem Material die Vergleichsspannung nicht über die Fließspannung σ_F hinauswachsen. Im Vergleich zur rein elastischen Lösung liefert eine Gleichgewichtsbetrachtung für elastisch-ideal plastisches Material, dass die plastische Zone größer als r_p sein muss und dass die Umgebung des Risses, die sich noch elastisch verhält, stärker belastet werden muss, um die niedrigere Tragfähigkeit des plastisch deformierten Bereiches zu kompensieren. Dies läuft darauf hinaus, dass die elastisch-plastische Kurve (Abbildung 17, durchgezogene Kurve) so weit nach rechts verschoben werden muss, bis die beiden schraffierten Flächen aus Abbildung 17 gleich groß sind. Damit ergibt sich eine Erstreckung r_{PZ} der plastische Zone auf der x-Achse von $2r_p$, s. [1]:

$$r_{PZ,ESZ} = 2\, r_{p,ESZ} = \frac{1}{\pi}\left(\frac{K_I}{\sigma_F}\right)^2 \quad \text{bei ESZ} \tag{17a}$$

$$r_{PZ,EVZ} = 2\, r_{p,EVZ} = \frac{1}{\pi}\left(\frac{K_I}{\sigma_F}\right)^2 (1-2\nu)^2 \quad \text{bei EVZ} \tag{17b}$$

Man sieht, dass für Metalle mit einer Querdehnzahl von $\nu = 0.3$ die plastische Zone beim EVZ etwa 6-mal kleiner ist als bei ESZ. Für die Gültigkeit der Linear-Elastischen Bruchmechanik wird als Obergrenze ein Verhältnis von $r_{PZ} / a = 0.05$ angesehen [2].

Zur Berücksichtigung der plastischen Zone im Spannungsintensitätsfaktor hat *Irwin* eine Risslängenkorrektur Δa eingeführt, um welche die physikalische Risslänge vergrößert werden muss. Die Korrektur ergibt sich als halbe Ausdehnung der plastischen Zone, also r_p. Mit dieser sog. effektiven Risslänge wird dann der Spannungsintensitätsfaktor berechnet:

$$a_{eff} = a + \Delta a = a + r_p \tag{18}$$

$$K_{I,eff} = \sigma\sqrt{\pi\, a_{eff}}\; Y_I\left(\frac{a_{eff}}{w}\right) \tag{19}$$

und das *K*-Konzept kann wie bisher angewendet werden.

2.7 Betrachtung des Bruchvorganges unter energetischen Gesichtspunkten

2.7.1 Griffith-Theorie ideal spröder Werkstoffe

Die erste energetische Betrachtung zur Aufstellung eines Bruchkriteriums für die instabile Rissausbreitung gehen auf *Griffith* zurück. *Griffith* hat dies für ideal spröde Werkstoffe durchgeführt, bei denen plastische Deformationen keine Rolle spielen. Beim Bruchvorgang, der im thermodynamischen Sinne irreversibel ist, werden neue Oberflächen erzeugt. Stellt man eine Leistungsbilanz auf, so gilt allgemein (der Punkt bedeutet die zeitliche Änderung der Größe)

$$\dot{W} = \dot{U} + \dot{\Gamma} \tag{20}$$

Dabei ist W die Arbeit der äußeren Kräfte, U die innere Energie des elastischen Körpers (Formänderungsenergie) und Γ die Oberflächenenergie infolge der neu geschaffenen Bruchoberflächen. Die kinetische Energie sowie Wärmeflüsse können vernachlässigt werden. Vergrößert sich mit der Zeit die Risslänge und damit die Bruchfläche A, so lässt sich die Zeitableitung über die Ableitung nach der Bruchfläche A ($A > 0$) mit Hilfe der Kettenregel wie folgt ausdrücken:

$$\frac{d(..)}{dt} = \frac{dA}{dt}\frac{d(..)}{dA} = \dot{A}\frac{d(..)}{dA} \tag{21}$$

Damit wird Gl.(20)

$$\frac{dW}{dA} = \frac{dU}{dA} + \frac{d\Gamma}{dA} \tag{22}$$

oder, wenn man U und W zum Potenzial

$$\Pi = U - W \tag{23}$$

zusammenfasst, ist

$$-\frac{d\Pi}{dA} = \frac{d\Gamma}{dA} \tag{24}$$

Die Abnahme der potenziellen Energie wird gedeckt durch die Zunahme an Oberflächenenergie.

Häufig wird die letzte Gleichung auf ebene Bauteile mit Einheitsdicke bezogen, so dass die Bruchfläche A dann allein durch die Risslänge a ausgedrückt werden kann (bzw. $2a$ beim Griffith-Riss).

$$-\frac{d\Pi}{da} = \frac{d\Gamma}{da} \tag{25}$$

Für die Ableitung auf der linken Seite wurde von *Irwin* später der Begriff der Energiefreisetzungsrate (oder auch Rissausbreitungskraft) eingeführt:

$$\mathcal{G} = -\frac{d\Pi}{dA} \quad \text{bzw.} \quad \mathcal{G} = -\frac{d\Pi}{da} \tag{26}$$

Die Oberflächenenergie nimmt linear mit der durch den Bruch neugeschaffenen Oberfläche zu, γ_o ist die auf eine Flächeneinheit bezogene spezifische Oberflächenenergie.

$$\Gamma = 2\gamma_o A \quad \text{und} \quad \frac{d\Gamma}{dA} = 2\,\gamma_o \tag{27}$$

wobei der Faktor 2 berücksichtigt, dass beim Bruch zwei neue Oberflächen entstehen. Beim Griffith-Riss der Länge $2a$ gilt entsprechend $\Gamma = 2\gamma_o(2a)\,B$, wobei ohne Einschränkung der Allgemeingültigkeit die Bauteildicke $B = 1$ gesetzt werden kann. Aus Gl. 26 folgt durch Umstellen

$$\frac{d\Gamma}{da} + \frac{d\Pi}{da} = \frac{dE_{ges}}{da} = 0 \quad (28)$$

Zur weiteren Ausbreitung als instabiler Riss muss die Summe aller Energieformen ein Energieextremum und zwar ein Maximum aufweisen. Dies ist in Abbildung 18 dargestellt: Die Oberflächenenergie nimmt linear zu, während man z.B. für einen Griffith–Riss der Länge $2a$ eine quadratische Abnahme des elastischen Potenzials mit der Risslänge feststellen kann:

$$\Pi = -\frac{\sigma^2 \pi\, a^2}{E} \qquad \mathcal{G} = -\frac{d\Pi}{d(2a)} = \frac{\sigma^2 \pi\, a}{E} \tag{29}$$

wobei E der Elastizitätsmodul ist und ebener Spannungszustand (ESZ) zugrunde gelegt wurde. Ausführlichere Betrachtungen findet man z.B. in [1,3,6].

Wie in Abbildung 16 erkennbar wird mit größer werdendem Riss Energie freigesetzt:

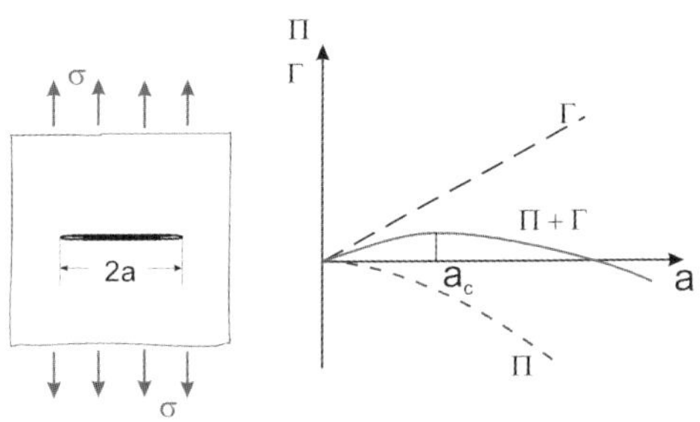

Abb. 18: Veranschaulichung des *Griffith*schen Energiekriteriums für ideal spröde Werkstoffe

Erreicht man nun eine kritische Risslänge a_c, so weist die Summe aller Energieanteile ein Maximum auf, die Tangentensteigung für die Kurve der Gesamtenergie ist Null (Gl. 28). Geht man ein kleines Stück über a_c hinaus, so ist die Energiefreisetzung (s. Gl. 25) erstmals größer als durch die neu geschaffene Oberflächen an Energie aufgenommen wird. Dieser Energieüberschuss führt dazu, dass der Riss von seinem stabilen Zustand in instabiles Wachstum übergeht. Die Steigung der Π-Kurve nimmt betragsmäßig zu, während die Steigung der Γ-Kurve konstant $2\gamma_0$ bleibt.

Griffith kommt bei seinen energetischen Betrachtungen für die unendliche Scheibe mit Innenriss (für ESZ) zum Ergebnis, dass die kritische Spannung, bei der instabiles Risswachstum auftritt, sich aus

$$\sigma_c = \sqrt{\frac{2E\gamma_o}{\pi\, a}} \tag{30}$$

berechnet, was unmittelbar aus Gl. 27 und 29 wegen $\mathcal{G}=2\gamma_o$ folgt. Vom Wesen her ist dieses Ergebnis identisch mit dem *K*-Konzept: Instabiler Bruch tritt ein, wenn das Produkt $\sigma_c\sqrt{\pi a}$ eine bestimmte, für den Werkstoff charakteristische Konstante annimmt. Damit erhält man über eine globale Energiebetrachtung die gleiche Aussage wie über das lokale Rissspitzenkriterium, in der Praxis hat sich allerdings das *K*-Konzept durchgesetzt.

2.7.2 Die Energiefreisetzungsrate als Bruchkenngröße

Wie gesehen kann mit Hilfe der Energiefreisetzungsrate ebenfalls der Übergang zur instabilen Rissausbreitung beschrieben werden. Demnach tritt dieses Ereignis dann auf, wenn die Energiefreisetzungsrate einen kritischen Wert erreicht:

$$\mathcal{G} = \mathcal{G}_c \tag{31}$$

Speziell beim ideal spröden Körper war dies nach der *Griffith*schen Bruchtheorie $\mathcal{G}_c = 2\gamma_o$.

Zwischen der Energiefreisetzungsrate und den Spannungsintensitätsfaktoren lässt sich ein Zusammenhang herstellen [1] , nämlich

$$\mathcal{G} = \frac{K_I^2}{E'} \tag{32}$$

wobei

$$E' = \begin{cases} E & \text{für ESZ} \\ \dfrac{E}{1-\nu^2} & \text{für EVZ} \end{cases}$$

so dass unter den Voraussetzungen der Linear-Elastischen Bruchmechanik die Beziehungen Gl. 11 und 31 absolut äquivalent sind. Bei Mixed-Mode-Belastung gilt

$$\mathcal{G} = \frac{1}{E'}(K_I^2 + K_{II}^2) + \frac{1}{2G}K_{III}^2 \tag{33}$$

2.8 *R*-Kurve

In dünnen gerissenen Bauteilen mit elastisch-plastischem Materialverhalten herrscht ESZ vor und die plastischen Zonen sind ausgedehnter als bei EVZ. Solche Bauteile zeigen bei Rissvergrößerung vor der globalen Instabilität eine mehr oder weniger ausgeprägte Phase stabilen Wachstums. Stabil bedeutet, dass das Risswachstum durch Wegnahme der äußeren Last wieder zum Stillstand gebracht werden kann. In Experimenten wurde beobachtet, dass der Widerstand gegen Bruch mit steigender Risslänge wächst: wir erhalten also keinen konstanten Wert für $\mathcal{G}_c$, sondern eine von der Rissverlängerung Δa abhängige Kurve, die Risswiderstandskurve $R = R(\Delta a)$, s. Abbildung 19 links. $\mathcal{G}_{ci}$.ist der sog. Initiierungswert, ab dem stabiles Risswachstum einsetzt. Gemäß der Betrachtungen beim ideal spröden Körper (Gl.25,26) herrscht Gleichgewicht, wenn

$$\mathcal{G} = R \tag{34}$$

wobei in R zum reinen Oberflächenenergieanteil noch ein Anteil der Energiedissipation infolge Plastizität mitberücksichtigt werden muss:

$$R = \frac{d\Gamma}{dA} + \frac{dU_{pl}}{dA} \tag{35}$$

Die R-Kurve ist materialcharakteristisch und wird meist experimentell ermittelt. Ein rechnerischer Zugang zur Ermittlung der R-Kurve wurde von *Barth* [15] gefunden.

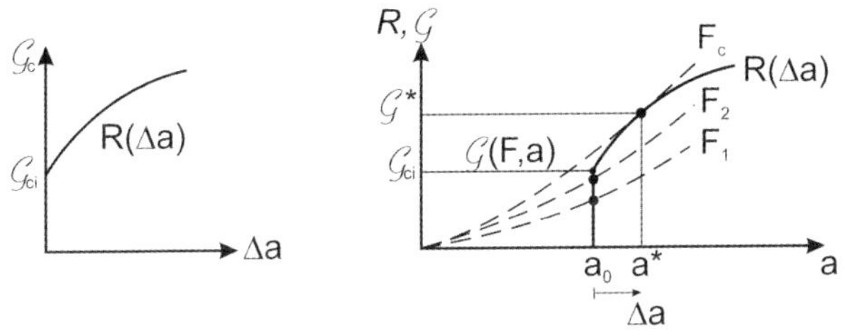

Abb. 19: Risswiderstandskurve der Linear-Elastischen Bruchmechanik

In Abbildung 19 (rechts) ist sowohl die Risswiderstandskurve R (durchgezogen) als auch die Belastung des Risses in Form der Energiefreisetzungsrate $\mathcal{G}$ als Kurvenschar (gestrichelt) für verschieden hohe äußere Belastungen $F_1 < F_2 < F_c$ eingezeichnet. Bildet man den Schnittpunkt von $\mathcal{G}$- und R-Kurve für einen kleinen Belastungswert F_1 , d.h. $\mathcal{G}(F_1,a) = R$, so stellt man fest, dass der Schnittpunkt unter dem Initiierungswert liegt, es kommt noch zu keiner stabilen Rissausbreitung. Liegt der Schnittpunkt beider Kurven oberhalb des Rissinitiierungswertes $\mathcal{G}_{ci}$ aber noch unterhalb $\mathcal{G}^*$ verlängert sich der Riss. Diese Phase des Risswachstums ist stabil. Die durch Risswachstum freigesetzte potenzielle Energie kann noch vollständig dissipiert werden, da der Risswiderstand R hier noch stärker zunimmt als die Energiefreisetzungsrate $\mathcal{G}$, was sich durch die Tangentensteigungen mathematisch ausdrücken lässt:

$$\frac{d\mathcal{G}}{d\,a} < \frac{d\,R}{d\,a}$$

Man erkennt jetzt, dass bei einer kritischen Last F_c ein stabiles Risswachstum bis zur Risslänge a^* möglich ist, dann aber berühren sich beide Kurven tangential, es ist

$$\mathcal{G} = R \quad \text{und} \quad \frac{d\mathcal{G}}{da} = \frac{dR}{da} \tag{36}$$

Hier ist der Instabilitätspunkt erreicht: Energiefreisetzung und Energieaufnahme sind gerade noch gleich groß. Bei geringfügiger Rissverlängerung ist jetzt aber die Energiefreisetzungsrate größer als der Risswiderstand und der Riss wird sich mit großer Geschwindigkeit instabil ausbreiten. Es sei angemerkt, dass die Risswiderstandskurve auch bei starkem plastischen Fließen große Bedeutung besitzt. Da $\mathcal{G}$ außerhalb der Linear-Elastischen Bruchmechanik aber seine Bedeutung verliert, wird z.B. J als Belastungsparameter verwendet (s. nächster Abschnitt). Anstatt mit $\mathcal{G}$-R-Diagrammen arbeitet man dann in analoger Weise mit J-J_R-Diagrammen.

2.9 J-Integral

Von *Rice* wurde das sog. J-Integral, ein Linienintegral mit geschlossenem Integrationsweg um die Rissspitze eingeführt. Das J-Integral besitzt einige wesentliche Eigenschaften, die diese Größe für die Bruchmechanik sowohl theoretisch als auch praktisch sehr interessant gemacht haben. Vor allem ist es anwendbar für linear- und nichtlinear-elastisches Material. Es ist folgendermaßen definiert:

$$J = \int_C (\bar{U}\,dy - \mathbf{t}\frac{d\mathbf{u}}{dx}ds) \tag{37}$$

Dabei sind $\bar{U}$ die Formänderungsenergiedichte, $\boldsymbol{t}$ ist der Spannungsvektor und $\boldsymbol{u}$ der Verschiebungsvektor auf dem Integrationsweg C, der die Rissspitze umschließen muss. Die Integration längs der Rissränder bringt keine Beiträge, so dass die Integration auf einem Rissufer beginnt und auf dem anderen endet.

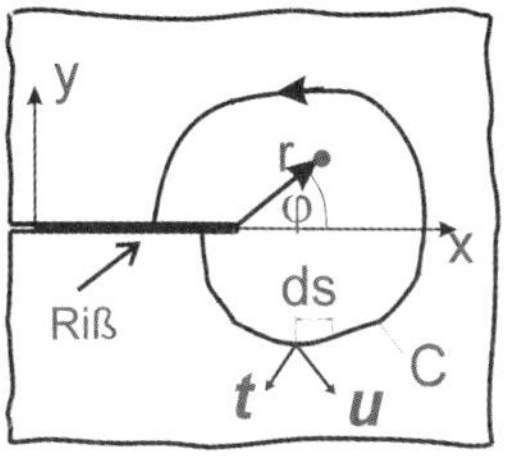

Abb. 20: Veranschaulichung der Größen beim J-Integral

Das Ergebnis des Integrals ist unabhängig vom Integrationsweg unter der Voraussetzung, dass der Riss selbst frei von äußerer Last ist. Es lässt sich zeigen, dass J auch eine energetische Bedeutung besitzt, es ist:

$$J = -\frac{d\Pi}{dA} \tag{38}$$

J ist die Änderung der potenziellen Energie. Speziell im linear-elastischen Falle ist J identisch mit der Energiefreisetzungsrate, d.h. $J = \mathcal{G}$. Man kann mit Hilfe von J ebenfalls ein Bruchkriterium formulieren. In der LEBM sind daher die Bruchkriterien

$$J = J_c \quad \text{und} \quad \mathcal{G} = \mathcal{G}_c \tag{39}$$

äquivalent, außerdem besteht auch noch ein Zusammenhang von J über $\mathcal{G}$ mit den Spannungsintensitätsfaktoren (Gl. 32 und 33).

Der große Vorteil des J-Integrals liegt darin, dass J wie erwähnt auch für nicht-linear elastisches Materialverhalten gültig ist und über die sog. Deformationstheorie in der elastisch-plastischen Bruchmechanik (Fließbruchmechanik) angewendet werden kann. Es sei an dieser Stelle auf die Literatur [3,5,7,16] verwiesen.

3 Grundelemente der Fließbruchmechanik

Durch die Spannungskonzentrationen an der Rissspitze kommt es bei duktilem Material zum plastischen Fließen, die Rissspitze stumpft sich ab und der Riss öffnet sich. Bei größerer Plastizierung an der Rissspitze lassen sich daher die Vorgänge nicht mehr durch den Spannungsintensitätsfaktor oder die Energiefreisetzungsrate beschreiben. Zwei Größen haben sich in der Fließbruch zur Beschreibung des Rissspitzenzustandes durchgesetzt. Es sind dies das bereits erwähnte J-Integral und die Rissspitzenöffnung δ_t.

3.1 CTOD-Konzept

Das CTOD-Konzept (aus d. Engl.: crack tip opening displacement) geht auf *Wells* (1962) zurück. Es wird eine Verformungsgröße verwendet, um die Belastungssituation an der Rissspitze zu beschreiben. Die Spannungen rufen um die Rissspitze herum plastische Verzerrungen hervor, ein Maß dafür ist die Rissspitzenöffnung. Es wird erwartet, dass der Riss sich ausbreitet, wenn die Rissöffnungsverschiebung einen kritischen Wert erreicht:

$$\delta_t = \delta_{t\,c} \tag{40}$$

Bei beliebiger Form des geöffneten Risses kann δ_t über die 45^0-Winkel gemäß Abbildung 21 definiert werden.

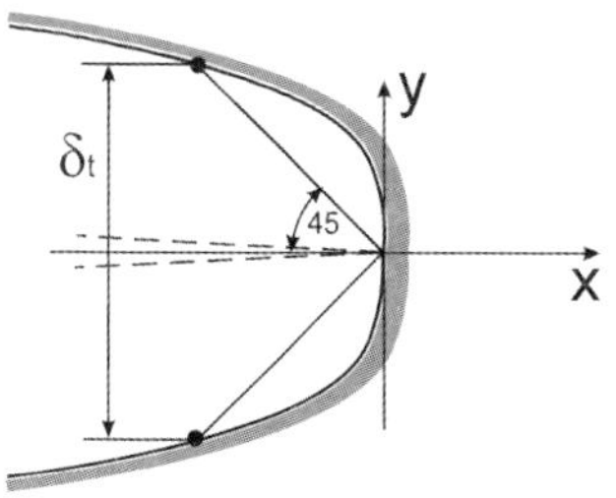

Abb. 21: Darstellung der Rissspitzenöffnung (CTOD)

3.2 Dugdale Modell

Das *Dugdale*sche Rissmodell erlaubt es, ohne den komplizierten elastisch-plastischen Spannungszustand vor der Rissspitze zu beschreiben, für den Mode I-Fall und ESZ auf relativ einfache Weise die wesentlichen physikalischen Effekte beim plastischen Fließen an der Rissspitze wiederzugeben. Der plastische Bereich vor der Rissspitze wird als langgezogener schmaler Streifen der Länge d, s. Abbildung 22, angenommen. Bei ESZ können die plastischen Zonen tatsächlich in dieser Form beobachtet werden (nach Ätzen der Oberflächen). Das Materialgesetz ist elastisch-ideal plastisch, s. Abbildung 16, und als Fließbedingung wird das *Tresca*-Kriterium verwendet, d.h. die Spannung ist durch die Fließspannung σ_F begrenzt. Es wird eine unendlich große Scheibe mit Innenriss der Länge $2a$ betrachtet.

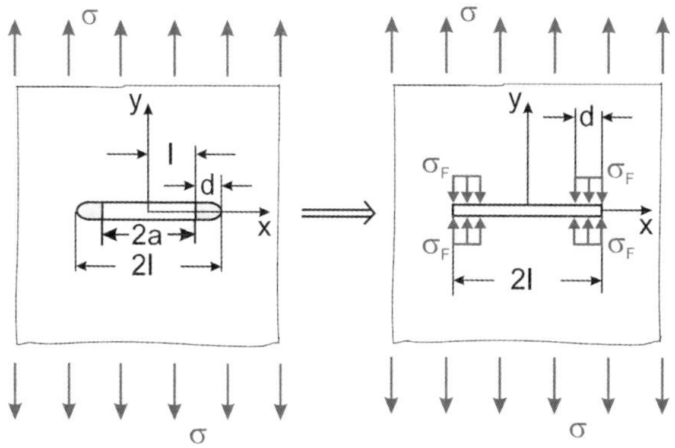

Abb. 22: *Dugdale*-Modell: Darstellung der Geometrie mit plastischen Zonen (links), Darstellung der äquivalenten Belastung zur Behandlung als rein elastisches Problem (rechts)

Die Lösung des elastisch-plastischen Problems wird zurückgeführt auf die Lösung zweier rein elastischer Teilprobleme (Abbildung 22, rechts). Bei beiden rein elastischen Teilproblemen wird mit einem fiktiven Riss der Länge $2l = 2a + 2d$ gerechnet, d.h. die physikalische Risslänge wird um die Ausdehnung der plastischen Zone vergrößert. In der plastischen Zone herrscht wegen des elastisch-ideal plastischen Materialgesetzes überall die Fließspannung σ_F. Teilproblem 1 besteht dann in der Belastung der Scheibe mit Innenriss der Länge $2l$ durch die äußere Belastung σ. Bei Teilproblem 2 wird die gleiche Scheibe entlang der Rissufer über die Länge d (= Länge der plastischen Zone) durch die Fließspannung σ_F belastet. Die Größe von d ist zunächst noch unbekannt. Sie ist so groß zu wählen, dass in der Überlagerung der beiden Fälle die Vergleichsspannung nirgendwo die Fließspannung überschreitet. Die analytische Lösung erfolgt mittels komplexer Spannungsfunktionen oder mittels der reellen *Westergaard*schen Spannungsfunktion [1].

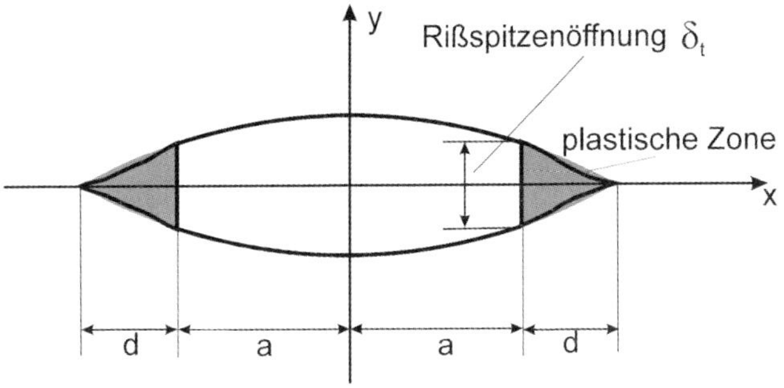

Abb. 23: Verschiebung der Rissufer und Rissspitzenöffnung beim *Dugdale*-Riss

Als Lösung für die plastische Zone ergibt sich

$$d = a\left(\sec\left(\frac{\pi}{2}\frac{\sigma}{\sigma_F}\right) - 1\right) \tag{41}$$

Für $\sigma \to \sigma_F$ wird die plastische Zone unendlich groß, was bedeutet, dass damit die Grenzlast erreicht ist und das Bauteil infolge eines plastischen Kollaps zerstört wird. Für kleine Verhältnisse von σ/σ_F erhält man folgende Näherung aus einer abgebrochenen Reihenentwicklung für die Secans-Funktion ($\sec x = 1/\cos x$) und einer geometrischen Reihe

$$d = a\,\frac{\pi^2}{8}\left(\frac{\sigma}{\sigma_F}\right)^2 = \frac{\pi}{8}\left(\frac{K_I}{\sigma_F}\right)^2 \approx 0.39\left(\frac{K_I}{\sigma_F}\right)^2 \qquad \text{für } \frac{\sigma}{\sigma_F} << 1 \tag{42}$$

Vergleicht man dieses Ergebnis mit der plastischen Zone bei Kleinbereichsfließen nach der Irwinschen Methode, (Gl. 17a: Vorfaktor $1/\pi \approx 0.32$), so erkennt man, dass beide Gleichungen für Kleinbereichsfließen ähnliche Ergebnisse liefern, obwohl der Zugang völlig unterschiedlich war.

Ein Spannungsverlauf für $\sigma/\sigma_F = 0.2$ ist exemplarisch in Abbildung 24 dargestellt. Wie bereits erwähnt, ist die Rissöffnungsverschiebung eine wichtige Größe in der elastisch-plastischen Bruchmechanik (CTOD-Konzept). Man erhält sie nach Auswertung des Verschiebungsfeldes als doppelte Verschiebung der beiden Rissufer zueinander an der Stelle $x = a$, $y = 0$ (Abbildung 23).

$$\delta_t = \frac{8\,\sigma_F\,a}{\pi\,E}\ln\left(\sec\left(\frac{\pi}{2}\frac{\sigma}{\sigma_F}\right)\right) \tag{43}$$

und als Näherung für kleine Verhältnisse von σ/σ_F durch Reihenentwicklung

$$\delta_t = \frac{\pi\,\sigma^2\,a}{E\,\sigma_F} = \frac{K_I^2}{E\,\sigma_F} \quad \text{für} \quad \frac{\sigma}{\sigma_F} << 1 \tag{44}$$

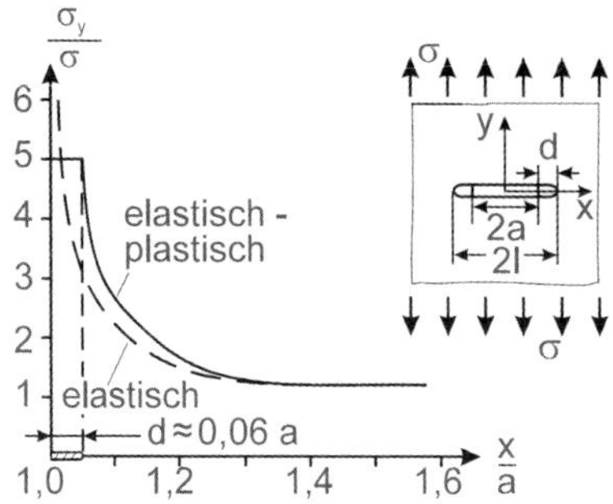

Abb. 24: Spannungsverlauf vor der Rissspitze beim Dugdale-Modell

Beim Dugdale-Modell kann auf einfache Weise der Zusammenhang zum *J*-Integral hergestellt werden. Nach [5] gilt, dass $J = \sigma_F\,\delta_t$, womit man

$$J = \frac{8\,\sigma_F^2\,a}{\pi\,E}\ln(\sec(\frac{\pi\,\sigma}{2\,\sigma_F})) \tag{45}$$

erhält und damit die beiden gleichwertigen Bruchkriterien:

$$J = J_c \quad \text{und} \quad \delta_t = \delta_{t\,c} \tag{46}$$

Der kritische Wert $J_c = \sigma_F\,\delta_{t\,c}$ ist eine Materialkonstante. Da das *Dugdale*-Modell im Grenzfall des Kleinbereichsfließens auch die Bruchkriterien der Linear-Elastischen Bruchmechanik einschließt, lässt sich mit den vorigen Ergebnissen eine Versagensgrenzkurve (Failure Assessment Diagram, Abk.: FAD) konstruieren, die als einen Grenzfall den Sprödbruch beinhaltet, als anderen Grenzfall den plastischen Kollaps beschreibt (s. Abbildung 25). Mit den relativen Größen S_r als Spannungsverhältnis und K_r als Spannungsintensitätsverhältnis gemäß

$$S_r = \frac{\sigma}{\sigma_F} \quad \text{und} \quad K_r = \frac{K_I}{K_{Ic}} \tag{47}$$

ergibt sich die Versagensgrenzkurve

$$K_r = S_r\left[\frac{8}{\pi^2}\ln(\sec(\frac{\pi}{2}S_r))\right]^{-\frac{1}{2}} \tag{48}$$

Liegt z.B. der Wert für K_r nahe bei 1 (d.h. $K_I \rightarrow K_{Ic}$) und ist das Spannungsverhältnis sehr klein (z.B. im Bereich $\sigma \approx 0.1\ \sigma_F$) besteht Sprödbruchgefahr. Dies kann insbesondere bei relativ niedrigem Nennspannungsniveau und langem Riss auftreten. Auf der anderen Seite kann bei sehr hohem Spannungsniveau und relativ kurzen Rissen $S_r \rightarrow 1$ gehen, während sich z.B. K_I im Bereich $K_I \approx 0.2\ K_{Ic}$ bewegt. In diesem Falle droht der plastische Kollaps, vgl. Abbildung 25. Alle anderen Zwischenzustände sind in Gl. 48 enthalten.

Obwohl das Ergebnis strenggenommen auf dem Beispiel des *Dugdale*-Risses in einer unendlichen Scheibe mit Innenriss beruht, ist es der Einfachheit halber auch auf andere Fälle übertragen worden, wobei anstatt der Fließspannung σ_F dann die kritische Spannung σ_c aus der zum plastischen Kollaps führenden Grenzlast eingesetzt wird. Vergleiche aus FEM-Berechnungen zeigen, dass Gl. 48 auch andere Fälle quantitativ näherungsweise wiedergibt [5].

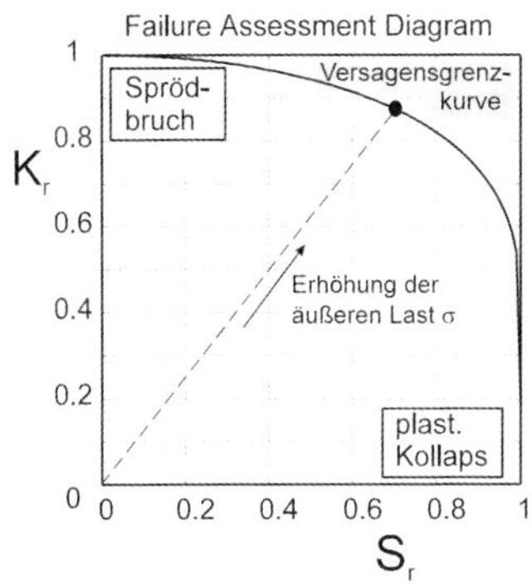

Abb. 25: Bewertung des Versagensverhaltens mit Hilfe des Failure Assessment Diagramms

3.3 HRR-Feld

Zur Beschreibung eines Spannungs-Dehnungs-Verhaltens eines Materials mit Verfestigung im plastischen Bereich eignet sich das Materialgesetz nach *Ramberg* und *Osgood:*

$$\frac{\varepsilon}{\varepsilon_0} = \frac{\sigma}{\sigma_0} + \alpha \left(\frac{\sigma}{\sigma_0}\right)^n \tag{49}$$

Die Konstanten α und n werden dem tatsächlichen Werkstoffverhalten angepasst, wobei der Exponent n ein Maß für die Werkstoffverfestigung ist, s. Abbildung 26. Die Bezugsgrößen ε_0 und σ_0 orientieren sich i.a. an der Streckgrenze: $\sigma_0 = R_e$, $\varepsilon_0 = R_e/E$. Für n=1 erhält man linear elastisches, für $n \rightarrow \infty$ elastisch-ideal plastisches Material.

Auf der Basis des *Ramberg-Osgood*–Gesetzes haben *Hutchinson, Rosengren* und *Rice* (Abk.: HRR) das nach ihnen benannte HRR-Feld entwickelt. Das HRR-Feld beschreibt die Spannungen, Verzerrungen und Verschiebungen in Rissspitzennähe bei plastischem Werkstoffverhalten. In einer normierten Darstellung ergibt sich für z.B. die Spannungskomponenten σ_{ij}

$$\sigma_{ij} = \sigma_0 \left(\frac{J}{\alpha\, \sigma_0\, \varepsilon_0\, I_n\, r} \right)^{\frac{1}{n+1}} \tilde{f}_{ij}^{HRR}(\phi) \tag{50}$$

Dabei ist I_n eine dimensionslose Konstante, die noch von n abhängt, r und φ sind Polarkoordinaten eines Rissspitzenkoordinatensystems. J , der Wert des J-Integrals, ist ein Maß für die Intensität des Spannungsfeldes, $\tilde{f}_{ij}^{HRR}(\varphi)$ sind dimensionslose Winkelfunktionen des HRR-Spannungsfeldes. Es zeigt sich also, dass man auch bei verfestigendem Material ein singuläres Spannungsfeld an der Rissspitze erhält, wobei die Singularität durch den Exponenten n bestimmt wird. Für $n = 1$ (elastisches Material) ergibt sich wieder die uns bekannte $1/\sqrt{r}$-Singularität der Linear-Elastischen Bruchmechanik, im anderen Extremfall $n \to \infty$ für elastisch-ideal plastisches Verhalten verschwindet die Singularität und wir erhalten das Verhalten des ideal plastischen Werkstoffes. In Abbildung 26 findet man für verschiedene Exponenten n das *Ramberg-Osgood*-Gesetz und die daraus folgende, auf die Winkelfunktionen normierte Spannungsverteilung gemäß HRR-Feld vor der Rissspitze aufgetragen.

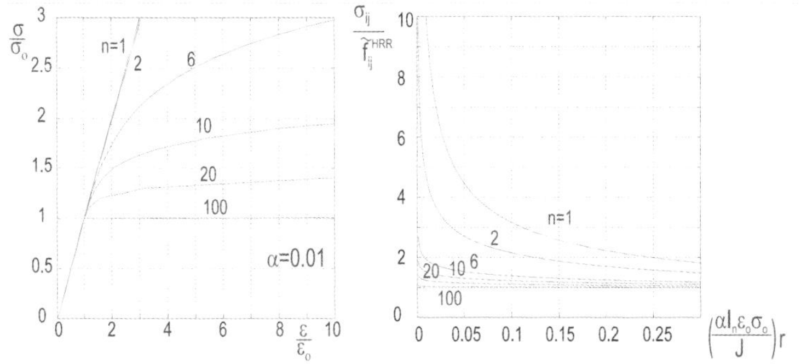

Abb. 26: Ramberg-Osgood-Gesetz und daraus folgende normierte Spannungsverteilung nach den HRR-Feldgleichungen

4 Ermüdungsrissausbreitung bei schwingender Belastung

Bei Ermüdungsvorgängen kann ein stabiles Risswachstum bereits bei sehr niedrigen äußeren Schwingbeanspruchungen auftreten. Am Ende des stabilen Risswachstum steht, falls das Bauteil nicht vorher ausgetauscht wird, der Übergang zur instabilen Wachstumsphase und damit die Zerstörung. Kriterien, unter welchen Umständen dieses Ereignis eintritt, wurden bereits in den vorigen Kapiteln erläutert. Wir wollen uns nun der Phase vor dem Restbruch, insbesondere dem makroskopischen Risswachstum, widmen. U.a. ist es Aufgabe der Bruchmechanik, festzustellen, welche die wesentlichen Einflussfaktoren auf das Risswachstum sind, wann ein Riss ausbreitungsfähig ist, wie groß die Ausbreitungsgeschwindigkeit bei Vorliegen einer bestimmten Schwingbeanspruchung ist, wie eine sinnvolle Festlegung von Inspektionsintervallen aussieht und wie groß die Restlebensdauer das Bauteils bis zum Eintritt des instabilen Risswachstums ist. Die verschiedenen Phasen, die ein Riss während der Lebensdauer eines Bauteils durchläuft, sind in Abbildung 27 dargestellt. Bei Bauteilen mit glatter (polierter) Oberfläche überwiegt die

Phase der Rissbildung mit ca. 80–90 % der Lebensdauer. Das eigentliche Makrorisswachstum spielt dann nur noch eine geringe Rolle. Ganz anders verhält es sich bei Bauteilen, die aufgrund von konstruktiven Kerben oder Defekten (Lunker, Schweißfehler oder Schmiedefalten) örtlich hohe Spannungskonzentrationen aufweisen. Hier ist nahezu die gesamte Lebensdauer durch die makroskopische Risswachstumsphase bestimmt.

Abb. 27: Phasen der Ermüdungsrissbildung und -ausbreitung

In Phase I des Risswachstum ist das Risswachstum an kristallografischen Gegebenheiten orientiert. Der Riss wächst in den Körnern in denjenigen Richtungen, deren Gleitsysteme in Ebenen maximaler Schubspannungen ausgerichtet sind. In Phase II ist das Wachstum unabhängig von der Gitterorientierung, die Richtung des Risswachstums wird geprägt von der äußeren Belastung und der Bauteilgeometrie. Weitergehende Beschreibungen findet man z.B. in [7]. Zur Beschreibung der Ermüdungsrissausbreitung gehen wir nochmals zurück zur Linear-Elastischen Bruchmechanik. Die plastischen Zonen sind in der Regel klein, so dass man die Rissspitzenbelastung mit Hilfe der Spannungsintensitätsfaktoren beschreiben kann.

4.1 Zeitlicher Zusammenhang von Belastung und Spannungsintensitätsfaktor

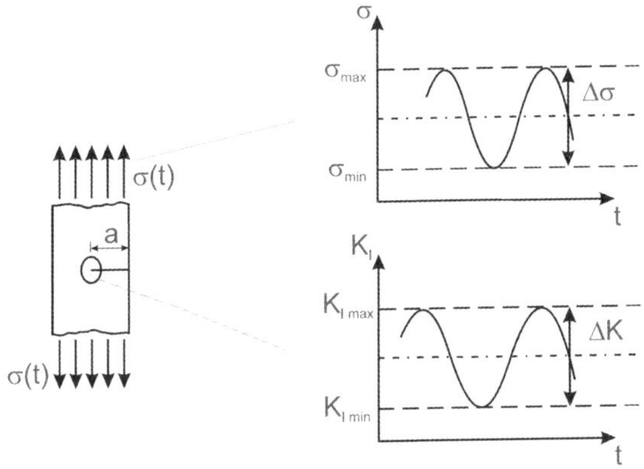

Abb. 28: Zusammenhang von äußerer Belastung und Rissspitzenbeanspruchung

Wir schließen hier schlagartige Belastungen aus und betrachten den zeitlich veränderlichen Belastungsvorgang als quasi-statische Belastung. Damit ist die Rissspitze bei reiner Mode I-Belastung einer zur äußeren Last synchronen zeitlichen Belastung $K_I(t)$ ausgesetzt:

$$K_I(t) = \sigma(t)\sqrt{\pi a}\, Y_I(\tfrac{a}{w}) \tag{51}$$

und für die Spannungen im elastischen Feld an der Rissspitze gilt (s. Gl. 6 bzw. 4)

$$\sigma_{ij}(t) = \frac{K_I(t)}{\sqrt{2\pi r}} \tilde{f}_{ij}(\phi) \tag{52}$$

Bei einer Schwingbelastung mit konstanter Lastamplitude ist die Schwingbreite der äußeren Belastung $\Delta\sigma$ von großer Bedeutung. Aus Gl. 51 ergibt sich für $\Delta\sigma$ der zyklische Spannungsintensitätsfaktor:

$$\Delta K_I = \Delta\sigma \sqrt{\pi a}\, Y_I(\tfrac{a}{w}) \tag{53}$$

mit

$$\Delta\sigma = \sigma_{\max} - \sigma_{\min} \qquad \Delta K_I = K_{I\,\max} - K_{I\,\min}$$

Wächst der Riss, so erhöht sich bei gleichbleibender äußerer Belastung $\Delta\sigma$=konst. durch die größer werdende Risslänge a die Belastung an der Rissspitze, repräsentiert durch ΔK_I. Dieser Effekt hat, wie wir noch sehen werden, wiederum ein beschleunigtes Risswachstum zur Folge.

Eine zweite wichtige Größe, die das Verhältnis von minimaler und maximaler Last kennzeichnet, ist das Spannungsverhältnis (kurz: R-Verhältnis):

$$R = \frac{\sigma_{\min}}{\sigma_{\max}} = \frac{K_{I\,\min}}{K_{I\,\max}} \tag{54}$$

womit sich die Extremwerte

$$K_{I\,\max} = \frac{\Delta K_I}{1-R} \quad \text{und} \quad K_{I\,\min} = \frac{R\,\Delta K_I}{1-R} \tag{55}$$

ausdrücken lassen.

4.2 Plastische Zonen an der Rissspitze

Ausgehend von der Voraussetzung des Kleinbereichsfließens und einem elastisch-ideal plastischen Werkstoff mit für Zug und Druck gleich großen Fließgrenzen σ_F wird der Spannungsintensitätsfaktor ausgehend von Null auf den Maximalwert $K_{\max}$ erhöht, s. Abbildung 29.

Dies führt zur Ausbildung einer primären plastischen Zone, die sich auf dem Ligament mit der Länge r_1 erstreckt (s. Abbildung 29, Kurve 1) mit einer entsprechenden Spannungsverteilung vor der Rissspitze. Die Größe der plastischen Zone ergibt sich aus Gl.17. Die nun folgende Entlastung von $K_{\max}$ auf $K_{\min}$ kann zunächst als eine Belastung von Null auf $-\Delta K$ angesehen werden. Da wir uns momentan in einer plastischen Zugspannungszone befinden, muss das Material in der plastischen Zone den Bereich von $+\sigma_F$ bis $-\sigma_F$ durchschreiten (also ein Intervall $2\sigma_F$), bis auf der Druckseite wieder plastische Verformung auftritt (Kurve 2), wobei sich eine plastische Druckspannungszone der Größe r_2 einstellt. Die Überlagerung der beiden Spannungsverläufe liefert Kurve 3, den Spannungsverlauf bei $K = K_{min}$.

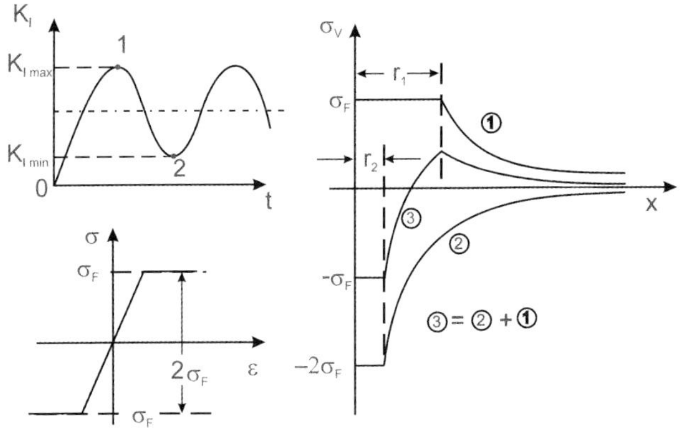

Abb.29: Spannungsverteilung und plastische Zonen bei schwingender Beanspruchung

Man erkennt, dass sich ein Zustand einstellt, bei dem sich trotz äußerer Zugbelastung ($K_{min} > 0$) eine druckplastische Zone an der Rissspitze ergibt. Der Bereich $\Delta r = r_2$ wird als zyklische oder sekundäre plastische Zone bezeichnet. Bei weiterer Schwingbelastung mit konstantem ΔK bleibt die plastische Verformung auf den Bereich der zyklischen plastischen Zone beschränkt, wechselt jedoch ständig zwischen plastischer Zug- und Druckspannung hin und her, was zur Ermüdung des Werkstoffes führt. Plastische Verformungen außerhalb dieses Bereiches treten nur bei der erstmaligen Belastung auf K_{max} bzw. bei eingestreuten Überlasten während des Betriebes auf. Für das Verhältnis von zyklischer zu primärer plastischer Zone ergibt sich [17]

$$\frac{r_2}{r_1} = \frac{1}{4}(1-R)^2 \tag{56}$$

wobei R das Spannungsverhältnis nach Gl. 54 ist. Dem Verständnis über die plastische Verformung an der Rissspitze kommt große Bedeutung zu, da die plastische Zone als Erklärungsmodell für zahlreiche Phänomene dient.

4.3 Rissausbreitungsverhalten bei schwingender Beanspruchung

Trägt man bei konstanter Schwingbreite $\Delta\sigma$ die (gemessene) Risslänge über der Lastwechselzahl N auf, ergibt sich folgendes charakteristische Bild (Abbildung 30): zunächst breitet sich der Riss nur sehr langsam aus, die Ausgangsrisslänge bleibt nahezu konstant, jedoch setzt im Laufe der Zeit ein beschleunigtes Wachstum ein, das in der Endphase dann in kürzester Zeit zum

Bruch führt. Man erkennt daraus, dass man im letzten Drittel der Lebensdauer die Inspektionsintervalle wesentlich verkleinern muss, um nicht den Zeitpunkt des Bruches zu verpassen. Dieser tritt dann ein, wenn die Risslänge $a = a_c$ so groß geworden ist, dass der Spannungsintensitätsfaktor

$$K_{I\,\max} = \sigma_{\max}\sqrt{\pi\, a_c}\,Y_I(a_c / w) = K_c \tag{57}$$

einen kritischen Wert erreicht hat (dieser muss i.a. nicht mit K_{Ic} identisch sein,s. Abbildung 11).

Eine wichtige Größe bei der Rissausbreitung ist die Ausbreitungsgeschwindigkeit. Man erhält sie aus der Ableitung der *a*-*N*-Kurve: *da*/*dN*. Sie gibt die Rissverlängerung pro Lastwechsel an. Als Größenordnung für die Rissausbreitungsgeschwindigkeit kann der Bereich von 10^{-7} – 10^{-2} mm pro Lastwechsel angesehen werden.

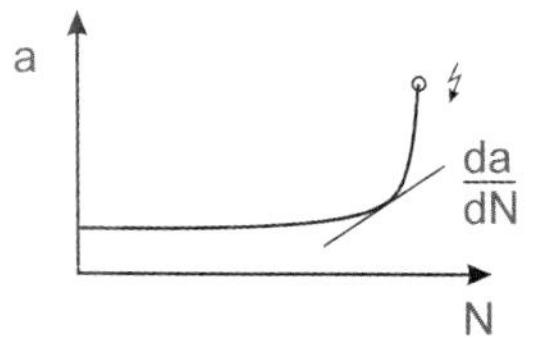

Abb.30: Risswachstum in Abhängigkeit von der Lastwechselzahl *N*

Zu technisch sehr wichtigen Aussagen gelangt man, wenn man die Rissgeschwindigkeit über dem zyklischen Spannungsintensitätsfaktor im doppelt-logarithmischen Maßstab aufträgt, Abbildung 31:

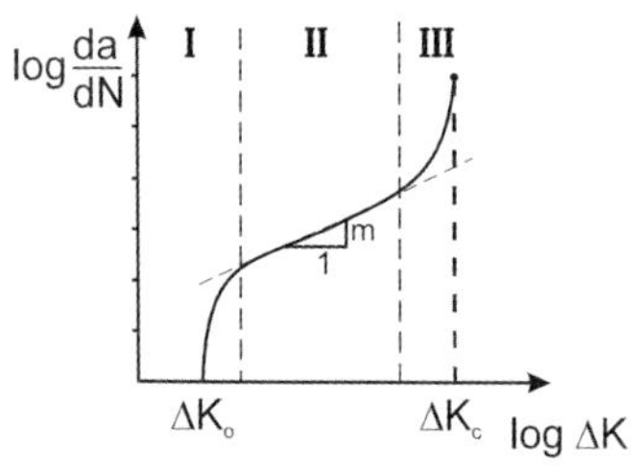

Abb. 31: Zusammenhang zwischen Rissausbreitungs-geschwindigkeit und zykl. Spannungsintensitätsfaktor

Man erkennt in nahezu allen experimentell aufgenommenen Kurven die drei charakteristischen Bereiche I, II und III. In Bereich I liegt eine geringe Rissspitzenbelastungen mit geringer Ausbreitungsgeschwindigkeit vor. Er ist nach links begrenzt durch den Schwellenwert ΔK_0, eine Rissspitzenbelastung, unterhalb der (aus technischer Sicht) kein Risswachstum mehr stattfindet (bruchmechanische Dauerfestigkeit). Zur Bestimmung von ΔK_0 liegt die Rissgeschwindigkeit bei ca. 10^{-8} mm/Lastwechsel. In Bereich II erweist sich die Kurve in doppelt-logarithmischer Darstellung sehr gut als Gerade darstellbar, d.h. der Zusammenhang gehorcht einem Potenzgesetz. Bereich III schließlich weist sehr hohe Geschwindigkeiten auf, nach rechts ist Bereich III bei Erreichen eines kritischen Wertes durch den Übergang zum instabilen Bruch gegrenzt. Dabei ist letztlich nicht die Schwingbreite ΔK_c selbst für den Bruch verantwortlich, sondern das Erreichen des Maximalwertes $K_{I\,\max} = K_c$ nach Gl. 57. Die Zusammenhänge sind durch Gl. 55 hergestellt.

Mit Hilfe von Gl. 53 kann bei gegebener Belastung und bei Kenntnis der Größe ΔK_0 entschieden werden, ab welcher Risslänge a_0 ein Riss überhaupt ausbreitungsfähig ist:

$$a_0 = \frac{1}{\pi}\left(\frac{\Delta K_0}{\Delta\sigma\, Y_I}\right)^2 \tag{58}$$

Der erste Ansatz zur quantitativen Beschreibung des Risswachstums bei Ermüdung beruht auf einer Arbeit von *Paris*, *Gomez* und *Anderson* und wird kurz als sog. *Paris*-Gesetz bezeichnet:

$$\frac{da}{dN} = C\left(\Delta K_I\right)^m \tag{59}$$

Es bildet den Bereich II der Rissausbreitungskurve mit Hilfe des bereits erwähnten Potenzansatzes nach. Im doppelt-logarithmischen Maßstab ergibt sich eine Gerade mit der Steigung m. Als Anhaltswert für m kann 2.0–4.0 gelten, C liegt z.B. bei Stählen in der Größenordnung von $10^{-10} - 10^{-12}$, wenn ΔK in MPa $\mathrm{m}^{-1/2}$ und da/dN in m/Lastzyklus eingesetzt werden [2].

Eine wesentliche Erweiterung erfuhr das *Paris*-Gesetz durch *Erdogan* und *Ratwani* [6]:

$$\frac{da}{dN} = \frac{C'\left(\Delta K_I - \Delta K_0\right)^{m'}}{(1-R)\,K_c - \Delta K_I} \tag{60}$$

Die Formel berücksichtigt sowohl den Schwellenwert ΔK_0 als auch den Wert K_c, der den Übergang vom allmählichen zum instabilem Risswachstum beschreibt. Sie ist damit in der Lage, die Bereiche I, II und III wiederzugeben.

Aus den empirischen Ansätzen, die alle die Form $\frac{da}{dN} = f(\Delta K_I(a, \Delta\sigma), R, \ldots)$ aufweisen, lässt sich durch Integration, ausgehend von einer Anfangsrisslänge a_1 mit der bis dahin aufgelaufenen Zahl von Lastwechseln N_1, die Risslänge nach N Lastwechseln ermitteln

$$a = a_1 + \int_{N_1}^{N} f(\Delta K_I(a, \Delta\sigma), R, \ldots)\; dN \tag{61}$$

Dies entspricht einer Akkumulation des Schadens unabhängig von der Vorgeschichte. Andererseits kann auch die Restlebensdauer ($N_{\max} - N_1$) ausgehend von einer Anfangsrisslänge a_1 aus

$$N_{\max} = N_1 + \int_{a_1}^{a_c} \frac{1}{f(\Delta K_I(a, \Delta\sigma), R, \ldots)}\; da \tag{62}$$

ermittelt werden. Die kritische Risslänge a_c lässt sich aus K_c bestimmen (Gl. 57).

4.4 Verfahren zur Bestimmung der Rissgeschwindigkeit bei variabler Belastung

Bei einer reinen Zufallsbelastung ist von *Barsom* vorgeschlagen worden, das *Paris*-Gesetz in analoger Weise anzuwenden,

$$\frac{da}{dN} = C\left(\Delta K_{RMS}\right)^m \tag{63}$$

jedoch wird für ΔK ein quadratischer Mittelwert gebildet:

$$\Delta K_{RMS} = \sqrt{\frac{\sum\left(\Delta K_i\right)^2 N_i}{\sum N_i}} \tag{64}$$

wobei N_i die Anzahl der Lastspiele bei einem bestimmten Belastungsniveau ΔK_i bedeutet. Als Ergebnis erhält man eine mittlere Rissausbreitungsgeschwindigkeit aufgrund einer mittleren Belastung ΔK_{RMS}. Die Zufallsbelastung wird damit auf eine Quasi-Einstufenbelastung zurückgeführt.

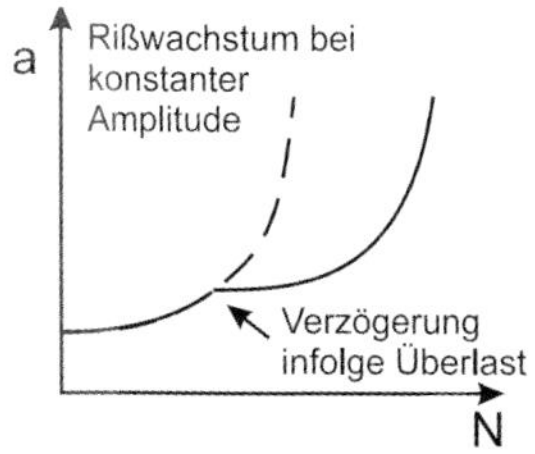

Abb. 32: Verzögerung des Risswachstums nach einer Überlast

Bei einer Spitzenlast im Zugbereich, die in eine Schwingbelastung mit konstanter Amplitude einmalig eingestreut wird, beobachtet man eine nachfolgende Verzögerung des Risswachstums (Abbildung 32), die abhängig von der Höhe der Überlast ist und über einen längeren Zeitraum anhalten kann. Dieses zunächst paradox erscheinende Phänomen einer Verzögerung nach Laserhöhung lässt sich zum einen durch Druckeigenspannungen an der Rissspitze infolge der dort auftretenden plastischen Deformation (s. Kap. 4.2) und zum anderen durch Rissschließen erklären. Beim Rissschließen kommt es am Anfang der Belastungsphase zur Berührung der Bruchflächen, obwohl der Riss unter Zugbelastung steht. Dies rührt von der plastischen Deformation der Rissflanken her und kann durch einen reduzierten zyklischen Spannungsintensitätsfaktor $\Delta K_{eff} < \Delta K$ berücksichtigt werden. Eine einfache Schadensakkumulation kann also hier nicht mehr durchgeführt werden, weil das weitere Wachstum des Risses stark von der Vorgeschichte geprägt ist. *Wheeler* und *Willenborg* [6,7] haben jeweils ein Modell zur Vorhersage der Verzögerung vorgeschlagen, das auf den Druckeigenspannungen an der Rissspitze basiert. Ein Modell, welches Rissschließen berücksichtigt, wurde von *Elber* entwickelt. Da beide Effekte beteiligt sind, wurde von *Bitsch* [17] ein Kombinationsmodell vorgeschlagen, mit dem sich die gemessenen Verzögerungen sehr gut beschreiben lassen.

Literatur

[1] H. G. Hahn: Bruchmechanik, Teubner Verlag, 1976.

[2] H. Blumenauer, G. Pusch: Technische Bruchmechanik, 3. Auflage, Deutscher Verlag für Grundstoffindustrie, Leipzig, 1993.

[3] D. Gross, Th. Seelig: Bruchmechanik, 3. Auflage, Springer Verlag, Berlin, 2001.

[4] S. Sähn, H. Göldner: Bruch- und Beurteilungskriterien in der Festigkeitslehre, 2. Auflage, Fachbuchverlag, Leipzig-Köln, 2. Aufl. , 1993.

[5] M. F. Kanninen, C. H. Popelar: Advanced Fracture Mechanics, Oxford Univ. Press, New York, 1985.

[6] E. E. Gdoutos: Fracture Mechanics, Kluwer Academic Publisher, Dordrecht, 1993.

[7] K.-H. Schwalbe: Bruchmechanik metallischer Werkstoffe, Hanser Verlag, München, 1980.

[8] H. A. Richard: Grundlagen und Anwendung der Bruchmechanik, Technische Mechanik 11, Heft 2, 1990, S. 69–80.

[9] H. G. Hahn: Elastizitätstheorie, Teubner Verlag, Stuttgart, 1985.

[10] H. Tada, P. Paris, G. Irwin: The Stress Analysis of Cracks Handbook, Del Research Corp., Hellertown, 1973.

[11] Y. Murakami: Stress Intensity Factor Handbook, Vol. 1 & 2 , Pergamon Press, 1987.

[12] I. S. Raju, J. C. Newman: Stress-Intensity Factors for a Wide Range of Semi-Elliptical Surface Cracks in Finite Thickness Plates, Engng. Fract. Mech. 11, 1979, S.817–829.

[13] ASTM 399: Plane Strain Fracture Toughness of Metallic Materials. Standards of the American Society for Testing and Materials.

[14] H. A. Richard: Bruchvorhersagen bei überlagerter Normal- und Schubbeanspruchung von Rissen, VDI-Forschungsheft 631, Düsseldorf, 1985.

[15] F.-J. Barth: Berechnung theoretischer Risswiderstandskurven auf der Basis des asymptotischen Risswachstumsfeldes, Dissertation, Universität Kaiserslautern, 1991.

[16] D. Broek: The Practical Use of Fracture Mechanics, Kluwer Academic Publishers, Dordrecht, 1989.

[17] G. Bitsch: Experimentelle und theoretische Untersuchung zum Ausbreitungsverhalten von Ermüdungsrissen unter variabler Belastung, VDI-Fortschrittsberichte Reihe 18, Nr. 177, Düsseldorf, 1995.

Anhang

Tabelle1: Spannungsintensitätsfaktoren für verschiedene Belastungs- und Geometriefälle (Zusammenstellung nach [1] und [3])

1	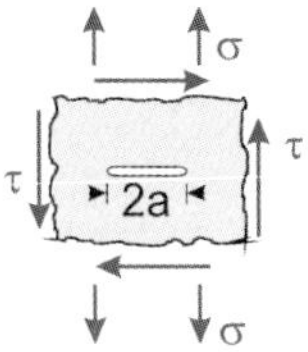	$\begin{Bmatrix} K_I \\ K_{II} \end{Bmatrix} = \begin{Bmatrix} \sigma \\ \tau \end{Bmatrix} \sqrt{\pi a}$
2	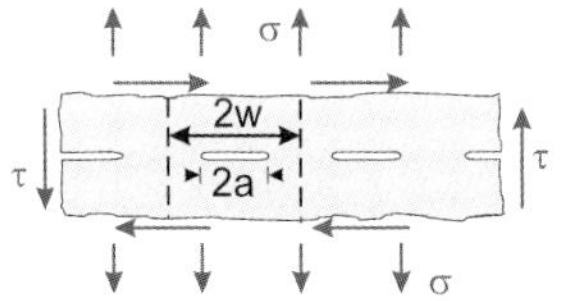	$\begin{Bmatrix} K_I \\ K_{II} \end{Bmatrix} = \begin{Bmatrix} \sigma \\ \tau \end{Bmatrix} \sqrt{\pi a} \sqrt{\frac{2w}{\pi a} \tan \frac{\pi a}{2w}}$
3	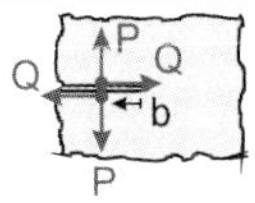	$\begin{Bmatrix} K_I \\ K_{II} \end{Bmatrix} = \begin{Bmatrix} P \\ Q \end{Bmatrix} \frac{2}{\sqrt{2\pi b}}$
4	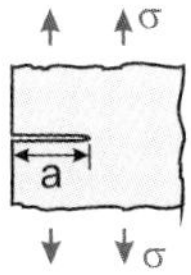	$K_I = 1{,}12\,\sigma\sqrt{\pi a}$
5	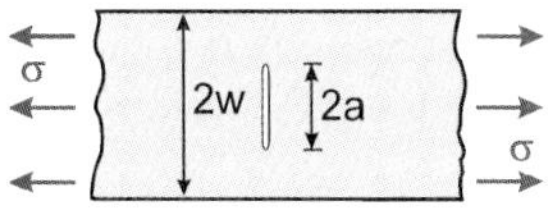	$K_I = \sigma\sqrt{\pi a}\, Y_I(a/w)$ $Y_I = \frac{1 - 0{,}025(a/w)^2 + 0{,}06(a/w)^4}{\sqrt{\cos(\pi a/2w)}}$
6	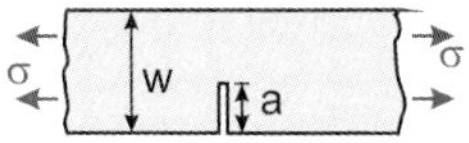	$K_I = \sigma\sqrt{\pi a}\sqrt{\frac{2w}{\pi a}\tan\frac{\pi a}{2w}}\, G_I(a/w)$ $G_I = \frac{0{,}752 + 2{,}02\frac{a}{w} + 0{,}37\left(1 - \sin\frac{\pi a}{2w}\right)^3}{\cos\frac{\pi a}{2w}}$
7	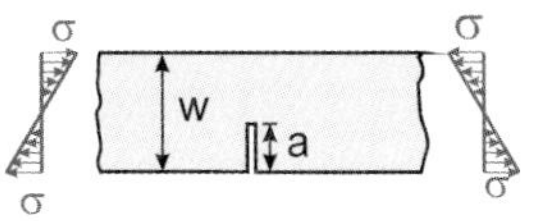 für σ ist bei Biegebelastung die Maximalspannung am Rand einzusetzen	$K_I = \sigma\sqrt{\pi a}\sqrt{\frac{2w}{\pi a}\tan\frac{\pi a}{2w}}\, G_I(a/w)$ $G_I = \frac{0{,}923 + 0{,}199\left(1 - \sin\frac{\pi a}{2w}\right)^4}{\cos\frac{\pi a}{2w}}$

8	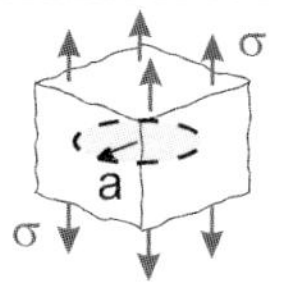	$K_I = \frac{2}{\pi}\sigma\sqrt{\pi\, a}$
9	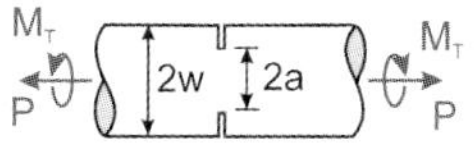	$K_I = \frac{P}{\pi\, a^2}\sqrt{\pi\, a}\sqrt{1-a/w}\; G_I(a/w)$ $K_{III} = \frac{2\, M_T}{\pi\, a^3}\sqrt{\pi\, a}\sqrt{1-a/w}\; G_{III}(a/w)$ $G_I = \frac{1}{2}\left(1+\frac{\varepsilon}{2}+\frac{3}{8}\varepsilon^2 - 0{,}363\,\varepsilon^3 + 0{,}731\,\varepsilon^4\right)$ $G_{III} = \frac{3}{8}\left(1+\frac{\varepsilon}{2}+\frac{3}{8}\varepsilon^2 + \frac{5}{16}\varepsilon^3 + \frac{35}{128}\varepsilon^4 + 0{,}208\,\varepsilon^5\right)$ $\varepsilon = a/w$
10	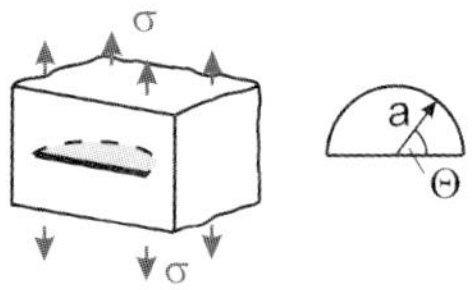	$K_I(\Theta) = \sigma\sqrt{\pi\, a}\; F_I(\Theta)$ $F_I = \frac{2}{\pi}\left(1{,}211 - 0{,}186\sqrt{\sin\Theta}\right)$ $10° < \Theta < 170°$

Ermüdungsrisswachstum

U. Krupp, Th. auf dem Brinke

1 Einleitung

Zunehmende Forderungen nach Gewichtsreduzierung schwingend beanspruchter Bauteile haben dazu geführt, dass die früher verwendeten Dimensionierungsgrößen Dauerfestigkeit, Streckgrenze und Zugfestigkeit für eine betriebsfeste Auslegung nicht mehr ausreichen. Insbesondere bei großen Bauteilen ist zu beobachten, dass vom Erkennen eines ersten Anrisses bis zur Zerstörung des Bauteils eine Zeitdauer vergehen kann, die um ein Vielfaches höher liegt als die Zeit, die bis zum Erkennen des ersten Anrisses verstreicht. Aus diesem Grund können Risse bis zu einer gewissen Größe toleriert werden. Die sog. schadenstolerante Bauteilauslegung setzt allerdings eine quantitative Beschreibung des Ermüdungsrisswachstumsverhalten voraus, wobei sich heute die phänomenologische Verknüpfung der Rissausbreitungsrate da/dN mit bruchmechanischen Parametern zur Erfassung der Risstriebkraft etabliert hat.

Aufgrund der großen Zahl der Einflussfaktoren auf das Ermüdungsrisswachstum hat man eine Unterteilung in intrinsische Faktoren (vom Werkstoff herrührend) und extrinsische Faktoren (aus der Beanspruchungsform herrührend) vorgenommen (vgl. [1]).

Unter intrinsischen oder auch inneren Einflußgrößen versteht man neben den Elastizitätskonstanten der Reibungsspannung und den mikrostrukturellen Kenngrößen alle resultierenden Kennwerte und Parameter wie, in der Reihenfolge ihrer technologischen Bedeutung, die zyklische Dehngrenze, die Streckgrenze, die Bruchdehnung, der zyklische Verfestigungsexponent, der effektive Schwellenwert der Schwingbreite des Spannungsintensitätsfaktors und die Bruchzähigkeit. Die wichtigsten extrinsischen oder auch äußeren Einflußgrößen sind die Belastungsart, d.h. Bauteil- bzw. Probengeometrie und Belastungsmode, das Spannungsverhältnis, die Versuchsfrequenz, die Probentemperatur sowie Einflüsse aggressiver Umgebungsmedien.

Die Bedeutung der letztgenannten Gruppe für die Interpretation bruchmechanischer Risswachstumsuntersuchungen ist sehr hoch und kann eine große Streuung der Versuchsergebnisse zur Folge haben, wenn die Tests nicht unter exakt reproduzierbaren Bedingungen durchgeführt werden. Ringversuche ergaben Streubänder bis zu einem Faktor 10, was nicht zuletzt auf die unzureichende Normung der Versuchsführung zurückgeführt werden kann.

2 Versagensablauf

Das Versagen metallischer Bauteile durch Ermüdungsbeanspruchung kann auf die Abfolge von vier Teilschritten zurückgeführt werden (vgl. [1,2]):

1) Schädigung der Mikrostruktur durch irreversible Bewegung und Neubildung von Versetzungen in einer anrissfreien Ermüdungsphase mit Verfestigung oder Entfestigung – Rissinitiierung.
2) Kurzrissausbreitung; eine exakte Trennung von Rissbildung und -ausbreitung ist nicht oder nur über eine eher willkürliche Definition möglich.

3) Stabile Langrissausbreitung.
4) Versagen des Bauteils durch instabiles Risswachstum (Gewaltbruch).

Die Anteile der einzelnen Schritte an der Gesamtlebensdauer des Bauteils (vgl. Abb. 1) sind abhängig von der Bauteilgeometrie, dem Werkstoffzustand und der Beanspruchungshöhe. So kann bei höherfesten Werkstoffen mit glatter Oberfläche und high-cycle-fatigue-Beanspruchung (HCF) bis zu 90% der Lebensdauer durch die Anriss- und Kurzrissausbreitungsphase bestimmt werden (vgl. [1]), während bei duktilen Konstruktionswerkstoffen die Langrissausbreitung überwiegt und somit die Anwendung der schadenstoleranten Bauteilauslegung möglich ist.

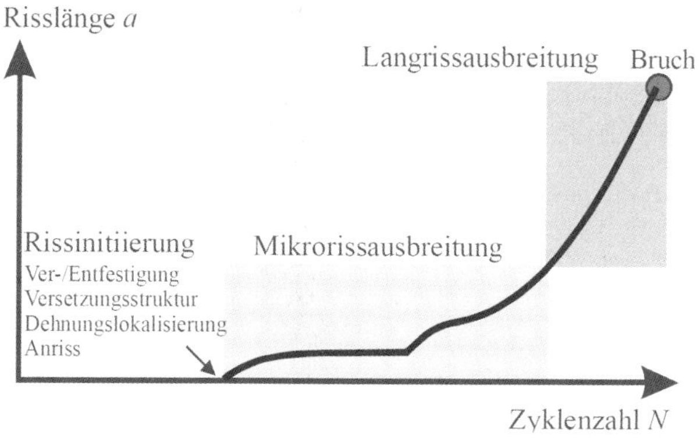

Abb. 1: Schematische Darstellung der Teilschritte der Ermüdungsschädigung (aus [1])

Angepasst an die unterschiedlichen Belastungen und Anforderungen an Bauteile wurden zwei grundlegend verschiedene Konzepte zur Beurteilung der Bauteilsicherheit entwickelt: Zum einen das auf Wöhler-Diagrammen aufbauende Total-Life-Konzept, das keine Bauteilschädigung und daher auch nur sehr konservative Annahmen für die Dimensionierung zuläßt, und zum anderen das Damage-Tolerant-Konzept (Schadenstoleranzkonzept), bei dem man grundsätzlich vom Vorhandensein von Rissen oder rissähnlichen Defekten ausgeht, deren Länge während vorgegebener Inspektionsintervalle jedoch nicht einen berechneten kritischen Wert überschreiten darf. Das Damage-Tolerant-Konzept hat sich insbesondere bei der Auslegung tragender Komponenten in der Flugzeugindustrie durchgesetzt [3]. Aufgrund des komplexen Zusammenspiels intrinsischer und extrinsischer Einflussfaktoren im Zusammenhang mit der lokalen Rissausbreitungsrate und dem Fehlen einer sicheren Prognosemethodik für die Ausbreitung sehr kurzer Ermüdungsrisse, werden nach wie vor in Forschung und Entwicklung große Anstrengungen unternommen, Lebensdauervorhersagemethoden zu entwickeln, die bei möglichst geringem experimentellen Aufwand eine sichere Festlegung der Beanspruchungsgrenzen gewährleisten.

3 Risswachstumsmechanismen

Das Ermüdungsrisswachstum vieler metallischer Werkstoffe kann nach Forsyth [4] als ein Zweistufenprozess dargestellt werden (Abb. 2). Die Anfangsphase des Risswachstums geht kontinuierlich aus dem Vorgang der Anrissbildung hervor. In dieser Phase der Rissausbreitung, die als Stadium I bezeichnet wird, wächst der Riss bei kleinen Beanspruchungsamplituden bevorzugt in Gleitebenen von der Oberfläche ausgehend in das Probeninnere. Betroffen sind zunächst die Gleitebenen, auf die eine hohe lokale Schubspannung wirkt (mode II), d.h., Gleitebenen mit einem hohen Schmid-Faktor, die somit meist in etwa 45° zur Belastungsachse geneigt liegen. Die Phase der kristallographischen Rissausbreitung ist erheblich durch die lokale Mikrostruktur bestimmt und kann sich über ein oder mehrere Körner erstrecken. Man spricht von mikrostrukturell kurzen Ermüdungsrissen.

Das Stadium I geht über in das Stadium II, wenn das weitere Risswachstum durch die rissöffnende Normalspannung senkrecht zur Belastungsachse bestimmt wird (mode I). Entscheidend für den Übergang ist nach Macherauch [2] das Verhältnis von Schubspannung im Gleitband zur Normalspannung an der Rissspitze und die lokale räumliche Lage der aktivierbaren Gleitsysteme [1]. Die Rissausbreitung im Stadium II wird dann durch die abwechselnde Betätigung zweier oder mehr Gleitsysteme an der Rissspitze bewirkt und führt zur Bildung von Schwingstreifen in der Bruchfläche.

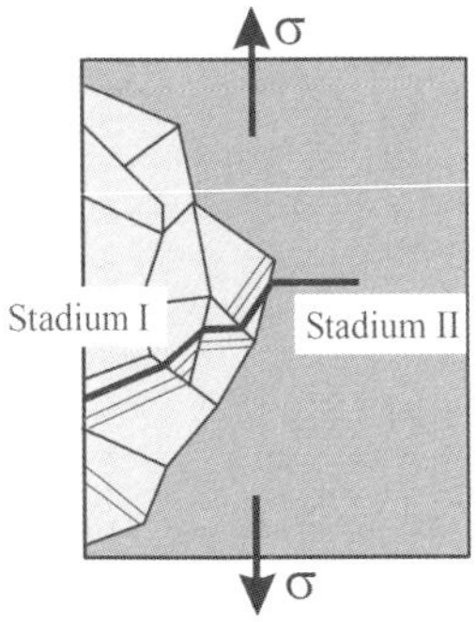

Abb. 2: Schematische Darstellung der Rissausbreitungsstadien I und II

Eine Angabe über die Lebensdaueranteile in den Stadien I und II für unlegierten Stahl mit Kohlenstoffmassenanteilen von 0,01 bis 0,8 % im normalisiertem Zustand bei Ermüdungsbeanspruchungen, die zu Lebensdauern von ca. 10000 bzw. 100000 Lastspielen führten, ist in einer Untersuchung von Mayr *et al.* [5] zu finden. Die Ergebnisse zeigen, dass die Legierungen mit höheren Kohlenstoffgehalten bei beiden Beanspruchungsniveaus die letzten 10 bis 20 % der Lebensdauer im Stadium II verbrachten. Das anrissfreie Ermüdungsstadium war nicht vom Kohlenstoffgehalt abhängig und wies einen Anteil von bis zu 20 % auf. Die Rissausbreitung in Stadium I hatte stets den größten Lebensdaueranteil von 40 bis 70 %, während der größte Teil der Ermüdungsbruchfläche auf eine im Stadium II erfolgte Rissausbreitung zurückzuführen ist.

Das Auftreten von Stadium I der Ermüdungsrissausbreitung ist an die Höhe der Beanspruchung gekoppelt. Bei großen Beanspruchungsamplituden entstehen erste Anrisse überwiegend an oder in der Nähe von Korn- oder Phasengrenzen. Das darauf folgende Risswachstum erfolgt dann in Stadium II. Bei heterogenen Werkstoffen ist Stadium I ebenfalls selten zu beobachten, weil dort die Rissbildung nicht nur in Gleitbändern sondern auch durch Spannungskonzentrationen an den Phasengrenzen stattfinden kann. In Bauteilen sind oft makroskopische Kerben, wie z.B. eine hohe Bearbeitungsrauhigkeit, für das Ermüdungsrisswachstum von größerer Bedeutung als strukturelle Werkstoffveränderungen durch Wechselbeanspruchung, so dass im allgemeinen kein ausgeprägtes Stadium I der Rissausbreitung beobachtet wird.

Da die Risstiefe während der Ausbreitung im Stadium I in der Regel sehr gering ist (<100 µm) und sich der Riss nur über ein oder wenige Körner erstreckt, ist das Risswachstum erheblich von lokalen mikrostrukturellen Einflüssen wie Eigenspannungen, Einschlüssen, nicht homogen verteilten Ausscheidungen usw. abhängig, die von Korn zu Korn und auch innerhalb eines Korns unterschiedlich sind. Dies hat ein sehr ungleichförmiges Ausbreitungsverhalten in der frühen Phase des Ermüdungsrisswachstums zur Folge (s. Abschnitt 6).

Die grundlegende Idee für Rissausbreitungsmodelle, die das Stadium II des Risswachstums beschreiben, wurde von Laird und Smith bereits 1962 veröffentlicht [6] und ist in Abb. 3 dargestellt. Sie gingen von einem Abstumpfen des Risses in der Zugphase durch zur Rissausbreitungsebene nach oben und nach unten geneigte Schubverformung aus (Abb. 3 b–c). In der Druckphase des Belastungszyklus kommt es zu einem wiederholten Anspitzen durch dann auf die plastisch verformte Zone im Kerbgrund wirkende Druckspannungen (Abb. 3 d–e). Dies liefert eine anschauliche Erklärung für das Auftreten von Schwingstreifen in der Ermüdungsbruchfläche duktiler metallischer Werkstoffe (vgl. Kapitel D3). Eine erste Verfeinerung des Modells von Laird und Smith wurde von Pelloux [7] publiziert, der die Verformungen im Kerbgrund durch zwei Gleitschritte auf nicht kristallographischen Gleitebenen unter einem Winkel von 45° zur Rissausbreitungsebene aufgelöst hat. Eine weitere Annäherung an die tatsächlichen Verhältnisse im Kerbgrund eines isotropen Werkstoffes bietet das Modell von Liu durch Aufteilung dieser Gleitbewegung auf viele kleine Gleitschritte längs mehrerer paralleler Gleitebenen [8].

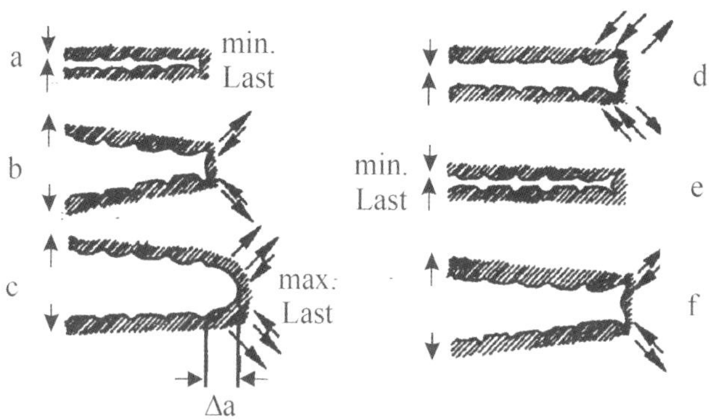

Abb. 3: Rissausbreitung durch zyklisches Abstumpfen und Wiederanspitzen der Rissspitze nach Laird und Smith [6]

Das Modell von Neumann (Abb. 4) schließlich beschreibt die Entstehung eines für Ermüdungsrissausbreitung charakteristischen Sägezahnprofils durch alternierende Betätigung diskreter {111}-Gleitebenen der beiden beteiligten kristallographischen Gleitsysteme eines kfz Metalls [9].

Allen oben beschriebenen Modellen ist gemeinsam, dass sie nur für den Fall eines isotropen homogenen Werkstoffes gelten. Reale Werkstoffe erfüllen diese Einschränkung nur bedingt und zeigen insbesondere im Schwellenwertbereich eine große Abhängigkeit des Risswachstums von der lokalen Mikrostruktur.

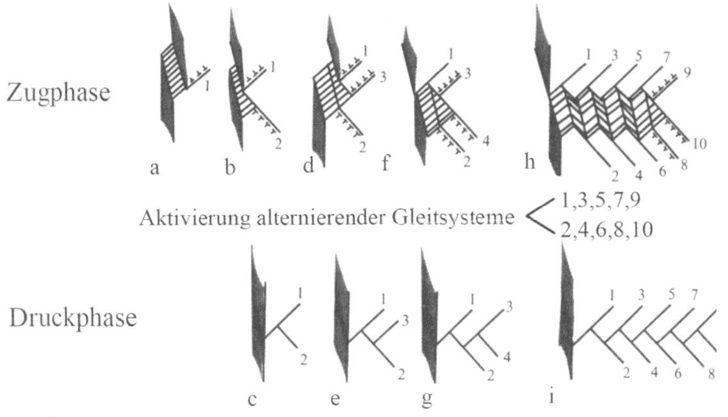

Abb. 4: Rissausbreitungsmodell nach Neumann [9]

4 Ausbreitungsverhalten langer Ermüdungsrisse

Zur Charakterisierung der Beanspruchung rissbehafteter Bauteile werden die Methoden der linear-elastischen Bruchmechanik (LEBM, vgl. Kapitel „Grundlagen der Bruchmechanik") verwendet. Mit dem Spannungsintensitätsfaktor K wird das Spannungsfeld in Rissspitzennähe beschrieben [10]. Da aber die reale Werkstoffmikrostruktur (Kristallite mit anisotropen Eigenschaften) und plastische Verformungen vernachlässigt werden, ist ihre Anwendung nur dann zulässig, wenn die plastische Zone an der Rissspitze vernachlässigbar klein gegenüber der Risstiefe a ist.

Für eine Wechselbeanspruchung mit der aufgebrachten Spannungsschwingbreite $\Delta\sigma$ ergibt sich die Schwingbreite des Spannungsintensitätsfaktors ΔK aus

$$\Delta K = \Delta\sigma\sqrt{\pi\, a}\; Y \;= K_{\max} - K_{\min}\,. \tag{1}$$

Mit Hilfe des Spannungsintensitätsfaktors in Verbindung mit der in Tabellen niedergelegten Geometriefunktion Y (vgl. Kapitel „Grundlagen der Bruchmechanik") kann das Risswachstum, welches an kleinen Laborproben untersucht wurde, auf große Bauteile übertragen werden, sofern die plastischen Dehnungen an der Rissspitze vernachlässigt werden dürfen. Die Grenze für die Anwendbarkeit der linear-elastischen Bruchmechanik ist vom Verhältnis der Risstiefe zur Größe des plastisch verformten Bereichs vor der Rissspitze abhängig.

Die plastischen Verformungen an der Rissspitze können nur dann vernachlässigt werden, wenn die Risslänge erheblich größer als der plastisch verformte Bereich ist. Bei der Abschätzung dieses Bereichs wird zwischen der sog. monotonen plastischen Zone und der zyklischen plastischen Zone unterschieden. Die monotone plastische Zone entsteht bei erstmaliger Belastung an der Rißspitze. Bei nachfolgender Entlastung entstehen Druckspannungen, die zu plastischen Verformungen in Druckrichtung führen können, auch wenn in der Probe entfernt vom Riss noch Zugbeanspruchung herrscht. Die auf diese Weise entstandene im Vergleich zur monotonen plastischen Zone kleinere zyklische plastische Zone hat nach Rice [11] eine Abmessung von

$$\Delta\omega_{pl} = \frac{\pi \, \Delta K^2}{32 \, R_{p0.2}^{/\,2}}, \tag{2}$$

wobei $\Delta\omega_{\mathrm{pl}}$ dem doppelten Radius der als Kreiszylinder angenäherten zyklischen plastischen Zone entspricht. $R^{/}_{p0.2}$ ist die zyklische Dehngrenze.

Die Gültigkeit der LEBM wird von Smith [12] auf eine maximale Größe der zyklischen plastischen Zone von einem Fünftel der Risstiefe a beschränkt. Ritchie *et al.* [13] geben die Grenze mit 1/15tel der Risstiefe an, nach Miller [14] soll die Risstiefe sogar 50mal größer als die zyklische plastische Zone sein.

Das Ausbreitungsverhalten von Ermüdungsrissen ist erheblich von der Risslänge im Verhältnis zu den charakteristischen Mikrostrukturgrößen abhängig. Nach Suresh [15] werden vier Bereiche unterschieden:

1) Mikrostrukturell kurze Ermüdungsrisse in der Größenordnung der charakteristischen Mikrostrukturbestandteile, wie Körner, Zweitphasen oder Poren. Hier kommen Methoden der mikrostrukturellen Bruchmechanik (MBM) zur Anwendung (s. hierzu [1]).
2) Mechanisch kurze Risse, deren plastische Zone an der Rissspitze in der Größenordnung der Risslänge liegt, also nicht vernachlässigt werden kann. Solche Risse werden mit Hilfe der elastisch-plastischen Bruchmechanik (z.B. zyklisches J-Integral, vgl. Kapitel „Grundlagen der Bruchmechanik“) behandelt.
3) Physikalisch kurze Risse, deren plastische Zone im Vergleich zur Risslänge vernachlässigbar ist, die aber dennoch für extrinsische Effekte, insbesondere das Rissschließen, ein Übergangsverhalten aufweisen (Risslänge in der Größenordnung $a = 0{,}5...1$ mm).
4) Lange Ermüdungsrisse, die ohne Einschränkung mit Hilfe der linear elastischen Bruchmechanik, wie in diesem Abschnitt ausgeführt, behandelt werden können

Als Triebkraft für das Ausbreitungsverhalten langer Risse kann die Schwingbreite des Spannungsintensitätsfaktors ΔK der linear elastischen Bruchmechanik (LEBM, vgl. Irwin [16]) betrachtet werden. Üblicherweise stellt man die Rissausbreitungsrate da/dN nach einem Vorschlag von Paris et al. [17] als Funktion der Schwingbreite des Spannungsintensitätsfaktors ΔK in doppeltlogarithmischen Koordinaten dar. Für die meisten metallischen Werkstoffe lässt sich eine einfache Klassifizierung der Rissausbreitungskurve in drei Bereiche vornehmen (Abb. 5). Der untere und obere Bereich laufen dabei asymptotisch gegen Grenzwerte, wohingegen der mittlere Bereich nahezu linear verläuft.

Der mittlere, in der doppeltlogarithmischen Auftragung lineare Bereich kann mit dem von Paris und Erdogan [18] vorgeschlagenen Potenzgesetz

$$\frac{da}{dN} = C \cdot (\Delta K)^m \tag{3}$$

beschrieben werden. Die Konstante C und der Exponent m sind vom Werkstoff und der Beanspruchung abhängig. Vielfach wurden m-Werte zwischen 2 und 6 bestimmt. Die Abschätzung der Lebensdauer zyklisch belasteter Bauteile durch Messung des Rissfortschritts an kleinen Proben in Laborversuchen ist durch Integration von Gl. 3 möglich.

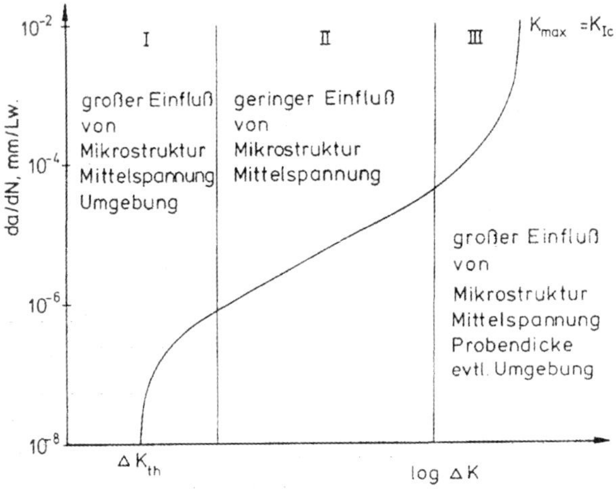

Abb. 5: Einflussfaktoren auf die Langrissausbreitung

Für kleine Werte von ΔK nähert sich die Rissausbreitungsgeschwindigkeit asymptotisch einem Schwellenwert ΔK_{th} an, unterhalb dessen das Risswachstum extrem langsam abläuft (kleiner als 10^{-8} mm/Lastspiel), so dass praktisch ein Rissstillstand eintritt. Gemessene Schwellenwerte liegen je nach Werkstoff zwischen 1 und 6 MPa$\sqrt{\text{m}}$. Die Vorhersage des Schwellenwerts ist schwierig, da dieser von vielen verschiedenen Einflussgrößen, wie z.B. dem Spannungsverhältnis, der Korngröße [19], der Streckgrenze [20] und Umgebungseinflüssen [21], abhängt.

In trockenen inerten Atmosphären zeigen alle Materialien einer Klasse einen viel niedrigeren und nahezu konstanten Schwellenwert [22]. Bei hohen Spannungsverhältnissen ($R \geq 0.5$) hat ΔK_{th} generell einen geringeren und fast konstanten Wert unabhängig von der Streckgrenze und der Umgebungsatmosphäre [20].

Um den Schwellenwert sauber zu definieren, ist zunächst die Bestimmung des intrinsischen Schwellenwertes, den man auch als effektiven Schwellenwert bezeichnet, wichtig. Die effektive Schwingbreite des Spannungsintensitätsfaktors ergibt sich wie folgt:

$$\Delta K_{\text{eff}} = K_{\max} - K_{\text{op}}. \tag{4}$$

K_{op} bezeichnet den Wert von K, ab dem der Riss tatsächlich geöffnet und damit die Rissspitze belastet ist.

Physikalisch betrachtet dürfen beim Unterschreiten des Schwellenwertes nur noch reversible Gleitvorgänge an der Rissspitze ablaufen, um keine weitere Werkstoffschädigung zu erzeugen [23]. Es handelt sich bei dem Schwellenwert also quasi um ein Pendant zur Dauerfestigkeit für rissbehaftete Bauteile. In-situ-Beobachtungen der Ermüdungsrissausbreitung im REM [24] haben gezeigt, dass im Schwellenwertbereich Ermüdungsrisswachstum durch Bildung und Aufreißen von Gleitbändern erfolgt (kristallographische Rissausbreitung). Daraus lässt sich schließen, dass der Schwellenwert dann erreicht ist, wenn die Plastizität an der Rissspitze gerade ausreicht, um ein Gleitband vor der Rissspitze derart zu aktivieren, dass irreversible Versetzungsbewegung bei wiederholter Belastung zur Bildung neuer Oberfläche führt.

Einen Überblick über die Vielzahl der Einflussfaktoren und ihre Wirkungsweise auf die Ermüdungsrissausbreitung gibt Abb. 6 (nach Schwalbe [23]). In Pfeilrichtung ändert sich der Risswiderstand bei einer Vergrößerung des jeweiligen Parameters. Der Elastizitäts-Modul wirkt gleichermaßen in allen Bereichen, d.h. eine Zunahme ist auch mit einer Vergrößerung des Risswiderstandes verbunden. Demgegenüber wirken sich Mikrostruktur und Spannungszustand vor allem in den Bereichen I und III aus. So verringert ein lamellares Gefüge durch Rissverzweigung und -umlenkung im Bereich I die Risswachstumsrate, während im Bereich III eine dichte Belegung mit harten Phasen vorteilhaft ist.

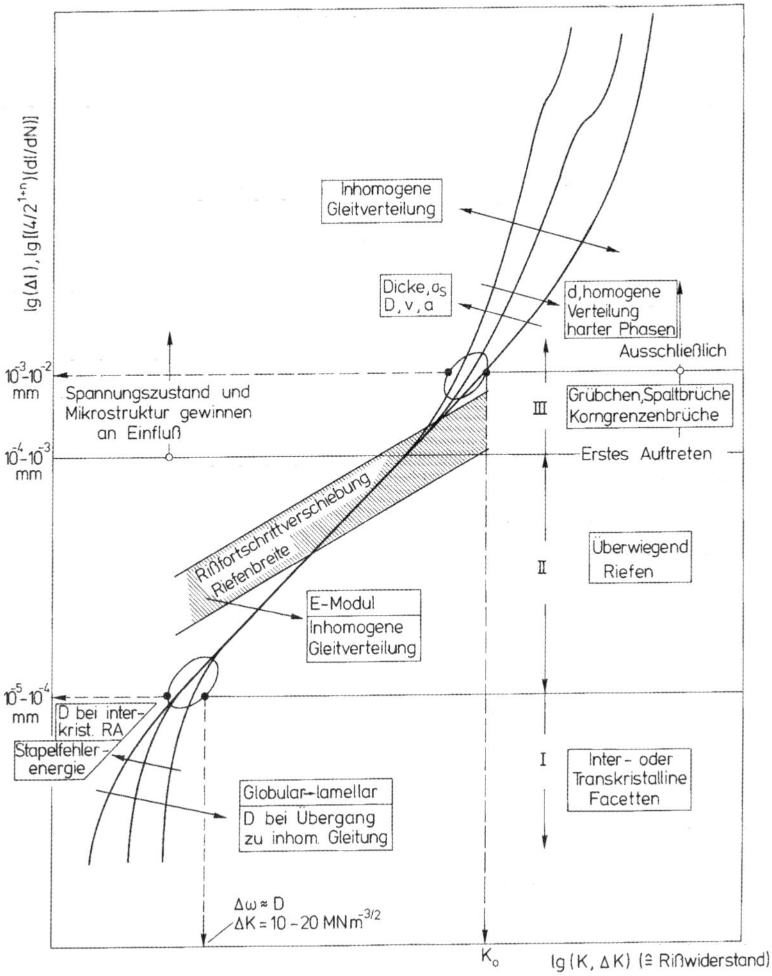

Abb. 6: Rissausbreitungsschema mit Bewertung der wichtigsten Einflussgrößen (aus Schwalbe [23])

Im Bereich II der Rissausbreitung wirkt sich ein inhomogenes Gleitverhalten rissverzögernd aus. Der Übergang zum homogenen Gleitverhalten ist hierbei vom Größenverhältnis der zyklischen plastischen Zone zur Korngröße abhängig, da sich die Gleitverteilung zunehmend homogenisiert, wenn sich die plastische Zone über mehrere Körner erstreckt. Dies zeigt Abb. 7.

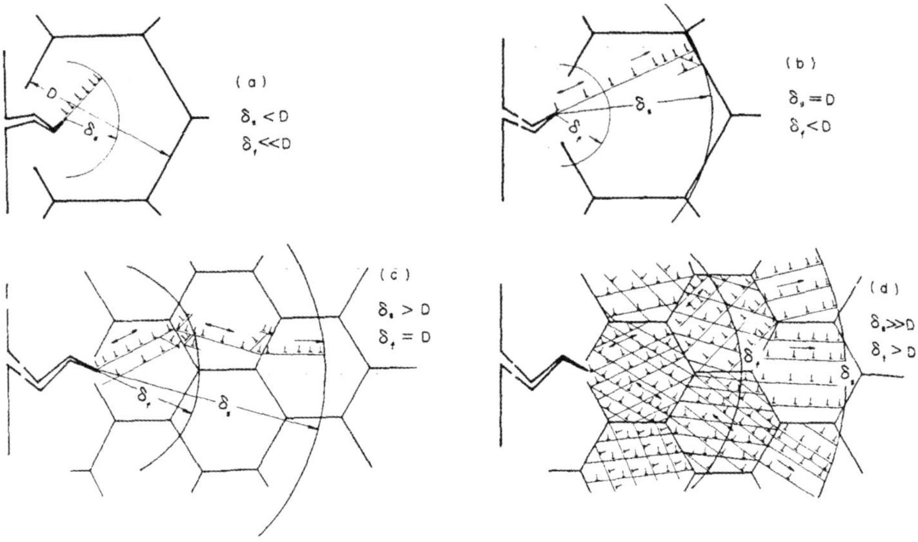

Abb. 7: Beschleunigung des Risswachstums durch Homogenisierung der Gleitverteilung bei Ausdehnung der zyklischen plastischen Zone über die Korngröße nach Hornbogen et al. [24]

5 Rissschließen

Das Auftreten von Rissschließeffekten, welche erstmalig von Elber [25] beschrieben wurden, kann das Rissausbreitungsverhalten wesentlich beeinflussen. Nach Elber [25] ist ein Riss nur dann wachstumsfähig, wenn er geöffnet ist, d.h. die beiden gegenüberliegenden Rissufer berühren sich nicht. Beim Rissschließen reduziert sich die Schwingbreite des Spannungsintensitätsfaktors auf einen effektiven Wert ΔK_{eff} entsprechend Gl. (3) (vgl. Abb. 8). Es ist leicht einzusehen, dass Risse bei Zugschwellbeanspruchung mit hohem Spannungsverhältnis (R>0,3) quasi immer geöffnet sind, während bei Druckschwellbeanspruchung (R>1) Risse immer geschlossen sind. Es liegt also nahe, die effektive Schwingbreite mit dem Spannungsverhältnis zu verknüpfen, z.B. mit folgender aus den Arbeiten von Elber ableitbarer Gleichung:

$$\Delta K_{\mathrm{eff}} = \left(0{,}5 + 0{,}4 \cdot R\right). \qquad (5)$$

Für den Zusammenhang zwischen ΔK_{eff} und dem Spannungsverhältnis gibt es in der Literatur weitere verfeinerte Ansätze (vgl. [15,26]).

Generell unterscheidet man zwischen äußeren und inneren Rissschließeffekten, wobei äußere zu einer Abschirmung der Rissspitze durch Haken oder Gleitkontakte [27] und innere zu einem vorzeitigen Rissuferkontakt führen. Bei den inneren sind folgende Mechanismen bekannt (s. [1,15,28] (Abb. 9):

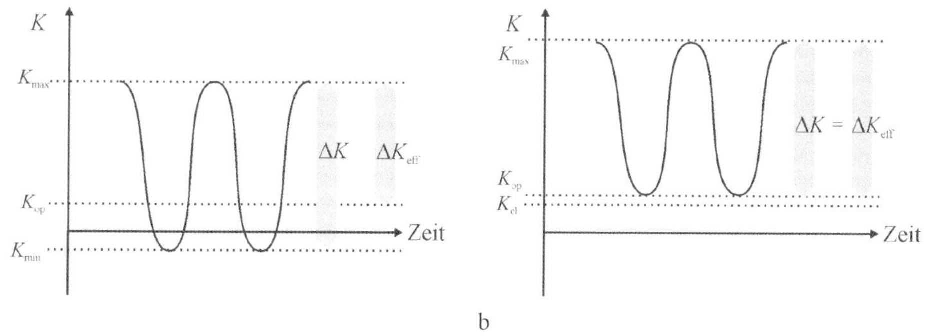

Abb. 8: Bedeutung des effektiven Spannungsintensitätsfaktors für (a) kleine bzw. negative Spannungsverhältnisse und (b) für größere Spannungsverhältnisse: es wird angenommen, dass ΔK nur dann zur Schädigung beiträgt, wenn der Riss geöffnet ist ($K > K_{cl}$) und die Rissspitze belastet wird (aus [1]).

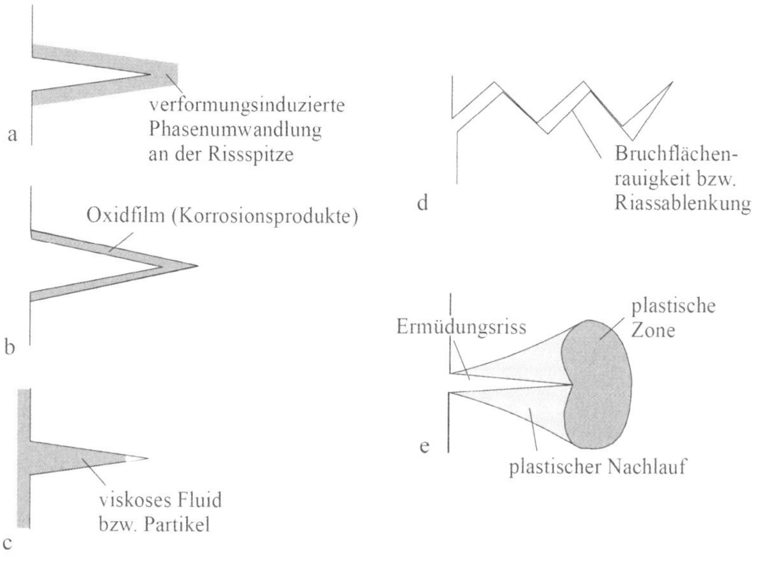

Abb. 9: Schematische Darstellung der Rissschließmechanismen (nach [1])

a Rissschließen infolge einer Phasenumwandlung.
b Oxid- und trümmerinduziertes Rissschließen [29].
c Viskositätsbedingtes Rissschließen.
d Rauhigkeitsinduziertes Rissschließen [19].
e Plastizitätsinduziertes Rissschließen [25].

Die Hauptmechanismen sind dabei rauhigkeits-, oxid- und plastizitätsinduziertes Rissschließen. Rauhigkeitsinduziertes Rissschließen wird durch planares Gleitverhalten begünstigt, das kristallographische Rissausbreitung und somit einen stark zerklüfteten und verwundenen Risspfad begünstigt. Demgegenüber führt welliges Gleiten zu glatten Bruchflächen, da hier Quergleiten leichter möglich ist.

Ohne einen deutlichen Mode II-Anteil kann keine Fehlpassung entstehen. Ein Mode II-Anteil resultiert aus dem triaxialen Spannungszustand in Rissspitzennähe bei Vorliegen eines ebenen Spannungszustandes. Die Frage, die sich bei Auftreten von Rissschließen stellt, ist, woher das für das Entstehen von Fehlpassungen nötige Werkstoffzusatzvolumen kommt. Man kann folgende Grundmechanismen unterscheiden [30]:

1) Ein mäanderförmiger Risspfad führt zu Hohlraumbildung durch Aufweitung der Risstäler und Aufwachsen der Risskuppen in Rissausbreitungsrichtung, wenn die Größe der plastischen Zone den Mäanderabstand überschreitet, so dass plastisches Fließen möglich ist.
2) Sekundärrisse im Risspfad weiten sich durch den Mode II-Anteil auf und bilden Aufwerfungen auf der Bruchfläche.
3) Für plastisch induziertes Rissschließen konnte gezeigt werden, dass das zusätzliche Volumen über geometrisch notwendige Versetzungen von der Oberfläche an die Rissspitze gefördert wird (s. Abb. 10).

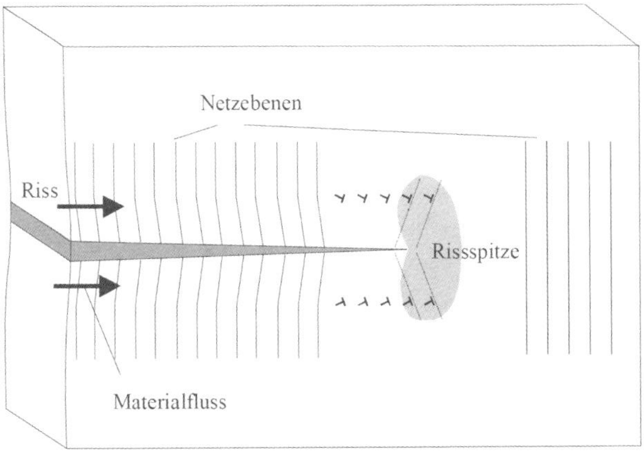

Abb. 10: Schematische Darstellung des Mechanismus des plastisch-induzierten Rissschließens für den ebenen Dehnungszustand (nach Pokluda et al. [31]).

Da Risswachstumsversuche in der Regel in Laborluft durchgeführt werden, spielt das oxidinduzierte Rissschließen eine große Rolle. Wasser aus der Luftfeuchte reagiert an der Rissspitze zu Metalloxid und Wasserstoff. Der Wasserstoff diffundiert dabei in Bereiche hoher Verformung und kann zu einer Versprödung des Materials vor der Rissspitze führen. Besonders ausgeprägt tritt dieser Effekt bei kleinem ΔK und geringen Risswachstumsraten auf [32]. Das Rissschließen durch den Oxidschichtaufbau verzögert das Risswachstum.

Der Einfluss der Probengeometrie bedingt bei Mode I-Belastung unterschiedlich große Mode II-Anteile an der Rissspitze, die durch die laterale Verschiebung der Rissufer zueinander zu Reibkontakten und Hakenbildung führen. Dieser Effekt wird meistens als rauhigkeitsinduziertes Rissschließen bezeichnet.

Die sichere messtechnische Erfassung des Rissschließens stellt insbesondere im Schwellenwertbereich und bei großen Spannungsverhältnissen eine z. Zt. noch nicht zufriedenstellend gelöste Aufgabe dar. Daher existiert bis heute keine Normvorschrift dazu, so dass mit den verschiedensten Verfahren gemessen wird, womit eine Vergleichbarkeit der Messwerte nur bedingt möglich ist.

6 Ausbreitungsverhalten kurzer Ermüdungsrisse

Das Wachstum langer Risse lässt sich grundsätzlich mit dem Paris-Konzept gemäß Gl. 3 und Abwandlungen davon beschreiben. Für kurze Risse wurde allerdings vielfach ein abweichendes Verhalten beobachtet. Von verschiedenen Autoren [33–36] wurde berichtet, dass kurze Risse bei gleicher Schwingbreite des Spannungsintensitätsfaktors schneller wachsen als lange Risse. Dieses Verhalten ist schematisch in Abb. 11 dargestellt und in [1] umfassend diskutiert.

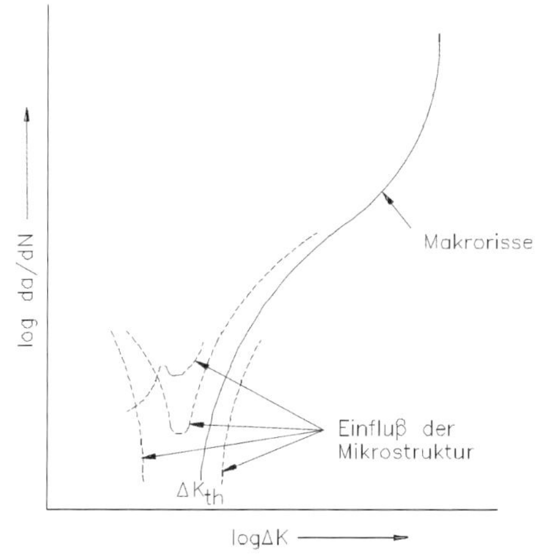

Abb. 11: Schematische Darstellung der Wachstumsgeschwindigkeit von Mikrorissen (gestrichelte Linie) im Vergleich zu langen Ermüdungsrissen (durchgezogene Linien) (nach Tanaka und Akiniwa [34])

In der ersten Phase des Wachstums ist häufig eine recht hohe Rissfortschrittsrate zu beobachten, die sich meist auf das erste Korn beschränkt. Bei Annäherung an ein mikrostrukturelles Hindernis, wie z.B. eine Korngrenze, wird die Rissausbreitung abgebremst und es kann zu zeitweiligen Rissstillständen kommen. Sobald das Hindernis von der plastischen Zone vor der Rissspitze überwunden wird, nimmt die Rissausbreitungsrate wieder zu. Häufig beobachtet wird ein Oszillieren zwischen verzögertem und beschleunigtem Wachstum. Dabei kann beschleunigtes Kurzrisswachstum auch auf ein Zusammenwachsen einzelner Mikrorisse zurückgeführt werden.

Grundsätzlich ist die Wachstumsphase mikrostrukturell kurzer Riss von der Mikrostruktur geprägt. Mikrostrukturelle Hindernisse, wie z. B. ungünstig orientierte Korn- oder Phasengrenzen, erschweren die Ausdehnung der plastischen Zone und damit das Wachstum in das Nachbarkorn (Abb. 12). Außerdem wird das Wachstum von lokal begrenzten unterschiedlichen Eigenspannungszuständen beeinflusst. Einschlüsse können ebenso Auswirkungen auf das Kurzrisswachstum haben wie örtlich unterschiedliche Ausscheidungszustände in ausscheidungsgehärteten Legierungen (z.B. ausscheidungsfreie Säume).

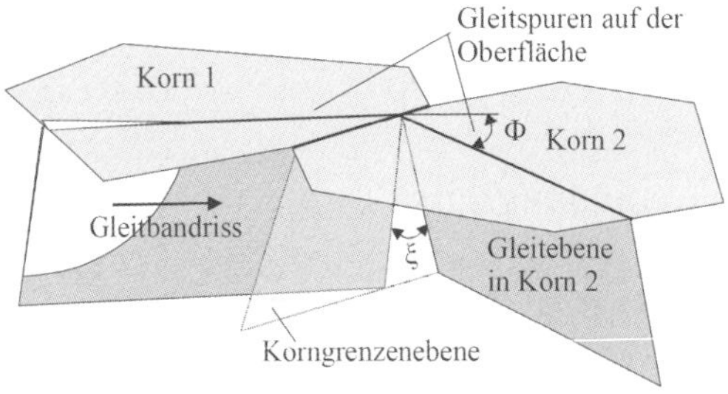

Abb. 12: Rissausbreitung entlang von Gleitebenen; die Barrierewirkung der Korngrenze resultiert aus der Missorientierung der benachbarten Körner als Kombination von Kippwinkel Φ und Verdrehwinkel ξ (nach [1])

Mit zunehmender Risslänge schwächt sich die Ungleichförmigkeit ab. Die Rissausbreitungsrate nimmt stetig zu, bis die üblichen Verhältnisse von Langrissen erreicht werden. Je nach Höhe der Spannungsamplitude ist das verzögerte Wachstum unterschiedlich stark ausgeprägt.

Von einer Reihe von Autoren, u.a. Ritchie et al. [13] und Taylor und Knott [33], wurde beobachtet, dass sich kurze Risse bei Schwingbreiten des Spannungsintensitätsfaktors ausbreiten können, die deutlich unterhalb des Schwellenwertes ΔK_{th} für lange Risse liegen. Weiterhin konnte Rissbildung auch bei Spannungsamplituden beobachtet werden, die unterhalb der Dauerfestigkeit liegen, allerdings sind diese Risse in der Regel nicht wachstumsfähig.

Der Einfluss der Risslänge auf eine beliebig oft ertragbare Spannungsschwingbreite bei einem Spannungsverhältnis von $R = -1$ ist schematisch in Abb. 13 dargestellt. Dieses nach Kitagawa und Takahashi [35] benannte Diagramm fasst das Dauerfestigkeitskonzept und das Schwellenwertkonzept der linear-elastischen Bruchmechanik zusammen. Spannungsschwingbreiten, die oberhalb der eingetragenen Grenzkurve liegen, führen zu Rissausbreitung.

Für Risslängen größer als l_2 wird die Grenzkurve durch den Schwellenwert ΔK_{th} definiert, die als Gerade mit der Steigung –0,5 eingetragen ist. Die Grenzkurve der nicht wachstumsfähigen mikrostrukturell kurzen Risse wird durch die Dauerfestigkeit σ_{D} eines ungekerbten Probestabes begrenzt. Der mittlere Bereich zeichnet sich dadurch aus, dass die Voraussetzungen für die Anwendung der LEBM nicht mehr gegeben sind, da die Spannungsschwingbreite zu groß ist. Sie führt zu größeren plastischen Verformungen an der Rissspitze. Die maximal zulässige Spannungsschwingbreite kann mit Gl. (2) abgeschätzt werden. Unter der Bedingung, dass die Größe der plastischen Zone höchstens 1/50stel der Risslänge betragen darf, ergibt sich für die maximale Spannungsamplitude etwa ein Viertel bzw. für die maximale Spannungsschwingbreite die Hälfte der zyklischen Streckgrenze. Offensichtlich liegen im mittleren Bereich des Bildes Beanspruchungen vor, die unterhalb des Schwellenwertes liegen und trotzdem zu Risswachstum führen können. Ebenso kann eine zyklische Wechselbeanspruchung, die kleiner als die Dauerfestigkeit ist, zu einer Vergrößerung vorhandener Risse führen.

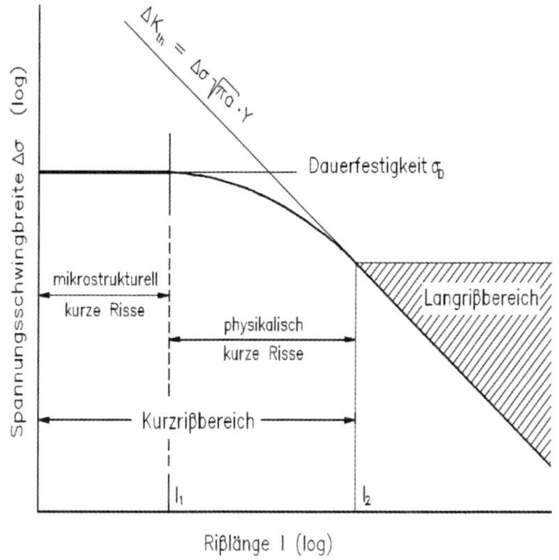

Abb. 13: Schematische Darstellung der Grenzkurve zwischen wachstumsfähigen und nicht wachstumsfähigen Rissen (nach Miller und de los Rios [36])

7 Schlussbetrachtung

Der Einbeziehung der Ermüdungsrissausbreitung in die betriebsfeste Bauteilauslegung kommt insbesondere im Leichtbau eine zunehmend wichtigere Bedeutung zu. Die in der Luft- und Raumfahrt etablierten Konzepte stützen sich auf Rissausbreitungsmessungen an standardisierten Proben (vgl. Kapitel „Charakterisierung des Ausbreitungsverhaltens von Ermüdungsrissen") und verknüpfen die Rissausbreitungsrate phänomenologisch mit der Schwingungsbreite des Spannungsintensitätsfaktors an der Rissspitze, der mit Methoden der linear-elastischen Bruchmechanik berechnet werden kann (vgl. Kapitel V5). Dieses Konzept ist jedoch nur für verhältnismäßig lange Risse anwendbar. Für viele hochdynamisch im Bereich der Dauerfestigkeit beanspruchte Komponenten (angestrebte Zyklenzahlen deutlich höher als 10^6) ist die Lebensdauer bei Vorliegen eines technischen Anrisses (Langriss) bereits zu über 90% verstrichen. Die vor diesem Zeitpunkt aktiven Mechanismen sind einer einfachen rechnerischen Behandlung, bei der der Werkstoff als Kontinuum betrachtet wird, nicht zugänglich. Hier müssen weitere Einflussfaktoren, wie insbesondere die Mikrostruktur und Rissschließeffekte, mit einbezogen werden. Die Entwicklung entsprechender Konzepte sind Gegenstand einer Vielzahl aktueller Forschungsvorhaben (vgl. [1]) und es ist zu erwarten, dass die Mikrorissproblematik in näherer Zukunft für die Auslegung hoch beanspruchter Bauteile aber auch für das Werkstoffdesign einbezogen wird.

Literatur

[1] U. Krupp: Fatigue Crack Propagation in Metals and Alloys, Wiley VCH, Weinheim 2006
[2] E. Macherauch: Praktikum in Werkstoffkunde, Vieweg, 1981, S. 255–260.
[3] U. G. Goranson: Damage Tolerance: Theory and Practice, Ergänzung zu: „Fatigue ′96“, Proc. of the 6th Int. Fatigue Congress, 6.–10. Mai 1996, Berlin, Elsevier Science Ltd., Oxford, UK, 1996.
[4] P. J. E. Forsyth: Fatigue damage and crack growth in aluminium alloys, Acta metall. 11 (1963) 703–715.
[5] P. Mayr; E. Macherauch: Some basic principles of the fatigue behaviour of plain carbon steels, in: Kurzzeit-Schwingfestigkeit, herausgegeben von K.T. Rie und E. Haibach, DVM, Berlin, 1979, S. 129–168.
[6] C. Laird und G. C. Smith: Crack Propagation in High Stress Fatigue, Phil. Mag. Ser. 8, 7 (1962) 847–857.
[7] R. M. N. Pelloux: Crack Extension by Alternating Shear, Engng. Fracture Mech. 1 (1970) 697–711.
[8] H. W. Liu: Analysis of Fatigue Crack Propagation, NASA CR-2032, 1972.
[9] P. Neumann: Grundlagen zum Verhalten bei schwingender Beanspruchung - Rißbildung und Rißausbreitung, in: Verhalten von Stahl bei schwingender Beanspruchung, herausgegeben von W. Dahl, Verlag Stahleisen, Düsseldorf, 1978, S. 100–110.
[10] H. Blumenauer und G. Pusch: Technische Bruchmechanik, Deutscher Verlag für Grundstoffindustrie, Leipzig, 1985, S. 54–59.
[11] J. R. Rice: Mechanics of Crack Tip Deformation and Extension by Fatigue, Fatigue Crack Propagation, ASTM STP 415, 1967, S. 247–309.
[12] R. A. Smith: On the short crack limitations of fracture mechanics, Intern. Journal Fracture 13 (1977) 717–720.
[13] R. O. Ritchie und S. Suresh: Mechanics and physics of the growth of small cracks, Advisory Group for Aerospace Research and Development (AGARD), Conference Proceedings Neuilly-sur-Seine, France, No. CP-328, 1982, 1/1–1/14.
[14] K. J. Miller: The short crack problem, Fatigue of Engng Mater. Struct. 5 (1982) 223–232.
[15] S. Suresh: Fatigue of Materials, Cambridge University Press, Cambridge 1998.
[16] G. R. Irwin: Analysis of Stresses and Strains near the End of a Crack Traversing a Plate, Journal of Applied Mechanics 24 (1957) 361–364.
[17] P. C. Paris, H. P. Gomez und W. E. Anderson: A Rational Analytic Theory of Fatigue, The Trend in Engineering 13 (1961) 105–121.
[18] P. Paris und F. Erdogan: A Critical Analysis of Crack Propagation Laws, Journal of Basic Engineering, Trans. ASME 85 (1963) 528–534.
[19] S. Suresh und R. O. Ritchie: Communications: Some Considerations on Fatigue Crack Closure at Near-Threshold Stress Intensities due to Fracture Surface Morphology, Met. Trans. 13A (1982) 937–940.
[20] R. O. Ritchie: Near Threshold Fatigue Crack Propagation in Steels, Intern. Mat. Rev. 24 (1979) 205–230.

[21] R. O. Ritchie, S. Suresh and C. M. Moss: Near Threshold Fatigue Crack Growth in 2¼ Cr-1Mo Pressure Vessel Steel in Air and Hydrogen, J. Engng. Mater. Technol., Trans. ASME Ser. H 102 (1980) 293–299.

[22] D. N. Lal: A Model for the Effect of a Gaseous Environment on the LEFM Fatigue Threshold Condition of Steels, Fatigue Fract. Engng. Mater. Struct. 15 (1992) 793–807.

[23] K.-H. Schwalbe: Bruchmechanik metallischer Werkstoffe, Hanser Verlag, München, 1980.

[24] E. Hornbogen und K. H. zum Gahr: Microstructure and Fatigue Crack Growth in a γ-Fe-Ni-Al-alloy, Acta metall. 24 (1976) 581–592.

[25] W. Elber: Engineering Fracture Mechanics 2 (1970) 37–45.

[26] J. Schijve: Fatigue of Structures and Materials, Kluwer Academic Publishers, Dordrecht 2001

[27] R. Pippan: , Mater. Science. Engng, A 138 (1991) 1–13.

[28] D. Taylor: Fatigue Thresholds: Their Applicability to Engineering Situations, Int J Fatigue 10 (1988) 67–79.

[29] S. Suresh, A. F. Zamiski und R. O. Ritchie: Oxide-Induced Crack Closure: An Explanation for Near-Threshold Fatigue Crack Growth Behavior, Met. Trans. 12A (1981) 1435.

[30] R. Pippan, O. Kolednik und M. Lang: A Mechanism for Plasticity-Induced Crack Closure under Plane Strain Conditions, Fatigue Fract. Engng. Mater. Struct. 17 (1994) 721–726.

[31] H Pokluda, J.; Sandera, P.; Pippan, R.: Analysis of Crack Closure Level in Terms of Crack Wake Plasticity, Proc. 9th International Fatigue Congress, Atlanta, USA (2006) CD ROM

[32] G. Clark: Fatigue at Low Growth Rates in a Maraging Steel, Fatigue Fract. Engng. Mater. Struct. 9 (1986) 131–142.

[33] D. Taylor und J. F. Knott: Fatigue Crack Propagation Behaviour of Short Cracks; The Effect of Microstructure, Fatigue Fract. Engng. Mater. Struct. 4 (1981) 147–155.

[34] K. Tanaka und Y. Akiniwa: Small Fatigue Cracks in Advanced Materials, in: „Fatigue ′96“, Proc. of the 6th Int. Fatigue Congress, Vol. I, 6.–10. Mai 1996, Berlin, Elsevier Science Ltd., Oxford, UK, 1996, S. 27–38.

[35] H. Kitagawa und S. Takahashi: Applicability of fracture mechanics to very small cracks or the cracks in the early stage, 2nd International Conference on Mechanical Behaviour of Materials (ICM 2), Boston, USA, 1976, S. 627–632.

[36] K. J. Miller und E. R. de los Rios: The behaviour of short fatigue cracks, herausgegeben von K. J. Miller und E. R. de los Rios, Mechanical Engineering Publications, London, 1986, S. 2.

Charakterisierung des Ausbreitungsverhaltens von Ermüdungsrissen

H. Knobbe

1 Einleitung

Neben den Versuchen zur Bestimmung der Ermüdungslebensdauer und des zyklischen Spannungs-Dehnungsverhaltens, die meist an glatten (polierten), anrissfreien Proben durchgeführt werden, spielen Rissausbreitungsmessungen an gekerbten Proben zur Erfassung des Ermüdungsrissausbreitungsverhaltens langer Risse als Basis für eine bruchmechanische Lebensdauerabschätzung eine wichtige Rolle. Die sogenannten extrinsischen, meist durch die Experimentiertechnik bestimmten Effekte können zu einer deutlichen Beeinflussung des Messergebnisses führen. Um diese Einflüsse auf ein akzeptables Maß zu reduzieren, werden in verschiedenen Vorschriften und Richtlinien [1–3] standardisierte Versuchsbedingungen definiert. Der folgende Beitrag soll einen ersten Einblick in die Versuchstechnik zur Messung des Ausbreitungsverhaltens von langen Rissen unter Wechselbeanspruchung ermöglichen und damit insbesondere Standardtechniken vorstellen.

2 Probe

2.1 Probenform

Für die Mehrzahl der Rissausbreitungsuntersuchungen finden zwei Probenformen (siehe Abb. 1), die neben weiteren Formen standardisiert sind [1], Verwendung:

- Kompaktzugprobe (CT [Compact Tension]-Probe)
- Biegeprobe

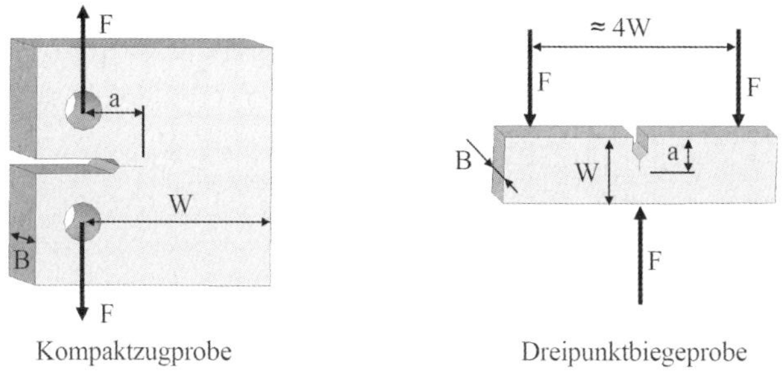

Abb. 1: Typische Probenformen für Rissausbreitungsuntersuchungen

Die Wahl der geeigneten Probengeometrie orientiert sich in erster Linie an den vorhandenen Halbzeugabmessungen bzw. Versuchsaufbauten. Für eine rationelle Probenfertigung aus rundem Halbzeug stehen außerdem c-förmige und Rund-Kompaktzugproben (RCT [Round Compact Tension]-Proben) zur Verfügung [2].

Alle Probenformen weisen drei charakteristische Abmessungen auf: die Risslänge a, die jeweils ab der Lastangriffslinie gemessen wird, die Probenbreite B und die Probenweite W. Die übrigen Abmessungen sind jeweils Vielfache dieser Größen. Die Kerben sind entweder als Spitzkerb oder als Chevron-Kerb ausgeführt. Der Chevron-Kerb bietet den Vorteil einer geradlinigen Ausbreitung des Ermüdungsrisses.

2.2 Probenentnahme

Konstruktionswerkstoffe verhalten sich in der Regel weder homogen noch isotrop. Das Gefüge und die mechanischen Eigenschaften sind daher oftmals richtungsabhängig. Eine Rissausbreitung kann z.B. bevorzugt in eine kristallographische Richtung stattfinden. Eine eindeutige Kennzeichnung der Probenentnahmerichtung ist daher notwendig. In Anlehnung an eine ASTM-Empfehlung [3] werden die folgenden Bezeichnungen verwendet: L (= longitudinal, längs), T (= transverse, quer) und S (= short transverse, kurze Querseite) werden jeweils in Relation zur Walz- oder Schmiedeachse gesetzt. Dabei werden immer zwei der drei Buchstaben angegeben. Der erste Buchstabe charakterisiert die Belastungsrichtung während der zweite Buchstabe die Rissausbreitungsrichtung kennzeichnet.

3 Messung von Risslängen

Die Genauigkeit der Risslängenbestimmung, insbesondere im Bereich des Schwellenwertes ΔK_{th}, wird entscheidend von der zeitlichen Stabilität und dem Auflösungsvermögen der Messmethode bestimmt. Im Wesentlichen werden drei Messmethoden verwendet:

Potentialsondenmethode

a) Direkte Potentialsondenmethode

Die Probe wird mit einem Gleich- oder Wechselstrom konstanter Stromstärke (20...30 A DC; 1...5 A AC) beaufschlagt. Die eingesetzte Konstantstromquelle muss eine sehr gute Langzeitstabilität hinsichtlich Stromstärke und Frequenz (nur bei Wechselstrom) aufweisen. Die sich vergrößernde Risslänge führt zu einem erhöhten elektrischen Widerstand bzw. einer erhöhten Impedanz der Probe. Zwischen den sich jeweils bildenden Rissufern wird die Potentialdifferenz, die im Bereich weniger Mikro- bzw. sogar Nanovolt liegt, gemessen. Im Gegensatz zur Gleichstrompotentialsonde, bei der im Prinzip der gesamte Probenquerschnitt vom Strom durchflossen wird, kann bei der Wechselstrompotentialsonde der Skin-Effekt ausgenutzt werden. Dabei lässt sich in Abhängigkeit der Stromfrequenz die Eindringtiefe des Stromflusses beeinflussen, sodass der Großteil des Stromes auf kürzestem Weg direkt um die Rissspitze herum fließt. Damit kann die Empfindlichkeit der Messmethode gesteigert werden.

b) Indirekte Potentialsondenmethode

Auf eine oder beide Probenlängsseiten wird kongruent zum Kerb eine dünne mit Metall beschichtete Folie aufgeklebt. Auch hier wird mit Hilfe eines (Gleich-)Stromes konstanter Stromstärke die Potentialdifferenz der mit der Probe einreißenden Metallfolie bestimmt. Voraussetzung ist ein sorgfältiges Aufbringen, um sicherzustellen, dass der Rissfortschritt der Folie exakt dem der Probe entspricht. Gegenüber der direkten Potentialsondenmethode können geringere Stromstärken eingesetzt werden, um gleich große Potentialdifferenzen zu erhalten.

Messung der Probennachgiebigkeit (Compliance)

Das Wirkprinzip der Compliance-Methode beruht darauf, dass sich die elastische Nachgiebigkeit von in Zugrichtung belasteten, angerissenen Proben mit zunehmender Risslänge ändert. Die elastische Nachgiebigkeit ist als Verhältnis von Belastung zur Dehnung definiert. Zur Bestimmung der Nachgiebigkeit wird ein Dehnungsaufnehmer entweder am Probenrand oder an in der Lastlinie eingebrachten Schneiden befestigt. Aufgrund ihrer relativ langen Messarme können die konventionellen Dehnungsaufnehmer nur bis zu Versuchsfrequenzen von max. 100 Hz eingesetzt werden. Bei Verwendung von Verlängerungsstäben aus Quarzglas oder Aluminiumoxid können auch Messungen bei hohen Temperaturen durchgeführt werden. Allerdings schränken diese zusätzlichen Verlängerungen die Versuchsfrequenzen bis auf max. 5 Hz ein. Während der Versuchsdurchführung wird die Probe bei bestimmten Schwingspielen um etwa 10 bis 20% der momentanen Belastung teilentlastet und die sich einstellende Nachgiebigkeit bestimmt. Aus dem Anstieg der Teilentlastungsgeraden kann mit Hilfe von empirischen oder analytischen Prozeduren die aktuelle Risslänge bestimmt werden.

Optische Messungen

Die Risslänge kann entweder mit einem Lichtmikroskop direkt auf der Probenoberfläche oder mit Hilfe der Replika-Technik ausgemessen werden. Bei Letzterer wird eine Acetatfolie auf die zuvor mit Aceton benetzte Probe aufgelegt, wobei zur Öffnung des Risses eine Zugspannung aufgebracht wird. Die angelöste Folie dringt dann in den Riss ein. Nach Verdampfung des Acetons kann die auf der Folie abgebildete Kontur des Risses in einem Lichtmikroskop bei Durchlicht ausgemessen werden. Diese Methode eignet sich auch für die Untersuchung des Kurzrisswachstums. Bei geeigneter Wahl von Intervallen können auch kurze Risse durch Rückwärtsverfolgen des Wachstums bestimmt werden.

Vor- und Nachteile der Verfahren

Bei den direkten Potentialsondenverfahren können elektrisch isolierende Oxidschichten an den Rissufern die gemessene Potentialdifferenz und damit die ermittelte Risslänge beeinflussen. Weiterhin ist für jeden Werkstoff eine vorherige Kalibrierung des Zusammenhanges zwischen Risslänge und gemessener Potentialdifferenz notwendig, da die elektrischen Widerstände bzw. Impedanzen werkstoffabhängig sind. Bei dem indirekten Verfahren entfällt dieser Schritt, allerdings sind hier aufgrund der begrenzten thermischen Beständigkeit des Klebers nur Messungen bei Temperaturen bis etwa 120 °C möglich. Sowohl die Potentialsonden- als auch die Compliance-Methode bestimmt eine über die Probenbreite gemittelte Risslänge, da sich die Rissfront oft bogenförmig ausbreitet. Die Compliance-Methode ist gegenüber der direkten Potentialsondenmethode bei Versuchen in einer korrosiven Umgebung bzw. bei höheren Temperaturen oft vorzuziehen. Bei den optischen- und den Compliance-Messungen handelt es sich um diskontinuierliche Verfahren, da der Schwingversuch zur Aufbringung einer statischen Zuglast unterbrochen werden muss (die Folge können Relaxationseffekte an der Rissspitze sein), wohingegen eine kontinuierliche Aufnahme von Messdaten nur mit den beiden Potentialsonden-Methoden möglich ist. Nachteilig ist bei den optischen Verfahren weiterhin die Tatsache, dass ausschließlich Oberflächenrisslängen bestimmt werden können.

4 Versuchsführungen zur Ermittlung von Risswachstumskurven

Zur Untersuchung des Risswachstums, insbesondere im Bereich des Schwellenwertes der Ermüdungsrissausbreitung (ΔK_{th}), sind relativ hohe Lastspielzahlen erforderlich. Daher sind in erster Linie Prüfsysteme, die Versuchsfrequenzen größer als 10 Hz erlauben, wie z.B. servohydraulische Prüfsysteme, Resonanz- oder Ultraschallprüfmaschinen (für extrem hohe Versuchsfrequenzen von ca. 20 kHz), geeignet. Die nachfolgend beschriebenen Verfahrensschritte sind unabhängig vom gewählten Prüfsystem.

4.1 Anrisserzeugung

Die Besonderheit der Proben für die Ermittlung bruchmechanischer Kennwerte besteht darin, dass neben eines spanend oder funkenerosiv eingebrachten Kerbs zusätzlich ein Anriss erzeugt werden muss. Die Anwendbarkeit bruchmechanischer Konzepte setzt einen unendlich scharfen Riss voraus, was durch das Einbringen eines Kerbs allein nicht gewährleistet werden kann. Der effektivste Weg, näherungsweise dieses Ziel zu erreichen, ist das Erzeugen eines Risses mit Hilfe zyklischer Belastung (=Anschwingen). Je nach Probenabmessung wird eine Anrisslänge von 1 bis 2 mm unter der Bedingung konstanter Schwingbreite der Last ΔF bzw. des Biegemomentes ΔM oder konstanter Schwingbreite des Spannungsintensitätsfaktors ΔK bei sinusförmigem Sollwertverlauf eingebracht. Die zyklische Belastung erzeugt einen Riss mit einem endlichen Radius der plastischen Zone. Die Größe der plastischen Zone beeinflusst aber in erheblichem Umfang das nachfolgende Ermüdungsrissausbreitungsverhalten. Ziel ist es daher, eine möglichst kleine plastische Zone an der Rissspitze einzustellen, was mit entsprechend kleinen Lasten realisiert werden kann. Um aber die Versuchszeiten wegen der damit verbundenen großen Lastspielzahlen nicht unrealistisch hoch werden zu lassen, sind in [1] Empfehlungen für die einzuhaltenden Bedingungen enthalten.

4.2 Risswachstumsmessungen

Die Risswachstumsmessungen werden meist im Zugschwellbereich bei sinusförmigem Sollwertverlauf durchgeführt, wobei die Belastung mit zunehmender Risslänge erhöht oder reduziert werden kann. Insbesondere bei Untersuchungen, die der Ermittlung des Schwellenwertes der Ermüdungsrissausbreitung dienen, findet die Versuchsführung mit fallender Belastung (load shedding) Anwendung. Die Lastabsenkung erfolgt nach einem Vorschlag von Saxena *et al.* [4] stufenweise (siehe Abb. 2a) gemäß

$$e = \frac{1}{\Delta K}\frac{\mathrm{d}(\Delta K)}{\mathrm{d}a} \leq 0{,}08\ \mathrm{mm}^{-1} \tag{1}$$

Wird die Saxena-Konstante e mit einem negativen Vorzeichen gewählt, so erfolgt die Reduzierung der Schwingbreite des Spannungsintensitätsfaktors ΔK exponentiell mit der Risslänge a gemäß

$$\Delta K = \Delta K_{\mathrm{start}} \cdot e^{e\cdot(a-a_{\mathrm{start}})} \tag{2}$$

Von Bedeutung ist die an den Werkstoff angepasste Wahl des Betrages der Saxena-Konstante. In jedem Falle beeinflusst der komplexe Spannungszustand in der plastischen Zone der vorangegangenen Belastungsstufe das Rissausbreitungsverhalten der aktuellen Belastungsstufe.

Bei einer Versuchsführung gemäß Abb. 2a ergibt sich die in Abb. 2b schematisch dargestellte Risswachstumskurve. Die Risswachstumsgeschwindigkeit $\mathrm{d}a/\mathrm{d}N$ lässt sich durch einfaches Differenzieren der Risslänge a nach der Zyklenzahl N berechnen. Die Auftragung der Rissgeschwindigkeit über der Schwingbreite des Spannungsintensitätsfaktors ΔK liefert die übliche Darstellung von Langrissausbreitungsmessungen (siehe auch Abb. 5).

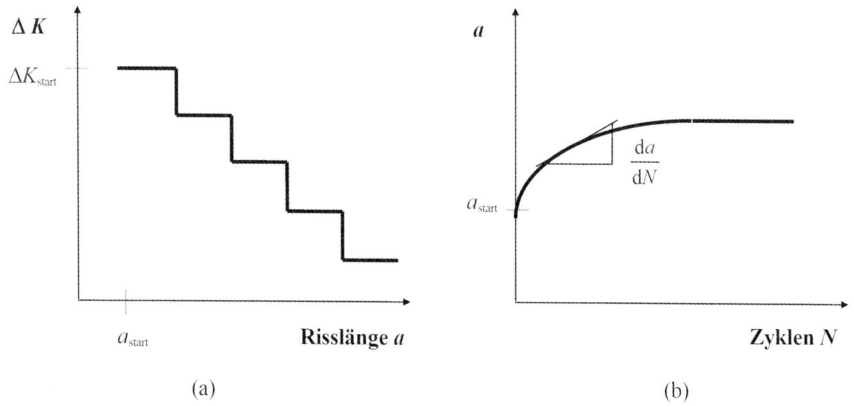

Abb. 2: Belastungsreduktion bei stufenweise konstanter Schwingbreite des Spannungsintensitätsfaktors ΔK (a) und daraus resultierende Risswachstumskurve (b)

5 Rissschließmessungen

Im Folgenden sind typische Methoden zur Bestimmung von Rissschließanteilen dargestellt. Überwiegend wird dabei auf Nachgiebigkeitsmessungen zurückgegriffen. In Abbildung 3 sind die drei gebräuchlichsten Techniken dargestellt.

- Messung der Kerböffnung

Ein Wegaufnehmer kann entweder am Probenrand oder an in der Lastlinie eingebrachten Schneiden befestigt werden.

- Back-Face-Strain
  Auf der dem Kerb gegenüberliegenden Probenseite wird ein Dehnungsmessstreifen (DMS) angebracht (Back-Face-Strain-Messung). Bei der Aufzeichnung von Nachgiebigkeitskurven ergeben sich gegenüber der Messung der Kerböffnung in der Regel keine hystereseförmigen Effekte, falls keine ausgeprägte Plastifizierung an der Rissspitze auftritt. Bei Verwendung geeigneter Schutzschichten können die Dehnungsmessstreifen auch in korrosiven Medien eingesetzt werden. Die Anwendungen sind allerdings wie bei der indirekten Potentialsondenmethode auf Temperaturen kleiner als 120°C aufgrund der eingeschränkten thermischen Beständigkeit der Dehnungsmessstreifen, bzw. des Klebers beschränkt.

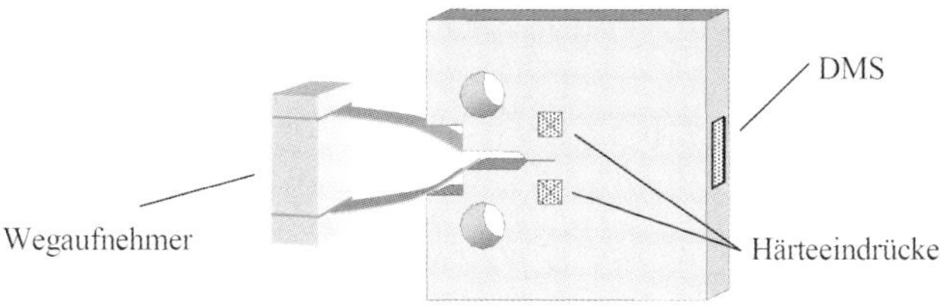

Abb. 3: Applikation verschiedener Techniken zur Bestimmung von Rissschließanteilen

- Laserinterferometrie
  Die Laserinterferometrie erlaubt die Messung der Relativverschiebung zweier Härteeindrücke, die im Abstand von etwa 0,05 bis 1 mm symmetrisch zur Rissebene eingebracht werden (siehe Abb. 3). Bei Verwendung eines Lasers als monochromatische und kohärente Lichtquelle bilden die von den Härteeindrücken reflektierten Lichtstrahlen Interferenzmuster, deren Verschiebung sich in die Dehnung zwischen den Härteeindrücken umrechnen lässt. Die Bewegung der Interferenzmaxima kann beispielsweise mit CCD-Kameras erfasst werden. Die Messungen mit Hilfe der Laserinterferometrie sind sehr hochauflösend und können sowohl in korrosiven Medien als auch bei hohen Temperaturen eingesetzt werden.

Rissschließeffekte sind dreidimensionale Phänomene. Das Rissschließverhalten im Probeninneren ist daher aufgrund des unterschiedlichen lokalen Spannungszustandes ein anderes als an der Probenoberfläche. Die Bestimmung des Rissschließens mit Hilfe von Messungen der Kerböffnung bzw. des Back-Face-Strain erlaubt eine Mittelung über die Probenbreite, wohingegen mit der Laserinterferometrie ausschließlich Oberflächenmessungen möglich sind, weshalb sich diese Methode besonders zur Untersuchung des Rissschließverhaltens kurzer Oberflächenrisse eignet.

6 Beispiel für den Versuchsablauf

In diesem Abschnitt wird anhand von Messungen an einer pulvermetallurgisch hergestellten Hochtemperaturaluminiumlegierung X8019 (Al-8%Fe-4%Ce), die mit 12,5% SiC-Partikeln verstärkt ist, der Ablauf einer Ermüdungsrissausbreitungsuntersuchung exemplarisch dargestellt. Für die Versuche wurden Vierpunktbiegeproben verwendet, die in LT-Lage einem stranggepressten Halbzeug entnommen wurden.

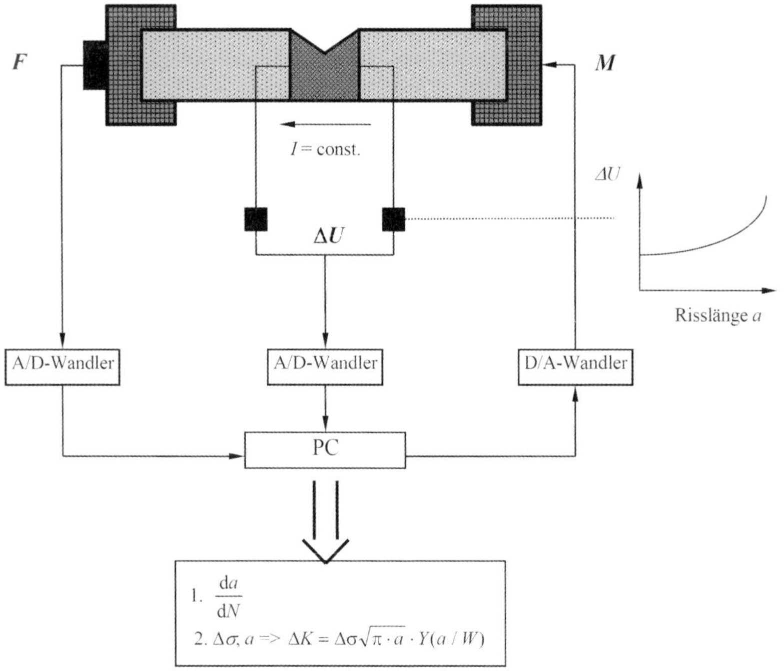

Abb. 4: Versuchsaufbau für Rissausbreitungsmessungen an einer Vierpunktbiegeprobe mit Hilfe der indirekten Gleichstrompotentialsondenmethode

Zunächst wird ein Ermüdungsanriss von etwa 1,5 mm Länge unter konstanter Schwingbreite des Spannungsintensitätsfaktors eingebracht. Die nachfolgenden Rissausbreitungsversuche werden bei konstantem Spannungsverhältnis $R=\sigma_{min}/\sigma_{max}$ mit Reduzierung der Schwingbreite des Spannungsintensitätsfaktors (load shedding) durchgeführt. Aus der ermittelten Risslänge a und der Zyklenzahl N kann die Risswachstumsgeschwindigkeit da/dN bestimmt werden. Über die allgemeine Beziehung der linear-elastischen Bruchmechanik

$$\Delta K = \Delta\sigma\sqrt{\pi \cdot a} \cdot Y(a/W) \tag{3}$$

ist ein direkter Zusammenhang zwischen der Schwingbreite des Spannungsintensitätsfaktors und den experimentell ermittelten Größen gegeben. Dabei ist $Y(a/W)$ eine dimensionslose, von der Probengeometrie abhängige Korrekturfunktion. In Abb. 5 ist die entsprechende Rissausbreitungskurve in doppeltlogarithmischer Auftragung für ein Spannungsverhältnis von $R = 0{,}1$ dargestellt.

In Abb. 5 sind außerdem der Schwellenwert der Langrissausbreitung ΔK_{th} sowie die Konstanten C und m des Paris-Gesetzes eingetragen:

$$\frac{da}{dN} = C(\Delta K)^m \tag{4}$$

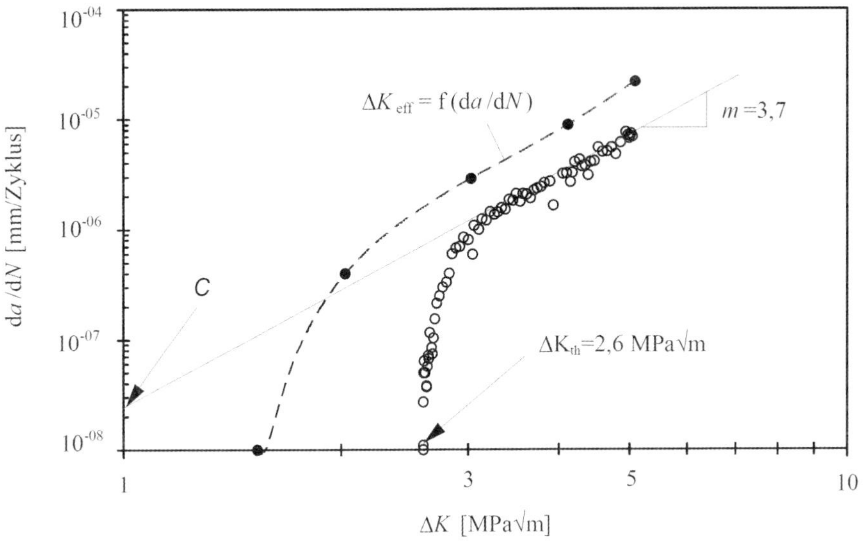

Abb. 5: Rissausbreitungskurve von X8019+12,5% SiC, R = 0,1, RT

Die Quantifizierung von Rissschließeffekten kann mit Hilfe der Back-Face-Strain-Technik erfolgen. Die Rissausbreitungsmessung wird dabei durch ein niederfrequentes Lastspiel zur Aufzeichnung einer Nachgiebigkeitskurve unterbrochen. Das Biegemoment M wird über der Dehnung aufgezeichnet. Die Nachgiebigkeitskurve weist zwei lineare Bereiche und einen Übergangsbereich auf (siehe Abb. 6). Die steilere Steigung des unteren linearen Bereichs stellt die Probennachgiebigkeit der ungerissenen Probe dar, der obere Bereich beschreibt die Nachgiebigkeit der Probe mit vollständig geöffnetem Riss. Das Problem aller Compliance-Methoden besteht darin, die Rissschließbelastung in dem Übergangsbereich eindeutig zu quantifizieren [1]. Grundsätzlich können die in Abb. 6 eingezeichneten drei Punkte herangezogen werden. Punkt 1 stellt den Zustand des vollständig geöffneten Risses dar, wohingegen bei Punkt 3 der Riss völlig geschlossen ist. Punkt 2 stellt eine gemittelte Rissschließlast M_{cl} dar, bei der die Rissufer noch teilweise aufeinanderliegen. Dieser Punkt wird aus dem Schnittpunkt der Tangenten der beiden linearen Bereiche ermittelt und in den meisten Fällen zur Bestimmung des Spannungsintensitätsfaktors beim Schließen des Risses gemäß folgender Formel (5) herangezogen:

$$K_{cl} = \frac{4 \cdot M_{cl} \cdot Y(a/W)}{b \cdot w^{1,5}} \qquad (5)$$

Die „Triebkraft" für den Rissfortschritt, die Schwingbreite des effektiven Spannungsintensitätsfaktors, kann aus den Einzelmessungen des Rissschließens mit Hilfe von

$$\Delta K_{eff} = K_{\max} - K_{cl} \qquad (6)$$

bestimmt werden. Der sich ergebende Verlauf der Rissgeschwindigkeit als Funktion der Schwingbreite des effektiven Spannungsintensitätsfaktors ist in Abb. 5 eingetragen. Es lässt sich ein erheblicher Beitrag des Rissschließens auf das Rissausbreitungsverhalten, insbesondere im Bereich des Schwellenwertes erkennen.

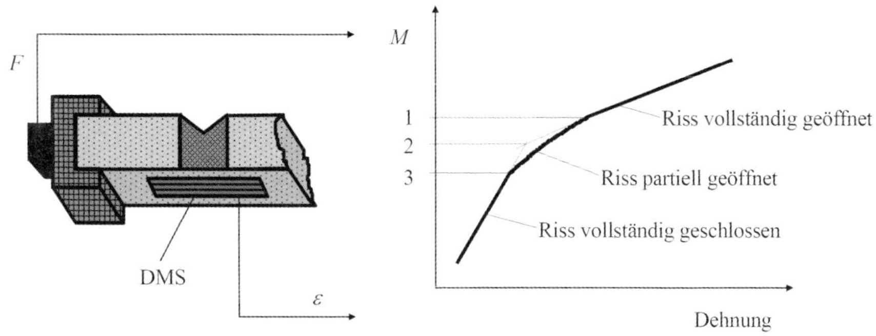

Abb. 6: Bestimmung des Rissschließens mit Hilfe der Nachgiebigkeitskurve

7 Zusammenfassung

Es wird ein Einblick in die gebräuchlichsten Messmethoden zur Charakterisierung des Wachstums langer Ermüdungsrisse gegeben. Im Vordergrund steht dabei die Ermittlung von Kennwerten, die von der gewählten Probengeometrie weitgehend unabhängig sind, was durch die Wahl standardisierter Probenformen gewährleistet werden kann. Die Basis der Beschreibung des Risswachstumsverhaltens bildet das Spannungsintensitätskonzept der linear-elastischen Bruchmechanik. Die Anwendungsmöglichkeiten einzelner Techniken, insbesondere zur Quantifizierung von Rissschließeffekten, werden dargestellt.

Literatur

[1] ASTM E 647-05, Standard Test Method for Measurement of Fatigue Crack Growth Rates, American Society for Testing and Materials, Philadelphia, 2005.

[2] ASTM E 399-05, Standard Test Method for Linear-Elastic Plane-Strain Fracture Toughness K Ic of Metallic Materials, American Society for Testing and Materials, Philadelphia, 2005.

[3] ASTM E 1823-05ae1, Standard Terminology Relating to Fatigue and Fracture Testing, American Society for Testing and Materials, Philadelphia, 2005.

[4] A. Saxena, S.J. Hudak, J.K. Donald und D.W. Schmidt: Journal of Testing and Evaluation 6 (1978) 167.

Der Einsatz der Rasterelektronenmikroskopie zur Bewertung der Ermüdungsschädigung metallischer Werkstoffe

U. Krupp

1 Einleitung

Zur Beurteilung und Analyse des Schädigungsverhaltens von Metallen bei zyklischer Verformung ist neben der Untersuchung mit Hilfe mechanischer Prüfmaschinen die rasterelektronenmikroskopische Nachuntersuchung unumgänglich. Aufgrund ihrer vielfältigen Möglichkeiten und der sehr hohen realisierbaren Tiefenschärfe liefert sie Informationen über die Ursache der Schädigung (Anrisse an der Oberfläche, Einschlüsse etc.) sowie deren zeitlichen Verlauf (z.B. Schwingstreifen). Ferner erlauben Peripheriegeräte chemische Analysen und die Bestimmung der Kristallorientierung beliebiger Probenbereiche.

Ziel dieses Beitrags ist es, anhand ausgewählter Beispiele einen knappen Einblick in die Vielfalt der Abbildungs- und Analysemöglichkeiten der Rasterelektronenmikroskopie (REM) zur systematischen Bewertung von Schadensfällen und zur Charakterisierung von Schädigungsmechanismen zu geben.

2 Grundlagen

2.1 Aufbau und Arbeitsweise eines Rasterelektronenmikroskops (REM)

Bei der Rasterelektronenmikroskopie handelt es sich gegenüber der Durchstrahlungsmikroskopie (Transmissionselektronenmikroskopie) um ein rein oberflächenanalytisches abbildendes Verfahren. Es beruht auf der Detektion der physikalischen Wechselwirkungen, die durch einen über die Probenoberfläche geführten Elektronenstrahl bewirkt werden. Die universelle Einsetzbarkeit, die einfache Handhabung und die gute Interpretierbarkeit der Bilder sind Gründe für die weite Verbreitung der Rasterelektronenmikroskopie. Insbesondere bei der Ursachenanalyse technischer Schadensfälle ist sie heute unverzichtbar, da Bruchflächen bei Vergrößerungen weit oberhalb der Auflösungsgrenze der Lichtmikroskopie tiefenscharf betrachtet werden können. Die Bewertung von Untersuchungsergebnissen und die Einschätzung sinnvoller Anwendungsmöglichkeiten der Rasterelektronenmikroskopie erfordert einige grundlegende Kenntnisse zum Aufbau und zur Arbeitsweise eines REM. Der nachfolgende Überblick soll diese gemeinsam mit den praktischen Übungen vermitteln. Zu speziellen Fragestellungen soll an dieser Stelle auf weiterführende Literatur verwiesen werden [1–3].

Ein REM – als Beispiel zeigt Abb. 1a ein Philips REM XL30 – besteht im Wesentlichen aus einer Vakuumkammer, einer Elektronenbeschleunigungssäule und einem Elektronendetektionssystem. Abb. 1b zeigt schematisch den Aufbau eines REM mit seinen wichtigsten Komponenten. Die Elektronen werden aus einer auf ca. 2000–2700°C beheizten Glühkathode (Filament) aus Wolfram oder aus einem Lanthanhexaborid-Einkristall (LaB_6) emittiert. Die Spitze der Kathode ist auf die kreisförmige Öffnung des Wehneltzylinders zentriert. Die dort angelegte Wehneltspannung bündelt die Elektronen zu einem Elektronenstrahl, der durch die Beschleunigungsspannung, die bei den meisten Geräten bis auf max. 30.000V eingeregelt werden kann, zur Anode beschleunigt wird. Der Elektronenstrahlbeschleunigung ist eine Fokussierung nachgeschaltet. Diese arbeitet mit einem System aus Kondensorlinsen (elektromagnetische Spulen, die bei Anregung eine zur Strahlachse wirkende Kraft auf die Elektronen ausüben) und Streublenden (Zurückhalten von Streuelektronen). Der auflösungsbestimmende Durchmesser des von Objektivlinse und Aperturblende auf die Probe fokussierten Elektronenstrahls kann so bis auf ca. 2nm reduziert werden. Mit Hilfe von Ablenkspulen wird er zeilenförmig über einen rechteckigen Ausschnitt der Probe geführt (gerastert). Die dabei aus der Probe austretenden sog. Sekundär- (SE) und Rückstreuelektronen (RE) werden von entsprechenden Detektoren (SE-Szintillator-Photomultiplier-Detektor bzw. RE-Halbleiter-Detektor) und Verstärkern zu elektrischen Signalen umgewandelt, die dann Punkt für Punkt entsprechend der Position des Elektronenstrahls die Oberfläche der Probe auf einem Monitor abbilden. Einzelheiten zur rasterelektronenmikroskopischen Kontrastentstehung und den Analysemöglichkeiten werden in den beiden folgenden Unterkapiteln dargelegt.

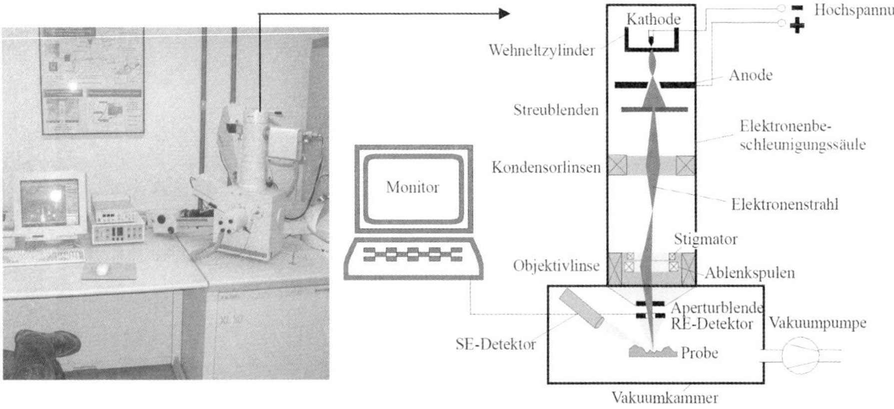

Abb.1: Schematische Darstellung des Aufbaus eines Rasterelektronenmikroskops.

In Analogie zur Lichtoptik treten auch bei elektromagnetischen Linsen Linsenfehler wie der Astigmatismus (elliptischer Elektronenstrahl) auf. Zum Teil können die derart verursachten Verzerrungen durch ein justierbares elektrisches Korrekturfeld (Stigmator) ausgeglichen werden. Für den Betrieb einer Glühkathode und zur Erzeugung eines stabilen, feinen Elektronenstrahls ist ein gutes Vakuum erforderlich. Dies wird für Probenkammer und Elektronenbeschleunigungssäule durch ein mehrstufiges Pumpensystem erzeugt (Drehschieberpumpe + Turbomolekular- bzw. Öldiffusionspumpe, $p < 10^{-5}$mbar).

Dies begründet auch die Anforderung nach trockenen und fettfreien Proben, da ein Unterschreiten der Dampfdrücke der Kontaminationen leicht zu einem Zusammenbruch des Vakuums führen kann. Darüber hinaus ist bei der Probenpräparation darauf zu achten, dass eine elektrische Leitfähigkeit zwischen Probenoberfläche zur Erde gewährleistet ist, da andernfalls der Elektronenbeschuss zu einer unerwünschten Aufladung der Probe führen kann. Nicht leitfähige Präparate, wie z.B. eingebettete Schliffe werden daher in einer Sputteranlage mit einer wenige

Nanometer dicken Gold-, Silber- oder Kohlenstoffschicht bedampft. Eine metallische nicht korrodierte saubere Bruchfläche kann demzufolge jedoch ohne weitere Präparationsarbeiten direkt rasterelektronenmikroskopisch untersucht werden.

2.2 Kontrastentstehung im Rasterelektronenmikroskop

Die Kontrastentstehung im Rasterelektronenmikroskop beruht auf den Wechselwirkungen zwischen den hochenergetischen Elektronen des Elektronenstrahls mit den Hüllenelektronen und den Kernen der Oberflächenatome der Probe. Abb. 2 zeigt schematisch eine Zusammenstellung dieser Wechselwirkungen.

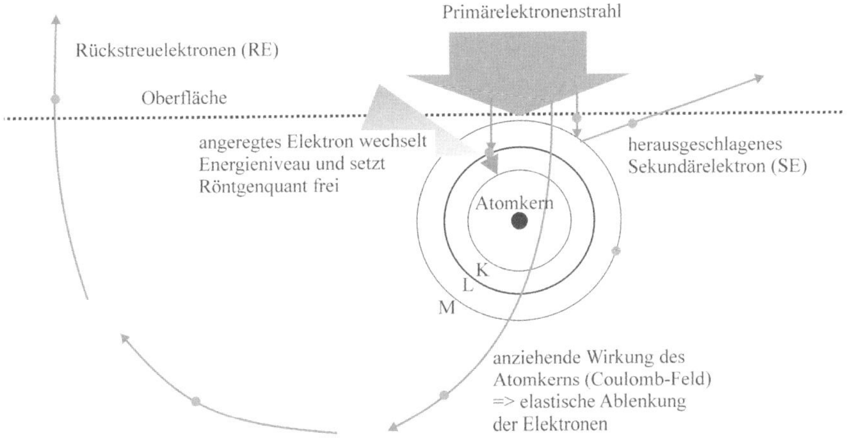

Abb.2: Wechselwirkungen des Elektronenstrahls mit der Materie.

Sekundärelektronenkontrast:

Die auftreffenden Primärelektronen lösen Sekundärelektronen (SE) aus der Hülle der Probenatome aus (unelastische Streuung). Aufgrund ihrer niedrigen Energie (<50eV) verlassen sie die Oberfläche nur bis zu einer Tiefe von ca. 10nm und werden von einem positiv geladenen Gitter vor dem SE-Detektor zur Signalerzeugung angesaugt. Da Sekundärelektronen nur aus dem unmittelbaren Umfeld des Primärelektronenstrahldurchmessers stammen, ermöglichen sie eine hohe Auflösung. Die Ursache der 3D-Wirkung der Sekundärelektronenbilder ist in Abb.3 skizziert. Mit zunehmenden Winkel α zwischen eintreffendem Elektronenstrahl und Oberflächennormalen nimmt der Oberflächenbereich, aus dem Sekundärelektronen austreten, zu. An Probenkanten kommt es darüber hinaus zu Überstrahlungen, da ein größeres Wechselwirkungsvolumen der Primär- und der Rückstreuelektronen zu einer Zunahme ausgelöster Sekundärelektronen führt.

Rückstreuelektronenkontrast:

Primärelektronen, die ein Oberflächenatom nahe dem positiv geladenen Atomkern passieren, erfahren eine Anziehung (*Coulomb*-Kraft). Dies führt zu einer elastischen (energieverlustfreien) Ablenkung der Primärelektronen, die umso stärker erfolgt, je positiver der Atomkern geladen ist (zunehmende Kernladungszahl => zunehmendes Atomgewicht). Ein gewisser Teil der Elektronen wird so häufig elastisch abgelenkt, dass er die Probenoberfläche als Rückstreuelektronen wieder verlässt. Dieser Teil nimmt folglich mit dem Atomgewicht zu, wodurch sich der ausgeprägte Elementkontrast bei der Rückstreuelektronendetektion, die mittels Halbleiterdetektor unmittelbar über der Probe erfolgt, erklärt. Bedingt durch das wesentlich größere Wechselwirkungsvolumen (Größenordnung 1μm^3) ist die Auflösung hier nur begrenzt.

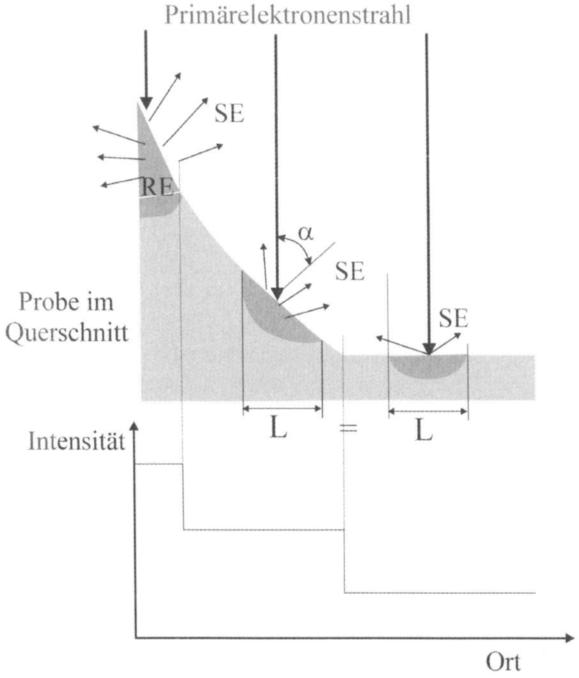

Abb.3: Topographie- und Kantenkontrast im REM.

2.3 Analytische Rasterelektronenmikroskopie

Neben der Oberflächenabbildung erlaubt die Rasterelektronenmikroskopie lokale chemische Analysen mit Hilfe der energiedispersiven Röntgenspektroskopie (EDS) und die lokale Bestimmung der kristallographischen Orientierung mit Hilfe der Rückstreuelektronenbeugung (EBSD).

Energiedispersive Röntgenspektroskopie (EDS):

Lösen die Primärelektronen ein Elektron einer inneren Schale aus, so wird die freigewordene Lücke sofort von einem Elektron einer höheren Schale besetzt. Die dabei freiwerdende Energiedifferenz wird als sog. charakteristische Röntgenstrahlung abgegeben (vgl. Abb.2). Die Röntgenstrahlung wird mit einem durch flüssigen Stickstoff gekühlten Lithiumhalbleiterdetektor in elektrische Signale umgewandet und mit einem Vielkanalanalysator den jeweiligen Elementen zugeordnet. Abb.4 zeigt für das Beispiel von Mangansulfid-Einschlüssen ein so erhaltenes Röntgenspektrum, das zur quantitativen chemischen Analyse verwendet werden kann.

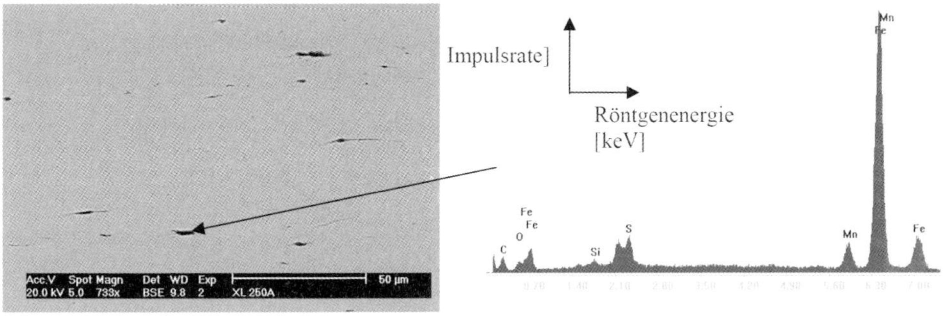

Abb.4: REM-Aufnahme (SE-Kontrast) und Röntgenspektrum von Mangansulfid- und Eisenoxidausscheidungen in einem unlegierten Stahl

Orientierungskontrast und Rückstreuelektronenbeugung:

Bei kristallinen Materialien, wie Metallen, hängt die elastische Streuung nicht nur vom Atomgewicht, sondern auch von der kristallographischen Orientierung der Kristallebenen ab. Ist z.B. das Kristallgitter parallel zum eintreffenden Primärstrahl ausgerichtet, so tritt eine Kanalwirkung für die Elektronen auf – die Rückstreuelektronenintensität sinkt (Electron-Channeling-Contrast, ECC). Entsprechend ihrer kristallographischen Orientierung erscheinen die Körner hell oder dunkel (s. Abb.6a). Eng damit verknüpft ist die Elektronenbeugung an Kristallebenen, die im Rasterelektronenmikroskop als EBSD-Technik (electron back-scattered diffraction) genutzt wird. Deren Arbeitsweise ist schematisch in Abb. 5 dargestellt. Im Wechselwirkungsvolumen des auf die Probenoberfläche eintreffenden Elektronenstrahls befindliche gestreute Elektronen, die unter einem Winkel Θ (*Bragg*-Winkel) derart auf die Netzebenen des Kristalls mit einem Netzebenenabstand d treffen, dass der Gangunterschied $2x$ zwischen benachbarten Wellenbündeln gerade ein Vielfaches der Elektronenwellenlänge λ beträgt, verursachen Interferenz. Dies ist durch die *Bragg*-Gleichung wiedergegeben:

$$\overbrace{n\lambda}^{=2x} = 2d\sin\Theta . \qquad (1)$$

Da die Elektronen aus allen Richtungen ober- und unterhalb auf die Netzebenen treffen, erzeugt jede Kristallebenenschar zwei Intensitätskegel (Kossel-Kegel). Diese werden durch einen nahe der Probe positionierten Phosphorschirm, der die Kegel schneidet, als zwei parallele Linien (*Kikuchi*-Linien) abgebildet. Aus der Summe aller Netzebenen ergibt sich ein Linienmuster, das direkt mit der Kristallstruktur der Probe und der lokalen kristallographischen Orientierung an der Strahlposition zusammenhängt und mit geeigneter Software (z.B. TSL orientation imaging microscopy OIM^{TM}) automatisch ausgewertet werden kann.

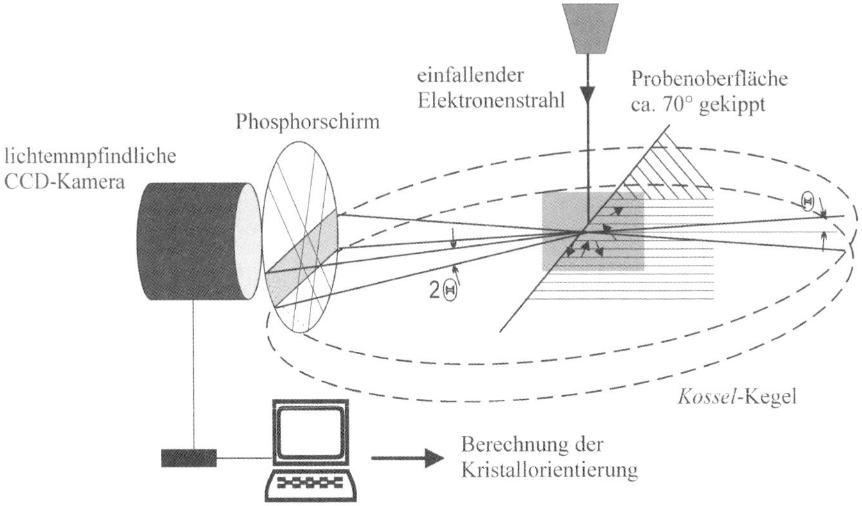

Abb.5: Schematische Darstellung der Arbeitsweise eines EBSD-Systems.

Abb.6a zeigt den Channeling-Kontrast und ein über EBSD erzeugtes Kikuchi-Linien-Muster (Abb. 6b) für das Beispiel einer elektropolierten Probe der Nickelbasis-Superlegierung Waspalloy. Eine detaillierte Übersicht über die Orientierungsbestimmung im Rasterelektronenmikroskopie findet sich z.B. in [4,5].

Moderne Systeme erlauben die Durchführung von EDS-Analysen und EBSD-Messungen automatisch Punkt für Punkt. Man erhält somit auf einfache Weise Element- bzw. Orientierungsverteilungsbilder.

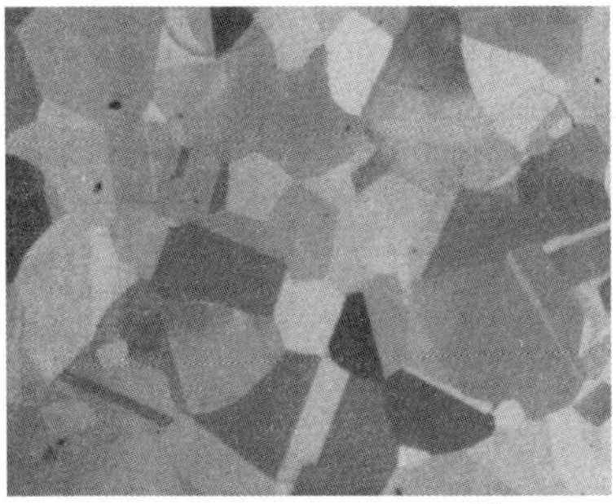

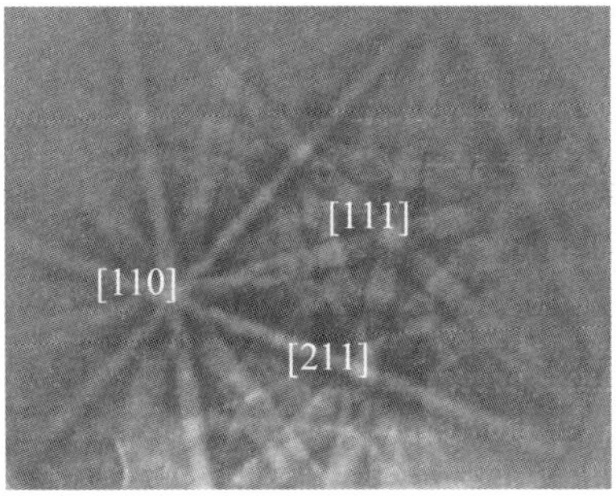

Abb.6: (a) REM-Aufnahme (Electron-Channeling-Contrast) und (b) Kikuchi-Linien für das Beispiel der kubisch-flächenzentrierten Nickelbasis-Superlegierung Waspalloy

3 Anwendungsbeispiele

3.1 Bruchflächenuntersuchungen

Rasterelektronenmikroskopische Untersuchungen von Bruchflächen (Fraktographische Untersuchungen) werden häufig durchgeführt, um Gewaltbrüche von Ermüdungsbrüchen zu unterscheiden und um die Schadensursache zu identifizieren. Dabei macht man sich die exzellente Tiefenschärfe auch bei hohen Vergrößerungen zu nutze. Um dies zu optimieren, sollte der Arbeitsabstand (Abstand Endblende-Probenoberfläche) möglichst hoch gewählt werden. Ferner sollte zur scharfen Kantenabbildung eine verhältnismäßig geringe Beschleunigungsspannung gewählt werden (zwischen 10kV und 15kV). Insbesondere bei Aluminium- und Kupferlegierungen sowie austenitischen Stählen weisen Schwingstreifen eindeutig auf einen Ermüdungsanriss hin. Die Schwingstreifen entstehen während dem Durchlaufen jeweils eines Schwingspiels. Es kann jedoch nicht umgekehrt von der Anzahl der Schwingstreifen auf die Zyklenzahl geschlossen werden, da nicht jeder Belastungszyklus zum lokalen Rissfortschritt beiträgt. Abb.7 zeigt die Bruchfläche zweier Kupfer-Ermüdungsproben: die bei Raumtemperatur mit konstanter Dehnungsamplitude (Abb. 7a) und mit kontinuierlich steigender und fallender Dehnungsamplitude (Incremental Step Test, IST, Abb. 7b) ermüdet wurden. Die stetige Variation in der Belastungsamplitude während des IST spiegelt sich deutlich in der Ermüdungsbruchfläche anhand größer und kleiner werdender Schwingstreifenabstände wieder. Als weiteres Beispiel zeigt Abb. 8 die Ermüdungsbruchfläche eines austenitischen Stahles 1.4301 nach einstufiger Ermüdungsbeanspruchung (Zug/Druck). Innerhalb des halbelliptischen Anrisses (Abb.8a) konnten Schwingstreifen nachgewiesen werden (Abb.8b). Die Restbruchfläche ist gekennzeichnet durch eine für duktile Gewaltbrüche charakteristische Wabenstruktur (Abb.8c). Die Waben entstehen durch die gleichzeitige Rissinitiierung an Einschlüssen oder anderen Defekten in den Wabenzentren. Die darauf folgende plastische Verformung führt zum Hochziehen der Wabenwände und damit zum charakteristischen Erscheinungsbild des duktilen Gewaltbruchs.

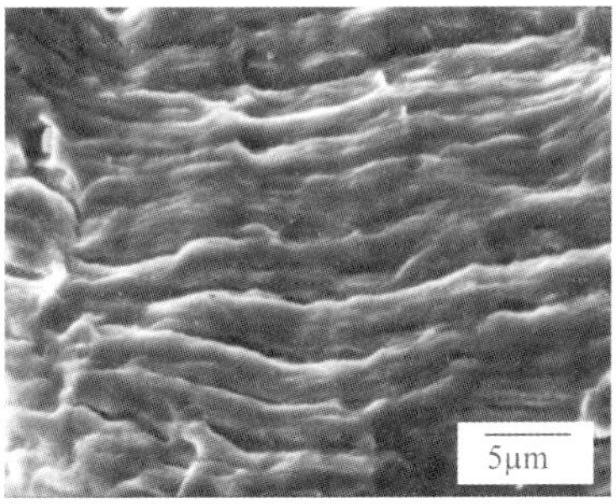

a

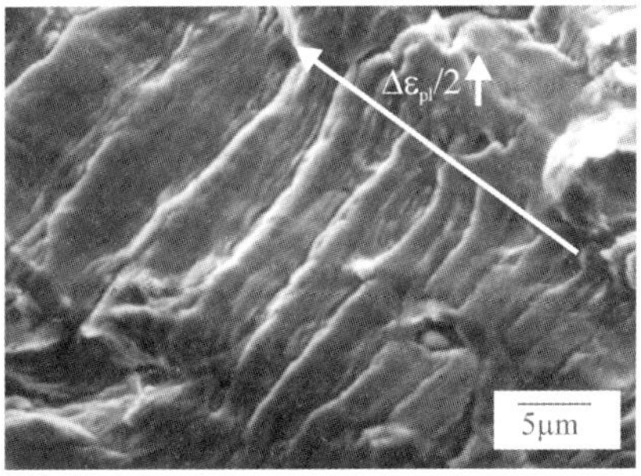

b

Abb.7: Schwingstreifen in der Ermüdungsbruchfläche von Kupferproben (a) nach einstufiger Belastung (($\Delta\varepsilon/2$=const.) und (b) nach einem Incremental Step Test

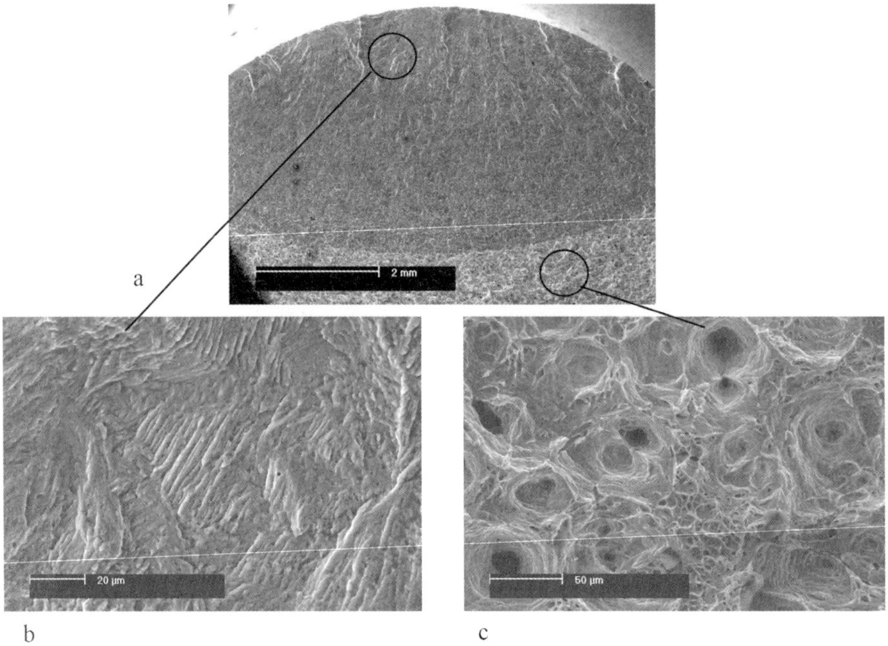

Abb.8: Bruchfläche des austenitischen Stahls 1.4301 nach zyklischer Verformung ($\Delta\varepsilon/2=0{,}8\%$)

Während duktile Brüche ein makroskopisch mattes Aussehen aufweisen, zeigen spröde Brüche ein mit zunehmender Korngröße glänzendes Aussehen. Liegt die Trennfestigkeit der Kristallite unterhalb der Fließgrenze des Werkstoffs so kommt es zum verformungsarmen Spaltbruch. Liegt die Trennfestigkeit der Korngrenzen unterhalb derjenigen des Kristalls tritt ein interkristalliner Bruch auf. Ursache für solche spröden Brüche können klassischerweise der Betrieb von Kohlenstoffstählen bei niedrigen Temperaturen sein (s. Bild 9a), aber auch die Belegung der Korngrenzen mit Verunreinigungen (z.B. Phosphor- oder Schwefelsegregationen). Häufig ist Wasserstoffversprödung die Ursache für interkristalline Ermüdungsbrüche. Bild 9b zeigt dies exemplarisch für eine im Betrieb ausgefallene hochfeste Ventilfeder.

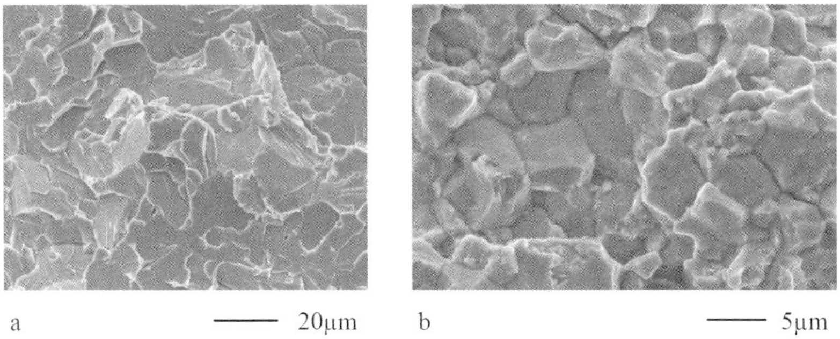

Abb.9: Sprödbruchflächen: (a) Spaltbruch (St37, $T\approx-180°C$) und (b) wasserstoffinduzierter interkristalliner Ermüdungsbruch (hochfester Federstahl)

Oft sind Poren oder Einschlüsse die Ursachen von Anrissen, die schließlich zum Bauteilversagen durch Bruch führen. Abb. 10a zeigt dies für das Beispiel einer ermüdungsbelasteten Probe des austenitisch-ferritischen (γ-α) Duplexstahls 1.4462. Insbesondere bei der Bewertung kurzer Ermüdungsrisse an der Oberfläche von Bauteilen, insbesondere aber von Proben, kommt der Kombination der verschiedenen Analysetechniken EDS, EBSD, ECC, über die moderne Rasterelektronenmikroskope verfügen, eine besondere Bedeutung bei: So kann die chemische Zusammensetzung und die Struktur von nichtmetallischen Einschlüsse oder von Korrosionsprodukten als ermüdungsrissauslösende Faktoren unmittelbar identifiziert werden. Über die örtlich aufgelöste Bestimmung kristallographischer Orientierungen (EBSD) kann ferner auf Zusammenhänge zwischen dem Ausbreitungsverhalten von kurzen Ermüdungsrissen und der geometrischen Lage der Gleitsysteme der beteiligten Kristallite geschlossen werden. Bild 10b zeigt solche Zusammenhänge für kurze Ermüdungsrisse, ebenfalls im Stahl 1.4462.

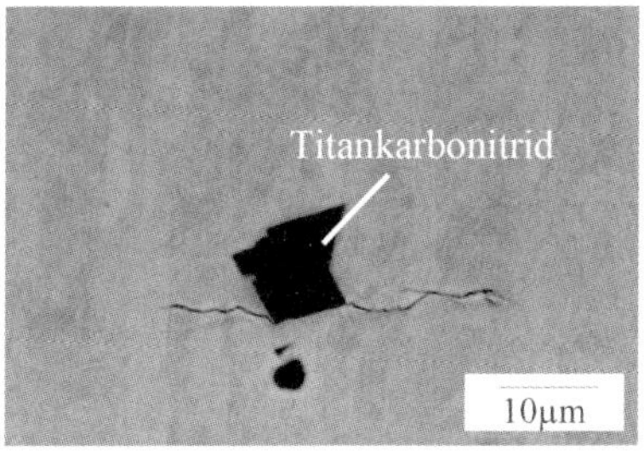

a

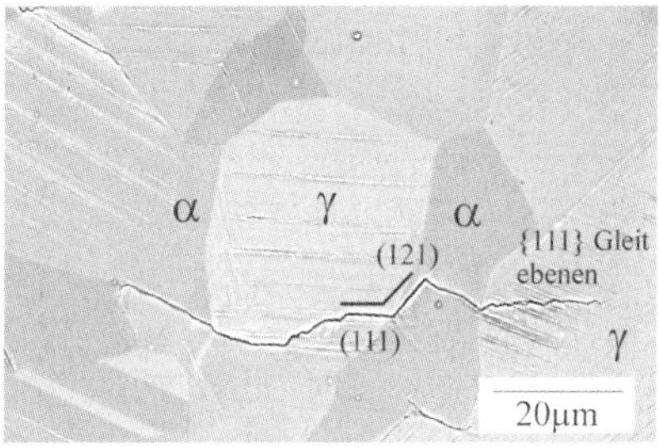

b

Abb.10: (a) Rissinitiierung an nichtmetallischem Einschlauss (Titankarbonitrid) und (b) Zusammenhang zwischen der Ausbreitung kurzer Ermüdungsrisse und kristallographischer Orientierung (beides Duplexstahl 1.4462 [7]).

Zur weiteren Vertiefung der rasterelektronenmikroskopischen Bewertung von Ermüdungsschäden (Bruchflächenanalytik, Nachweis von Oberflächenrissen) sei an dieser Stelle auf die weiterführende Literatur verwiesen [3,6,8,9]. Insbesondere die unter der Beteiligung einer Reihe namhafter Spezialisten auf dem Gebiet der Schadenskunde entstandene Übersicht [6] bietet eine Fülle von Bildbeispielen.

Literatur

[1] P.F. Schmidt (und Mitautoren): Praxis der Rasterelektronenmikroskopie und Mikrobereichsanalyse, Expert-Verlag, Renningen 2006

[2] J.I. Goldstein, P. Etchlin, D.E. Newbury: Scanning Electron Microscopy and X-ray Microanalysis, Plenum Publishing Corp., New York 1992

[3] L. Engel, H. Klingele: Rasterelektronenmikroskopische Untersuchung von Metallschäden, Carl Hanser Verlag, München 1982

[4] V. Randle: Microtexture Determination and its Applications, The Institute of Materials, London 1992

[5] Schwartz, A.J.; Kumar, M.; Adams, B.L. (Hrsg.): Electron Backscatter Diffraction in Materials Science, Kluwer, New York 2000

[6] J. Flügge (Leitung d. Autorenteams): Erscheinungsformen von Rissen und Brüchen metallischer Werkstoffe, Verlag Stahleisen, Düsseldorf 1996

[7] O. Düber: Untersuchungen zum Ausbreitungsverhalten mikrostrukturell kurzer Ermüdungsrisse in zweiphasigen Metallen am Beispiel eines austenitisch-ferritischen Duplexstahls, Dissertation, Universität Siegen 2006

[8] J. Broichhausen: Schadenskunde, Carl-Hanser-Verlag, München Wien 1985

[9] G. Lange: Systematische Beurteilung technischer Schadensfälle, Deutsche Gesellschaft für Materialkunde, Oberursel 1983

Schwingfestigkeit von Stählen

D. Eifler

1 Einleitung

Stähle sind die wichtigste Werkstoffgruppe der technischen Praxis. Ihre mechanischen Eigenschaften lassen sich durch geeignete Wärmebehandlungen und legierungstechnische Maßnahmen gezielt an die jeweiligen Einsatzanforderungen anpassen. Dies setzt jedoch genaue Kenntnisse über die Verformungs- und Festigkeitseigenschaften von Stählen unter den unterschiedlichsten Beanspruchungs- und Umgebungsbedingungen voraus. Von besonderer Bedeutung ist die schwingende Beanspruchung sowie die Überlagerung von schwingenden und statischen Beanspruchungskomponenten. Die nachfolgenden Ausführungen beschreiben den Einfluss unterschiedlicher Parameter, wie z. B. Ausgangsgefüge, Mittelspannungen, Mitteldehnungen, Beanspruchungstemperaturen und -frequenzen auf das Wechselverformungsverhalten im anrissfreien Ermüdungsstadium von un-, niedrig- und hochlegierten Stählen. Dabei verursachen Wechselbeanspruchungen unterhalb der quasistatischen Streckgrenze im Werkstoff mikroplastische Verformungen und führen über zyklische Ent- und/oder Verfestigungsvorgänge zur Ausbildung einer charakteristischen Versetzungsstruktur. Darüber hinaus werden an den Probenoberflächen charakteristische Verformungsmerkmale beobachtet, die Ausgangspunkte von Ermüdungsrissen sein können.

2 Methoden zur Charakterisierung des Wechselverformungsverhaltens

Zur Beschreibung des Ermüdungsverhaltens metallischer Werkstoffe ist der sich bei elastisch-plastischer Verformung ergebende zyklische Spannung-Dehnung-Zusammenhang, der schematisch in Abb. 1 dargestellt ist, von grundlegender Bedeutung. Je nach Versuchsführung, die spannungs-, totaldehnungs- oder plastischdehnungskontrolliert erfolgen kann, ändert sich die Form der Hysteresisschleifen und damit die aus ihnen berechneten Kenngrößen (vgl. Abb. 1) in charakteristischer Weise.

Trägt man die je nach Versuchsführung resultierende Variable als Funktion der Lastspielzahl oder des Logarithmus der Lastspielzahl auf, so erhält man sogenannte Wechselverformungskurven, die das elastisch-plastische Verformungsverhalten beschreiben. Spannungskontrollierte Versuche mit $\sigma_m \neq 0$ ergeben als ε_m, log N-Zusammenhang sogenannte Mitteldehnungskurven (vgl. Abb. 2a), die eine Beurteilung der Abmessungsstabilität während der Ermüdungsbeanspruchung ermöglichen. In Versuchen mit Mitteldehnungen $\varepsilon_m \neq 0$ ist die Entwicklung der Mittelspannung σ_m als Funktion von Beanspruchungsamplitude $\varepsilon_{a,t}$ und -zeit von Interesse. Quantitativ wird dieser Zusammenhang, der beispielsweise für vorgespannte Bauteile von großer Bedeutung ist, in Mittelspannungskurven (σ_m, log N) dargestellt (vgl. Abb. 2b). Eine Möglichkeit der Bewertung unterschiedlicher Versuchsführungen bieten zyklische Spannung-Dehnung-Kurven. Hierzu werden aus den mit unterschiedlichen Beanspruchungsamplituden spannungs- oder dehnungskontrolliert ermittelten Wechselverformungskurven bei Vorliegen stabilisierter Hysteresisschleifen, meist bei $N = N_B/2$, die Werte der Spannungs- und der plastischen Dehnungs- oder totalen Dehnungsamplitude entnommen und gegeneinander aufgetragen.

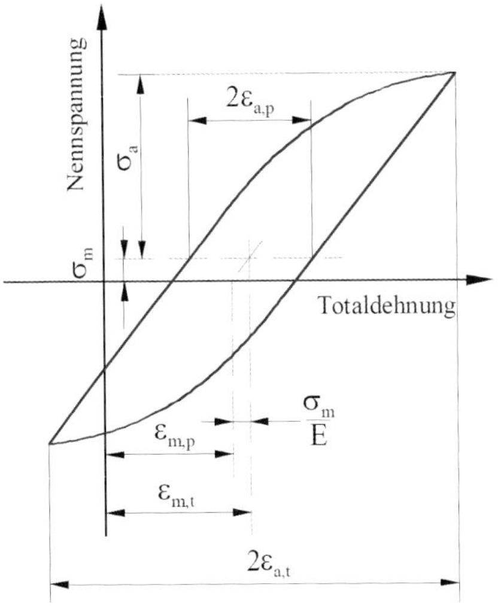

σ_a : Spannungsamplitude
σ_m : Mittelspannung
$\varepsilon_{a,p}$: plastische Dehnungsamplitude
$\varepsilon_{a,t}$: Totaldehnungsamplitude
$\varepsilon_{m,t}$: totale Mitteldehnung
$\varepsilon_{m,p}$: plastische Mitteldehnung
E : Elastizitätsmodul

Abb. 1: Spannung-Dehnung-Hysteresisschleife mit Kenngrößen

3 Versuchstechnik

Abb. 3 zeigt ein servohydraulisches Prüfsystem mit Steuerungs- und Datenerfassungsrechnern. In Abb. 4 ist eine eingespannte Ermüdungsprobe mit verschiedenen Messleitungen und Sensoren schematisch dargestellt. Zur Vermeidung von Temperaturschwankungen werden die hydraulischen Spannzeuge i. d. R. thermostatisiert. Zur Dehnungsmessung können Dehnungsmessstreifen (DMS)- und kapazitive Extensometer verwendet werden. In der Mitte der Messstrecke und am Übergang zu den Probenschäften werden Thermoelemente auf die Probenoberfläche appliziert. Die Temperaturänderung ΔT ergibt sich als Differenz zwischen der Temperatur T_1 in der Messstreckenmitte und dem Mittelwert der Temperaturen T_2 und T_3 an den quasi-elastisch beanspruchten Probenschäften. Die beanspruchungsbedingte Spannungsänderung ΔU kann ebenfalls zur Charakterisierung des zyklischen Verformungsverhaltens genutzt werden. Hierzu wird ein Konstantstrom von 8 A in die Proben eingeleitet. Alternativ können auch FerriteScope und sog. Giant-Magneto-Resistor-Sensoren (GMR) zur Erfassung mikrostruktureller Veränderungen in der Messstrecke appliziert werden. Bei plastischen Verformungsvorgängen werden ca. 5 % der Verformungsarbeit zur Erhöhung der inneren Energie aufgewendet, der Rest dissipiert und führt zu einer definierten Temperaturänderung des betrachteten Werkstoffvolumens [1–3]. Der elektrische Widerstand ist neben den geometrischen Abmessungen der untersuchten Proben bzw. Bauteile auch vom spezifischen elektrischen Widerstand des Werkstoffes abhängig. Dieser kann auf Wärmeschwingungen und Gitterbaufehler

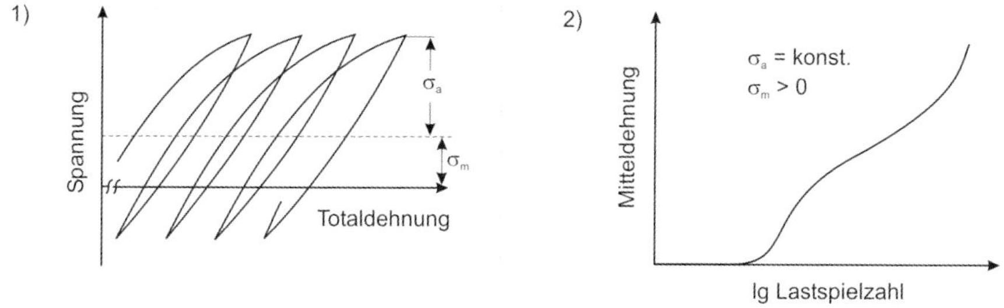

Abb. 2a: 1) Zyklisches Kriechen; 2) Mitteldehnungskurve

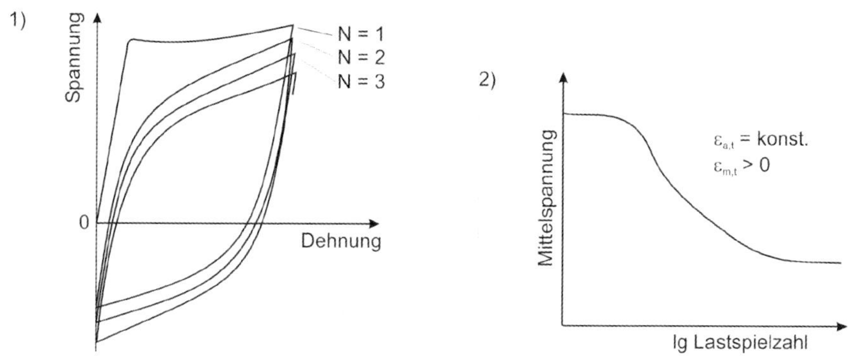

Abb. 2b: 1) Zyklische Mittelspannungsrelaxation; 2) Mittelspannungsrelaxationskurve

wie Leerstellen, Fremdatome, Versetzungen, Poren und mikroskopische Werkstofftrennungen zurückgeführt werden [4]. Der spezifische elektrische Widerstand verändert sich in charakteristischer Weise bei zyklischen Ent- und Verfestigungsvorgängen aufgrund der aktuellen Defektdichte. Bei konstantem Strom besteht eine direkte Abhängigkeit der gemessenen Spannung von

Abb. 3: Servohydraulische Prüfmaschine

dem verformungsabhängigen elektrischen Widerstand. GMR-Sensoren bestehen aus Schichtstrukturen aus ferromagnetischen und paramagnetischen Materialien und können u. a. zur Erfassung von Veränderungen des elektrischen Widerstands (GMR-Effekt) und somit zur quantitativen Beschreibung beanspruchungs- und lastspielzahlabhängiger mikrostruktureller Veränderungen genutzt werden [5].

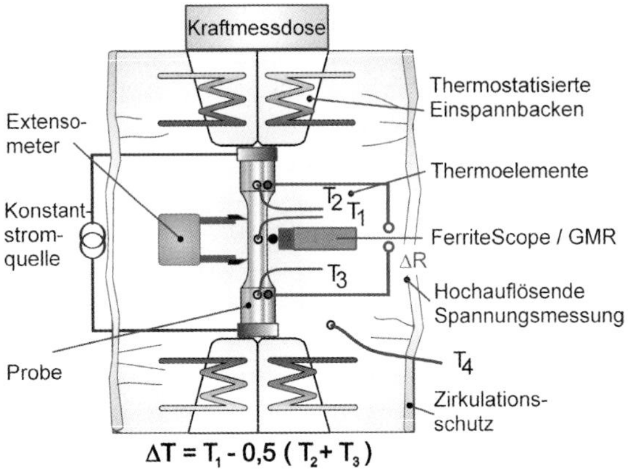

Abb. 4: Ermüdungsprobe mit verschiedenen Messwertaufnehmern, schematisch

4 Wechselverformungsverhalten und Mikrostruktur normalisierter unlegierter Kohlenstoffstähle

Das Wechselverformungsverhalten normalisierter unlegierter Kohlenstoffstähle ist bei rein wechselnder spannungskontrollierter Beanspruchung durch eine von der Beanspruchungshöhe und der Lastspielzahl abhängige Veränderung der mechanischen Eigenschaften gekennzeichnet. In Abhängigkeit von der Beanspruchungshöhe sind drei Spannungsamplitudenbereiche zu unterscheiden.

- Für $\sigma_a \leq R_W$ (Wechselfestigkeit) tritt definitionsgemäß kein Ermüdungsbruch auf, obwohl in diesem Amplitudenbereich nach hinreichend großen Lastspielzahlen auch geringe plastische Dehnungsamplituden in der Größenordnung von 0,01 – 0,1 ‰ auftreten können.
- Im Spannungsamplitudenbereich $R_W < \sigma_a < R_{eS}$ (Elastizitätsgrenze) treten anfangs quasielastische Verformungen auf. Daran schließt sich ein Lebensdauerbereich mit zunehmenden plastischen Dehnungsamplituden an (zyklische Entfestigung). Nach Überschreiten des Entfestigungsmaximums nimmt die plastische Dehnungsamplitude bis zur makroskopischen Anrissbildung ab (zyklische Verfestigung).
- Bei Spannungsamplituden $\sigma_a > R_{eS}$ werden bereits im ersten Lastwechsel plastische Verformungen beobachtet [6].

4.1 Einfluss des Kohlenstoffgehaltes

Abb. 5 zeigt charakteristische Wechselverformungskurven unlegierter normalisierter Kohlenstoffstähle mit 0,01 ≤ C ≤ 1,15 Ma.-% und $\sigma_a < R_{eS}$.

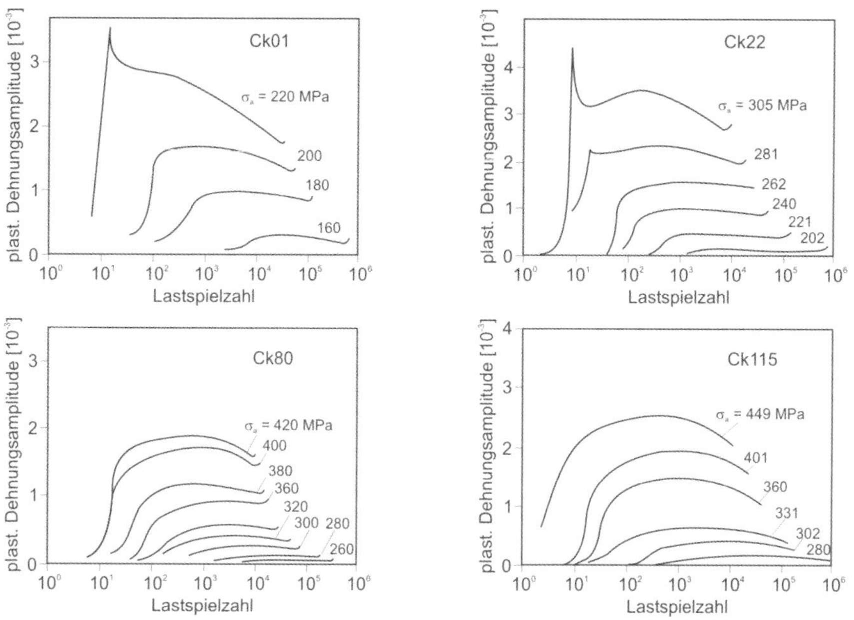

Abb. 5: Wechselverformungskurven unlegierter normalisierter Kohlenstoffstähle mit 0,01 ≤ C ≤ 1,15 Ma.-% [7]

Mit wachsenden Spannungsamplituden verschiebt sich das quasielastische Inkubationslastspielzahlintervall unter gleichzeitiger Zunahme der Entfestigung zu kleineren Lastspielzahlen. Die während der Wechselentfestigung stattfindenden Verformungsvorgänge sind, unabhängig vom C-Gehalt, inhomogen. Nach dem Normalisieren liegen die Versetzungen durch C-Atome verankert vor. Diese können sich in schubspannungsmäßig günstig orientierten Körnern im Bereich von Spannungskonzentrationen losreißen. Bei schwingender Beanspruchung mit $\sigma_a < R_{eS}$ induzieren die lokal plastifizierten Bereiche in angrenzenden Körnern Versetzungsaufstauungen und schließlich ebenfalls Losreißprozesse, die sich von Korn zu Korn über die gesamte Probe fortsetzen und zu einer makroskopisch messbaren zyklischen Entfestigung mit ansteigenden plastischen Dehnungsamplituden führen. In Analogie zum Zugversuch spricht man hier von einer Ermüdungslüdersbandausbreitung. Abb. 6 zeigt die inhomogene Dehnungsverteilung während der zyklischen Entfestigung, die mit Hilfe eines spannungsoptischen Oberflächenschichtverfahrens nachgewiesen wurde. Die während der unterschiedlichen Stadien der Wechselentfestigung vorliegenden Dehnungsverteilungen wurden fotografisch registriert und sind als schraffierte Bereiche in der Probenmessstrecke eingezeichnet und der im gleichen Versuch ermittelten Wechselverformungskurve zugeordnet.

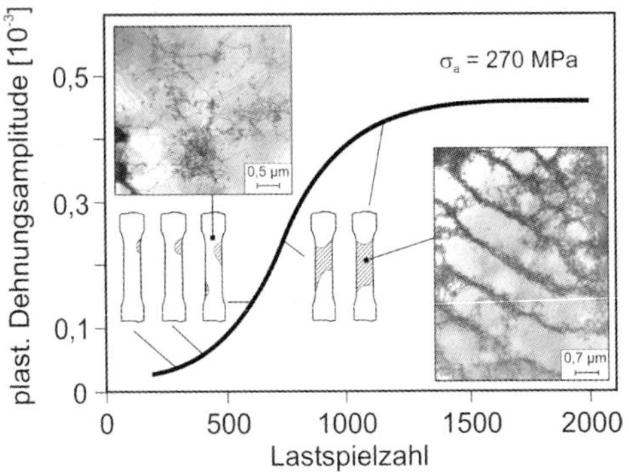

Abb. 6: Inhomogene Dehnungsverteilung während der zyklischen Entfestigung von normalisiertem 42CrMo4 [5–6]

Nach dem Erreichen des Entfestigungsmaximums schließt sich eine Wechselverfestigung an, bei der eine homogene elastisch-plastische Verformung im gesamten Messstreckenvolumen stattfindet. Die Wechselent- und verfestigung erfassen nur bei hinreichend hohen Beanspruchungsamplituden, die zu Bruchlastspielzahlen $N_B \leq 10^4$ führen, das gesamte Messvolumen [1,6–10].

Die beschriebenen zyklischen Ent- und Verfestigungsprozesse sind mit der Ausbildung charakteristischer Ermüdungsstrukturen in den Ferritkörnern bzw. im Ferrit zwischen den Zementitlamellen korrelierbar. Dabei können Versetzungsreaktionen während der Schwingbeanspruchung zu einer Erhöhung der Versetzungsdichte und später zur Ausbildung von Versetzungswänden und -zellen führen. Die jeweilige Versetzungsstruktur hängt stark von der Beanspruchungsamplitude, der Beanspruchungsdauer, vom C-Gehalt und Gefügeparametern wie z.B. Korngröße und Zementitlamellenabständen ab. Der Wechselverformungskurve sind charakteristische TEM-Aufnahmen für quasielastisch und elastisch-plastisch beanspruchte Probenbereiche zugeordnet.

Bei normalisiertem Ck10 werden als charakteristische Versetzungsstruktur bereits nach etwa 10% der Bruchlastspielzahl N_B persistente Ermüdungsgleitbänder (PSB) vom „Leiter-Typ" nachgewiesen (vgl. Abb. 7).

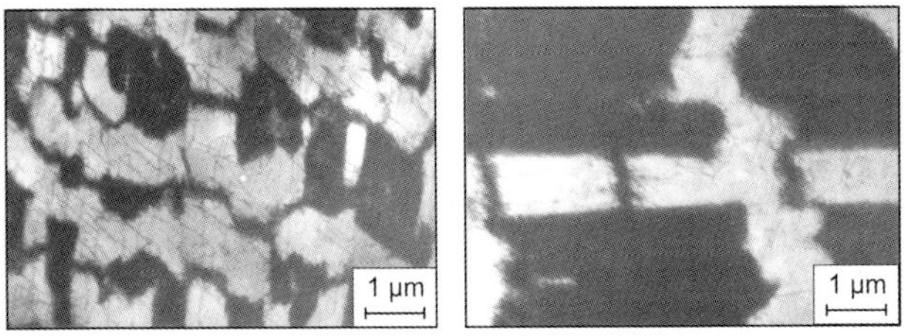

Abb. 7: Persistente Gleitbänder (PSB´s) in normalisiertem Ck10 [2]

In Abb. 8 ist beispielhaft für einen mit σ_a = 340 MPa beanspruchten Ck80 die Entwicklung der Versetzungsstruktur der Wechselverformungskurve zugeordnet. Obwohl der Hauptteil der plastischen Verformung von den Ferritkörnern getragen wird, werden auch im Ferrit zwischen den Zementitlamellen des Perlits vereinzelt erhöhte Versetzungsdichten und sogar Versetzungswände beobachtet [3,6,11].

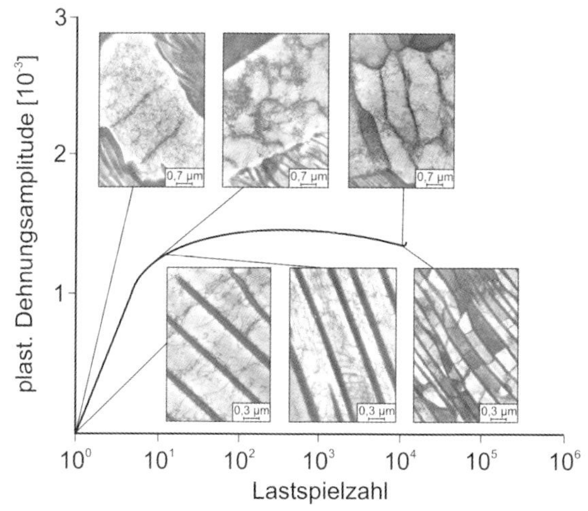

Abb. 8: Charakteristische Versetzungsstrukturen zugeordnet zu einer Wechselverformungskurve von normalisiertem Ck80 bei $\sigma_a = 340$ MPa und $T = 373$ K [11]

Mit steigendem C-Gehalt und damit zunehmendem Perlitanteil nimmt bis zu einem Kohlenstoffgehalt von 0,8 Ma.-% die plastische Verformbarkeit wegen der eingeschränkten Beweglichkeit der Versetzungen ab. Dies zeigt sich auch in den Versetzungsstrukturen. Reguläre Zellstrukturen können sich zwischen den Zementitlamellen nicht ausbilden. Beispielsweise ergeben sich in einem vollperlitischen Ck80 bei Beanspruchungen im Kurzzeitfestigkeitsbereich als charakteristisches Verformungsmerkmal zwischen den Zementitlamellen Wände mit sehr hoher Versetzungsdichte, wobei es sich überwiegend um Stufenversetzungen handelt (vgl. Abb. 9) [11].

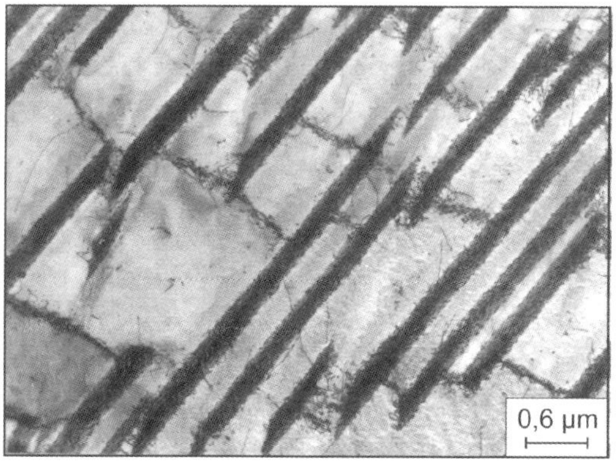

Abb. 9: Charakteristische Versetzungsstrukturen zwischen den Zementitlamellen eines normalisierten Ck80 für $\sigma_a = 380$ MPa und $T = 373$ K bei $N = N_B = 8 \times 10^3$ [11]

4.2 Einfluss der Mikrostruktur

Das Wechselverformungsverhalten unlegierter normalisierter Stähle wird ganz entscheidend von dem vorliegenden Mikrogefüge bestimmt. Eine gezielte Variation der Wärmebehandlung, insbesondere der Austenitisierungstemperatur, der Austenitisierungszeit sowie der Abkühlgeschwindigkeit, bietet die Möglichkeit, die Struktur von Ferrit und Perlit und damit die zyklischen Verformungseigenschaften gezielt zu verändern. Schnellere Abkühlungen führen beispielsweise zu größerer Unterkühlung des Austenits und damit zu kleineren Ferritkorngrößen und kleineren Zementitlamellenabständen. Darüber hinaus wirkt die schnellere Abkühlung der Ausbildung eines Gleichgewichtszustandes entgegen, so dass in den Ferritbereichen höhere Kohlenstoffkonzentrationen auftreten.

Bei Stählen mit C-Gehalten bis ca. 0,45 Ma.-% konzentrieren sich die plastischen Verformungsvorgänge im wesentlichen auf die Ferritkörner, so dass das Wechselverformungsverhalten hauptsächlich durch deren Größe bestimmt wird. Mit zunehmender Korngröße entfestigen die Proben früher und wesentlich stärker, besitzen jedoch auch eine größere Verfestigungsrate. Der weitere Verlauf der Wechselverformungskurven wird kaum beeinflusst, da sich in den Ferritkörnern sehr schnell eine für die jeweilige Beanspruchung charakteristische Versetzungsstruktur ausbildet. Bei höheren Kohlenstoffgehalten verlagert sich die plastische Verformung zunehmend mehr in den Ferrit des Perlits und den Lamellenabständen kommt dann eine größere Bedeutung zu. Dabei verkürzen abnehmende Lamellenabstände die Versetzungslaufwege, verlängern die Inkubationszeit, vermindern die mittlere plastische Dehnungsamplitude und erhöhen die Bruchlastspielzahl (vgl. Abb. 10) [6].

In Abb. 11 ist beispielhaft der Einfluss bauteilspezifischer fertigungsbedingter Mikrostrukturgradienten auf das Wechselverformungsverhalten eines hochbeanspruchten Eisenbahnradwerkstoffes R7 dargestellt. Die Verteilung der Ferritkörner und die Größe der Perlitlamellenabstände ist für die Charakterisierung des Ermüdungsverhaltens des betrachteten Radstahles von größter Bedeutung. Die Vermessung der Perlitlamellenabstände ergab im Bereich der Lauffläche Werte von 0,14 µm, die in Richtung der Verschleißmaßgrenze anwachsen und im Spurkranz

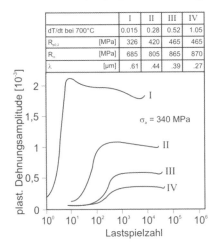

		I	II	III	IV
dT/dt bei 700°C		0.015	0.28	0.52	1.05
$R_{p0.2}$	[MPa]	326	420	465	465
R_m	[MPa]	685	805	865	870
λ	[µm]	.61	.44	.39	.27

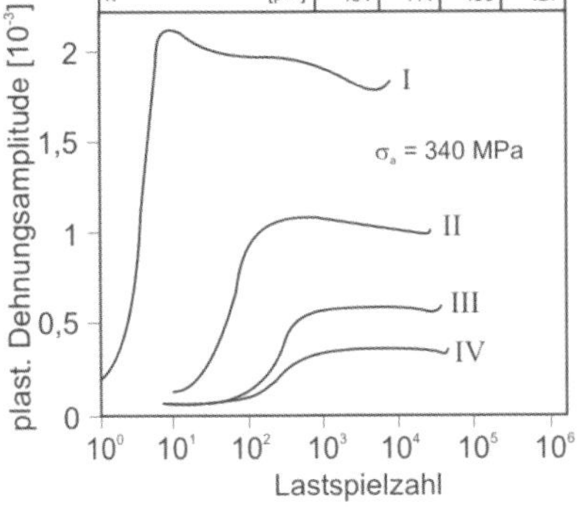

Abb. 10: Charakteristische Wechselverformungskurven für Ck70 als Funktion der Abkühlgeschwindigkeit und des Zementitlamellenabstandes [7].

ihren Maximalwert von etwa 0,19 µm erreichen. Das Wechselverformungsverhalten hängt sehr stark von der individuellen Probenlage und somit der lokalen Mikrostruktur ab (Abb. 11a). Der Radstahl R7 zeigt kleinste plastische Dehnungsamplituden im Bereich der Lauffläche, die im Bereich der Ablaufreserve zunehmen und ihr Maximum im Spurkranz erreichen. Das Inkubationsintervall mit makroskopisch elastischem Werkstoffverhalten und die maximale plastische Dehnungsamplitude hängen eindeutig von der Probenlage und damit der Gefügemikrostruktur ab. Der Zusammenhang zwischen der bei halber Bruchlastspielzahl ($N_B/2$) ermittelten plastischen Dehnungsamplitude und dem Ferritanteil ist als Funktion der Bruchlastspielzahl in Abb. 11b dargestellt. Bei abnehmendem Ferritanteil führen kleinere plastische Dehnungsamplituden, einem potenziellen Zusammenhang folgend, zu größeren Bruchlastspielzahlen [12].

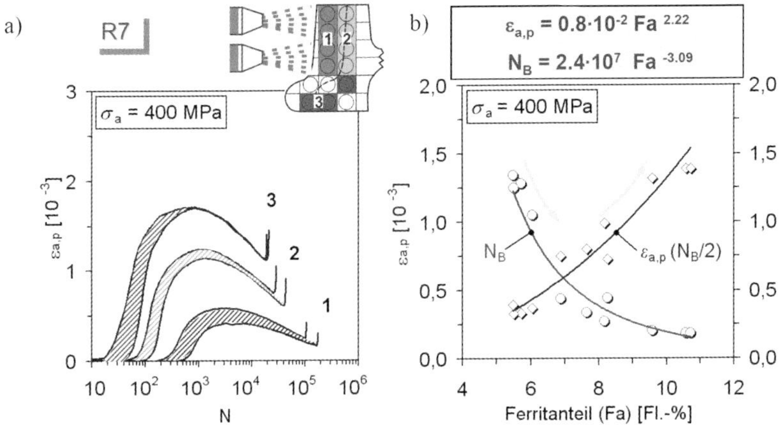

Abb. 11: Einfluss der lokalen Mikrostruktur auf das Wechselverformungsverhalten eines Radstahls des Typs R7 [12]

4.3 Vergleichbarkeit spannungs- und totaldehnungskontrolliert erzeugter Ermüdungszustände

Je nach Funktion und Geometrie eines Bauteils kann die Werkstoffbeanspruchung überwiegend spannungs- oder totaldehnungskontrolliert erfolgen. Daher ist es von großem Interesse das Wechselverformungsverhalten normalisierter Stähle unter den drei möglichen Versuchsführungen σ_a = konst., $\varepsilon_{a,t}$ = konst. und $\varepsilon_{a,p}$ = konst. zu kennen und diese miteinander zu vergleichen. Eine Reihe von Untersuchungen belegt [5,9,13], dass bei unlegierten normalisierten Kohlenstoffstählen die Verläufe der Spannung-Dehnung-Kurven bei $N = N_B/2$ unabhängig von der Versuchsführung nahezu übereinstimmen, so dass sich jeweils der gleiche Ermüdungszustand einstellt. Dies ist auf die Ausbildung charakteristischer Versetzungsstrukturen in den verformungsfähigen Gefügebestandteilen zurückzuführen [8,14].

4.4 Einfluss von Mittelspannungen

Allgemein gilt, dass positive Mittelspannungen lebensdauermindernd, negative Mittelspannungen lebensdauererhöhend wirken. Die Überlagerung determinierter, zeitlich veränderlicher

Beanspruchungen mit zeitlich konstanten σ_m wirkt sich jedoch nicht nur auf die Lebensdauer, sondern auch auf das elastisch-plastische Werkstoffverhalten und die Wechselverformungskurven aus. Sowohl positive als auch negative Mittelspannungen verkürzen gegenüber der mittelspannungsfreien Beanspruchung die quasielastische Inkubationsphase. Weiterhin führen positive Mittelspannungen gegenüber $\sigma_m \leq 0$ insgesamt zu größeren plastischen Dehnungsamplituden und folglich zu kürzeren Lebensdauern. Wird $\sigma_a + |\sigma_m| > |R_{eS}|$, dann treten bereits im ersten Lastwechsel plastische Verformungen auf, die im Falle negativer Mittelspannungen ausgeprägte zyklische Verfestigungsvorgänge zur Folge haben. Die starke Wechselwirkung zwischen den aufgeprägten Mittelspannungen und den resultierenden Wechselverformungskurven spiegeln sich in den Versetzungsstrukturen wieder. Dabei erhöhen Mittelspannungen im Gegensatz zu mittelspannungsfreier Beanspruchung den Anteil der Zellstrukturen, wobei mit steigender Beanspruchungsamplitude und Lastspielzahl die Zelldurchmesser abnehmen [6].

Darüber hinaus wird unter Einwirkung von Mittelspannungen sehr häufig eine als zyklisches Kriechen bezeichnete Verschiebung der Hysteresisschleifen und damit verbunden eine bleibende Probenverlängerung bzw. -verkürzung beobachtet. Zur Beschreibung dieses Effektes dient die plastische Mitteldehnung $\varepsilon_{m,p}$, die der Differenz zwischen $\varepsilon_{m,t} - \varepsilon_{m,e}$ entspricht. Abb. 12 zeigt beispielhaft die bei verschiedenen Mittelspannungen und σ_a = 400 MPa an Ck45 gemessenen Mitteldehnungskurven.

Negative Mittelspannungen führen stets zu negativen plastischen Mitteldehnungen und somit zu Probenverkürzungen. Mittelspannungsfreie bzw. mit positiven Mittelspannungen beanspruchte Proben zeigen stets positive Mitteldehnungen, also bleibende Probenverlängerungen. Die plastischen Mitteldehnungen wachsen mit den Beträgen der Mittelspannungen an [3,6].

4.5 Einfluss von Mitteldehnungen

In totaldehnungskontrollierten Versuchen mit Dehnungsverhältnissen $R_\varepsilon \neq -1$ treten bedingt durch die Versuchsführung vom ersten Lastwechsel an Mittelspannungen $\sigma_m \neq 0$ auf. Mitteldehnungsbehaftete Beanspruchungen, die zu plastischen Verformungen führen, sind stets mit der Relaxation der Mittelspannungen verbunden, deren Ausmaß von der Höhe der Beanspruchung, der Werkstoffduktilität und der Lastspielzahl bestimmt wird. Der Mittelspannungsabbau ist dabei umso vollständiger, je höher die Oberdehnung gewählt wird und je duktiler der betrachtete Werkstoffzustand ist [1,6].

4.6 Einfluss der Verformungsgeschwindigkeit

Das Wechselverformungsverhalten ferritisch-perlitischer Stähle wird von der Versuchsfrequenz bzw. der Verformungsgeschwindigkeit beeinflusst. Die Erhöhung der Verformungsgeschwindigkeit ist bei T = konst. stets mit einer Abnahme der plastischen Dehnungsamplituden und mit einer Verlängerung der Lebensdauer verbunden. Außerdem tritt eine Verschiebung des Einsatzpunktes der Entfestigung zu größeren Lastspielzahlen auf. Dies beruht darauf, dass bei hohen Verformungsgeschwindigkeiten im Ferrit die Schraubenversetzungen eine stark eingeschränkte Beweglichkeit gegenüber den Stufenversetzungen besitzen. Bei geringen Verformungsgeschwindigkeiten bestehen dagegen kaum noch Unterschiede [6].

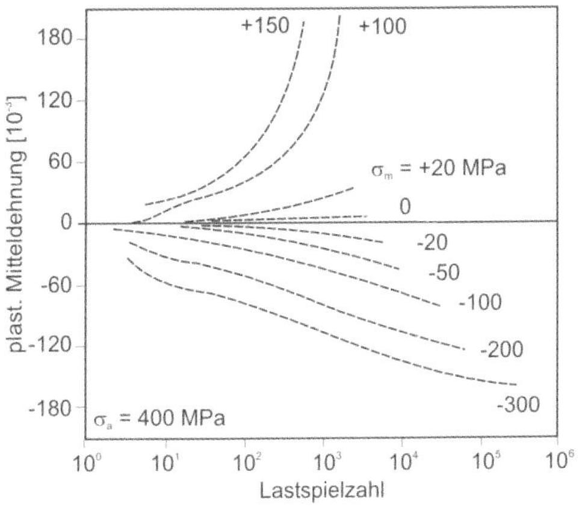

Abb. 12: Mitteldehnungskurven von normalisiertem Ck45 für verschiedene positive und negative Mittelspannungen [3]

4.7 Einfluss der Verformungstemperatur

4.7.1 Temperaturen $T < 293$ K

Bei einer Versuchsfrequenz von 5 Hz nehmen die plastischen Dehnungsamplituden in diesem Temperaturbereich bei konstanter Beanspruchungsamplitude mit sinkender Temperatur ab und die Lebensdauer nimmt zu. Lediglich bei Beanspruchungen im Kurzzeitbereich, wo der Werkstoffduktilität eine sehr große Bedeutung zukommt, können tiefe Temperaturen die Lebensdauer verkürzen.

4.7.2 Temperaturen $T > 293$ K

Bei unlegierten Stählen lassen sich im Temperaturbereich 293 K $< T \leq$ 873 K hinsichtlich des Wechselverformungsverhaltens drei Temperaturintervalle deutlich unterscheiden:

a) Im Temperaturbereich 293 $< T <$ 600 K führt die im Vergleich zur Raumtemperatur höhere Beweglichkeit der Versetzungen bei konstanter Spannungsamplitude zu größeren Verformungen. Die Inkubationslastspielzahlen bis zum Auftreten erster plastischer Dehnungen werden mit steigender Temperatur verkürzt bzw. es findet bereits im ersten Lastwechsel eine elastisch-plastische Wechselverformung statt [15].
b) Bei etwa 600 K kommt es aufgrund von Wechselwirkungen zwischen Gleitversetzungen und Interstitionsatomen zu dynamischen Reckalterungsvorgängen. Diese sind mit einer ausgeprägten zyklischen Verfestigung infolge eingeschränkter Versetzungsbeweglichkeit verbunden [16–21].
c) Bei Temperaturen oberhalb etwa 750 K kommen zunehmend dynamische Erholungsprozesse zum Tragen. Die plastischen Dehnungsamplituden nehmen sehr große Werte an und zyklische Entfestigungsvorgänge dominieren das Wechselverformungsverhalten [22].

Abb. 13 zeigt beispielhaft eine Reihe von Wechselverformungskurven normalisierter Proben aus Ck45, die mit σ_a = 300 MPa im Temperaturbereich 295 $\leq T \leq$ 873 K bei f = 5 Hz beansprucht wurden. Für 295 ≤ T ≤ 473 K nimmt die Inkubationszeit bis zum Auftreten erster plastischer Verformungen kontinuierlich ab und die plastischen Dehnungsamplituden wachsen an. Im Temperaturbereich 523 ≤ T ≤ 673 K treten von Beanspruchungsbeginn an plastische Dehnungsamplituden auf, die jedoch durch die ausgeprägte Verfestigung infolge dynamischer Reckalterungsvorgänge stark abnehmen. Bei den Temperaturen 573 und 623 K wurden die Versuche nach $2 \cdot 10^6$ Lastwechseln ohne Probenbruch abgebrochen. Im Temperaturbereich 723 K ≤ T ≤ 873 K entfestigen die Proben vom ersten Lastwechsel an. Die anschließende Verfestigung ist jedoch deutlich schwächer ausgeprägt als im Temperaturbereich 523 ≤ T ≤ 673 K, und die Lebensdauern sind wesentlich kleiner.

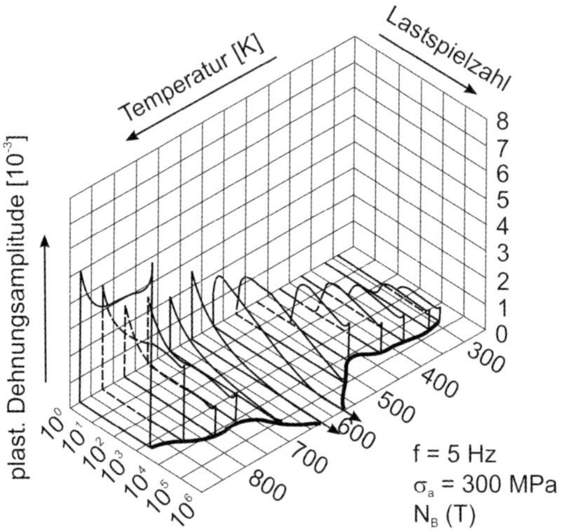

Abb. 13: Wechselverformungskurven von normalisiertem Ck45 im Temperaturbereich 295 K ≤ T ≤ 873 K für σ_a = 300 MPa [4]

Transmissionselektronenmikroskopische Untersuchungen zeigen, dass es in den einzelnen Temperaturbereichen zur Ausbildung charakteristischer Versetzungsstrukturen kommt, deren Erscheinungsform und Häufigkeit den jeweiligen Wechselverformungskurven direkt zuordenbar sind.

Abb. 14 zeigt charakteristische Versetzungsstrukturen normalisierter Ck45 Proben, die im Temperaturbereich 323 ≤ T ≤ 873 K mit σ_a = 300 MPa bei f = 5 Hz beansprucht wurden. Im Temperaturbereich 323 ≤ T ≤ 473 K ist die Mikrostruktur durch Versetzungswand- und Zellstrukturen gekennzeichnet, wobei die Häufigkeit der Zellen mit der Temperatur ansteigt. Bei Temperaturen zwischen 523 ≤ T ≤ 673 K formieren sich die Versetzungen zu den in Abb. 15c gezeigten Strängen und knäuelartigen Strukturen. Der sich anschließende Temperaturbereich 723 ≤ T ≤ 873 K ist durch große blockförmige Zellen gekennzeichnet [1].

4.8 Anrissbildung

Nach Erreichen eines kritischen Ermüdungszustandes, der in der Regel mit dem Auftreten nennenswerter plastischer Verformungen verbunden ist, setzt in zyklisch beanspruchten metal-

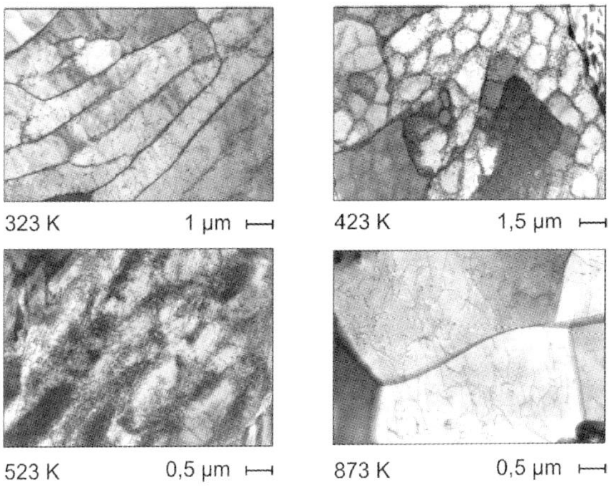

Abb. 14: Versetzungsstrukturen im Ferrit von normalisiertem Ck45 für den Temperaturbereich 323 K $\leq T \leq$ 873 K und σ_a = 300 MPa bei $N = N_B$ [1]

lischen Werkstoffen Mikrorissbildung ein. In Abhängigkeit von der Beanspruchungshöhe sind dabei unterschiedliche Anrissorte dominierend.

- Bei niedrigen Beanspruchungsamplituden ($N_B > 10^5$) wirken meist nichtmetallische Einschlüsse in komplexer Weise als Anrissort.
- Rasterelektronenmikroskopische Oberflächenbetrachtungen belegen, dass die Wechselentfestigung mit dem Auftreten erster persistenter Gleitbänder verbunden ist, deren Dichte und Ausdehnung mit wachsender Beanspruchungsamplitude zunimmt. Dabei kommt es zur Bildung von Intrusionen und Extrusionen, von denen bei mittleren Beanspruchungen ($N_B \approx 10^4$–10^5) schließlich Ermüdungsrisse ausgehen.
- Bei hohen Beanspruchungen ($N_B < 10^4$) kommt es zu kornperiodischen Oberflächenverwerfungen und überwiegend Korngrenzenanrissen.

Mittelspannungen bewirken an den Probenoberflächen gegenüber mittelspannungsfrei beanspruchten Proben als zusätzliches Verformungsmerkmal sogenannte Korngrenzengleitstufen [6].

5 Ermüdungsverhalten des niedriglegierten Stahles 42CrMo4 im normalisierten, martensitisch gehärteten und vergüteten Zustand

5.1 Wechselverformungskurven

Das Wechselverformungsverhalten von normalisiertem 42CrMo4 ist durch zyklische Ent- und Verfestigungsvorgänge gekennzeichnet (vgl. Abb. 15) und ist mit dem eines normalisierten unlegierten Stahles gleichen Kohlenstoffgehalts vergleichbar. Dies wird u. a. auch durch die im anrissfreien Zustand sich ausbildenden Versetzungsstrukturen bestätigt.

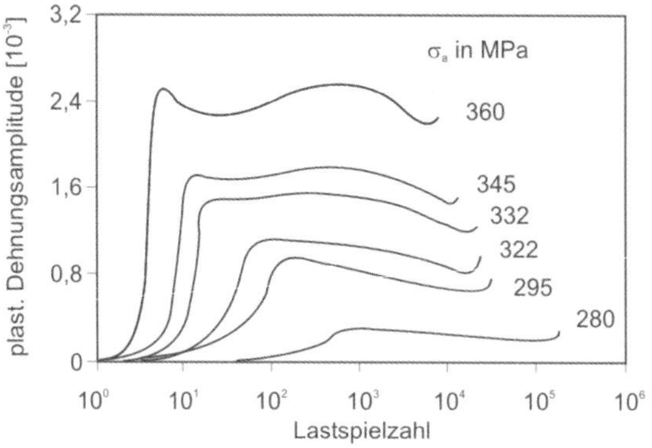

Abb. 15: Spannungskontrolliert ermittelte Wechselverformungskurven von normalisiertem 42CrMo4 [1]

Demgegenüber werden bei martensitisch gehärtetem 42CrMo4 bis zur Anrissbildung integral über der gesamten Messlänge keine plastischen Dehnungsamplituden gemessen. Daher besteht über die gesamte anrissfreie Lebensdauer in guter Näherung ein linearer Zusammenhang zwischen Spannungs- und Totaldehnungsamplitude [1].

In Abb. 16 sind Wechselverformungskurven von vergütetem 42CrMo4 bei spannungskontrollierter Versuchsführung dargestellt. Der Vergleich mit Abb. 15 zeigt, welch tiefgreifenden Einfluss das Vergüten auf das Wechselverformungsverhalten hat. Bei vergüteten Proben schließt sich der quasielastischen Inkubationsphase eine Wechselentfestigung an, die kontinuierlich in die Rissausbreitungsphase übergeht [14,23]. Wechselverfestigungsvorgänge, wie sie beim normalisierten Werkstoffzustand beobachtet werden, treten nicht auf. Spannungsoptische Untersuchungen zeigen, dass die Wechselentfestigung vergüteter Werkstoffzustände extrem inhomogen erfolgt und mit der Bildung sogenannter Ermüdungszonen verbunden ist, auf die sich die plastischen Verformungen im wesentlichen konzentrieren [24–25]. Ähnlich, wie durch die Variation der Wärmebehandlung bei normalisierten C-Stählen (vgl. Kap. 3.2) kann

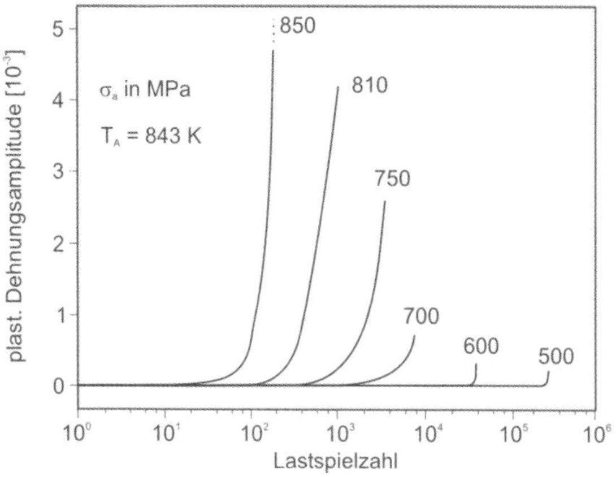

Abb. 16: Spannungskontrolliert ermittelte Wechselverformungskurven von 42CrMo4 vergütet [1]

durch die geeignete Wahl der Anlasstemperaturen und -zeiten die Gefügestruktur der Vergütungsstähle gezielt verändert werden. Beispielsweise wird durch die Erhöhung der Anlasstemperatur von 723 auf 1003 K eine Zunahme der mittleren freien Weglänge zwischen den Karbiden etwa um den Faktor 3 bewirkt. Weiterhin nimmt die mittlere Karbidteilchengröße stark zu und gleichzeitig koagulieren die anfangs stäbchenförmigen Karbide und liegen bei 1003 K annähernd globular vor [14]. Diese mikrostrukturellen Veränderungen haben erhebliche Auswirkungen auf das Wechselverformungsverhalten und die erreichbaren zyklischen Festigkeiten.

5.2 Einfluss von Mittelspannungen

Abb. 17 zeigt einige Wechselverformungs- und Mitteldehnungskurven von 42CrMo4 im vergüteten (1) und normalisierten (2) Zustand. Die Gegenüberstellung der Kurven verdeutlicht den unmittelbaren Zusammenhang zwischen plastischen Verformungen und zyklischem Kriechen. Erst nachdem hinreichend große zyklische plastische Verformungen aufgetreten sind, setzt der zyklische Kriechprozess ein. Außerdem belegt Abb. 17 eindeutig, dass positive Mittelspannungen bei konstanter Spannungsamplitude gegenüber mittelspannungsfreier Beanspruchung einen früheren Einsatz der Wechselentfestigung und größere plastische Dehnungsamplituden bis zum Bruch der Proben bewirken [1,26].

5.3 Einfluss der Verformungsgeschwindigkeit

Sowohl bei normalisiertem als auch bei vergütetem 42CrMo4 wirkt sich die Veränderung der Verformungsgeschwindigkeit in charakteristischer Weise auf das Wechselverformungsverhalten aus. Bei konstanter Spannungsamplitude setzt die Entfestigung bei umso kleineren Lastspielzahlen ein und ist umso stärker ausgeprägt, je niedriger die Versuchsfrequenz gewählt wird. Die mit abnehmender Frequenz ansteigenden plastischen Dehnungsamplituden führen zu

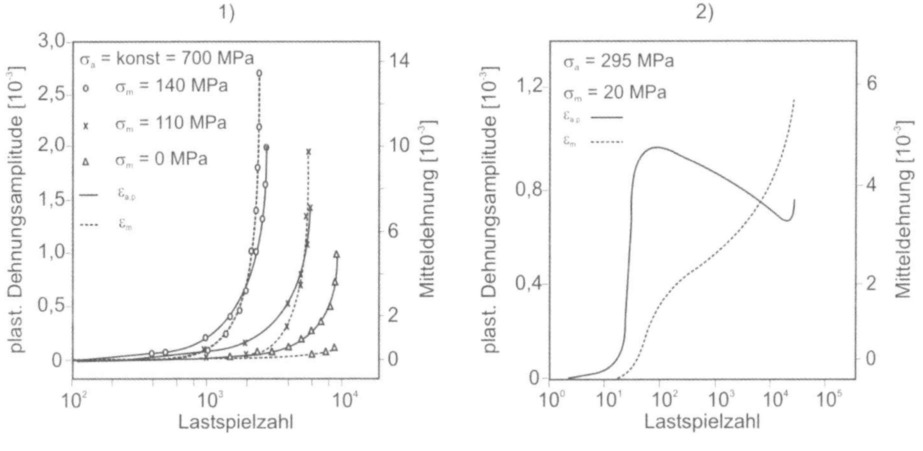

Abb. 17: Spannungskontrolliert ermittelte Wechselverformungskurven von 42CrMo4 im vergüteten (1) und normalisierten (2) Zustand [1]

kleineren Bruchlastspielzahlen. Der Frequenzeinfluss beruht, wie bei den normalisierten C-Stählen, auf der stark eingeschränkten Beweglichkeit von Schraubenversetzungen bei hohen Verformungsgeschwindigkeiten [1,27–28].

6 Wechselverformungsverhalten des hochlegierten Stahles X22CrMoV121 im vergüteten Zustand

Das Wechselverformungsverhalten von vergütetem X22CrMoV121 bei Raumtemperatur ist wie bei vergütetem 42CrMo4 durch eine quasielastische Anfangsphase gekennzeichnet, an die sich bis zur Anrissbildung ein Lebensdauerbereich mit zunehmenden plastischen Dehnungsamplituden anschließt (vgl. Abb. 18). Die Mikrostruktur des Stahles im unbeanspruchten Ausgangszustand ist durch eine hohe Versetzungsdichte ($\rho_{(NB)} = 3{,}3 \times 10^{10}\ cm^{-2}$) und gefügestabilisierende Karbidausscheidungen vom Typ $M_{23}C_6$, die sich auf ehemaligen Martensitlattengrenzen und im Bereich der Subkorngrenzen gebildet haben, gekennzeichnet. Die zyklische Entfestigungsphase ist im wesentlichen auf den Abbau weitreichender innerer Spannungen durch Abnahme der freien Versetzungsdichte zurückzuführen. Dabei überwiegen Versetzungsannihilationsprozesse gegenüber der Erzeugung von Versetzungen und eine Versetzungsumordnung führt zur Bildung einer Zell- oder Subkornstruktur [29–31]. Zyklische Verfestigungsvorgänge wie bei normalisierten C-Stählen treten nicht auf. In Abb. 18a) sind beispielhaft Wechselverformungskurven für verschiedene Spannungsamplituden bei einer Temperatur von 803 K dargestellt, die der Einsatztemperatur in Dampfturbinen entspricht. Das quasielastische Inkubationslastspielzahlintervall ist umso kürzer und die bis $N = N_B$ auftretenden plastischen Dehnungsamplituden umso größer, je größer die Spannungsamplitude gewählt wird.

Der Einfluss der Verformungstemperatur auf das Wechselverformungsverhalten wird in Abb. 18b) für eine Beanspruchung mit $\sigma_a = 440$ MPa aufgezeigt. Mit zunehmender Temperatur setzt die zyklische Entfestigung signifikant früher ein, und es treten deutlich größere plastische Dehnungsamplituden auf. So bewirkt beispielsweise die Erhöhung der Temperatur von 823 auf 873 K eine Vervierfachung der plastischen Dehnungsamplitude und eine Abnahme der Lebensdauer von 6,0 auf $1{,}3 \times 10^3$. Daraus lässt sich unmittelbar ableiten, dass der aus thermodynamischer Sicht zur Wirkungsgradsteigerung thermischer Maschinen wünschenswerten Erhöhung der Betriebstemperatur aus werkstoffkundlicher Sicht sehr enge Grenzen gesetzt sind.

Der Einfluss der Temperatur auf die Mikrostruktur während isothermer zyklischer Beanspruchung im Temperaturbereich $293 \leq T \leq 873$ K bei einer Spannungsamplitude von 475 MPa ist beispielhaft in Abb. 19 dargestellt. Neben der Versetzungsdichte ist die Härte HV1 der Proben aufgetragen. Beide Verläufe weisen eine ähnliche Temperaturabhängigkeit auf. Im Temperaturbereich maximaler dynamischer Reckalterung ($T = 550$–575 K) nehmen, wie bereits in Kap. 4.7 am Beispiel des normalisierten Ck45 gezeigt, infolge eingeschränkter Versetzungsbeweglichkeit sowohl die Härte HV1 als auch die Versetzungsdichte maximale Werte an. Oberhalb 675 K bewirken weiter steigende Temperaturen deutliche mikrostrukturelle Gefügeveränderungen und sowohl die Versetzungsdichte als auch die Vickershärte nehmen signifikant ab [32].

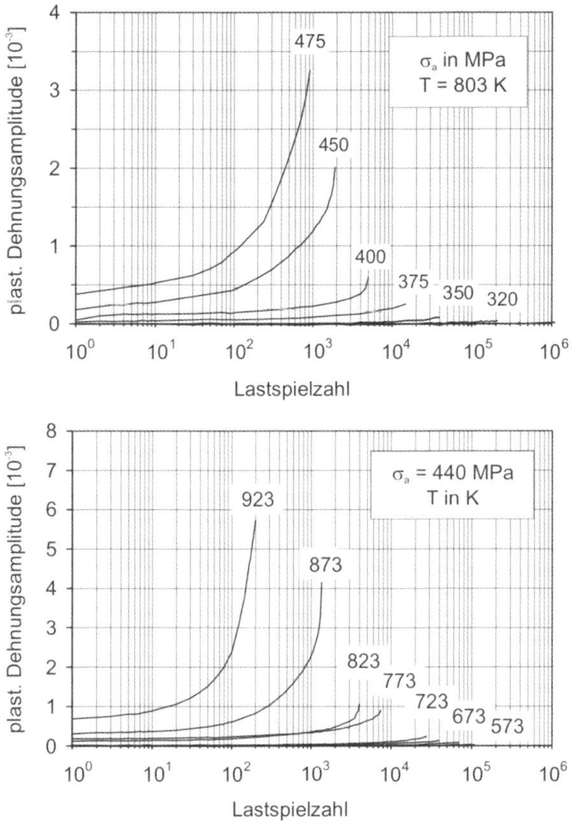

Abb. 18: Wechselverformungskurven von vergütetem X22CrMoV121 bei T = const. = 803 K (a) und bei σ_a = const. = 440 MPa (b) [32]

7 Wechselverformungsverhalten des metastabilen austenitischen Stahles

7.1 X6CrNiTi1810

Das Wechselverformungsverhalten des metastabilen austenitischen Stahles X6CrNiTi1810 ist durch eine Folge von Ver- und Entfestigungsvorgängen gekennzeichnet. Eine charakteristische Eigenschaft dieses Stahles ist die Phasenumwandlung von paramagnetischem kubischflächenzentriertem Austenit in ferromagnetischen kubischraumzentrierten Martensit infolge plastischer Verformung. Die Martensitbildung kann bei dem untersuchten Werkstoff durch eine Variation der Beanspruchungsamplitude, der Versuchstemperatur und der Lastspielzahl gezielt beeinflusst werden. Der zeitliche Verlauf der einsetzenden und fortschreitenden Martensitbildung beeinflusst neben den magnetischen Eigenschaften massiv das Wechselverformungsverhalten dieses Werkstoffes.

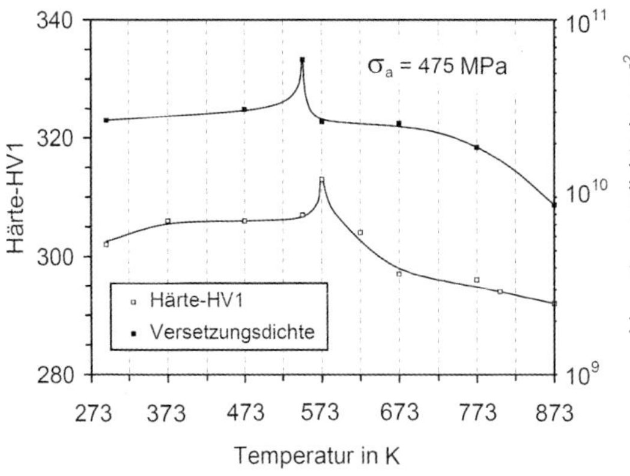

Abb. 19: Härte-HV1 und Versetzungsdichte von vergütetem X22CrMoV121 als Funktion der Temperatur

In Abb. 20 ist die plastische Dehnungsamplitude über der Lastspielzahl für verschiedene Spannungsamplituden aufgetragen. Es ist erkennbar, dass bei allen Spannungsamplituden die plastischen Dehnungsamplituden vom ersten Lastwechsel an von null verschieden sind. Dies ist auch bei der Spannungsamplitude von 240 MPa der Fall, bei der die Probe bis zum Erreichen der Grenzlastspielzahl $2 \cdot 10^6$ nicht versagt. Der charakteristische Verlauf der Kurven ist bei allen Spannungsamplituden ähnlich. Mit zunehmender Beanspruchung sind die plastischen Dehnungsamplituden zu höheren Werten verschoben. Auffällig ist bei allen Wechselverformungskurven die Verfestigung nach Versuchsbeginn bis zu einem Minimum der plastischen Dehnungsamplitude nach ca. 30 Lastwechseln. Danach folgt eine Entfestigung bis etwa $4 \cdot 10^3$–10^4 Lastwechsel, gefolgt von einer sekundären Verfestigung, die für Spannungsamplituden > 240 MPa bis zum Bruch andauert. Die sekundäre Verfestigung ab etwa 10^4 Lastwechsel ist auf die verformungsinduzierte Martensitbildung zurückzuführen.

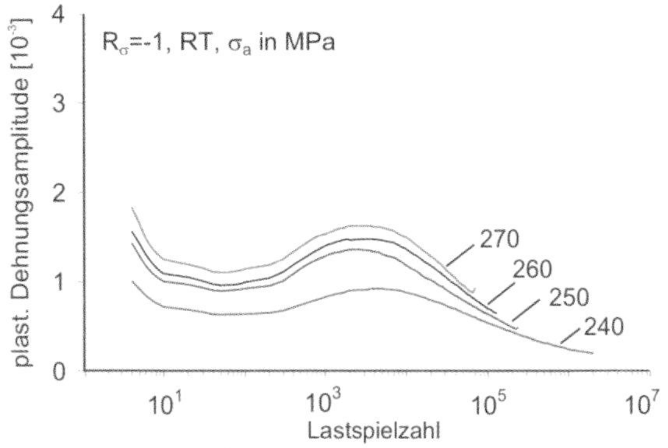

Abb. 20: Wechselverformungskurven von X6CrNiTi1810 für verschiedene Spannungsamplituden

Der unmittelbare Zusammenhang zwischen dem Wechselverformungsverhalten des metastabilen Austeniten X6CrNiTi1810 und der Phasenumwandlung ist in Abb. 21 für einen span-

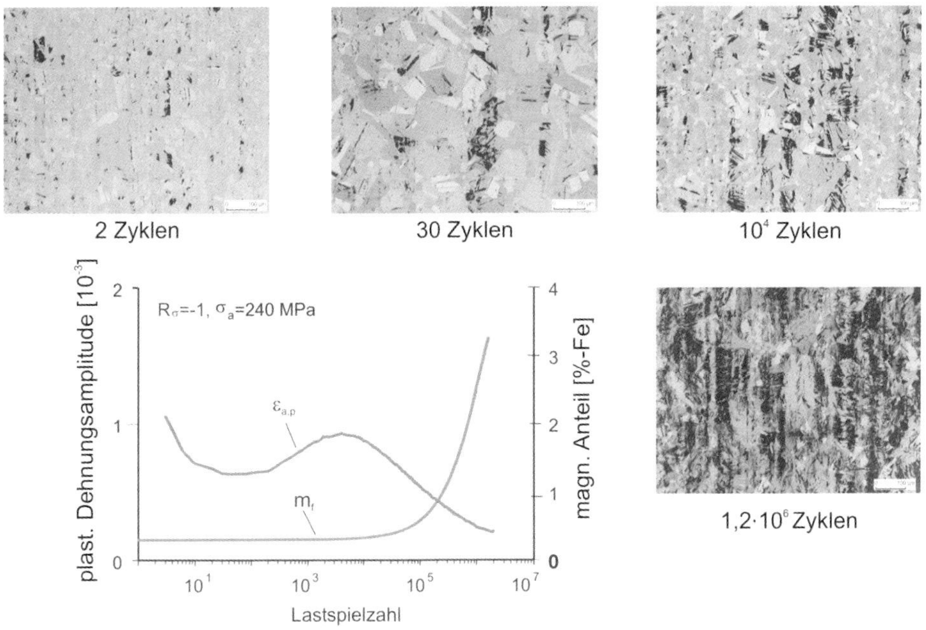

Abb. 21: Wechselverformungskurve und magnetischer Phasenanteil von X6CrNiTi1810

nungskontrollierten Versuch mit σ_a = 240 MPa dargestellt. Der Wechselverformungskurve ist die Entwicklung des magnetischen Phasenanteiles zugeordnet. Die sekundäre Verfestigung tritt eindeutig in dem Lastspielzahlbereich auf, in dem der magnetische Phasenanteil signifikant zunimmt. Dieses Ergebnis wird im übrigen auch durch die bei verschiedenen Lastspielzahlen aufgenommenen lichtmikroskopischen Gefügeaufnahmen bestätigt. Dabei entsprechen die schwarzen Bildbereiche jeweils der martensitischen Phase [33].

Literaturverzeichnis

[1] D. Eifler: in „Ermüdungsverhalten metallischer Werkstoffe". herausgegeben von D. Munz; DGM-Inforationsgesellschaft, Verlag, Oberursel, 1985, S. 73–105.

[2] K. Pohl, P. Mayr und E. Macherauch: Scripta Met. 14 (1980) 1167–1169.

[3] A. Glaser, D. Eifler und E. Macherauch: Zyklisches Kriechen und Mittelspannungsrelaxation bei Zugschwellbeanspruchung von normalisiertem und vergütetem 42 CrMo 4, Mat.-wiss. u. Werkstofftech. 26 (1995) 111–117.

[4] M. Becker, D. Eifler und E. Macherauch: Wechselverformungskurven und Mikrostruktur bei spannungskontrollierter Zug-Druck-Wechselbeanspruchung von Ck45 im Temperaturbereich 295 K $\leq$ T $\leq$ 873 K, Mat.-wiss. U. Werkstofftech. 24 (1993) 57–64.

[5] D. Eifler, P. Mayr und E. Macherauch: Härterei Tech. Mitt. 37 (1983) 116–120.

[6] D. Eifler und E. Macherauch: Microstructure and cyclic deformation behaviour of plain carbon and low-alloyed steels, Int. J. Fatigue, 12 No. 3 (1990) 165–174.
[7] D. Pilo, W. Reik, P. Mayr und E. Macherauch: Arch. Eisenhüttenwes. 48 (1977) 575–578.
[8] E. Macherauch und P. Mayr: Strukturmechanische Grundlagen der Werkstoffermüdung, Z. Werkstofftech. 8 (1977) 213–224
[9] D. Pilo, W. Reik, P. Mayr und E. Macherauch: Arch. Eisenhüttenwes. 50 (1979) 407–409.
[10] E. Macherauch und P. Mayr: Z. Werkstofftech. 8 (1977) 213–244.
[11] M. Becker, D. Eifler und E. Macherauch: Das Zug-Druck-Wechselverformungsverhalten von unterschiedlich wärmebehandeltem Stahl Ck80 im Temperaturbereich 295 K $\leq$ T $\leq$ 873 K, Z.Metallkde. Bd. 81 (1990) 25–32.
[12] F. Walther, D. Eifler, U.- Mosler und U. Martin: Deformation behaviour and microscopic investigations of cyclically loaded railway wheels and tyres, Z. Metallkde. 96 (2005) 753–760.
[13] P. Lukas, M. Klesnil und J. Polak: Mat. Sci. and Eng. 15 (1974) 239–245.
[14] D. Eifler: Zum Ermüdungsverhalten von Vergütungsstählen, HTM 39 5 (1984) 233–252.
[15] H. Mughrabi, K. Herz und V. Stark: Int. Jour. of. Frac. 17 (1981) 193–220.
[16] K. Pohl, P. Mayr und E. Macherauch: Int. J. Fract. 17 (1981) 221–233.
[17] T. Nagagawa und Y. Ikai: Fat. Eng. Mat. Struc. 2 (1979) 13–21.
[18] D.V. Wilson und J.K. Tromans: Acta. Met. 18 (1970) 1197–1208.
[19] V.F. Terent'jev: Fiz. metal. Metalloved 27 No.6 (1969).
[20] C.C. Li und W.C. Leslie: Met. Trans. A 9A (1978) 1765–1775.
[21] C.E. Jaske: Trans. ASME 8 (1977) 432–443.
[22] S.P. Bhat und C. Laird: Fatigue Eng. Mat. Struct. 1 (1979) 59–77.
[23] J.P. Bailon und S.D. Antolovitch: ASTM STP 811, herausgegeben von J. Lankford, D.L. Davidson, W.L. Morris und R.P. Wie, 1983, S. 313.
[24] B.A. Bilby und P.F. Heald: Proc. Roy. Soc., London, A 1482 (1968) 429.
[25] A.J. McEvily: ASTM STP 811, herausgegeben von J. Lankford, D.L. Davidson, W.L. Morris und R.P. Wie, 1983, S. 283.
[26] L.P. Pook und N.E. Frost: Int. J. Fract. 9 (1973) 53.
[27] G.S. Was und R.M. Pelloux: Met. Trans. A 10 A (1979) 656.
[28] J.R. Rice: in: „Fatigue Crack Propagation“, ASTM STP 415, 1967, S. 247.
[29] B.K. Choudhary, K. Bhanu Sankara Rao und S.L. Mannan: Mater. Science and Engng A 148 (1991) 267–278.
[30] J.C. Earthman, G. Eggeler und B. Ilschner: Mater. Science and Engng, A 110 (1989) 103–114.
[31] K. Kanazawa, K. Yamaguchi and K. Kobayashi: Mater. Science and Engng 40 (1979) 89–96.
[32] T. Petersmeier und D. Eifler: VGB Kraftwerkstechnik 76 (1996) 345–350.
[33] Th. Nebel, U. Martin und D. Eifler: Wechselverformungsverhalten metastabiler austenitischer Stähle, HTM 56 (2001) 314–320.

Besonderheiten des zyklischen Verformungsverhaltens normalisierter Stähle

A. Ohrndorf

1 Einleitung

Die Stähle stellen nach wie vor die Gruppe metallischer Werkstoffe mit der größten technischen und wirtschaftlichen Bedeutung dar. Innerhalb der Gruppe der Stähle besitzen dabei die unlegierten Stähle den größten Stellenwert. Beim technischen Einsatz dieser Werkstoffe sind rein statische Beanspruchungen eher die Ausnahme [1]. Dementsprechend häufig finden sich lebensdauerorientierte Untersuchungen zum Ermüdungsverhalten von Stählen, deren Ergebnisse meist in Form von Wöhler-Diagrammen dargestellt sind. Das zyklische Verformungsverhalten in der makroanrissfreien Ermüdungsphase wird dabei in den wenigsten Fällen untersucht und findet folglich auch bei der Bauteilauslegung keine gesonderte Berücksichtigung. Dies ist insoweit nicht zu verstehen, als sich die unlegierten Stähle durch einige Besonderheiten auszeichnen.

2 Lüdersbandausbreitung unter monotoner und zyklischer Beanspruchung

Eine Reihe technisch wichtiger Materialien zeigt bei der monotonen Belastung eine deutlich unterscheidbare obere und untere Streckgrenze, verbunden mit einer inhomogenen plastischen Verformung, die als Lüdersbandausbreitung bezeichnet wird. Diese Erscheinung ist charakteristisch für Legierungen mit kubisch raumzentrierter (krz) Kristallstruktur, die interstitiell gelöste Fremdatome enthalten. Bei den unlegierten Stählen sind dies die Elemente Kohlenstoff und Stickstoff, die in gelöster Form im Ferrit vorliegen. Die interstitiell gelösten Fremdatome lagern sich im normalisierten Zustand als sogenannte Cottrell-Wolken um Stufenversetzungen herum an, da die Dilatationszonen im elastischen Verzerrungsfeld von Versetzungen die energetisch günstigsten Positionen für die Fremdatome darstellen. Dort führen sie zu einer Versetzungsverankerung, die eine Erhöhung der Fließspannung hervorruft. Beim Erreichen der oberen Streckgrenze reißen sich in einzelnen Körnern, die günstig zur Spannung orientiert sind, die Versetzungen von den Cottrell-Wolken los. Jene Versetzungen erzeugen während der lokal ablaufenden Abgleitung neue Versetzungen, welche sich an Korngrenzen aufstauen. Diese sogenannten "pile-ups" induzieren im Nachbarkorn zusätzliche Spannungen, so daß der kritische Spannungswert für den Losreißprozess überschritten wird. Auf diese Weise breiten sich die zunächst lokal begrenzten plastisch verformten Bereiche bei einer deutlich geringeren makroskopischen Spannung (untere Streckgrenze) über das Proben- bzw. Bauteilvolumen aus. Der Anstieg der Versetzungsdichte in den plastisch verformten Bereichen führt dort lokal zu einer Verfestigung, die sich aber nicht in Form einer höheren makroskopischen Spannung bemerkbar macht, da sie von der zunehmenden Ausdehnung des plastisch verformten Bereiches kompensiert wird. Erst wenn das gesamte Volumen an der plastischen Verformung beteiligt ist, steigt die gemessene Spannung wieder an (siehe auch z.B. [2,3]).

Bei der zyklischen Belastung kann der Losreißprozess bereits bei Spannungen weit unterhalb der oberen (und auch der unteren) Streckgrenze beobachtet werden. Die plastische Verformung setzt in diesem Spannungsbereich allerdings nicht sofort mit dem ersten Zyklus ein, vielmehr verhält sich der Werkstoff zunächst nahezu rein elastisch, bis nach einer von der Spannungsamplitude abhängigen Zyklenzahl eine deutliche Zunahme der plastischen Dehnungsschwingbreite erkennbar wird [2]. Dieser Sachverhalt ist in Abb. 1 für das Beispiel des Stahles Ck 45 bei einer Beanspruchung mit konstanter Spannungsamplitude σ_a wiedergegeben. Der Wechselentfestigung, die um so früher einsetzt, je größer σ_a ist, schließt sich eine Wechselverfestigung an.

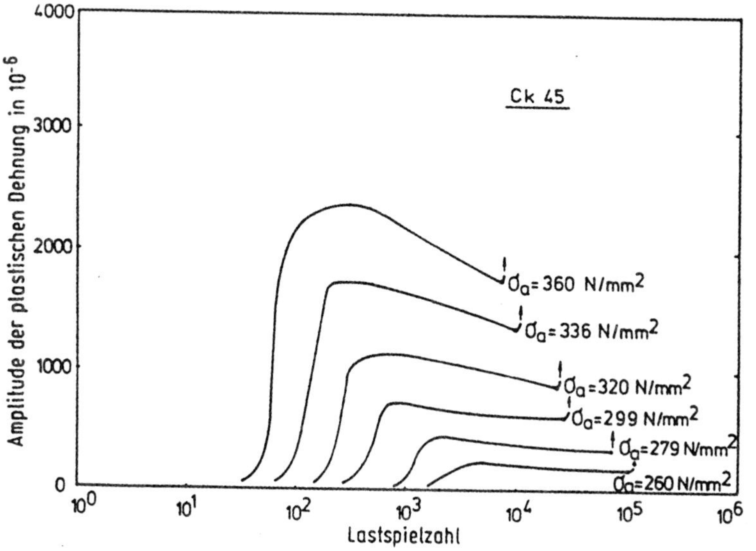

Abb. 1: Wechselverformungskurven von Ck45 bei verschiedenen Spannungsamplituden [4]

Qualitativ kann der Verlauf der Wechselverformungskurve mit den gleichen Begründungen wie im Falle einsinniger Verformung erklärt werden. Im ersten Halbzyklus wird eine geringe Anzahl von Versetzungen in einzelnen, isolierten Körnern losgerissen. Dieser Vorgang wiederholt sich in den folgenden Zyklen und führt somit zu einer Erhöhung der Zahl der beweglichen Versetzungen. Der Werkstoff liegt demzufolge in einem plastisch inhomogenen Zustand vor, da neben sich plastisch verformenden Körnern mit frei beweglichen Versetzungen solche existieren, die sich praktisch rein elastisch verhalten, da noch alle Versetzungen verankert sind. Die stetige Zunahme der Anzahl der Bereiche mit beweglichen Versetzungen führt zu einer Zunahme der plastischen Dehnungsamplitude ε_{ap}. Gleichzeitig laufen dort allerdings die Prozesse ab, die für die zyklische Verformung von Metallen ohne Zwischengitteratome typisch sind, nämlich die Erhöhung der Versetzungsdichte und die Ausbildung von Versetzungsstrukturen. Die damit verbundene lokale Verfestigung dominiert, wenn ihre Wirkung durch die Neuentstehung plastisch verformbarer Bereiche nicht mehr überkompensiert wird; die Wechselverformungskurve durchläuft somit ein Maximum [2]. Die Entwicklung inhomogener plastischer Verformung lässt sich mit Hilfe von spannungsoptischen Untersuchungen verfolgen. Diese Untersuchungen zeigen, dass die Entwicklung und Ausbreitung von Lüdersbändern etwa abgeschlossen ist, wenn das Entfestigungsmaximum der Wechselverformungskurve erreicht ist [5].

3 Der Einfluss einer Mittelspannung

Werden spannungskontrollierte Wechselverformungsversuche durchgeführt, bei denen eine Mittelspannung überlagert ist, so ergeben sich Hysteresekurven, die sowohl bezüglich der Spannungs- als auch der Dehnungsachse verschoben sind. In Abb. 2 ist eine derartige Hysteresekurve dargestellt. Diese Art der Versuchsführung führt zu einem gerichteten plastischen Deformationsprozess. Diese Erscheinung äußert sich makroskopisch in einer fortschreitenden Mitteldehnungsänderung und wird zyklisches Kriechen genannt. Zyklisches Kriechen ist insbesondere bei Werkstoffen, die dynamische Lüdersbandausbreitung zeigen, sehr ausgeprägt. Die Mitteldehnungsänderung hat dabei immer das gleiche Vorzeichen wie die Mittelspannung, wobei die nach einer bestimmten Lastspielzahl erreichten Mitteldehnungen unter Druckmittelspannung betragsmäßig kleiner sind als unter Zugmittelspannung.

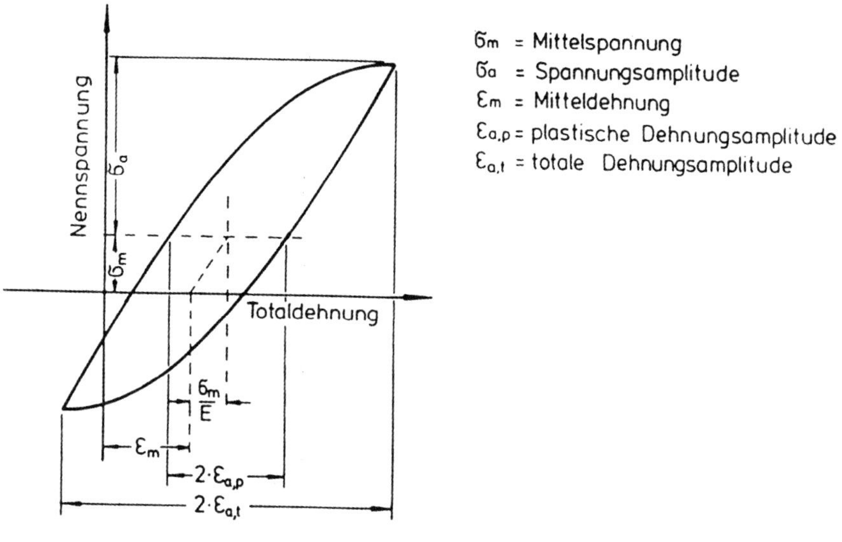

Abb. 2: σ–ε-Hysterese bei Versuchen mit überlagerter Mittelspannung [6]

Beim zyklischen Kriechen werden ebenfalls Inkubationszeiten beobachtet, welche mit dem Beginn nachweisbarer plastischer Dehnungsamplituden zusammenfallen (Abb. 3). Dies deutet darauf hin, daß die Mitteldehnungsänderung unmittelbar mit der verfügbaren Gleitversetzungsdichte in Verbindung steht. Diese reagiert äußerst empfindlich auf die Unsymmetrie in den Beanspruchungszyklen [8]. Auch im Bereich der Wechselverfestigung kriecht der Werkstoff zyklisch weiter. Bei niedrigen Mittelspannungen ist dabei nur ein geringer Einfluss der Mittelspannung auf die beobachteten plastischen Dehnungsamplituden zu erkennen. Bei hohen Mittelspannungen bleibt unter Umständen die sekundäre Verfestigung aus.

Auch bereits bei einer symmetrischen Zug-Druck-Beanspruchungen kann eine leichte Unsymmetrie der plastischen Dehnung auftreten [9]. Als Erklärung werden neben geometrisch bedingten Abweichungen von der Nennmittelspannung auch Unterschiede zwischen Streck- und Stauchgrenze sowie Temperaturerhöhungen infolge dissipierter Verformungsarbeit diskutiert.

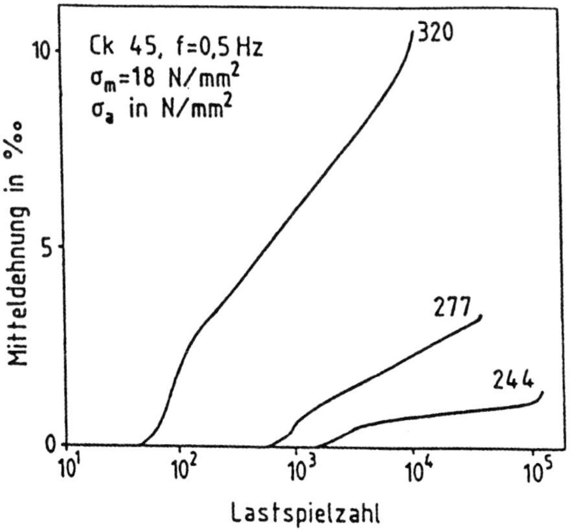

Abb. 3: Mitteldehnung als Funktion der Lastspielzahl bei Versuchen mit Mittelspannung [7]

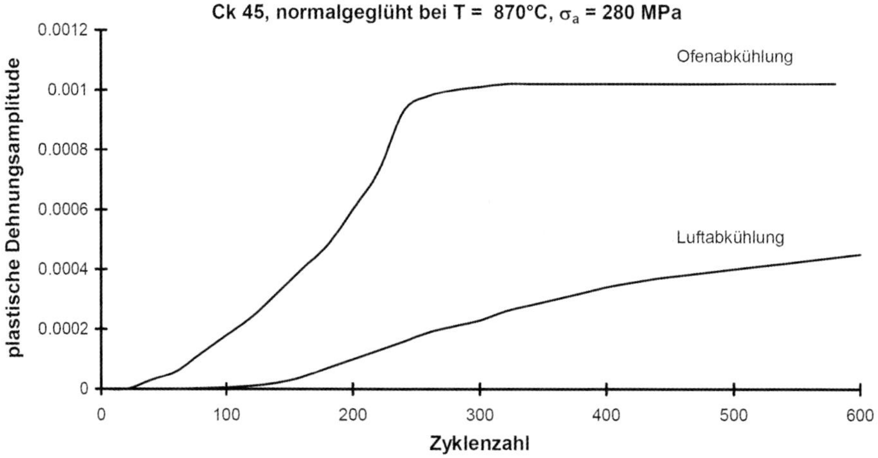

Abb. 4: Einfluss der Abkühlgeschwindigkeit auf das Wechselverformungsverhalten von Ck45

4 Der Einfluss des Gefüges auf das Wechselverformungsverhalten

Einen wesentlichen Einfluss auf die mechanischen Eigenschaften normalisierter Stähle übt zum einen der Kohlenstoffgehalt und zum anderen die Art der Wärmebehandlung aus. Im untereutektoiden Bereich nimmt die Ferritkorngröße bei gleichen Abkühlbedingungen mit zunehmendem Kohlenstoffgehalt ab. Die plastischen Verformungsvorgänge im ferritisch-perlitischen Gefüge beschränken sich bis zu einem Kohlenstoffgehalt von ca. 0,45 Masse-% nahezu vollständig auf die Ferritkörner [6]. Folglich sind bei Stählen mit niedrigem Kohlenstoffgehalt geringere Spannungswerte erforderlich, um nach einer festen Zyklenzahl plastische Verformung hervorzurufen. Desgleichen reduziert sich das Inkubationsintervall für das Auftreten von plastischer Verformung bei den gleichen Spannungsamplituden mit abnehmendem Kohlenstoffgehalt.

Neben der Austenitisierungstemperatur ist insbesondere die Abkühlgeschwindigkeit nach dem Normalglühen von entscheidender Bedeutung. Der Grund sind die unterschiedlichen Ferritkorngrößen und die unterschiedlichen Lamellenbreiten im Perlit. Eine schnelle Abkühlung (z.B. an Luft) führt zu geringeren Ferritkorngrößen und geringeren Lamellenabständen im Perlit. Desweiteren besteht ein Einfluss in Lösung gebliebener Nichtgleichgewichtskonzentrationen des Kohlenstoffs, wobei eine steigende plastische Dehnungsamplitude mit abnehmendem Kohlenstoffgehalt in den ferritischen Gefügebereichen beobachtet wird [5].

Eine langsame Abkühlung (z.B. im Ofen) hat ein kurzes Inkubationsintervall in Verbindung mit hohen Sättigungsamplituden der plastischen Dehnung zur Folge (siehe Abb. 4). Bei übereutektoiden Stählen wird der gleiche Einfluss der Abkühlgeschwindigkeit beobachtet [5], wobei offensichtlich nur die Perlitstruktur und der unterschiedliche Kohlenstoffgehalt in den Ferritlamellen eine Rolle spielt.

5 Vergleich der einsinnigen und zyklischen Spannungs-Dehnungs-kurve

Als Konsequenz aus dem unterschiedlichen Lüdersbandausbreitungsverhalten bei zyklischer und einsinniger Beanspruchung ergibt sich ein Schnittpunkt der Kurven in der gemeinsamen Auftragung von monotoner Spannungs-Dehnungskurve und zyklischer Spannungs-Dehnungskurve (ZSD-Kurve). Wie in Abb. 5 dargestellt liegt die monotone Kurve bei kleinen Dehnungen oberhalb der zyklischen, da sich bei letzterer bereits die plastische Verformung aufgrund des allmählichen Losreißens der Versetzungen bemerkbar macht, während das einsinnige Verformungsverhalten noch elastisch ist. Bei höheren Spannungsamplituden dominiert im Wechselverformungsversuch aber die Wechselverfestigung (nach abgeschlossener dynamischer Lüdersbandausbreitung) und liefert plastische Dehnungsamplituden, die kleiner sind als die zugeordneten plastischen Dehnungen im Zugversuch; das heißt, die ZSD-Kurve läuft oberhalb der Spannungs-Dehnungskurve des Zugversuchs.

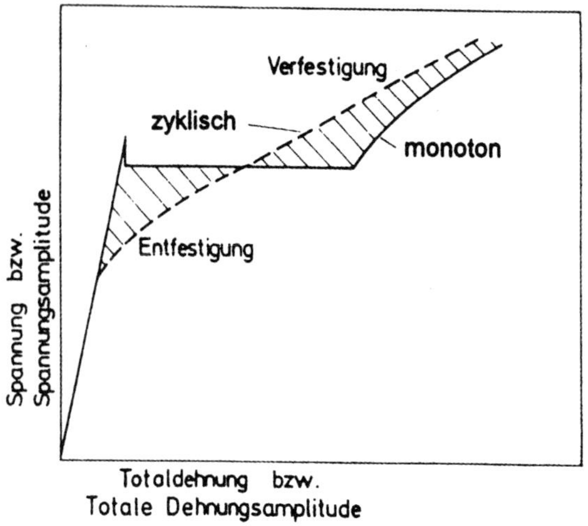

Abb. 5: Vergleich von einsinniger und zyklischer σ-ε-Kurve [5]

Literatur

[1] D. Munz, K. Schwalbe und P. Mayr: Dauerschwingverhalten metallischer Werkstoffe, Vieweg Verlag, Braunschweig, 1971.

[2] H.-J. Christ: Wechselverformung von Metallen, Monographiereihe WFT Nr. 9, Springer-Verlag, Berlin, 1991.

[3] F. Vollertsen und S: Vogler: Werkstoffeigenschaften und Mikrostruktur, Carl Hanser Verlag, München/Wien, 1989, S. 61.

[4] D. Pilo, W. Reik, P. Mayr und E. Macherauch: Arch. Eisenhüttenwesen 48 (1977) 575.

[5] D. Pilo: Dissertation, Universität Karlsruhe (TH), 1979.

[6] D. Eifler: Zusammenhang zwischen Mikrostruktur und Schwingfestigkeitsverhalten bei Stählen, in: Ermüdungsverhalten metallischer Werkstoffe, herausgegeben von D. Munz, DGM Informationsgesellschaft Verlag, Oberursel, 1985.

[7] W. Reik: Dissertation, Universität Karlsruhe (TH), 1978.

[8] D. Pilo, W. Reik, P. Mayr und E. Macherauch: Arch. Eisenhüttenwesen 49 (1978) 31.

[9] A. Glaser, D. Eifler und E. Macherauch: Mat.wiss. u. Werkstofftech. 22 (1991) 266.

Ermüdungsverhalten bei hoher und variierender Temperatur

H.J. Maier

1 Einleitung

Hochtemperaturbauteile unterliegen häufig einer komplexen Betriebsbelastung durch zyklische Temperatur- und Laständerungen in zudem meist aggressiven Umgebungsmedien. Für die sichere Auslegung von Bauteilen für Hochtemperaturanwendungen ist u.a. die Kenntnis der unter den Betriebsbedingungen relevanten Schädigungsmechanismen erforderlich, um eine Übertragung der im Labor gewonnenen Daten auf reale Bauteile zu ermöglichen. Im Unterschied zum experimentell meist sehr einfach durchzuführenden Kriechversuch sind für Hochtemperaturermüdungsversuche aufwändige experimentelle Einrichtungen notwendig. Da Bauteile für Hochtemperaturanwendungen zum Teil für Lebensdauern zwischen 10 und 30 Jahren ausgelegt werden, müssen Hochtemperaturermüdungsversuche i.d. Regel beschleunigt durchgeführt werden, indem z.B. die Probentemperatur, die Belastungsschwingbreite oder auch die Prüffrequenz erhöht werden. Bei der Interpretation der erhaltenen Daten ist dann zu berücksichtigen, dass im beschleunigten Ermüdungsversuch ein anderer Schädigungsmechanismus als im realen Bauteil vorherrschen kann.

Zur Lebensdauerprognose wurden eine Vielzahl vor allem empirischer Methoden entwickelt, die jeweils nur auf bestimmte Werkstoffgruppen anwendbar sind. Übersichtsarbeiten, in denen gängige Verfahren dargestellt sind, finden sich u.a. in [1,2]. Aufgrund der Komplexität des Themas ist eine umfassende Behandlung hier nicht möglich, und im Folgenden sollen nur die Wichtigsten, das Hochtemperaturermüdungsverhalten bestimmenden Mechanismen dargestellt werden.

2 Experimentelles

Neben dem Kriechversuch werden vor allem zwei Arten von Ermüdungsversuchen zur Auslegung von Hochtemperaturbauteilen verwendet. Lebensdauerdaten werden i.d. Regel an meist ungekerbten Zylinderproben unter einachsiger Zug-/Druckbeanspruchung ermittelt. Für die Messung des Rissausbreitungsverhaltens bei hoher Temperatur werden überwiegend sog. Kompaktzugproben verwendet. Wie Abb. 1 veranschaulicht, wird bei der Übertragung der so gewonnenen Daten auf das reale Bauteil angenommen, dass mit der glatten Zylinderprobe die Verhältnisse im Kerbgrund nachgebildet werden können, und das Rissausbreitungsverhalten wird über die Kompaktzugprobe ermittelt. Diese Vorgehensweise setzt u.a. voraus, dass der Gradient der plastischen Dehnung im Kerbgrund des realen Bauteils klein ist und Effekte durch den mehrachsigen Spannungszustand im Kerbgrund vernachlässigbar sind.

Die Versuche zur Lebensdauerbestimmung an Zylinderproben werden meist gesamtdehnungsgeregelt durchgeführt. Häufig wird zusätzlich die Schwingbreite der plastischen Dehnung ($\Delta\varepsilon_{pl}$) konstant gehalten. Diese Versuchsführung resultiert aus der Überlegung, dass in vielen Bauteilen lokal z.B. an Kerben plastische Verformung auftritt, die Dehnungsamplitude in diesem Bereich durch die umgebenden elastisch verformten Gebiete in etwa konstant bleibt. In Abb. 2 sind verschiedene Dehnungs-Zeit-Verläufe, $\varepsilon(t)$, und die resultierende Werkstoffantwort in Form der Spannungs-Dehnungs-Hysteresekurven dargestellt. Hierbei dienen Beanspruchungsverläufe mit im steigenden und fallenden Teil unterschiedlichen Beanspruchungsgeschwindigkeiten (z.B. S/F = slow/fast) sowie die Zyklen mit überlagerten Haltezeiten (H_T: Haltezeit im Zug) vor allem der Untersuchung der später noch zu behandelnden Kriech-Ermüdungs-Wechselwirkung.

Bei Untersuchungen zum Rissausbreitungsverhalten werden grundsätzlich ähnliche Belastungsverläufe verwendet. Meist wird in diesen Versuchen jedoch der Last-Zeitverlauf vorgegeben, und die Probenaufweitung und die Rissverlängerung werden registriert.

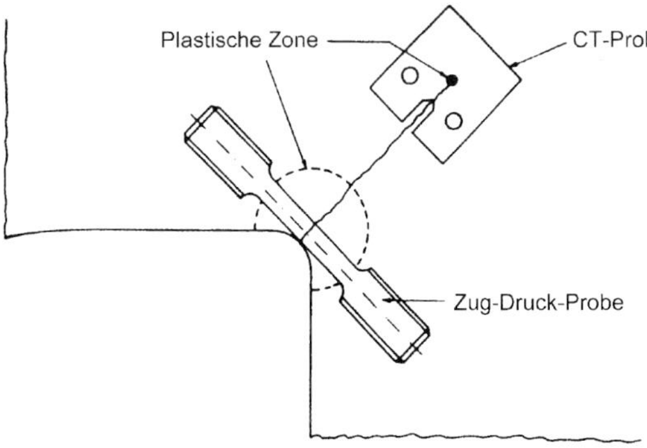

Abb.1: Zur Übertragung von Ergebnissen an Laborproben auf reale Bauteile (schematisch nach [3])

Bereits die Durchführung einfacher isothermer Hochtemperaturermüdungsversuche erfordert deutlich höheren experimentellen Aufwand als konventionelle Raumtemperaturversuche. Wesentlichen Einfluss auf das Versuchsergebnis haben z.B. die Temperaturkontrolle und die Ausrichtung der Probeneinspannung. Eine umfassende Sammlung von Übersichtsarbeiten zu Fragen der Versuchsführung findet sich in [5]. Auf Besonderheiten der Versuchsführung bei der sog. thermomechanischen Ermüdung, bei der sowohl die mechanische Beanspruchung als auch die Temperatur zyklisch variiert, wird später getrennt eingegangen.

Je nach Versuchstyp können unterschiedliche Schädigungsmechanismen auftreten, die sich zumindest grundsätzlich drei Arten zuordnen lassen:

- Bei der reinen Ermüdungsschädigung versagt die Probe durch das Wachstum von Ermüdungsrissen, die meist von der Oberfläche ausgehen. Die reine Ermüdungsschädigung ist von der eingebrachten plastischen Verformung bestimmt und ist daher in etwa unabhängig von der Dehnrate oder der Prüffrequenz.
- Die Bildung und das Wachstum von Poren an Korngrenzen ist der für die reine Kriechschädigung typische Schädigungsmechanismus. Mit abnehmender Dehnrate werden die Prozesse, die zur Kriechschädigung führen, begünstigt, und die Zyklenzahl bis zum Bruch nimmt ab. Steigende plastische Dehnungsamplituden hingegen begünstigen die Ermüdungsvorgänge, und die Frequenzabhängigkeit ist weniger deutlich ausgeprägt.
- Die Schädigung durch das Umgebungsmedium (Korrosion) erfolgt häufig über die Korngrenzen und ist zeitabhängig. Da die Umgebungseffekte mit steigender Versuchsfrequenz abnehmen, dienen Versuche mit hoher Versuchsfrequenz oft dazu, auf einfache Art Basisda-

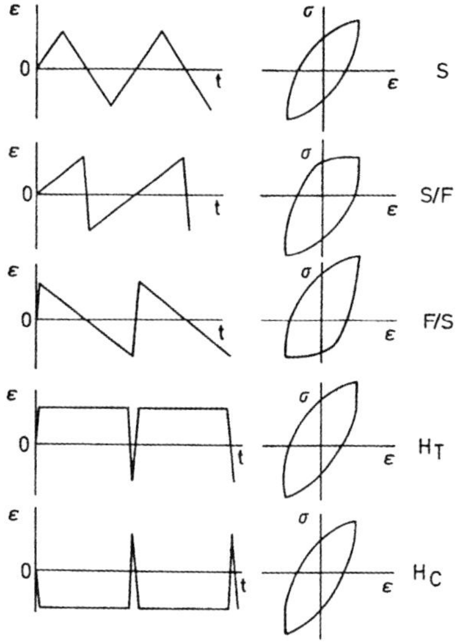

Abb. 2: Übliche Zyklenformen und die resultierenden Hysteresekurven (nach [4])

ten mit vernachlässigbarem Umgebungseinfluss zu erhalten. In den meisten Fällen ist der Korrosionsangriff zusätzlich auch spannungs- oder verformungsabhängig.

3 Einfluss der Temperatur auf das zyklische Spannungs-Dehnungsverhalten

Die Schädigungsentwicklung wird in den meisten Fällen durch die Spannungs- und die Dehnungsamplitude gemeinsam bestimmt. In realen Bauteilen ist oft nur eine der beiden Größen unter Betriebsbedingungen einfach ermittelbar. Die Spannungs- oder Dehnungsantwort des Werkstoffes ist dann über geeignete Werkstoffmodelle zu ermitteln. Einige der das zyklische Spannungs-Dehnungsverhalten (ZSD) bestimmenden Parameter sind im Folgenden zusammengefasst.

3.1 Gefügeinstabilität

Während das ZSD-Verhalten bei Raumtemperatur noch vergleichsweise einfach beschreibbar ist, führen die bei hoher Temperatur stattfindenden Gefügeänderungen in der Regel dazu, dass sich das ZSD-Verhalten im Laufe der Beanspruchung stark ändert. So wurde z.B. beobachtet, dass in perlitischen Stählen durch die bei hoher Temperatur stattfindende globulare Einformung des Zementits eine deutliche Veränderung im ZSD-Verhalten eintritt [6]. Ein weiteres Beispiel stellen ausscheidungsgehärtete Aluminiumlegierungen dar, in denen z.B. die härtende Wirkung der θ'-Phase durch Überalterung abgebaut wird. Wichtig hierbei ist, dass diese Entfestigungsprozesse nicht nur von Temperatur und Zeit abhängen, sondern auch durch die Verformung selbst beschleunigt werden können. Zur Berechnung des ZSD-Verhaltens unter Betriebsbeanspruchung sind daher Modelle zu verwenden, die diese Wechselwirkung berücksichtigen können.

3.2 Gleitverhalten

Die Anrissbildung und das Kurzrisswachstum werden stark vom Gleitcharakter eines Werkstoffs geprägt. In Werkstoffen mit planarem Gleitverhalten bleiben die Versetzungen im Wesentlichen in der Gleitebene, an der Oberfläche entstehen Gleitstufen, und die Anrisse breiten sich bevorzugt parallel zur Gleitebene aus. Bei welligem Gleitverhalten sind die Versetzungen nicht mehr streng an die Gleitebene gebunden, und die Verformung erfolgt daher homogener. Dies fördert die Bildung trans- oder interkristalliner Anrisse, die senkrecht zur äußeren Spannungsachse entstehen

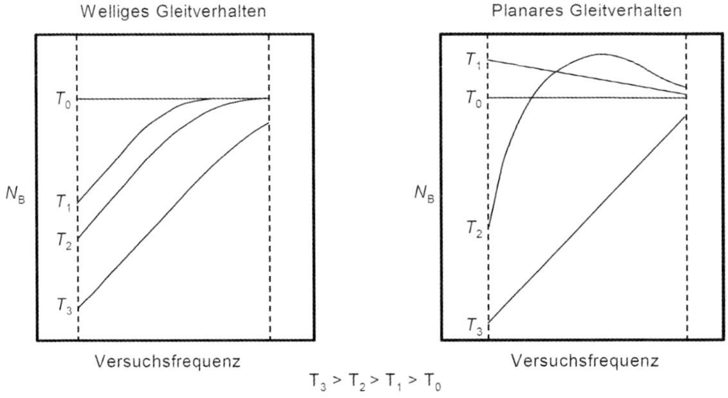

Abb. 3: Temperatur- und Frequenzeinfluss auf die Ermüdungslebensdauer (nach [7])

Mit steigender Temperatur wird im allgemeinen das wellige Gleitverhalten begünstigt. Bei höheren Temperaturen werden thermisch aktivierte Prozesse, wie das Klettern von Versetzungen ermöglicht, d.h. die Verformung wird homogener. Aufgrund der Zeitabhängigkeit der Versetzungsgleit- und Kletterprozesse begünstigen niedrige Dehnraten und Haltezeiten ebenfalls die homogene Verformung. Aus diesen einfachen Betrachtungen lassen sich bereits grundsätzliche Aussagen zum Einfluss von Temperatur, Frequenz und Haltezeiten auf die Ermüdungslebensdauer ableiten. In Abb. 3 sind die Zusammenhänge für Werkstoffe mit planarem bzw. welligem Gleitverhalten schematisch zusammengefasst. Bei niedrigen Temperaturen (T_0), bei denen weder Oxidation noch thermische Aktivierung eine Rolle spielen, ist die Bruchlastspielzahl kaum von der Versuchsfrequenz abhängig. Mit steigender Temperatur nehmen die Oxidationseinflüsse zu, die ebenso wie die thermisch aktivierten Verformungsprozesse die interkristalline Rissbildung fördern. Da beide Prozesse auch zeitabhängig sind, wird bei welliger Gleitung mit steigender Temperatur die Abnahme der Lebensdauer mit sinkender Frequenz zunehmend deutlicher. In Werkstoffen mit planarer Gleitung kann durch die Temperaturerhöhung von T_0

auf T_1 anfangs durch den Wechsel zu mehr welligem Gleitverhalten die Ermüdungslebensdauer erhöht werden. Da niedrige Frequenzen (oder Haltezeiten) das wellige Gleitverhalten ebenfalls fördern, steigt die Lebensdauer hier auch mit sinkender Frequenz an. Bei Temperaturerhöhung auf T_2 wird anfangs durch den Übergang von planarem zu welligem Gleiten die Lebensdauer erhöht, bei sehr niedrigen Frequenzen überwiegt dann die Oxidation, und die Lebensdauer fällt wieder ab. Bei der sehr hohen Temperatur T_3 schließlich entspricht das Verhalten dem des Werkstoffs mit welliger Gleitung.

3.3 Dynamische Reckalterung

Vor allem in Kohlenstoffstählen tritt eine Besonderheit in der Temperaturabhängigkeit des Verformungsverhaltens in Form der sog. dynamischen Reckalterung (DRA) auf. Im einfachsten Fall kann die DRA auf eine je nach Temperatur und Dehnrate unterschiedlich starke Behinderung durch interstitiell gelöste Fremdatome (Kohlenstoff, Stickstoff) zurückgeführt werden. Die Auswirkung der DRA auf die Ermüdungslebensdauer hängt stark von der gewählten Versuchsführung ab. Für das Beispiel eines Kohlenstoffstahls (CK 45) zeigt Abb. 4, dass im spannungsgeregelten Versuch die plastische Dehnungsamplitude im Bereich der maximalen DRA stark abnimmt und die Lebensdauer damit erheblich ansteigt. Bei Vorgabe der plastischen Dehnungsamplitude nimmt die für die Verformung notwendige Spannung im Bereich der maximalen DRA durch die Wechselwirkung von Versetzungen und Fremdatomen stark zu, und die Lebensdauer sinkt dementsprechend. Mikrostrukturelle Untersuchungen zeigen, dass die Lebensdauerabnahme im Bereich der DRA nicht nur durch die Erhöhung der zur Verformung notwendigen Spannung verursacht wird, sondern die Wechselwirkung von Versetzungen und Fremdatomen auch die planare Gleitung begünstigt.

4 Umgebungseinfluss

Werkstoffe für Hochtemperaturanwendungen besitzen in der Regel chemische Zusammensetzungen, die eine sehr gute Hochtemperaturkorrosionsbeständigkeit durch Bildung dichter, schützender Oxiddeckschichten garantieren. Im Bereich der Korngrenzen ist jedoch

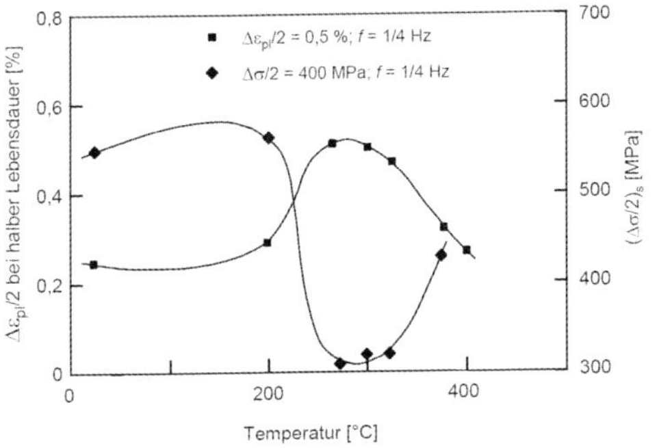

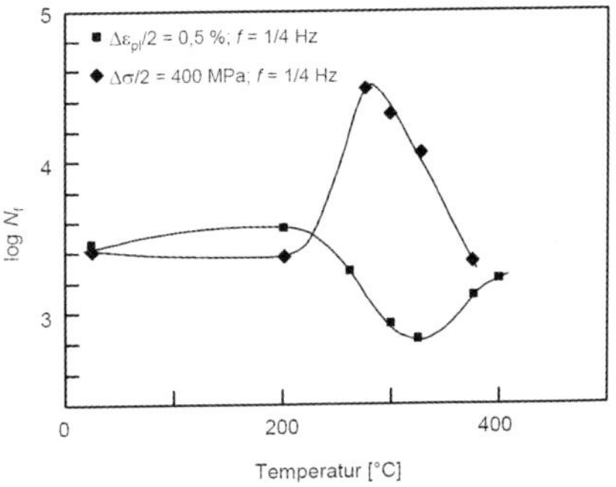

Abb. 4: (a) Einfluss der DRA auf das ZSD-Verhalten von Ck 45; (b) Einfluss der Versuchsführung im Bereich der DRA auf die Ermüdungslebensdauer (nach [8])

häufig die Beständigkeit deutlich niedriger, und der Korrosionsangriff findet somit in vielen Fällen bevorzugt über die Korngrenzen statt. In Werkstoffen, die Karbide auf Korngrenzen enthalten, kann dieser Angriff im einfachsten Fall durch Oxidation der Karbide erfolgen. Wird die Versuchsfrequenz erniedrigt oder eine Haltezeit im Belastungsverlauf eingebracht, so findet man oft eine Zunahme der interkristallinen Risse und damit auch eine Erniedrigung der Lebensdauer. Der Übergang von trans- zu interkristallinem Bruch und die damit verknüpfte Reduzierung der Lebensdauer ist in Abb. 5 für das Beispiel eines austenitischen Edelstahls gezeigt.

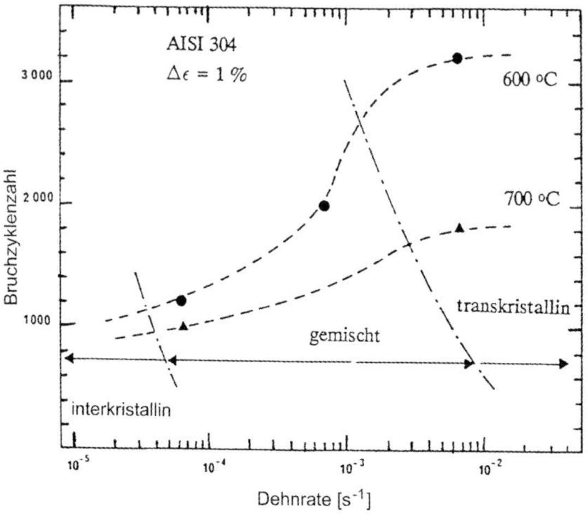

Abb. 5: Einfluss der Dehnrate auf die Ermüdungslebensdauer und den Bruchmodus (nach [9])

Vergleichsversuche in Vakuum erlauben es, den Anteil des Umgebungsmediums an der Schädigung zu erfassen. In der in Abb. 6 verwendeten Auftragung lassen sich drei Bereiche unterscheiden, in denen ein linearer Zusammenhang zwischen log N_f und log v besteht. In jedem der drei Bereiche erhält man einen konstanten Exponenten k des frequenzmodifizierten Coffin-Manson-Gesetzes

$$\Delta\varepsilon_{pl} = C\,(N_f\, v^{k-1})^{-\beta} \tag{1}$$

Dieser Ansatz beschreibt den Einfluss der Frequenz (v) auf die Bruchlastspielzahl N_f als Funktion der plastischen Dehnungsschwingbreite $\Delta\varepsilon_{pl}$. C und β sind Werkstoffkonstanten.

Bei sehr hohen Frequenzen ($v > v_e$) ist der Umgebungseinfluss vernachlässigbar, die Lebensdauer nahezu frequenzunabhängig, und für k ergibt sich ein Wert von 1. Im Bereich mittlerer Frequenzen ($v_m < v < v_e$) führt der Umgebungseinfluss zum oben beschriebenen Wechsel von trans- zu interkristalliner Rissausbreitung, und die Lebensdauer nimmt ab. Für den Exponent k gilt hier $0 < k < 1$. Dass die Abnahme in der Lebensdauer in diesem Bereich durch das Umgebungsmedium bedingt ist, zeigt der Vergleich mit den entsprechenden Versuchen in Vakuum.

Bei sehr niedrigen Frequenzen ($v < v_m$) wird $k = 0$ und der Bruch erfolgt vollständig interkristallin. Im Vakuum nimmt die Lebensdauer jetzt ebenfalls ab, da, wie später dargelegt werden wird, zunehmende Kriechschädigung einsetzt. Die Lebensdauer ist hier jedoch immer noch höher als beim Versuch im Umgebungsmedium, da die zusätzliche Schädigung durch das Umgebungsmedium entfällt.

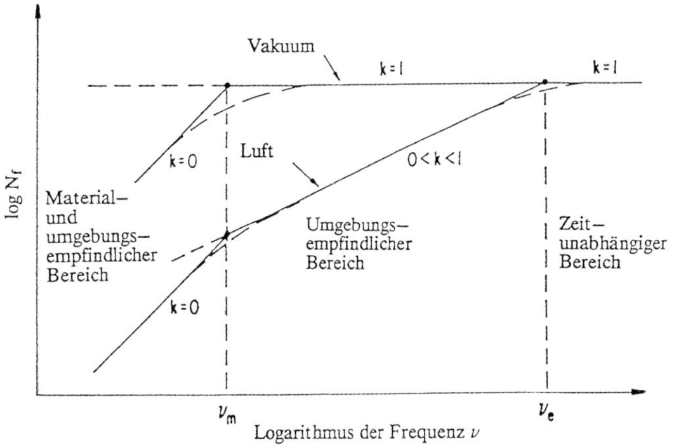

Abb. 6: Frequenzabhängigkeit der Ermüdungslebensdauer in aggressiven Umgebungsmedien. Schematisch nach [10]

5 Porenbildung an Korngrenzen

Neben dem Wechsel im Gleitcharakter und dem zunehmenden Umgebungseinfluss kann auch die mit abnehmender Frequenz oder längerer Zughaltezeit zunehmende Schädigung der Korngrenzen durch Porenbildung und -wachstum zum interkristallinen Bruch führen. Die Wechselwirkung zwischen einem Ermüdungsriss und Poren auf Korngrenzen ist schematisch in Abb. 7 dargestellt.

Die Details der Porenbildung sind bisher noch größtenteils unverstanden. Im allgemeinen wird aber angenommen, dass Korngrenzengleiten hierbei eine wesentliche Rolle spielen muss, da dies an Inhomogenitäten an der Korngrenze zu starken Spannungsüberhöhungen führt. Die durch Korngrenzengleiten erzeugte lokale Spannungsüberhöhung an Korngrenzenausscheidungen erklärt auch, warum bei zyklischer Beanspruchung Porenbildung bereits bei Spannungen auftreten kann, bei denen im monotonen Versuch keine Porenbildung beobachtet wird.

In Abb. 8 ist schematisch die zeitliche Entwicklung der Spannungen dargestellt, die sich an Ausscheidungsteilchen auf einer Korngrenze einstellen. Angenommen sind hierbei runde Ausscheidungsteilchen mit einem Flächenanteil f in der Korngrenze. Bei Belastung mit einer äußeren Scherspannung σ_s wird durch Korngrenzengleiten in der Grenzfläche der Teilchen eine Normalspannung σ_n in Höhe von $-\sigma_s/f$ erzeugt. Während der Haltezeit kann diese Spannung durch Diffusionsvorgänge abgebaut werden. Ist die Haltezeit t_c klein gegenüber der charakteristischen Zeit τ, so ist die Spannungsrelaxation vernachlässigbar und bei Lastumkehr entsteht am Teilchen eine Normalspannung in Höhe von etwa $+\sigma_s/f$. In Versuchen mit langen Haltezeiten ($t_c > \tau$) wird die Spannung in der Grenzfläche hingegen nahezu vollständig relaxieren, und beim Lastwechsel entsteht in der Grenzfläche eine Spannung in Höhe von $2\sigma_s/f$.

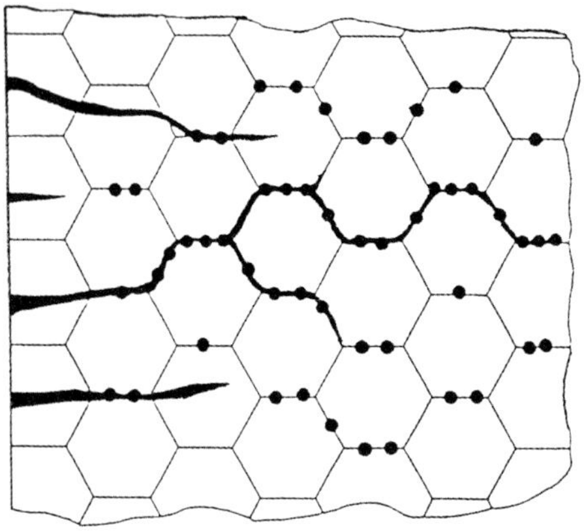

Abb. 7: Interkristalline Rissausbreitung als Folge der Porenbildung auf Korngrenzen [11]

In Abhängigkeit von der Versuchsführung werden die in Abb. 9 dargestellten zwei Grundtypen von Poren beobachtet. Runde Poren findet man in Versuchen mit sehr langen Haltezeiten. Es wird angenommen, dass die Poren durch spannungskontrollierte Kondensation von Leerstellen entstehen. Die Entstehung keilförmiger Poren an Korngrenzentripelpunkten erfordert, wie in Abb. 9b angedeutet ist, auf jeden Fall Korngrenzengleiten. Hohe Zugnormalspannungen auf der Korngrenze und Korngrenzengleitung, die nur auf den Zughalbzyklus beschränkt bleibt, fördern diese Art der Poren. Es ist daher verständlich, dass die besonders schädlichen spaltförmigen Poren durch Versuchsführungen vom Typ S/F (vgl. Abb. 2) begünstigt werden. Die niedrige Verformungsgeschwindigkeit im ansteigenden Teil des $\varepsilon(t)$-Verlaufs kann durch Korngrenzengleiten getragen werden. Die hohe Dehnrate nach der Lastumkehr stellt sicher, dass die

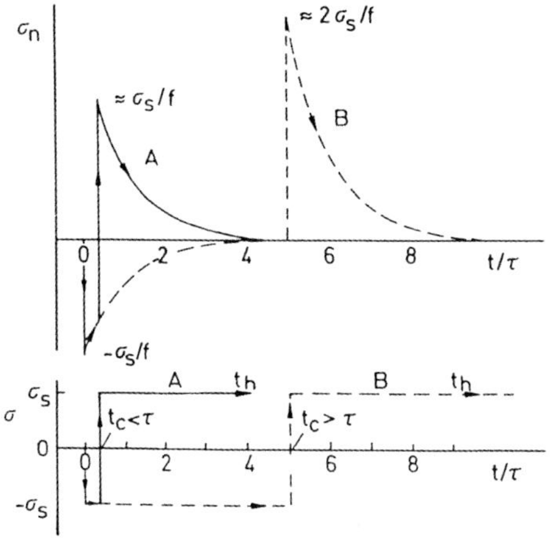

Abb. 8: Spannungsüberhöhung durch Korngrenzengleitung bei Versuchen mit unterschiedlichen Haltezeitdauern [12]

Verformung im Korninneren erfolgt und die in der Zugphase gebildeten Poren nicht wieder geschlossen werden.

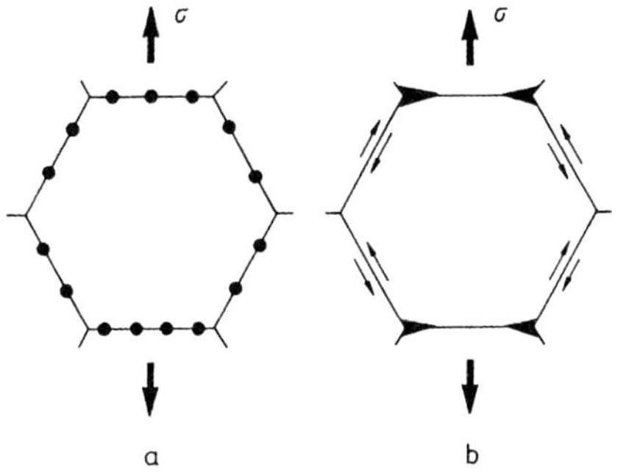

Abb. 9: Bildung runder oder spaltförmiger Poren unter Kriech-Ermüdungsbedingungen (schematisch) nach [4]

Basierend auf diesen Überlegungen lassen sich Schädigungsmechanismuskarten erstellen, aus denen der zu erwartende Bruchtyp entnommen werden kann. Abbildung 10 zeigt, dass bei sehr niedrigen Dehnraten nur runde Poren auftreten. Diffusionsvorgänge reichen hier aus, um den Aufbau von Spannungsspitzen an Korngrenztripelpunkten zu vermeiden. Im mittleren Dehnratenbereich entstehen die bereits beschriebenen spaltförmigen Poren. Bei sehr hohen Dehnraten findet die Verformung hauptsächlich im Korninneren statt, und der Bruch erfolgt überwiegend transkristallin.

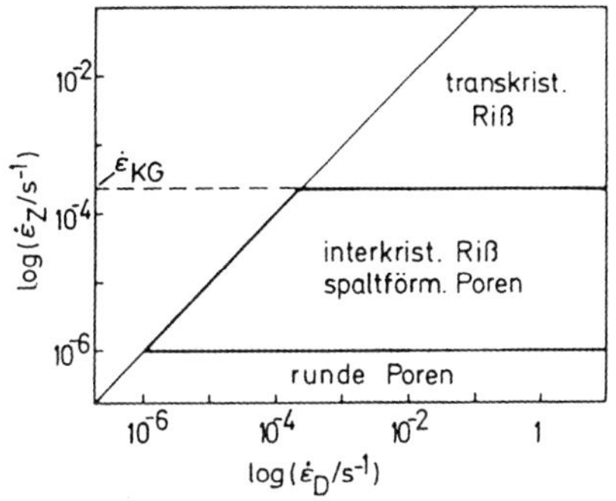

Abb. 10: Schädigungsmechanismen in Versuchen mit im Zug $(\dot{\varepsilon}_Z)$ und Druck $(\dot{\varepsilon}_D)$ unterschiedlichen Dehnraten [13]

6 Risswachstum bei hohen Temperaturen

Ein deutlicher Einfluss der Temperatur auf das Ermüdungsrisswachstum ist in der Regel erst ab Temperaturen oberhalb der halben Schmelztemperatur feststellbar, vgl. Abb. 11. Zur experimentellen Ermittlung der Rissausbreitungsgeschwindigkeit bei hohen Temperaturen werden überwiegend Kompaktzugproben verwendet. Soweit wie möglich wird versucht, die Kon-

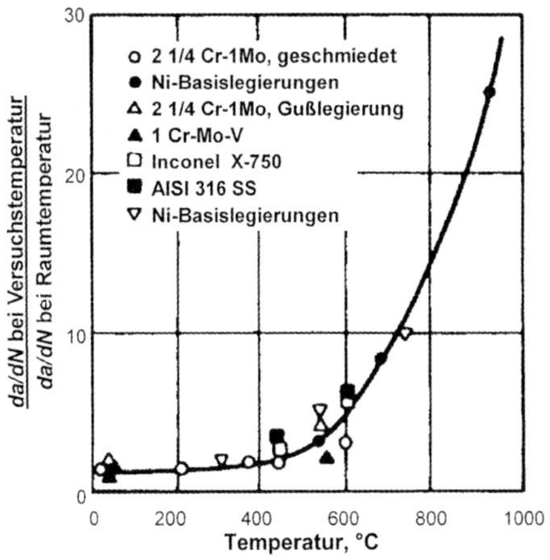

Abb. 11: Ermüdungsrissausbreitung als Funktion der Temperatur bei $\Delta K = 30$ MPa $m^{1/2}$ [14]

zepte der linear-elastischen Bruchmechanik auch noch im Bereich hoher Temperaturen anzuwenden. Für die besonders kriechbeständigen Nickelbasis-Superlegierungen charakterisiert die Schwingbreite des Spannungsintensitätsfaktors (ΔK) das Rissausbreitungsverhalten auch bis zu sehr hohen Temperaturen [15]. Bei noch höheren Temperaturen (oder weniger kriechbeständigen Werkstoffen) wird der Spannungszustand vor der Rissspitze nicht mehr durch ΔK kontrolliert und zur Beschreibung des Rissausbreitungsverhaltens werden Parameter wie C* notwendig. Eine Übersicht, in der auch die Anwendungsgrenzen der verschiedenen Rissspitzenparameter aufgeführt sind, findet sich z.B. in [16].
Zur Berechnung des Rissfortschrittes pro Lastwechsel $\mathrm{d}a/\mathrm{d}N$ bei komplexeren Last-Zeitverläufen $\sigma(t)$ genügt im einfachsten Fall ein linearer Ansatz:

$$\frac{\mathrm{d}a}{\mathrm{d}N} = \left(\frac{\mathrm{d}a}{\mathrm{d}N}\right)_\mathrm{r} + \left(\frac{\mathrm{d}a}{\mathrm{d}N}\right)_\mathrm{H} + \left(\frac{\mathrm{d}a}{\mathrm{d}N}\right)_\mathrm{d} \tag{2}$$

Es wird hier angenommen, dass die Rissgeschwindigkeit in einem Zyklus durch lineare Superposition der Rissausbreitung im ansteigenden Lastteil $(\mathrm{d}a/\mathrm{d}N)_\mathrm{r}$, während der Haltezeit $(\mathrm{d}a/\mathrm{d}N)_\mathrm{H}$ und im abfallenden Lastteil $(\mathrm{d}a/\mathrm{d}N)_\mathrm{d}$ bestimmt werden kann. Die einzelnen Anteile am Rissausbreitungsvorgang können dann aus Versuchen ermittelt werden, die so geführt werden, dass jeweils nur eine Komponente wirksam ist.

Es ist jedoch nahe liegend, dass bei einem Rissausbreitungsvorgang wie er in Abb. 7 dargestellt ist, eine Wechselwirkung zwischen Ermüdungs- und Kriechschädigung stattfinden kann. So kann z.B. das Porenwachstum im Spannungsfeld vor der Spitze des Ermüdungsanrisses beschleunigt sein. Zur Beschreibung der Kriech-Ermüdungswechselwirkung wurden zahlreiche Ansätze entwickelt. Umfassende Darstellungen zu dieser Thematik finden sich z.B. in [2,17].

7 Thermomechanische Ermüdung

Reale Bauteile in Hochtemperaturanlagen unterliegen meist einem komplexen Beanspruchungsfall, der im Labor nur begrenzt nachgebildet werden kann. Im Unterschied zur isothermen Ermüdung, bei der nur die mechanische Belastung zyklisch variiert, wird bei der sog. thermomechanischen Ermüdung (TME) im Zyklus zusätzlich auch die Temperatur verändert. Wie in Abb. 12 schematisch dargestellt ist, wird mit dieser experimentell sehr aufwändigen Art der Versuchsführung angestrebt, die Verhältnisse im realen Bauteil nachzubilden.
Die Probe wird z.B. mit einem dreiecksförmigen Dehnungs-Zeitverlauf mechanisch verformt und der Temperatur-Zeitverlauf so geführt, dass die maximale Temperatur mit der minimalen Dehnung zusammenfällt. Diese gegenphasige (engl. out-of-phase) Beanspruchung simuliert z.B. die Vorgänge an der Anströmkante einer Turbinenschaufel während eines An- und Abfahrvorganges. In der Startphase der Turbine wird die Anströmkante der Turbinenschaufel durch die heißen Verbrennungsgase schnell erwärmt, der kalte Kern der Turbinenschaufel behindert jedoch die thermische Ausdehnung an der Anströmkante, so dass dieser Bereich eine mechanische Druckverformung erfährt.

Im TME-Versuch kann eine Vielzahl von Versuchsparametern variiert werden. Die Wichtigsten sind Temperaturschwingbreite (ΔT), Mitteltemperatur (T_m), mechanische Dehnungs-

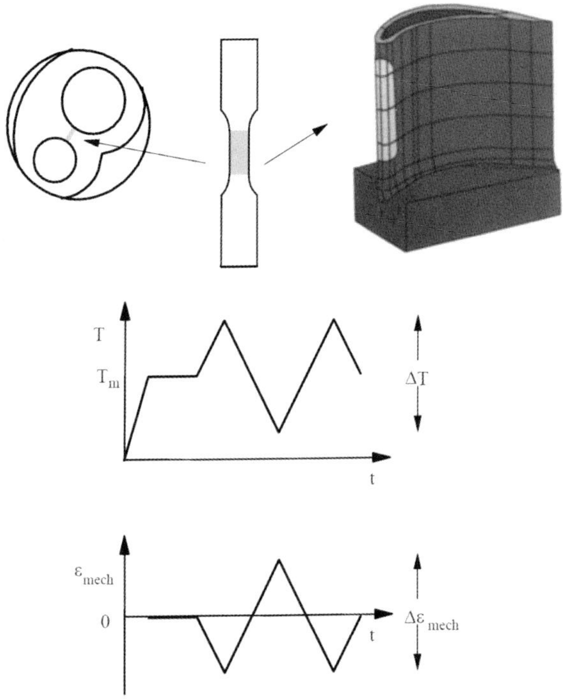

Abb. 12: Simulation des Bauteilverhaltens im TME-Versuch; die homogen beanspruchte Messlänge der Probe repräsentiert hier die Belastung eines Volumenelementes, z.B. an der Anströmkante einer Turbinenschaufel oder im Ventilsteg eines Zylinderkopfes

schwingbreite ($\Delta\varepsilon_{mech}$), Dehnrate und Phasenwinkel zwischen Temperatur und mechanischer Dehnung.

Die Notwendigkeit zur Durchführung thermomechanischer Ermüdungsversuche resultiert aus der Beobachtung, dass in isothermen Versuchen häufig weder das zyklische Spannungs-Dehnungsverhalten des realen Bauteils noch die Schädigungsmechanismen unter Betriebsbedingungen korrekt erfasst werden. Insbesondere gilt dies auch für die Annahme, dass mit isothermen Versuchen, die bei der höchsten am Bauteil beobachteten Temperatur (T_{max}) durchgeführt werden, immer eine konservative Lebensdaueraussage möglich sei. So finden sich in der Literatur zahlreiche Hinweise, dass Lebensdauerprognosen, die auf isothermen Versuchen bei T_{max} basieren, nicht zu konservativen Abschätzungen führen müssen [18]. Als Beispiel hierfür zeigt Abb. 13, dass bei einem TME-Versuch an der Titanlegierung IMI 834 die gegenphasige Beanspruchung zu deutlich niedrigeren Lebensdauern führt als die gleichphasige Beanspruchung. Die Lebensdauer im isothermen Versuch bei T_{max} entspricht in etwa der im gleichphasigen Versuch. Bei den vorliegenden Bedingungen oxidiert die Probe im gegenphasigen Versuch bei der hohen Temperatur. Bei der tiefen Temperatur sind hohe Spannungen für die Verformung des Werkstoffs notwendig, und in der durch Sauerstoffaufnahme versprödeten Randzone entstehen leicht erste Anrisse. Da sowohl im gleichphasigen als auch im isothermen Versuch bei T_{max} die Zugspannungen aufgrund der hohen Temperatur relativ niedrig sind, kommt diese Art der Schädigung in diesen Versuchen nicht zum Tragen. Weiterführende Darstellungen zum TME-Verhalten technischer Legierungen finden sich z.B. in [19–21].

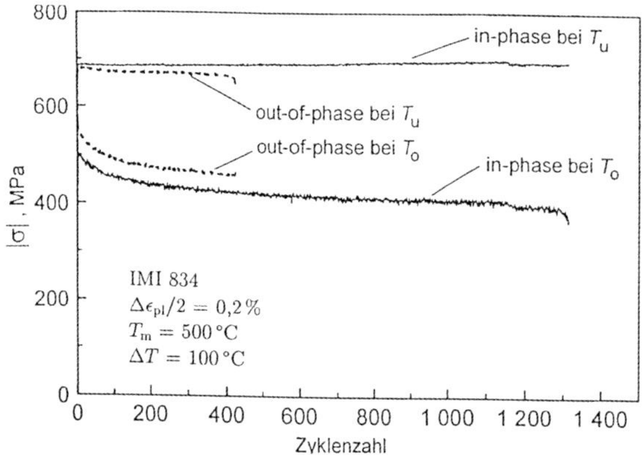

Abb. 13: Verlauf der Spannungen bei Ober- (T_0) und Untertemperatur (T_U) für einen TME-Versuch bei gleich- bzw. gegenphasiger Beanspruchung

8 Schutzschichten

Hochtemperaturlegierungen werden zunehmend mit Beschichtungen eingesetzt, da die verwendeten Werkstoffe meist zwar ausreichende mechanische Festigkeit besitzen, die Korrosionsbeständigkeit häufig jedoch nicht ausreichend ist. Durch Beschichtungen in Form von Wärmedämm- und/oder Oxidationsschutzschichten lässt sich dann z.B. die maximale Einsatztemperatur der Werkstoffe erhöhen. Durch die Beschichtung der Laufschaufeln in Gasturbinen konnte so z.B. die Gaseintrittstemperatur und damit letztlich der Wirkungsgrad erheblich gesteigert werden.

Bei zyklischer Beanspruchung bei hohen Temperaturen führt die Beschichtung des Grundwerkstoffes jedoch nicht in allen Fällen zu einer Erhöhung der Zyklenzahl bis zum Bruch. So zeigt Abb. 14 am Beispiel einer einkristallinen Nickelbasis-Superlegierung, dass bei der hohen Temperatur von 1050 °C die Ermüdungslebensdauer durch die Beschichtung praktisch nicht beeinflusst wird. Bei 650 °C wird vor allem im Bereich kleiner plastischer Dehnungsschwingbreiten die Bruchlastspielzahl durch die Beschichtung deutlich geringer. Das Schädigungsverhalten des Verbundes aus Grundwerkstoff und Schutzschicht wird maßgeblich durch die mechanischen Eigenschaften der Beschichtung bestimmt. Im in Abb. 14 gezeigten Beispiel wurde für die Beschichtung eine Legierung verwendet, die bei hohen Temperaturen duktil ist, sich bei 650 °C jedoch spröde verhält. Für Schutzschichten, die u.a. durch die sog. Duktil-Sprödübergangstemperatur gekennzeichnet werden, ist daher meist auch die gegenphasige TME-Beanspruchung am schädlichsten. Die hohen Zugspannungen bei niedrigen Temperaturen führen in der dann spröden Schutzschicht zu früher Anrissbildung, und der beschichtete Werkstoff versagt deutlich früher als ein unbeschichteter.

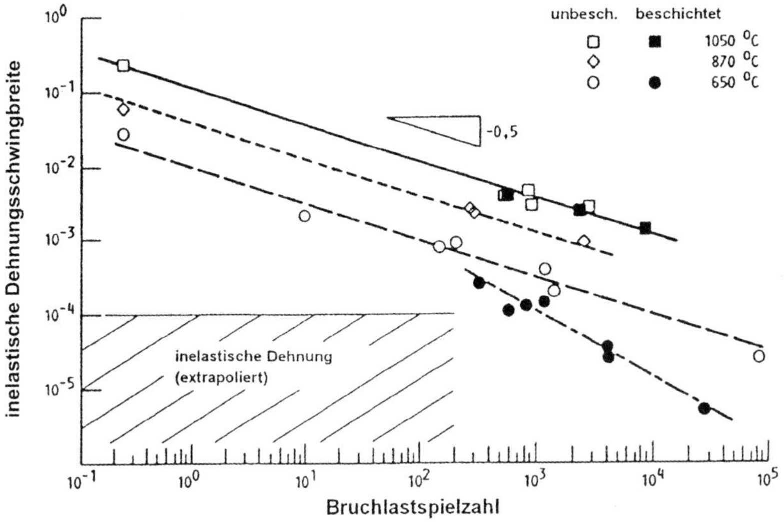

Abb. 14: Einfluss der Oberflächenbeschichtung auf die Ermüdungslebensdauer derNickelbasis-Superlegierung PWA 1480 (nach [22])

9 Modellierung

Zur Lebensdauerprognose wurden zahlreiche, meist empirische Modelle entwickelt. Häufig sind solche Modelle nur für einen bestimmten Werkstoff innerhalb eines eng begrenzten Parameterfeldes anwendbar. Detaillierte Beschreibungen der wichtigsten Modelle finden sich z.B. in [17]. Die vorhandenen Modelle lassen sich u.a. grob in drei Gruppen einteilen.

9.1 Physikalische Modelle

Im Sinne der von Danzer [17] benutzten Definition beschreiben physikalische Modelle das Verformungsverhalten und die Schädigungsentwicklung auf der Ebene von Atom- und Versetzungsbewegungen. Solche Modelle wurden bisher überwiegend für Grundlagenuntersuchungen an Modellwerkstoffen entwickelt und sollen hier nicht näher diskutiert werden.

9.2 Kontinuumsmechanische Modelle

Modelle, die den Werkstoff als Kontinuum behandeln, haben bisher die stärkste Verbreitung gefunden. Zur Berechnung des Spannungs-Dehnungsverhaltens wird z. B. eine Fließregel verwendet, die erlaubt, die Dehnrate als Funktion von effektiver Spannung und Temperatur zu berechnen. Wie Abb. 15 für das Beispiel einer Titanlegierung zeigt, kann mit einer solchen Fließregel das Verformungsverhalten über einen großen Temperatur- und Dehnratenbereich gut beschrieben werden. Die bei hohen Temperaturen fast immer stattfindenden mikrostrukturellen Veränderungen werden meist über empirische Ansätze berücksichtigt. Das zyklische Spannungs-Dehnungsverhalten ganz unterschiedlicher Werkstoffe ist durch Anpassung von Parametern im Rahmen des Modells beschreibbar. Der in Abb. 16 dargestellte Vergleich zeigt am Beispiel eines Stahls eine gute Übereinstimmung zwischen experimentell ermitteltem und berechnetem Spannungs-Dehnungsverlauf.

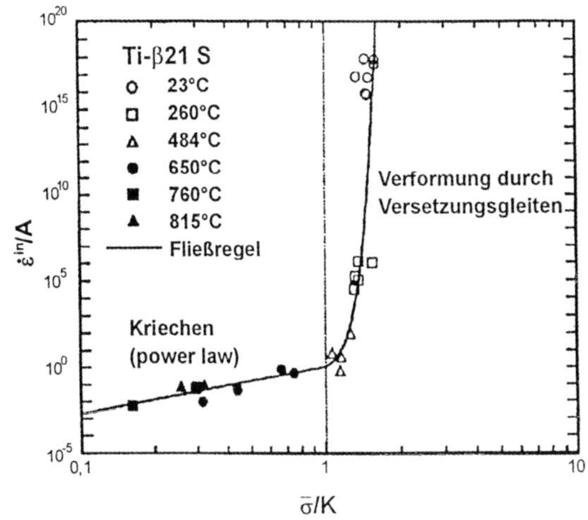

Abb. 15: Fließregel im Kriechbereich und bei plastischer Verformung nach [6])

Zur Lebensdauerprognose finden unterschiedlichste Verfahren Anwendung. Beim sog. strain-range-partitioning (SRP)-Verfahren wird z.B. versucht, aus der Spannungs-Dehnungs-Hysterese die Anteile an Kriech- und Ermüdungsschädigung getrennt zu bestimmen [23]. Wie Abb. 17 in einer idealisierten Darstellung zeigt, werden aus der Hystereseform Dehnungskomponenten ermittelt, die z.B. die reine Ermüdungsschädigung ($\Delta\varepsilon_{pp}$) bzw. die reine Kriechschädigung ($\Delta\varepsilon_{cc}$) beschreiben. Aus den vier nach Abb. 17 zu bestimmenden Dehnungskomponenten

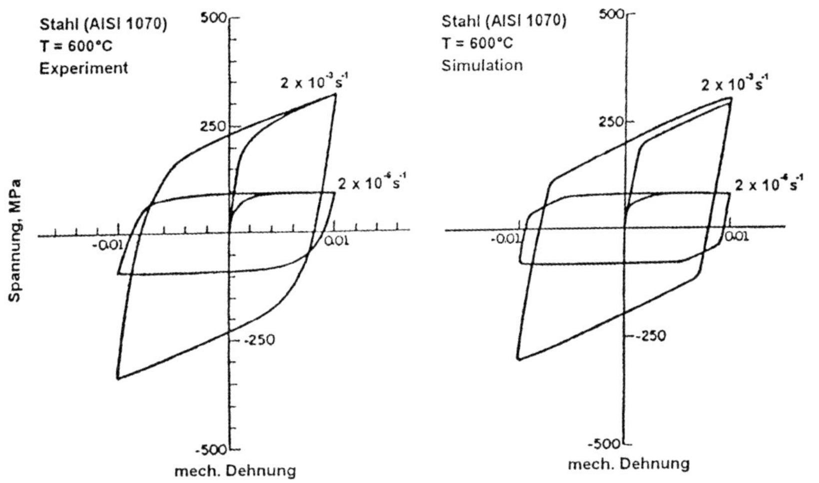

Abb. 16: Vergleich zwischen gemessenen und simulierten Spannungs-Dehnungs-Hysteresekurven für stark unterschiedliche Dehnraten (nach [6])

kann die Lebensdauer berechnet werden, indem für jede einzelne Schädigungskomponente ein Ansatz entsprechend dem Coffin-Manson-Gesetz angenommen wird. Die Zahl der Zyklen bis zum Bruch erhält man für den komplexen Fall, an dem alle vier Schädigungsarten (pp, cp, pc und cc) beteiligt sind, dann aus einer linearen Schädigungsregel:

$$\frac{1}{N} = \frac{1}{N_{\mathrm{pp}}} + \frac{1}{N_{\mathrm{cp}}} + \frac{1}{N_{\mathrm{pc}}} + \frac{1}{N_{\mathrm{cc}}} \tag{3}$$

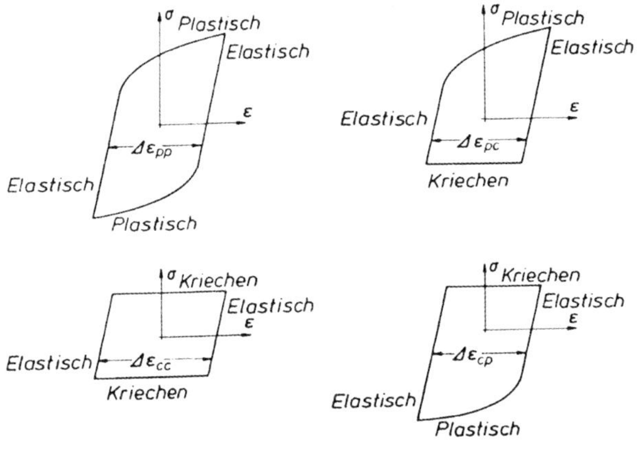

Abb. 17: Idealisierte Hystereseformen zur Bestimmung der inelastischen Dehnung beim SRP-Verfahren [11]

Eine Schwierigkeit bei der Anwendung der SRP-Methode liegt in der Aufteilung der Dehnungsschwingbreite in die vier Dehnungsarten, da experimentell ermittelte Hysteresen nicht ohne weiteres in die in Abb. 17 dargestellten idealisierten Grundformen zerlegt werden können.

In anderen Ansätzen wird z.B. versucht, basierend auf mikroskopischen Untersuchungen der Schädigungsmechanismen zu einer Lebensdauerprognose zu gelangen. Für Werkstoffe, bei denen das Umgebungsmedium die Schädigungsentwicklung bestimmt, konnte gezeigt werden, dass eine gute Lebensdauervorhersage z.B. auf Basis einer Modellierung des Oxidationsprozesses möglich ist [24]. Umfassendere Darstellungen und Vergleiche gängiger kontinuumsmechanischer Modelle zur Lebensdauerprognose finden sich z.B. in [17,25].

9.3 Mikrostrukturbasierte Modelle

Bei diesen Modellen wird angestrebt, den mikrostrukturellen Prozessen Rechnung zu tragen, ohne die Anwendbarkeit auf technische Legierungen zu verlieren. Ein Ansatz geht von der Beobachtung aus, dass in wechselverformten Werkstoffen durch die Verformung heterogene Mikrostrukturen gebildet werden. Der Werkstoff ist im mesoskopischen Bereich daher nicht als Kontinuum zu betrachten, sondern kann als Verbund aus Bereichen unterschiedlicher Festigkeit modelliert werden. Das auf Masing [26] zurückgehende Verbundmodell erlaubt es, die Spannungs-Dehnungsantwort in einfacher Weise zu berechnen. Nimmt man die in Abb. 18 gezeigte Parallelschaltung von Einzelelementen mit ideal elastisch-plastischem Elementverhalten an, so kann man die Flächenanteile und Streckgrenzen der Elemente direkt aus der Analyse eines Astes der Spannungs-Dehnungs-Hysterese erhalten. Verbundmodelle sagen den Aufbau verformungsinduzierter innerer Spannungen voraus und ermöglichen daher in einfacher Weise die Modellierung der durch die inneren Spannungen hervorgerufenen Phänomene des Bauschinger-Effektes und des Materialerinnerungsvermögens. Neuere Erweiterungen dieses Verbundmodells erlauben es, das zyklische Spannungs-Dehnungsverhalten auch bei komplexer thermome-

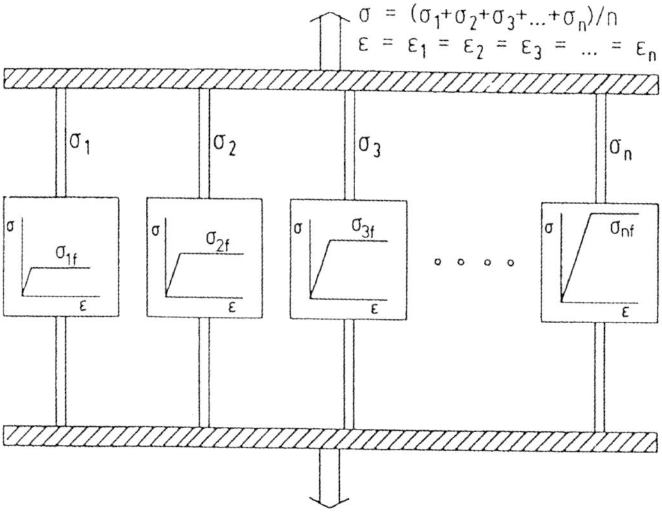

Abb. 18: Parallelschaltung ideal elastisch-plastischer Elemente im Verbundmodell

chanischer Beanspruchung zu berechnen [27]. Vorteilhaft an diesem Modell ist, dass aus dem Vergleich zwischen Simulation und Experiment direkt Rückschlüsse auf die mikrostrukturellen Prozesse möglich sind.

Literatur

[1] B.J. Cane und J. A. Williams: Int. Mater. Rev. 32 (1987) 241.

[2] A.D. Batte: Fatigue at high temperature, herausgegeben von R.P. Skelton, Appl. Sci. Publ., London, 1983, S. 365.

[3] L.F. Coffin: Fatigue and Microstructure, herausgegeben von M. Meshii, ASTM, Metals Park, Ohio, 1979, S. 1.

[4] V. Gerold: Ermüdungsverhalten metallischer Werkstoffe, herausgegeben von D. Munz, DGM Informationsgesellschaft·Verlag, Oberursel, 1985, S. 441.

[5] G. Summer und V.B. Livesey: Techniques for high temperature fatigue testing, Elsevier, London, 1985.

[6] H. Sehitoglu und M. Karasek: J. Engng. Mater. Technol. (Trans. ASME) 108 (1986) 192.

[7] M. Gell und G.R. Leverant: Fatigue at Elevated Temperatures, ASTM STP 520, ASTM, 1973, S. 37.

[8] H.-J. Christ und H. Mughrabi: Low Cycle Fatigue and Elasto-Plastic Behaviour of Materials, herausgegeben von K.-T. Rie, Elsevier, London, 1992, S. 56.

[9] K. Yamaguchi und K. Kanazawa: Met. Trans. A 11 (1980) 1691.

[10] L.F. Coffin: Proc. ICF4, Fracture'77, Vol.1, Waterloo, Kanada, 1977, S. 263.

[11] K.-T. Rie und R.-M. Schmidt: Ermüdungsverhalten metallischer Werkstoffe, herausgegeben von D. Munz, DGM Informationsgesellschaft·Verlag, Oberursel, 1985, S. 397.

[12] B.K. Min und R. Raj: Acta Metall. 26 (1978) 1007.

[13] B.K. Min und R. Raj: Canad. Metall. Quart. 18 (1979) 171.

[14] R. Viswanathan: Damage Mechanisms and Life Assessment of High-Temperature Components, ASM, 1989.

[15] A.F. Liu: ASM Handbook, Vol. 19, Fatigue and Fracture, ASM, Ohio, 1996, S. 520.

[16] R.H. Norris, P.S. Grover, B. C. Hamilton und A. Saxena: ASM Handbook, Vol. 19, Fatigue and Fracture, ASM, Ohio, 1996, S. 507

[17] R. Danzer: Lebensdauerprognose hochfester metallischer Werkstoffe im Bereich hoher Temperaturen, Gebr. Borntraeger, Stuttgart, 1988.

[18] E.G. Ellison und A. Al-Zamily, Fatigue Fract. Engng. Mater. Struct. 17 (1994) 53.

[19] H. Sehitoglu: Thermomechanical Fatigue Behavior of Materials, ASTM STP 1186, ASTM, 1993.

[20] M.J. Verrilli und M.G. Castelli: Thermomechanical Fatigue Behavior of Materials, ASTM STP 1263, ASTM, 1996.

[21] J. Bressers und L. Remy: Fatigue under Thermal and Mechanical Loading – Mechanisms, Mechanics and Modelling, Kluwer Academic Publ., Dordrecht, 1996.

[22] J. Gayda, T.P. Gabb und R.V. Miner: Superalloys 1988, herausgegeben von S. Reichmann, D.N. Duhl, G. Maurer, S. Antolovich und C. Lund, The Metallurgical Society, Warrendale, 1988, S. 575.

[23] S.S. Manson, G.R. Halford und M.H. Hirschberg: Symp. on Design for Elevated Temperature Environment, ASME, 1971, S. 12.
[24] R.W. Neu und H. Sehitoglu: Met. Trans. A 20A (1989) 1769.
[25] K. Kuwabara, A. Nitta und T. Kitamura: Proc. Int. Conf. on Advances in Life Prediction Methods, ASME, 1983, S. 131.
[26] G. Masing: Wissenschaftl. Veröffentl. aus dem Siemens-Konzern 3 (1923) 231.
[27] H.J. Maier und H.-J. Christ: Intern. J. Fatigue 19 Supplement 1 (1997) S267–S274.

Untersuchung des thermomechanischen Ermüdungsverhaltens

T. K. Heckel

1 Einleitung

Bauteile in der Energie- und Antriebstechnik (z.B. Kraftwerks- und Flugzeugtriebwerkskomponenten), sowie im chemischen Anlagenbau sind in der technischen Praxis vielfach einer kombinierten mechanischen und korrosiven Belastung unterworfen, wodurch häufig die Lebensdauer der beanspruchten Komponenten bestimmt wird. Die mechanischen Belastungen setzen sich aus thermischen, die aus zeitlichen Temperaturänderungen resultieren, statischen (Kriechen) und dynamischen (Ermüdung) Anteilen zusammen. Um eine Untersuchung derart komplizierter Belastungssituationen im Labor zu ermöglichen, ist es unerlässlich, die einzelnen Schädigungsformen zu trennen. Der Einfluss der Kriechschädigung und der reinen Ermüdungsschädigung, die vor allem während des normalen Betriebes stattfinden, werden mit Hilfe von Zeitstandversuchen bzw. isothermen Wechselverformungsversuchen untersucht. Um die thermische Ermüdung zu quantifizieren, werden sogenannte thermomechanische Ermüdungsversuche durchgeführt. Da diese jedoch sehr aufwendig sind und zudem relativ lange dauern, wird in der Praxis häufig versucht, die Lebensdauer von Komponenten unter thermischer Belastung anhand von isothermen Wechselverformungsversuchen, die bei der maximalen Temperatur durchgeführt wurden, abzuschätzen. Dies kann allerdings zu nichtkonservativen Lebensdauerprognosen führen, wenn z.B. bei geringen Temperaturen ein Duktilitätsminimum auftritt oder aber die Rissbildung und Risswachstumsgeschwindigkeit stark temperaturabhängig sind [1]. Zusätzlich kann es durch die Überlagerung von Temperaturwechseln, mechanischer und korrosiver Belastung zu synergetischen Effekten kommen, die zu einer unerwartet drastischen Reduktion der Lebensdauer führen können. Außerdem können mikrostrukturelle Änderungen, die während der thermomechanischen Belastung ablaufen, unter Umständen das Spannungs-Dehnungsverhalten und damit auch die Lebensdauer eines Werkstoffes beeinflussen.

2 Beispiele thermischer Ermüdung

Insbesondere bei dickwandigen Bauteilen können Temperaturwechsel zu einer Schädigung führen. Beispielsweise kommen beim Anfahren einer Dampfturbine die relativ kalten Schaufeloberflächen mit heißem Frischdampf (600°C, in naher Zukunft bei ultra super-kritischen (USC) Dampfturbinen sogar bis 720°C) in Berührung. Aufgrund der thermischen Ausdehnung will sich die Oberflächenzone ausdehnen, was allerdings durch das noch kalte Schaufelinnere verhindert wird. Dadurch werden starke Druckspannungen in der Oberfläche erzeugt, die auch zu plastischer Verformung führen können. Sobald die ganze Schaufel ihre Endtemperatur erreicht hat, steht die Oberflächenzone bei einer vorangegangenen plastischen Druckverformung unter Zugspannung, was während des Betriebes zu Kriechschädigung führen kann [2]. Beim Herunterfahren der Turbine läuft ein entsprechend umgekehrter Vorgang ab, d.h. die Schaufeloberfläche kühlt deutlich schneller ab als das Schaufelinnere.

Ein anderes Beispiel sind luftgekühlte Schaufeln in der Turbine von Gas- oder Flugzeugtriebwerken, in denen auch während des Betriebes ein Temperaturgradient zwischen der Schaufeloberfläche und der Schaufelinnenfläche herrscht. Eine kritische Situation, die sowohl in Gas- als auch Dampfturbinen zu einer starken thermischen Schädigung führen kann, sind Notabschaltungen, da es dadurch zu wesentlich steileren Temperaturgradienten innerhalb der Komponenten kommt, die wiederum höhere Spannungen zur Folge haben.

Ein weiteres Gebiet, in dem thermische Ermüdung eine wichtige Rolle spielt, sind Kontakte in der Computertechnologie [3]. Jedes An- und Abschalten stellt dabei einen thermischen Zyklus dar.

3 Untersuchungsmethoden

Im wesentlichen gibt es zwei verschiedene Arten, thermische Ermüdungsversuche durchzuführen: Zum einen kann die Dehnung durch die thermische Ausdehnung des Prüfkörpers selbst erzeugt werden, zum anderen kann die mechanische Belastung unabhängig von der Temperaturführung von außen auf den Prüfkörper aufgebracht werden. Versuche nach der erstgenannten Methode werden häufig an diskusförmigen Proben durchgeführt, die abwechselnd in heiße und kalte Flüssigkeiten getaucht werden. Diese Untersuchungsmethode eignet sich gut, um die thermische Ermüdung einer Turbinenschaufel zu studieren, da hierdurch die Betriebsbedingungen gut wiedergegeben werden [2]. Eine andere Möglichkeit besteht darin, keilförmige Proben abwechselnd vom Keil her zu heizen und zu kühlen [4]. Das Heizen erfolgt dabei mit einer Induktionsheizung oder Gasflamme, das Kühlen mit Pressluft. Beide Methoden haben den Nachteil, dass die Dehnungen und Spannungen nicht direkt messbar sind und somit während eines Zyklusses auch nicht verfolgt werden können. Die einzige Möglichkeit, näherungsweise die Werte für Spannung und Dehnung zu bestimmen sind Simulationen mit der Methode der finiten Elementen (FEM).

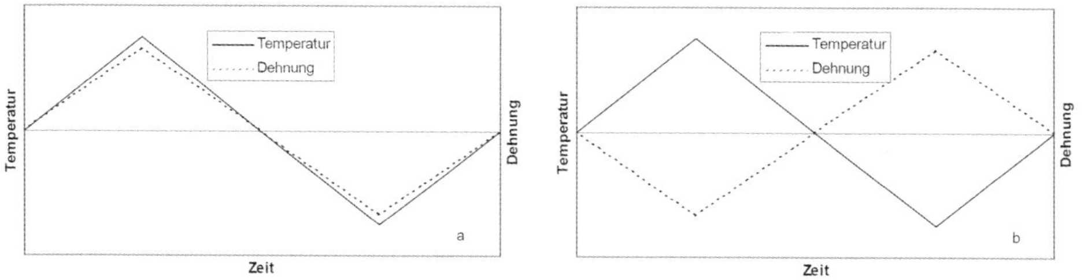

Abb. 1: Schematischer Verlauf für Dehnung und Temperatur über der Zeitbei einer in-phase (a) bzw. out-of-phase (b) Belastung

Bei der zweiten Methode, bei der die thermischen Ermüdungsversuche so durchgeführt werden, dass die mechanische Belastung unabhängig von der thermischen Komponente eingestellt werden kann, spricht man von thermomechanischen Ermüdungsversuchen (TMF (Thermo Mechanical Fatigue)-Versuche). Diese Versuche erfolgen normalerweise an zylindrischen Proben, evt. auch an Hohlproben, meist in servohydraulischen oder elektromechanischen Prüfmaschinen, welche einen closed-loop Betrieb erlauben. Dabei sind prinzipiell beliebige Überlagerungen zwischen der aufgebrachten mechanischen Belastung und der Temperatur möglich. Beheizt werden die Proben induktiv oder direkt durch Stromdurchfluss, gekühlt wird mit Pressluft (Hohlproben), oder es wird auf eine Zwangskühlung von außen verzichtet. Letzteres führt zwar zu längeren Zyklenzeiten, da die Abkühlung nur durch Konvektion und Wärmeleitung in die Probeneinspannungen erfolgt, hat aber auch den Vorteil einer genaueren Temperaturkontrolle mit geringen Gradienten innerhalb der Probe. Die Probendehnung wird in der Regel kontinuierlich mit einem Hochtemperaturextensometer, das luft- oder wassergekühlt ist, verfolgt. Ein weiterer Vorteil dieser Methode im Vergleich zur erstgenannten ist der zu vernachlässigende Temperaturgradient innerhalb der Messlänge der Probe.

Als Regelsignal wird normalerweise die temperaturkompensierte Gesamtdehnung oder plastische Dehnung verwendet. Der Sollwertverlauf für Dehnung und Temperatur ist meist dreiecksförmig, was bei gleichzeitiger Verwendung der plastischen Dehnung als Regelsignal den Vorteil hat, dass die Probe immer mit der (betragsmäßig) gleichen plastischen Dehnrate verformt wird. Außerdem wird eine bessere Vergleichbarkeit mit isothermen Ermüdungsexperimenten erreicht, wenn in den isothermen Referenzversuchen ebenfalls der gleiche Wert der plastischen Dehngeschwindigkeit verwendet wird [5].

Die gebräuchlichsten Phasenlagen zwischen Dehnung und Temperatur sind *in-phase*, *out-of-phase*, *clockwise-diamond* und *counter-clockwise-diamond*. Bei gleichphasiger Versuchsführung (in-phase) fällt die maximale Temperatur mit der maximalen Dehnung, bei gegenphasiger Versuchsführung (out-of-phase) die maximale Temperatur mit der minimalen Dehnung zusammen (Abb. 1). Counter-clockwise-diamond und clockwise-diamond Versuchsführungen weisen eine Phasenverschiebung von +/–90° zwischen dem Sollwertverlauf und der Temperatur auf. Abb. 2 zeigt die Temperatur-Dehnungs-Beziehung für diese vier TMF-Versuchsführungen.

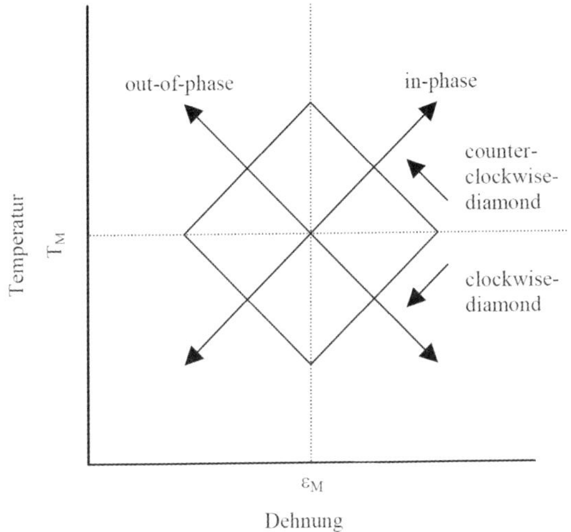

Abb. 2: Zusammenhang von Temperatur und Dehnung für vier Arten der TMF-Beanspruchung

Eine weitere Möglichkeit besteht darin, eine Probe unter totaler Behinderung der Ausdehnung einem (dreiecksförmigen) Temperaturverlauf zu unterwerfen und dabei die Spannung zu registrieren. Mit Hilfe des thermischen Ausdehnungskoeffizienten, der vorher bestimmt wurde, kann die Gesamtdehnung nachträglich berechnet werden, was eine Umzeichnung von Spannungs-Temperaturhysteresen in normale Spannungs-Dehnungshysteresen ermöglicht.

4 Beispiel für ein Prüfsystem

Abbildung 3 zeigt schematisch eine Prüfapparatur, mit der TMF-Versuche in plastischer Dehnungsregelung durchgeführt werden können. Dabei handelt es sich um eine servohydraulische Prüfmaschine, die mit einer digitalen Steuer- und Regelelektronik ausgestattet ist. PID-Regler (Proportional-Integral-Differential) der Regelelektronik sorgen während des Betriebes unabhängig von der Regelungsart (Weg, Kraft, Gesamtdehnung oder plastische Dehnung) immer dafür, dass der Regelfehler, d.h. die Differenz zwischen Ist- und Sollwert, möglichst klein bleibt. Der Sollwert wird dabei der Steuerungssoftware vorgegeben.

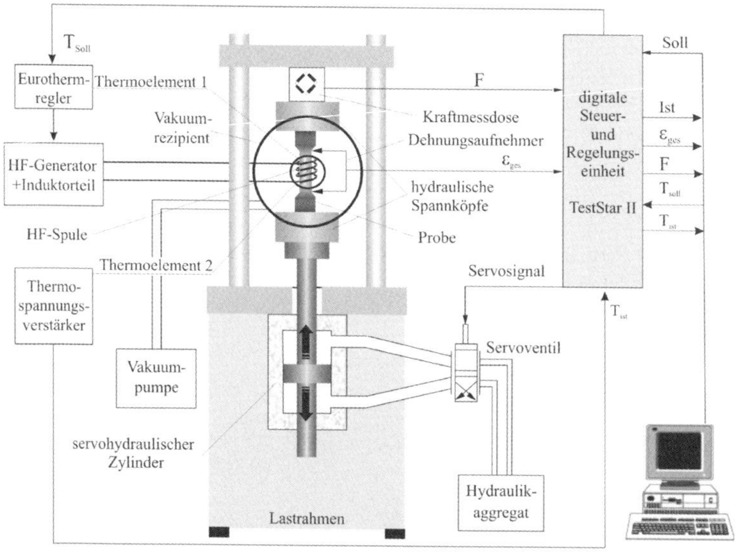

Abb. 3: Schematische Darstellung einer TMF-Prüfapparatur

Die Probe wird induktiv beheizt, wobei durch eine sorgfältige Anpassung der Spulengeometrie an die Versuchsproben ein Temperaturgradient erzielt werden kann, der im isothermen Fall kleiner als 3°C ist. Der zum Anregen der Induktionsspule benötigte Hochfrequenzgenerator wird von einem Temperaturregler gesteuert, welcher die Isttemperatur der Probe mit Hilfe eines angepunkteten Thermoelementes erfasst. Die Solltemperatur, die sich während eines thermomechanischen Versuches kontinuierlich ändert, wird dem Temperaturregler über die serielle Schnittstelle vom PC aus übermittelt.

Um die Durchführung plastisch dehnungsgeregelter Versuche zu ermöglichen, ist die Prüfsoftware mit einem sogenannten Kalkulations-Editor ausgestattet, der zur Ermittlung der plastischen Dehnung gemäß Gleichung 1 von der Gesamtdehnung ε_{ges} die spannungsproportionale elastische Dehnung ε_{el} und die thermische Ausdehnung ε_{th} abzieht. Die der aktuellen Probentemperatur entsprechenden Werte des Elastizitätsmoduls und der thermischen Ausdehnung werden dabei im Kalkulations-Editor mitberechnet.

$$\varepsilon_{pl} = \varepsilon_{ges} - \varepsilon_{el} - \varepsilon_{th} \tag{1}$$

Zusätzlich ist es möglich, die insbesondere bei Werkstoffen mit geringem Elastizitätsmodul und gleichzeitig hoher Streckgrenze in Erscheinung tretende Abweichung des elastischen Verhaltens von einem linearen Zusammenhang zwischen Spannung und Dehnung durch Einstellung eines zusätzlichen Parameters zu berücksichtigen. Die Berechnung der elastischen Dehnung erfolgt dann nach einem erweiterten Hookeschen Gesetz, das zur Berücksichtigung der Spannungsabhängigkeit des Elastizitätsmoduls um einen quadratischen Anteil ergänzt ist:

$$\sigma = \varepsilon_{el} \cdot E_0(T) + \varepsilon_{el} \cdot k^2 \tag{2}$$

Dabei ist σ die Spannung, $E_0(T)$ der temperaturabhängige Elastizitätsmodul für $\lim_{\sigma \to 0}$ und k eine Konstante.

Voraussetzung für eine genaue Regelung der plastischen Dehnung ist ein präzise Erfassung der Dehnung. Im Falle der in Abb. 3 dargestellten Versuchseinrichtung wird die Dehnung mit einem wassergekühlten Hochtemperaturextensometer über Keramikstäbe, die seitlich an die Probe gedrückt werden, gemessen.

Sollen die TMF-Versuche Aussagen zum Einfluss der Umgebung auf die TMF-Lebensdauer liefern, so ist es erforderlich, vergleichende Tests in Vakuum durchzuführen. Das in Abb. 3 gezeigte Materialprüfsystem ist zu diesem Zweck mit einem Vakuumrezipienten ausgestattet, der es erlaubt, Hochvakuum oder definierte Gasatmosphären als Umgebungsmedium einzusetzen.

5 Hystereseform und Versuchstyp

Im folgenden wird der Einfluss der verschiedenen Versuchsführungen (in-phase, out-of-phase, clockwise- und counter-clockwise-diamond) auf das mechanische Werkstoffverhalten am Beispiel der α-nahen Titanlegierung TIMETAL834 dargestellt. Die hier betrachtete Legierung wird hauptsächlich für Scheiben und Schaufeln im Hochdruckverdichter von Flugtriebwerken eingesetzt.

Die Abbildungen 4a bis 4d zeigen Spannungs-Dehnungshysteresen aus TMF-Versuchen unterschiedlicher Phasenlage. Sowohl in-phase und out-of-phase (Abb. 4a und 4b) als auch clockwise- und counter-clockwise-diamond Versuche (Abb. 4c und d) erzeugen Hysteresen, die jeweils paarweise in etwa punktsymmetrisch bzgl. des Ursprungs zueinander sind.

Bei der Einstellung der plastischen Dehnungsamplitude wurde die Rückverformung nach Lastumkehr vor dem Spannungsnulldurchgang bewusst nicht berücksichtigt, d.h. die Angabe der Dehnungsamplitude in der Abbildungsunterschrift von Abb. 4 gibt den halben Abstand der Schnittpunkte der Hystereseäste mit der Dehnungsachse wieder. Um die Interpretation der Hysteresekurven zu erleichtern, sind an den Umkehrpunkten und den Nulldurchgängen der plastischen Dehnung die Temperaturen angegeben.

Bei der in-phase Belastung stellt sich eine negative, bei der out-of-phase Beanspruchung eine positive Mittelspannung ein. Außerdem wird die betragsmäßig maximale Spannung bereits vor der maximalen (in-phase) bzw. vor der minimalen Dehnung (out-of-phase) erreicht. Die

Eindiffusion von Sauerstoff führt zu einer versprödeten Randzone des hier untersuchten Materials. Während der kalten Zugphase einer out-of-phase Belastung werden sehr hohe Spannungen erreicht und es kommt zu einer frühen Anrissbildung. Eine deutliche Reduktion der Lebensdauer im Vergleich zur in-phase und isothermen Versuchsführung ist die Folge. Viele andere Werkstoffe zeigen allerdings ein genau entgegengesetztes Verhalten: Kriechschädigung während der heißen Zugphase einer in-phase Belastung reduziert dann die Lebensdauer.

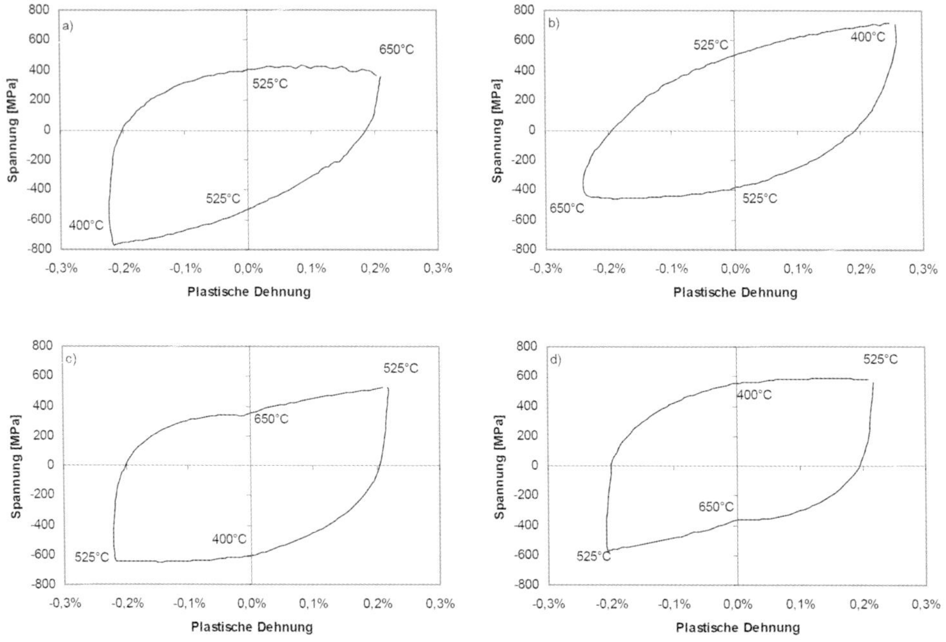

Abb. 4: Spannungs-Dehnungshysteresen der a) in-phase, b) out-of-phase, c) clockwise- und d) counter-clockwise-diamond Versuchsführungen. Die plastische Dehnungsamplitude betrug 0,2 % und das Temperaturintervall 400–650 °C, nach [6]

Clockwise- und counter-clockwise-diamond Versuchsführungen erzeugen, wie oben bereits erwähnt, ebenfalls Spannungs-Dehnungshysteresen, die punktsymmetrisch bzgl. des Ursprungs zueinander sind (Abb. 4c und d). Die Obertemperatur wird in beiden Versuchsführungen beim Nulldurchgang der plastischen Dehnung erreicht. Die Hysteresen weisen in diesem Bereich eine deutlich erkennbare Delle auf. Daran schließt sich ein relativ steiler Spannung-Dehnungs-Verlauf an, da durch die Temperaturabnahme der E-Modul ansteigt und der Werkstoff somit wieder steifer wird. Ganz anders sehen die Hysteresen beim Übergang von minimaler auf mittlere Zyklustemperatur aus: Trotzt betragsmäßig steigender Dehnung steigt der Betrag der Spannung nur geringfügig oder gar nicht an.

6 Zusammenfassung

Es wird die Bedeutung des thermomechanischen Ermüdungsverhaltens an ausgewählten Beispielen gezeigt. Die gängigen Versuchstechniken für Laborexperimente werden erläutert. Ein Materialprüfsystem, welches die Durchführung thermomechanischer Ermüdungsversuche im Hochvakuum bzw. in definierten Gasatmosphären unter Regelung der plastischen Dehnung erlaubt, wird vorgestellt. Am Beispiel des Verhaltens der Hochtemperaturtitanlegierung TIMETAL834 wird der Einfluss der Phasenlage zwischen plastischer Dehnung und Temperatur im TMF-Versuch auf die Form der Spannungs-Dehnungshysterese verdeutlicht.

Zur Zeit wird an einer Standardisierung der TMF-Versuchsführung gearbeitet [7]. Einen umfangreichen Überblick bisheriger TMF-Versuchstechniken und -ergebnisse liefert [8]. Eine Einführung in die thermische Ermüdung bei Turbinenschaufeln findet sich in [9].

Literatur

[1] E. G. Ellison und A. Al-Zamily: Fatigue & Fract. Engng. Mater. Struct., 17 (1994), S. 53.

[2] D. H. Miller und R. H. Priest, High Temperature Fatigue: Properties and Prediction, herausgegeben von R. P. Skelton, Elsevier Applied Science, London, 1987, S. 113.

[3] H. Sehitoglu, Thermomechanical Fatigue Behavior of Materials, herausgegeben von H. Sehitoglu, ASTM, STP 1186, American Society for Testing Materials, Philadelphia, 1993, S.1.

[4] A. L. Ramteke, F. Rézai-Aria und B. Ilschner, Scripta met., 25 (1991) 2601.

[5] C. Sommer, H.-J. Christ und H. Mughrabi, Acta met. 39 (1991), S. 1177.

[6] P. Pototzky, Thermomechanisches Ermüdungsverhalten der Hochtemperaturtitanlegierung IMI834, VDI Verlag, Düsseldorf, 1999.

[7] T. Beck, P. Hähner, H.-J. Kühn, C. Rae, E. E. Affeldt, H. Andersson, A. Köster, M. Marchionni, Materials and Corrosion 57 (2006), 1, S. 53.

[8] H. Sehitoglu, ASM Handbook, Volume 19, Fatigue and Fracture, herausgegeben von S. R. Lampman, G. M. Davidson, F. Reidenbach u.a., ASM International, Materials Park, 1996, S. 527.

[9] R. Bürgel, Handbuch Hochtemperaturwerkstofftechnik, Vieweg, Braunschweig, 2001, S. 231.

Schweißbarkeit von Aluminiumknetlegierungen unter dem Aspekt der Ermüdungsfestigkeit

M. Rosenthal, W. Menn, H. D. Horst

0 Einleitung

Unter Ermüdung einer Konstruktion wird die Schädigung oder das Versagen des Bauteils unter zeitlich veränderlicher, häufig wiederholter Beanspruchung verstanden. Nach kleinerer oder größerer Schwingspielzahl bilden sich bevorzugt an Fehlstellen, Kerben und Querschnittsübergängen Anrisse, welche sich mit den weiteren Schwingspielen vergrößern, bis schließlich der Restbruch eintritt. Die Ermüdungsfestigkeit dynamisch beanspruchter Schweißkonstruktionen hängt von den lokalen Parametern der Geometrie, der Belastung und des Werkstoffs ab, sodass das Zusammenwirken dieser lokalen Einflussgrößen zur Bemessung derartiger Bauteile ganzheitlich berücksichtigt werden muss. Insbesondere bei Schweißverbindungen, welche durch Werkstoffinhomogenitäten, Schweißunregelmäßigkeiten und lokale geometrische Schweißnahtparameter gekennzeichnet sind, müssen unter Berücksichtigung fertigungstechnischer Merkmale sämtliche Einflüsse Eingang in die Berechnungen finden.

Unsicherheit der Begriffe im Zusammenhang mit der Schweißbarkeit (wird fälschlicherweise oftmals nur mit der Schweißeignung des Werkstoffs in Zusammenhang gebracht) und das komplexe Zusammenwirken der verschiedenen, die Schweißbarkeit beeinflussenden Faktoren waren ausschlaggebend für die Normung der Schweißbarkeit in DIN 8528-1 [1]. Hiernach ist die Schweißbarkeit eines Bauteils aus metallischem Werkstoff vorhanden, wenn der Stoffschluss durch Schweißen mit einem gegebenen Schweißverfahren bei Beachtung eines geeigneten Fertigungsablaufs erreicht werden kann. Dabei müssen die Schweißungen hinsichtlich ihrer örtlichen Eigenschaften und ihres Einflusses auf die Konstruktion, deren Teil sie sind, die gestellten Anforderungen erfüllen.

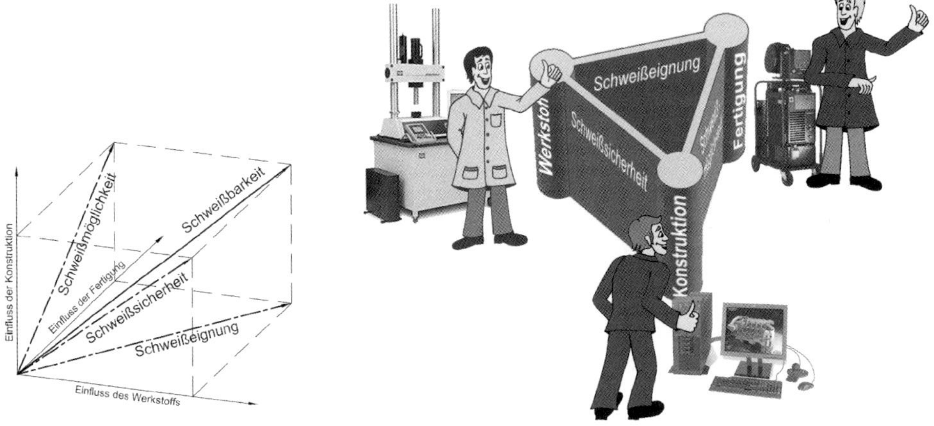

Abb. 1: Darstellung der Schweißbarkeit (modifiziert nach DIN 8528-1 [1])

Die drei Einflussgrößen, welche im wesentlichen gleiche Bedeutung für die Schweißbarkeit haben, sind definitionsgemäß der Werkstoff, die Fertigung und die Konstruktion. Zwischen diesen Einflussgrößen und der Schweißbarkeit stehen die drei Eigenschaften Schweißeignung des Werkstoffs, Schweißsicherheit der Konstruktion und Schweißmöglichkeit der Fertigung, welche wiederum – wie die Schweißbarkeit selbst – von den Einflussgrößen Werkstoff, Konstruktion und Fertigung abhängen. Die Bedeutung der Einflussgrößen für die drei Eigenschaften ist jedoch unterschiedlich, sodass jeweils die Einflussgröße, deren Bedeutung für die Eigenschaft lediglich klein ist, vernachlässigt werden kann.

Die Schweißeignung des Werkstoffs als unmittelbare Werkstoffeigenschaft wird im wesentlichen von der Fertigung und nur in geringem Maße von der Konstruktion beeinflusst. Die Schweißeignung ist vorhanden, wenn bei der Fertigung aufgrund der werkstoffgegebenen chemischen, metallurgischen und physikalischen Eigenschaften eine den jeweils gestellten Anforderungen entsprechende Schweißung hergestellt werden kann. Innerhalb einer Werkstoffgruppe ist die Schweißeignung um so besser, je weniger die werkstoffbedingten Faktoren beim Festlegen der schweißtechnischen Fertigung für eine bestimmte Konstruktion beachtet werden müssen. Entscheidend für die Schweißeignung eines Werkstoffs sind die chemische Zusammensetzung sowie die metallurgischen und physikalischen Eigenschaften. Die chemische Zusammensetzung bestimmt die Härteneigung, die Alterungsneigung, die Sprödbruchneigung, die Heißrissneigung und das Schmelzbadverhalten. Die metallurgischen Eigenschaften werden vorwiegend durch das Erschmelzungsverfahren, die Wärmebehandlung sowie von der abschließenden Umformung (Warm- und Kaltwalzen) bestimmt und sind ausschlaggebend für Seigerungen, Einschlüsse, Anisotropie, Korngröße und Gefügeausbildung. Zu den für das Ermüdungsverhalten einer Schweißkonstruktion wichtigen physikalischen Eigenschaften des Werkstoffs zählen die Festigkeit und die Zähigkeit. Von prozesstechnischem Interesse sind das thermische Ausdehnungsverhalten, die Wärmeleitfähigkeit sowie der Schmelzpunkt des Werkstoffs.

Die Schweißmöglichkeit der Fertigung wird hauptsächlich von der Konstruktion und in geringerem Maße vom Werkstoff bestimmt. In einer schweißtechnischen Fertigung ist die Schweißmöglichkeit vorhanden, wenn die an einer Konstruktion vorgesehenen Schweißungen unter den gewählten Fertigungsbedingungen fachgerecht hergestellt werden können. Die Schweißmöglichkeit einer für ein bestimmtes Bauteil vorgesehenen Fertigung ist um so besser, je weniger die fertigungsbedingten Faktoren beim Entwurf der Konstruktion für einen bestimmten Werkstoff beachtet werden müssen. Um die Schweißmöglichkeit überhaupt zu gewährleisten, sind eine korrekte Vorbereitung der Schweißnaht (Auswahl des Schweißverfahrens, der Zusätze und Hilfsstoffe, der Stoßart, Herstellung der Fugenform, Vorwärmung), eine fachmännische Ausführung der Schweißarbeiten im Hinblick auf die Wärmeeinbringung und -führung und unter Umständen eine Nachbehandlung der Schweißnaht in Form einer Wärmebehandlung oder eines Schleif- und/oder Beizvorgangs erforderlich.

Als unmittelbare Konstruktionseigenschaft wird die konstruktionsbedingte Schweißsicherheit im wesentlichen vom Werkstoff und lediglich in geringem Maße von der Fertigung beeinflusst. Die Schweißsicherheit einer Konstruktion ist demnach vorhanden, wenn das Bauteil mit dem verwendeten Werkstoff aufgrund seiner konstruktiven Gestaltung unter den vorgesehenen Betriebsbedingungen funktionsfähig bleibt. Die Schweißsicherheit der Konstruktion eines bestimmten Bauteils ist um so größer, je weniger die konstruktionsbedingten Faktoren bei der Auswahl des Werkstoffs für eine bestimmte schweißtechnische Fertigung beachtet werden müssen. Die Schweißsicherheit wird vor allem durch die konstruktive Gestaltung, die Geometrie und Dimensionierung sowie den Beanspruchungszustand (Art und Größe der Spannungen), die Beanspruchungsgeschwindigkeit sowie Temperatur und Korrosion, beeinflusst. Die für die konstruktive Gestaltung maßgeblichen Einflussgrößen Kraftfluss im Bauteil, Anordnung der Schweißnähte, Werkstoffdicke, Kerbwirkung, Steifigkeitsunterschied resultieren in werkstoffabhängigen Richtlinien für die anforderungsgerechte Gestaltung von Schweißkonstruktionen, welche – u.a. zusammengefasst in umfassenden Konstruktionskatalogen – die Funktionssicherheit der Bauteile verbessern und Fertigungskosten für geschweißte Konstruktionen verringern sollen. Im Sinne einer rationellen Konstruktionssystematik, d.h. zum Beispiel durch Verwendung von Strangpressprofilen weniger Bauteile in ein Gesamtbauwerk einzubeziehen, helfen diese Gestaltungsrichtlinien Konstrukteuren der Praxis Neukonstruktionen wirtschaftlicher zu gestalten und zu fertigen sowie neue Gestaltungsformen zu finden, die den besonderen Belangen der Schweißtechnik gerecht werden und welche die bearbeitungs- und betriebsbedingten Bemessungsanforderungen erfüllen [2].

Zusammenfassend gilt es für die Bewertung der Schweißbarkeit drei Detailfragen zu beantworten:

1) Ist der Werkstoff zum Schweißen geeignet? (Ist die Schweißeignung des Werkstoffs vorhanden?)
2) Besteht die Möglichkeit, mit dem gewählten Schweißverfahren bei einem gegebenen Werkstoff eine sichere Konstruktion herzustellen? (Ist die – konstruktionsbedingte – Schweißmöglichkeit mit dem Verfahren in der Fertigung gegeben? – Ist die fertigungsbedingte Schweißsicherheit der Konstruktion gewährleistet?)
3) Kann die Sicherheit einer Konstruktion gewährleistet werden, deren Teile aus einem bestimmten Werkstoff durch Schweißen verbunden werden sollen? (Ist die Schweißsicherheit der Konstruktion gewährleistet?)

Die Schweißbarkeit kann nur durch Kooperation von Spezialisten aus unterschiedlichen Fachgebieten, Werkstofftechnik, Fertigung und Konstruktion, gewährleistet werden. Ansätze zur Verknüpfung der unterschiedlichen Fachgebiete mit möglichst ganzheitlicher Sicht der Problematik stellen z. B. die Ausbildung zum Schweißfachingenieur bzw. European Welding Engineer, aber auch die Betriebsfestigkeitslehre mit dem Schwerpunkt der Schweißkonstruktion dar.

1 Schweißbarkeit aus der Sicht der Werkstofftechnik

Aus der Sicht der Werkstofftechnik gilt es im Hinblick auf die Schweißbarkeit vor allem die Schweißeignung des Werkstoffs für ein bestimmtes Verfahren zu bestimmen. Die Schweißeignung von Aluminiumknetlegierungen für das Schutzgasschweißen wird in erster Linie durch die zu fügenden Grundwerkstoffe (nach DIN EN 573 [3]) und die Wahl des geeigneten Schweißzusatzes (nach DIN EN ISO 18273 [4]) bestimmt.

Als Grundwerkstoffe für schutzgasgeschweißte tragende Bauteile des Fahrzeug- und Schiffbaus sowie für Bauwerke werden hauptsächlich

- naturharte Legierungen der Serie 5xxx vom Typ Al Mg,
- aushärtbare Legierungen der Serie 6xxx vom Typ Al MgSi und
- aushärtbare Legierungen der Serie 7xxx vom Typ Al ZnMg

verwendet. Da Kupferanteile von über 0,25 % das Erstarrungsintervall vergrößern und damit die Schweißbarkeit verschlechtern, gelten Al CuMg (2xxx) und Al ZnMgCu-Legierungen

(7xxx) im allgemeinen als nicht schmelzschweißbar, sofern nicht Sonderverfahren, wie Elektronenstrahlschweißen, zum Einsatz kommen.

1.1 Legierungen der Serie 5xxx

Die Festigkeitssteigerung naturharter Legierungen der Serie 5xxx vom Typ Al Mg wird vornehmlich durch die substitutionelle Lösung des Hauptlegierungselements Mg erzeugt. Bei Mg-Gehalten über 3 % kommt es bei längerer Auslagerung bei Raumtemperatur zur Ausscheidung der metastabilen β'-Al_8Mg_5-Phase aus dem übersättigten Mischkristall in Form geschlossener Korngrenzsäume. Diese Korngrenzsäume sind chemisch unedler als der Al Mg-Mischkristall und begünstigen so interkristalline Korrosion. Die geschlossenen Korngrenzsäume können durch eine Heterogenisierungsglühung in ein unkritisches Perlschnurgefüge überführt werden. Legierungstechnisch kann die Bildung des Perlschnurgefüges auch durch Zugabe von Mangan begünstigt werden (ternäre Legierung Al MgMn). Mangan wird einerseits im Mischkristall substitutionell gelöst und bewirkt so eine weitere Festigkeitssteigerung. Andererseits bildet es vornehmlich mit dem Legierungselement Eisen intermetallische Verbindungen in fein disperser Ausscheidung, die rekristallisationsverzögernd und auch festigkeitssteigernd wirken.

Eine nachträgliche Festigkeitssteigerung ist bei den Al Mg- bzw. Al MgMn-Legierungen nur durch Kaltverfestigung zu erreichen. Dabei korreliert die Festigkeitssteigerung mit zunehmenden Mg- und Mn-Gehalten. Die Strangpressbarkeit nimmt jedoch mit zunehmenden Mg- und Mn-Gehalten ab, sodass Al MgMn-Legierungen vornehmlich als Walzhalbzeuge oder als Strangpresshalbzeuge mit einfachen, symmetrischen oder doppelt-symmetrischen Geometrien eingesetzt werden. Gegenüber den anderen schmelzschweißbaren Aluminiumknetlegierungen zeichnen sich die Al Mg-Legierungen mit Mg-Gehalten unter 3 % und die Al MgMn-Legierungen mit höheren Mg-Gehalten besonders durch ihre gute Korrosionsbeständigkeit aus, die auch den Einsatz in Meerwasseratmosphäre zulässt.

Naturharte Legierungen des Typs Al Mg (5xxx) lassen sich ab einem Mg-Gehalt von 2,7 % rissfrei verschweißen. Um einen möglichst guten Korrosionswiderstand der Schweißverbindung zu gewährleisten, ist ein dem Grundwerkstoff möglichst artgleicher Schweißzusatz, d. h. ein Schweißzusatz mit ähnlichem Mg-Gehalt, zu wählen. Wenn eine hohe Dehngrenze und eine hohe Festigkeit des Schweißguts als entscheidend anzusehen sind, sollte ein Zusatzwerkstoff mit einem Mg-Gehalt von 4,5 % bis 5 % verwendet werden. Die Legierungselemente Cr, Zr und Sc im Schweißzusatz vermindern die Anfälligkeit zur Bildung von Erstarrungsrissen durch Maßnahmen zur Kornverstärkung. Zr vermindert zudem die Gefahr von Heißrissen. Grundwerkstoffe mit geringem Mg-Gehalt (1–2 %) werden mit überlegierten artgleichen Schweißzusätzen (Typ 5 nach DIN EN 1011-4 [5], z.B. S Al 5183 (Al Mg4,5Mn0,7) oder S Al 5556A (Al Mg5Mn)) geschweißt, um die bei hohen Temperaturen entstehenden Magnesiumabbrände auszugleichen und den Magnesiumgehalt der Verbindung in einen hinsichtlich des Schmelzschweißens unkritischen Bereich anzuheben. Jüngste Untersuchungen verwenden zum Schweißen von naturharten Legierungen zunehmend den Schweißzusatz S Al 4043 (Al Si5) (Typ 4 nach DIN EN 1011-4 [5]), weil dieser ein günstigeres Fließverhalten besitzt und dadurch zu einem verbesserten Nahtaussehen, zu einem tieferen Einbrand, einer feinschuppigeren Nahtoberfläche und weicheren Nahtübergängen führt. Den hinsichtlich der dynamischen Beanspruchung günstigen Effekten stehen aber die geringeren Festigkeitswerte und die geringere Bruchdehnung des Schweißzusatzwerkstoffs gegenüber, die ein Versagen der Schweißverbindung im Bereich des Schweißguts begünstigen.

Beim Schutzgasschweißen kaltverfestigter Legierungen des Typs Al Mg, wie sie z. B. im Bereich von Schiffsaußenwänden eingesetzt werden, ist zu beachten, dass nach dem Schweißprozess die Schweißnaht und die Wärmeeinflusszone (WEZ) im rückgeglühten Zustand vorliegen und deshalb geringere Festigkeitswerte aufweisen als der kaltverfestigte Grundwerkstoff.

1.2 Legierungen der Serie 6xxx

Die maßgebliche Festigkeitssteigerung bei aushärtbaren Aluminiumlegierungen des Typs Al MgSi erfolgt aufgrund einer Teilchenhärtung durch vornehmlich teilkohärente Ausscheidungen des aushärtenden Systems Mg_2Si (GPII-Zonen) in Form von Feinstausscheidungen im nm-Bereich. Diese behindern die Versetzungsbewegungen im Kristallgitter bei mechanischer Beanspruchung und erhöhen dadurch den Widerstand des Werkstoffs gegen plastische Verformung. Aufgrund der sehr guten Warmumform- und Strangpressbarkeit werden 6xxx-Legierungen hauptsächlich als stranggepresste Klein- und Großprofile im warmausgehärteten Zustand (T5 oder T6 nach DIN EN 515 [6]) eingesetzt. Halbzeuge aus Al MgSi-Knetlegierungen werden in der Regel nur dann kaltausgehärtet geliefert (Lieferzustand T4 nach DIN EN 515 [6]), wenn die für die Fertigung des Bauteils erforderlichen Umformoperationen (z.B. Biegen, Ziehen etc.) im warmausgehärteten Zustand nicht vorgenommen werden können. Die Legierungszusammensetzung sowie das vom Ausscheidungszustand abhängige Rekristallisationsverhalten während der Herstellung bestimmen im Wesentlichen die mechanischen Eigenschaften. Die bei der Wärmebehandlung eingestellte Gefügeausbildung gilt es beim Schweißprozess zu berücksichtigen. Bei stranggepressten Halbzeugen ist insbesondere darauf zu achten, dass es in Folge des Strangpressvorgangs zu einer rekristallisierten Randzone an der Profiloberfläche und damit zur Grobkornbildung kommen kann, wodurch die Heißrissbildung zusätzlich beeinflusst werden kann.

Bei den aushärtbaren Legierungen vom Typ Al MgSi (6xxx) liegen die Gehalte der Legierungselemente Mg und Si durchgehend in einem für die Rissanfälligkeit kritischen Bereich (Abb. 2). Rissempfindliche Legierungen werden normalerweise mit einem überlegierten Zusatz geschweißt, der die Werkstoffe hinsichtlich der heißrissverursachenden Legierungsbestandteile über den kritischen Bereich auflegiert.

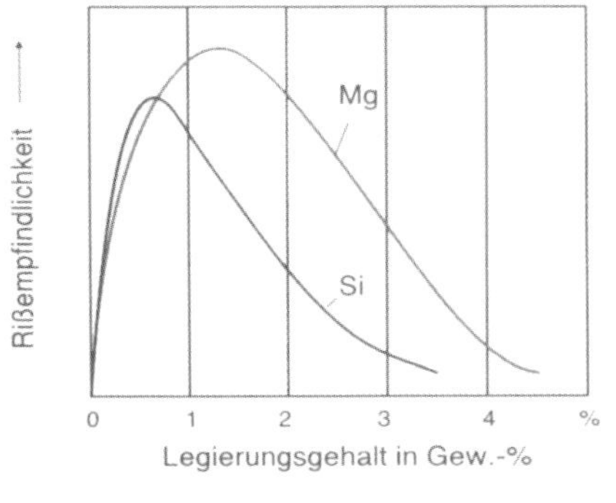

Abb. 2: Einfluss von Si und Mg auf die Warm-rissrempfindlichkeit von Aluminium (nach PUMPFREY) [7]

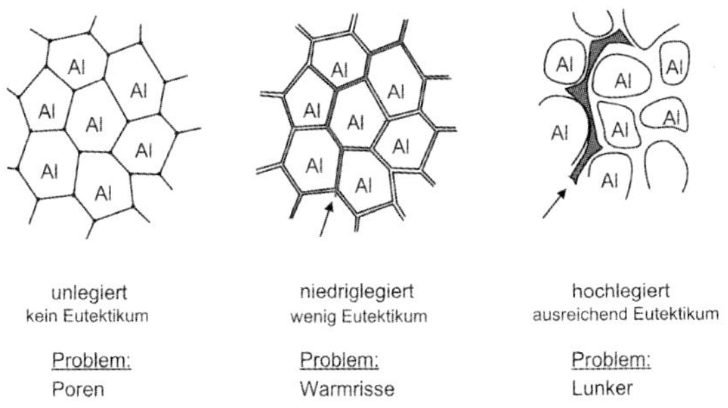

Abb. 3: Schematische Darstellung der Erstarrungstypen von Aluminium [7]

Legierungen der Serie 6xxx gehören zum Erstarrungstyp mit wenig Korngrenzeneutektikum (vgl. Abb. 3) und neigen daher beim Schmelzschweißen zu Wiederaufschmelzungsrissen im Bereich der Wärmeeinflusszone (WEZ). Korngrenzenanschmelzungen führen aufgrund von Zugeigenspannungen während des Abkühlvorgangs zu Korngrenzenöffnungen und Mikrorissen, insbesondere dann, wenn die Solidustemperatur des Korngrenzeneutektikums niedriger liegt als die des Zusatzwerkstoffs und wenn letzterer zäh fließt und nicht in die WEZ diffundiert, wie das bei naturharten Zusatzwerkstoffen (Typ 5 nach DIN EN 1011-4 [5]) der Fall ist. Zum Schweißen von Legierungen dieses Legierungstyps wird deshalb bevorzugt ein leicht fließender Zusatz verwendet, der in der Lage ist, die Korngrenzenöffnungen in der WEZ durch Nachfließen und Diffusion auszugleichen. Beim Schweißen von 6xxx-Legierungen kann also die Neigung zur Rissbildung durch die Verwendung von Schweißzusatzwerkstoffen des Typs 4, beispielsweise S Al 4043 (Al Si5), verringert werden, jedoch müssen im Vergleich zur Verwendung von beispielsweise S Al 5183 (Al Mg4,5Mn0,7) Verschlechterungen hinsichtlich der Festigkeit in Kauf genommen werden.

Ein Großteil der beim Schweißen eingebrachten Wärme wird aufgrund der hohen Wärmeleitfähigkeit des Aluminiums direkt in den Grundwerkstoff abgeführt. Das Schweißen wirkt dadurch wie ein erneutes Lösungsglühen, das die bei der Herstellung eingestellte Aushärtung rückgängig macht. Bei den Legierungen vom Typ Al MgSi (6xxx) tritt in der WEZ deshalb eine Entfestigung durch grobe Ausscheidungen aus dem übersättigten Mischkristall (Ausgangszustand kaltausgehärtet) bzw. eine Vergröberung der inkohärenten Ausscheidungen (Ausgangszustand warmausgehärtet) auf, wodurch die WEZ eindeutig die schwächste Stelle der Verbindung darstellt. Eine wesentliche Festigkeitssteigerung ist in diesem Fall nur durch eine vollständige erneute Aushärtung zu erreichen. Weil jedoch die für die Aushärtung notwendige Abschreckung des geschweißten Bauteils unweigerlich mit erneutem Verzug einhergeht und ein eventuell anschließender Richtvorgang erhöhte Rissgefahr bedeuten würde, wird diese Nachbehandlung in der Praxis fast nie durchgeführt. Die Entfestigung der entsprechenden Bereiche muss daher bereits bei der Konstruktion des Bauteils berücksichtigt werden. Hierbei ist mit reduzierten zulässigen Beanspruchungen zu rechnen, wie sie in den einschlägigen Regelwerken oder Empfehlungen angegeben sind.

1.3 Legierungen der Serie 7xxx

Bei den Al ZnMg-Legierungen wirkt in erster Linie die Tendenz zur Ausscheidung der Verbindung $MgZn_2$ aushärtend [8]. Al ZnMg-Legierungen härten bei Raumtemperatur auf mittlere bis hohe Festigkeiten aus, wobei dies einige Wochen, bei tiefen Temperaturen sogar einige Monate dauern kann. Maximale Festigkeiten werden durch Warmaushärten bei etwa 130 °C bis 170 °C erreicht.

Konstruktionswerkstoffe der 7xxx-Legierungen sind ähnlich rissempfindlich wie die Legierungen vom Typ 6xxx und sind aus diesem Grund ohne Zusatzwerkstoff nur bedingt schmelzschweißbar. Sie werden heute meist mit naturharten Schweißzusätzen vom Typ 5 wie beispielsweise S Al 5183 (Al Mg4,5Mn0,7) oder S Al 5556A (Al Mg5Mn) geschweißt. Als Folge von Aufmischungsvorgängen zwischen Grund- und Zusatzwerkstoff entstehen bei Verwendung dieser artfremden Zusätze in den Verbindungsbereichen neue Legierungen mit örtlich verschiedener Zusammensetzung, welche lediglich ca. 70 bis 80 % der Ausgangsfestigkeit des Grundwerkstoffs erreichen.

Legierungen vom Typ Al ZnMg zeichnen sich durch einen weiten Temperaturbereich für das Lösungsglühen (350 °C bis 450 °C), eine geringe Abschreckempfindlichkeit sowie eine verhältnismäßig große Trägheit der Aushärtung (lange Auslagerungszeiten) aus. Die beim Schweißen eingebrachte Wärme bewirkt nicht nur ein Inlösunggehen aller Legierungsbestandteile, die prozesstechnischen Abkühlungsbedingungen ermöglichen darüber hinaus das Erhalten dieser Lösungssituation bis in den Raumtemperaturbereich [8]. Diese Kombination führt dazu, dass die Festigkeitswerte in der WEZ unmittelbar nach dem Schweißen zunächst noch verhältnismäßig niedrig liegen. Eine anschließende Auslagerung bei Raumtemperatur oder erhöhten Temperaturen (120 °C bis 130 °C) lässt die Festigkeitswerte wieder ansteigen, sodass nach maximal 30 Tagen Festigkeitswerte erreicht werden, die nahe den Festigkeiten des unbeeinflussten Grundwerkstoffs liegen. Maximale Festigkeiten in der WEZ und minimale Auslagerungszeiten werden durch erneutes Warmauslagern direkt nach dem Schweißen erreicht. Diese Warmauslagerung nach dem Schweißen ist in korrosionsgefährdeten Bereichen auf jeden Fall vorzunehmen, um bei Al ZnMg-Legierungen die Beständigkeit gegen transkristalline Schichtkorrosion zu verbessern [7]. Kann die Wärmebehandlung aufgrund der Bauteilgröße nicht durchgeführt werden, muss entweder eine konstruktive Anpassung oder eine andere Legierungswahl getroffen werden.

Bei Al ZnMg-Legierungen ist darüber hinaus darauf zu achten, dass der Temperaturbereich zwischen 200 °C und 300 °C beim Anwärmen, insbesondere aber beim Abkühlen, möglichst schnell durchlaufen wird, da andernfalls die Fähigkeit des Werkstoffs zur Wiederaushärtung durch Ausscheidungen aus dem übersättigten Mischkristall bzw. Vergröberungen der metastabilen inkohärenten Ausscheidungen herabgesetzt wird. Diese Effekte verstärken sich noch merklich, wenn die Temperatureinwirkung länger als 4 Minuten dauert. Um eine Schädigung des Werkstoffs zu vermeiden, sollte der kritische Temperaturbereich daher möglichst schnell durchschritten werden. Dies ist laut KLOCK und SCHOER [9] bei sachgemäßer Schweißausführung infolge der hohen Wärmeleitfähigkeit des Werkstoffs stets der Fall, doch sollte bei komplizierten Schweißkonstruktionen mit Nahthäufung darauf geachtet werden, dass kein Wärmestau entsteht.

1.4 Gefüge von Schmelzschweißverbindungen aus Aluminiumknetlegierungen

Das eigentliche Nahtgefüge der Schweißverbindung weist eine Gussstruktur mit der durch die gerichtete Wärmeableitung in den Grundwerkstoff hervorgerufenen Ausbildung von Dendriten auf. Abhängig von den Erstarrungsbedingungen beeinflussen Gussfehler wie Lunker, Seigerungen oder Gasporen die mechanischen Eigenschaften des Schweißguts. Die mikrostrukturellen Eigenschaften des Schweißguts weichen daher grundsätzlich von denen des Grundwerkstoffs ab. Die Unterschiede nehmen sogar noch zu, wenn darüber hinaus die Zusammensetzung des Schweißguts und die Zusammensetzung des Grundwerkstoffs differieren. Im Zusammenhang mit Ermüdung wird die Schweißnaht deshalb als metallurgische Kerbe, als nicht definierbare Werkstoffkerbe, bezeichnet, die das Ermüdungsverhalten der Schweißverbindung negativ beeinflussen kann.

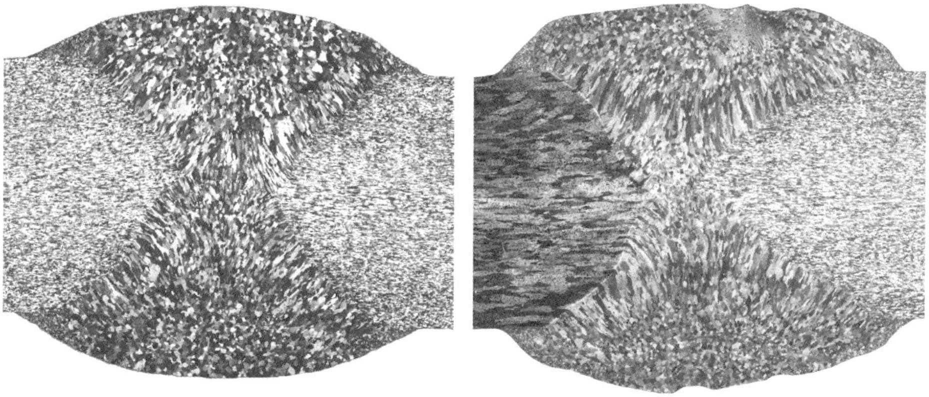

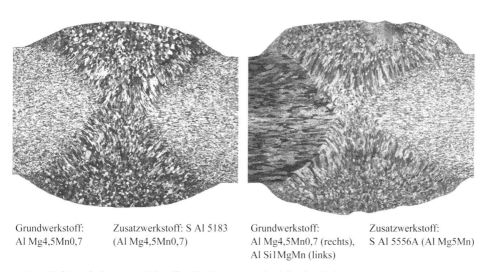

Grundwerkstoff:	Zusatzwerkstoff: S Al 5183	Grundwerkstoff:	Zusatzwerkstoff:
Al Mg4,5Mn0,7	(Al Mg4,5Mn0,7)	Al Mg4,5Mn0,7 (rechts), Al Si1MgMn (links)	S Al 5556A (Al Mg5Mn)

Abb 4: Gefügeaufnahmen von Schweißverbindungen aus Aluminiumknetlegierungen

1.5 Einfluss der spezifischen Eigenschaften von Aluminium auf den Schweißprozess

Verglichen mit Stahl hat Aluminium einen sehr niedrigen Schmelzpunkt von 660 °C, der sich eigentlich als vorteilhaft für das Schmelzschweißen darstellt. Weil jedoch Aluminium eine fast dreimal so hohe Wärmeleitfähigkeit besitzt, kann die durch den Schweißprozess eingeführte Wärme leichter von der Schweißzone abgeführt werden. Ungeachtet des sehr niedrigen Schmelzpunkts muss zum Schweißen von Aluminium demzufolge mehr Wärme eingebracht werden, was eine große und möglichst konzentrierte Wärmezufuhr erforderlich macht.

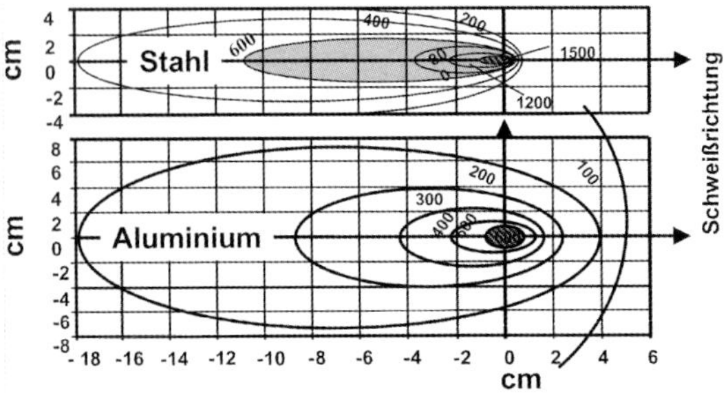

Abb. 5: Temperaturverteilung beim WIG-Schweißen von Stahl und Aluminium unter gleichen Schweißbedingungen

Zu den werkstoffspezifischen Eigenschaften von Aluminium, die mit dem Schweißprozess in direkte Wechselwirkung treten, ist weiterhin die sehr harte und hoch schmelzende (2052 °C) Oxidhaut zu nennen, mit der sich alle Aluminiumlegierungen aufgrund ihrer hohen Affinität zu Sauerstoff bei Kontakt mit der Atmosphäre umgeben. Das spezifische Gewicht der Oxidhaut entspricht annähernd dem spezifischen Gewicht der Aluminiumlegierung. Die wenige Zehntel µm dicke Oxidschicht besteht aus einer sich spontan bildenden Sperrschicht und einer hygroskopischen Deckschicht, die aufgrund ihrer Beschaffenheit in ihren Poren Wasser einlagern kann. Das chemisch gebundene Wasser dissoziiert im Lichtbogen zu Wasserstoff und Sauerstoff und verursacht dadurch verstärkte Porosität in der Schweißnaht.

Die Oxidschicht gewährleistet zwar in der Regel eine hohe Korrosionsbeständigkeit, wirft jedoch beim Schmelzschweißen von Aluminiumlegierungen erhebliche fertigungstechnische Probleme auf. Wegen ihrer geringen elektrischen Leitfähigkeit wirkt die Oxidschicht elektrisch gesehen wie ein Isolator. Aufgrund des sehr hohen Schmelzpunkts wird sie darüber hinaus beim Schmelzschweißen nicht aufgeschmolzen. Damit sich das Schweißbad und der im Lichtbogen übergehende Tropfen nicht mit einem zähen Oxidfilm überziehen und dadurch ihre Vermischung unterbunden wird, muss die Oxidschicht unmittelbar vor dem Schweißen entfernt und ihre Neubildung verhindert werden.

Im geschmolzenen Zustand hat Aluminium eine sehr hohe Löslichkeit für Wasserstoff, welche mit abnehmender Temperatur kontinuierlich sinkt und im Bereich der Erstarrung um den Faktor 20 sprunghaft abnimmt. Während der Wasserstoff im Schmelzbad langsam entgasen kann, scheidet er sich während der Erstarrung im Gefüge als Gasporen aus. Beim Schweißen von Aluminium ist deshalb im Hinblick auf Porosität vor allem darauf zu achten, dass die Aufnahme von Wasser verhindert wird.

Mit $23 \cdot 10^{-6}$/K hat Aluminium einen nahezu doppelt so hohen thermischen Ausdehnungskoeffizienten wie Stahl. In Verbindung mit der ausgezeichneten Wärmeleitfähigkeit kann dies leicht zu erheblichen Abmessungsänderungen beim Erwärmen und Abkühlen führen. Damit ist nicht nur die Maßhaltigkeit der Bauteile gefährdet, es muss auch mit merklichen Eigenspannungen gerechnet werden, die bei der Konstruktion zu berücksichtigen sind.

Die durch den auftretenden Verzug entstehenden Spaltdifferenzen führen zu jeweils unterschiedlichen Winkel- und Querschrumpfungen in der Schweißnaht, die ihrerseits das Auftreten von Eigenspannungen und damit indirekt die Heißrissbildung begünstigen. Kritische Spalte können dabei direkt zu Schweißnahtfehlern (Durchbrenner, Unterschreiten der Nahtdicke) führen. Durch eine geeignete Schweißnahtvorbereitung und eine zweckmäßige Fixierung

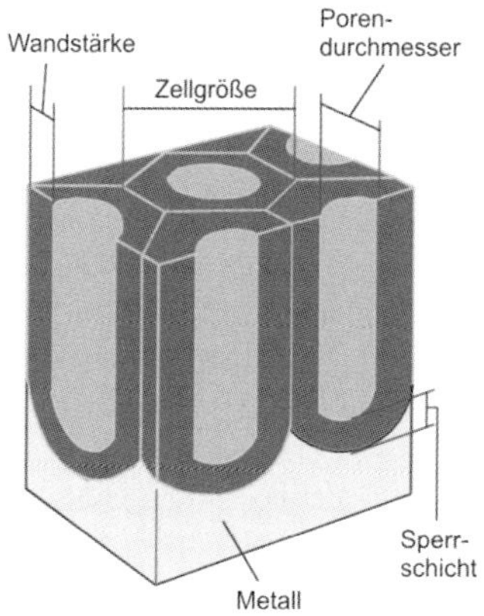

Abb. 6: Aufbau der Oxidschicht (modifiziert nach Talat [10])

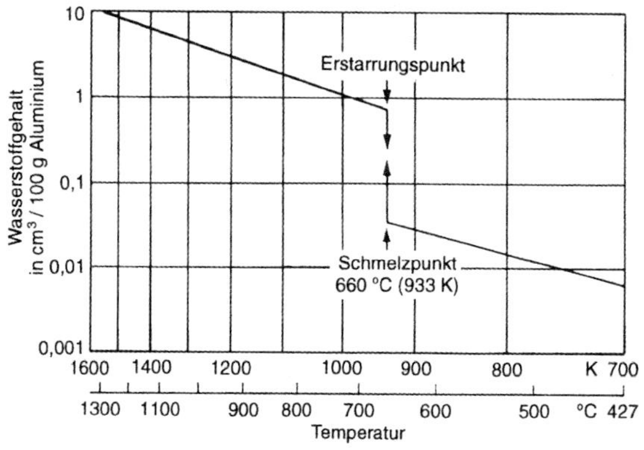

Abb. 7: Löslichkeit von Wasserstoff in Aluminium in Abhängigkeit der Temperatur

kann der Verzug weitgehend kompensiert werden, sodass die erforderliche Maßhaltigkeit innerhalb gegebener Toleranzen auch nach dem Schweißprozess noch erfüllt ist.

Tabelle 1: Physikalische Eigenschaften von Aluminium

Kenngröße	**Einheit**	**Aluminium**	**Stahl**	**Verhältnis**
Dichte	g / cm^3	2,7	7,78	0,35
E-Modul	N / mm^2	72 000	215 000	0,33
elektrische Leitfähigkeit bei RT	m / Ω mm^2	37,6	10,3	3,65
Wärmeleitfähigkeit	W / (m K)	235	75	3,13
thermischer Ausdehnungskoeffizient	10^{-6} / K	23	12	1,92
Schmelztemperatur	°C	660	1536	0,43

Eine weitere Eigenschaft des Aluminiums, die sich besonders für den Schweißprozess negativ auswirkt, ist der kleine Erstarrungsbereich, aufgrund dessen das Schweißgut – in Verbindung mit den hohen erreichbaren Schweißgeschwindigkeiten beim Lichtbogenschweißen – so schnell erstarrt, dass eine Entgasung der Schmelze nur unvollständig erfolgen kann. Bei gleichen Voraussetzungen und Randbedingungen ist die Porenbildung durch im erstarrenden Schweißgut verbleibende Gaseinschlüsse beim Schweißen von Aluminium daher wesentlich größer als beispielsweise beim Schweißen von Stahl. Durch aufwendige Maßnahmen wie z.B. ein Vorwärmen der Fügeteile oder eine höhere Wärmeeinbringung kann die Porenzahl vermindert werden. Andererseits jedoch birgt ein großer Erstarrungsbereich die Gefahr von Heißrissen, was sich wiederum negativ auf die Ermüdungsfestigkeit der Schweißkonstruktion auswirkt.

2 Schweißbarkeit aus der Sicht der Fertigung

Das gewählte Schutzgasschweißverfahren und die fertigungstechnischen Schweißparameter bestimmen bei Aluminiumschweißkonstruktionen im Wesentlichen die lokalen geometrischen Nahtparameter und die Ausbildung der äußeren Unregelmäßigkeiten. Die Fertigung hat dadurch indirekt über die lokale Geometrie der Kerben entscheidenden Einfluss auf die Schweißsicherheit bzw. bei dynamisch beanspruchten Konstruktionen auf die Ermüdungsfestigkeit. Daneben beeinflussen das Schweißverfahren und die Schweißparameter durch die Menge aber auch durch die Art der eingebrachten Wärmeenergie die Erstarrungs- und Umwandlungsvorgänge im Werkstoff sowie die Ausbildung der inneren Unregelmäßigkeiten.

Für die zwei häufigsten zum Schweißen von Aluminiumknetlegierungen eingesetzten Schutzgasschweißverfahren, das Metall-Inert-Gas-Schweißen (MIG) und das Wolfram-Inert-Gas-Schweißen (WIG), sollen exemplarisch fertigungstechnische Stellgrößen für die Ausbildung bestimmter Schweißnahtgeometrien, aber auch Ursachen für die Ausbildung äußerer und innerer Unregelmäßigkeiten aufgezeigt werden.

2.1 MIG-Schweißen

Beim MIG-Schweißen, einer Unterart des Metallschutzgasschweißens, brennt der Lichtbogen zwischen einer abschmelzenden Drahtelektrode, die dem Schweißbrenner durch das Schlauchpaket kontinuierlich zugeführt wird, und dem Werkstück. Die Kontaktierung der Drahtelektrode geschieht dabei kurz vor dem Austritt des Drahts aus dem Schweißbrenner im Stromkontaktrohr. Das Schmelzbad wird dabei durch ein Schutzgas von der Atmosphäre abgeschirmt. Das Schutzgas wird ebenfalls durch das Schlauchpaket dem Brenner zugeführt und strömt aus einer das Stromkontaktrohr konzentrisch umgebenden Schutzgasdüse.

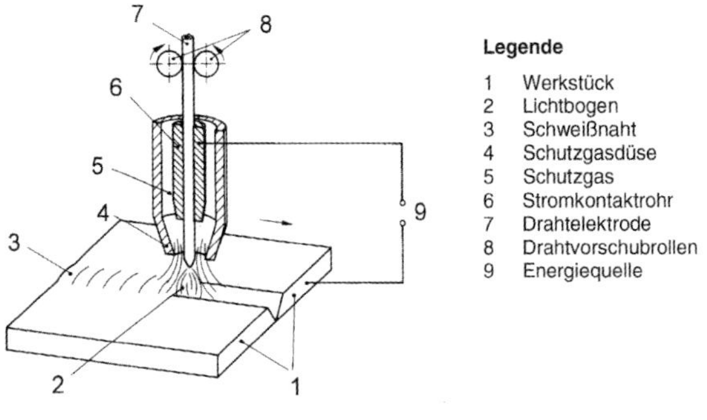

Abb. 8: Metall-Schutzgasschweißen nach DIN ISO 857-1 [11]

Zu den Schweißparametern, die zur Erfüllung der Schweißaufgabe – mit dem Ziel, die Gebrauchstauglichkeit der Schweißverbindung zu gewährleisten – anzupassen sind, gehören Schutzgas, Schweißbrenner, Art und Einstellung der Schweißstromquelle sowie Art und Geschwindigkeit der Brennerführung. Dabei gilt es vor allem, die beim MIG-Schweißen von Aluminium häufigsten verfahrenstypischen Unregelmäßigkeiten Wasserstoffporen und Bindefehler durch korrekt eingestellte Lichtbogenleistungen zu verhindern bzw. zu minimieren [12].

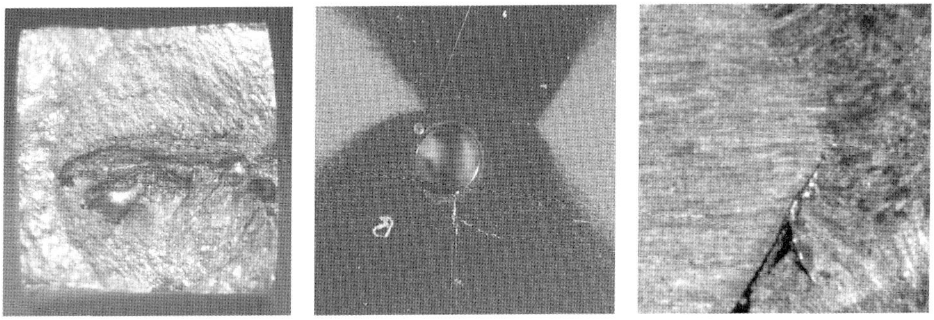

Abb. 9: Wasserstoffporen und Bindefehler in als Stumpfstoß mit DY-Naht MIG-geschweißten AlMg4,5Mn0,7-Blechen

Als Schutzgase kommen beim MIG-Schweißen (im Gegensatz zum MAG-Schweißen) ausschließlich inerte Gase wie Argon, Helium oder Mischungen aus beiden zum Einsatz, die u. U. zusätzlich mit Sauerstoff oder Stickstoff dotiert werden. Die Wahl des Schutzgases bestimmt dabei maßgeblich das Einbrandverhalten. In Europa wird vornehmlich Argon als Schutzgas verwendet. Zugaben von Helium bewirken aber aufgrund der höheren Ionisierungsenergie des Heliums einen energiereicheren Lichtbogen und vergleichmäßigen wegen der guten Wärmeleitfähigkeit des Heliums die Wärmeverteilung im Lichtbogen [12]. So kann beim MIG-Schweißen mit Argon-Heliumgemischen ein tieferer und breiterer Einbrand erreicht werden als mit Reinargon.

Das Metall-Inertgas-Schweißen von Aluminiumlegierungen wird üblicherweise mit Gleichstrom durchgeführt, wobei der Pluspol der Stromquelle an der Elektrode und der Minuspol am Werkstück liegt. Für das Schweißen sehr dünnwandiger Aluminiumstrukturen wie z. B. Motorradrahmen wird aber in neuerer Zeit auch Wechselstrom eingesetzt.

Um eine gute, gleich bleibende MIG-Naht zu erreichen, muss die Lichtbogenlänge unbedingt konstant gehalten werden. Vor allem veränderliche Drahtfördergeschwindigkeiten führen zu Änderungen der Lichtbogenlänge und damit auch der Lichtbogenleistung während des Schweißens und bedingen so neben äußeren geometrischen auch die verfahrenstypischen inneren Unregelmäßigkeiten (Poren, Bindefehler). Deshalb müssen bei der Förderung der – im Vergleich zu Stahl – weicheren Aluminiumdrähte besondere Maßnahmen getroffen werden. Beim MIG-Schweißen von Aluminiumlegierungen sind Stromkontaktrohre mit einer um 0,2 mm größeren Bohrung zu verwenden als beim MSG-Schweißen von Stahl. Zu den häufigsten fertigungstechnischen Ursachen für Unregelmäßigkeiten gehören Kontaktierungsprobleme aufgrund verschlissener Kontaktrohre und Probleme bei der Drahtförderung aufgrund geknickter oder fehlerhafter Schlauchpakete. Der Rollenantrieb sollte mit vier angetriebenen Rollen ausgeführt sein, die am Umfang eine halbkreisförmige Nut haben und deren Anpressdruck variabel verstellbar ist [13]. Das Schlauchpaket sollte mit einem dem Drahtdurchmesser angepassten Drahtführungsschlauch aus verschleißfestem Kunststoff (Liner) bestückt sein, der den Draht unmittelbar hinter dem Rollenantrieb aufnimmt. Bei längeren Schlauchpaketen (über 4 m) müssen Push-Pull-Geräte verwendet werden, bei denen im Brenner ein zusätzlicher Rollenantrieb sitzt. Durch die hellen gut wärmereflektierenden Aluminiumoberflächen wird die thermische Belastung des Brenners so verstärkt, dass durch anhaftende Spritzer oder Verzug des Stromkontaktrohrs und des Brennerstocks Drahtförderstörungen auftreten können. Eine Schweißspritzeranhaftung in der heißen Gasdüse führt außerdem zu Einwirbelungen von Umgebungsluft in die Schutzgasabdeckung und verursacht Porenbildung. Ab Stromstärken von ca. 200 A ist die Verwendung von wassergekühlten Brennern vorteilhaft [9].

Bei richtiger Geräteeinstellung und ungehindertem Drahtvorschub besteht immer ein Gleichgewicht zwischen dem zugeführten Draht und der im Lichtbogen abgeschmolzenen Drahtmenge. MIG-Schweißstromquellen haben eine Konstantspannungscharakteristik, bei der die Schweißspannung mit steigendem Schweißstrom nur wenig abfällt. So wird ein Selbstregelungseffekt des Prozesses (ΔI-Regelung) erreicht, der die Lichtbogenlänge selbst bei Veränderungen des Brennerabstands zum Werkstück konstant hält.

Die Anpassung der Maschinenparameter an die jeweilige Schweißaufgabe geschieht beim MIG-Schweißen in erster Linie durch Veränderung der Spannung und der Drahtfördergeschwindigkeit, von der wiederum die Stromstärke abhängt. Mit größer werdender Drahtfördergeschwindigkeit wird der Lichtbogen kürzer, so dass der Gesamtwiderstand des freien Drahtendes l_D abnimmt. Der zum MIG-Schweißen geeignete Lichtbogenkennlinienbereich verläuft im Stromstärke-Spannungs-Diagramm diagonal und wird von der eingestellten fast horizontalen (Strom-)Quellenkennlinie geschnitten. Dabei begrenzt der Quellenkennlinienabschnitt (A_{L1} bis A_{K1}) im Lichtbogenkennlinienbereich die möglichen Positionen des Arbeitspunkts A (siehe Abb. 10).

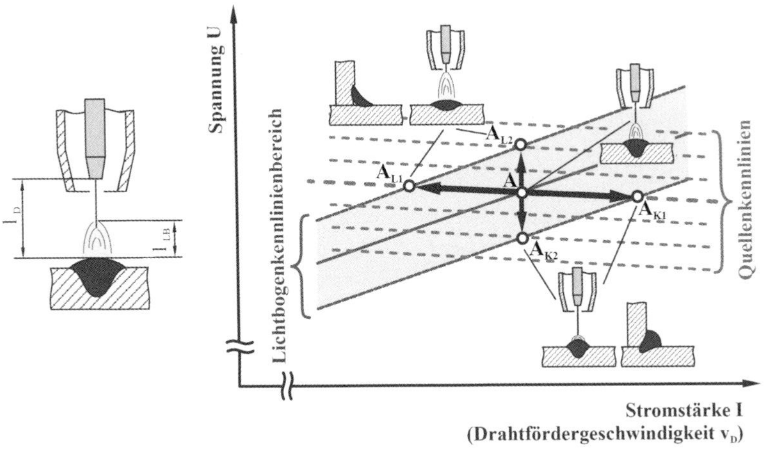

Abb. 10: Einstellen der Lichtbogenlänge beim Metall-Schutzgas-Schweißen (modifiziert nach [14])

Nur dort, wo die Quellkennlinie innerhalb des Lichtbogenkennlinienbereichs liegt, ist ein stabiler Schweißprozess gewährleistet. Die genaue Position des Arbeitspunkts innerhalb des Lichtbogenkennlinienbereichs bestimmt darüber hinaus die Lichtbogenlänge. Eine Lichtbogenverlängerung kann so durch eine Reduzierung der Drahtfördergeschwindigkeit bei konstanter Quellenkennlinie (Punkt A_{L1}) oder durch eine Erhöhung der Spannung (Wahl einer höheren Quellenkennlinie) bei konstanter Drahtfördergeschwindigkeit (Punkt A_{L2}) erreicht werden. Eine Lichtbogenverkürzung kann umgekehrt durch eine Erhöhung der Drahtfördergeschwindigkeit bei konstanter Spannung (Punkt A_{K1}) oder durch eine Reduzierung der Spannung bei konstanter Drahtfördergeschwindigkeit (Punkt A_{K2}) erreicht werden.

Moderne MIG-/MAG-Schweißstromquellen haben eine synergetische Einknopfbedienung, die für die gewünschte Schweißaufgabe nach Eingabe der Parameter Schweißzusatz, Drahtdurchmesser und Schutzgas die geeignete Geräteeinstellung über Veränderung nur einer Stellgröße (U, v_D oder $I(v_D)$) ermöglichen. Im Prozessrechner der Schweißstromquelle sind dazu für häufig vorkommende Schweißaufgaben feste Schweißparametersätze hinterlegt, welche die Arbeitskennlinie definieren. Eine gezielte Veränderung der Lichtbogenlänge und damit der Lichtbogenleistung sowie des Einbrandverhaltens gelingt dabei über eine Feineinstellung der Schweißspannung.

Bei einer Änderung der Lichtbogenlänge ist zu beachten, dass je kürzer der Lichtbogen ist, er umso mehr zu Kurzschlüssen und zu Spritzern neigt. Beim MIG-Schweißen werden verschiedene Lichtbogenarten unterschieden. Die bedeutendsten Lichtbogenarten sind heute der Sprühlichtbogen und der Impulslichtbogen. Der Sprühlichtbogen (SLB) brennt beim Schweißen mit Gleichstrom im oberen Leistungsbereich, ab einer vom Zusatzdrahtdurchmesser abhängigen Übergangsstromstärke [$I_Ü$(Ar, d = 1,2 mm) = 130 A, $I_Ü$(Ar, d = 1,6 mm) = 170 A] [9]. Die kennzeichnende Eigenschaft ist ein feiner fast kurzschlussfreier und spritzerarmer Werkstoffübergang. Die Lichtbogenlänge des Sprühlichtbogens kann aber z. B. durch die Änderung der Spannung gezielt verändert werden. Durch eine Verringerung der Lichtbogenlänge entstehen auch im oberen Leistungsbereich über kurz oder lang akustisch wahrnehmbare Kurzschlüsse, die zum kurzeitigen Erlöschen des Lichtbogens führen können und damit eine Verringerung der Lichtbogenleistung bewirken. Durch einen kürzeren SLB mit wenigen Kurzschlüssen kann bei konstanter Drahtförder- und Schweißgeschwindigkeit der Einbrand verbessert und damit auch die bessere Wurzelerfassung erreicht werden. Wurzelbindefehlern kann durch einen kurzen Lichtbogen weitestgehend entgegengewirkt werden. Dem stehen aber in der Regel eine größere Nahtüberhöhung und ein kleinerer Radius am Nahtübergang entgegen, was zu einer Verschärfung der Nahtübergangskerbe führt. Ein längerer und damit auch zumeist breiterer SLB ermöglicht dagegen bessere Flankenbindung in Kombination mit milderen Übergangskerben, allerdings bei schlechterer Wurzelerfassung. Bei einem langen SLB, der bei der Verwendung von Al-Schweißzusätzen mit höheren Mg-Gehalten im nachhinein an einer dunkelgrauen bis schwarzen Oberflächenbelegung mit Magnesiumoxid erkannt werden kann [15], besteht zusätzlich die erhöhte Gefahr von Einbrandkerben neben der Naht [14].

Der Impulslichtbogen wird durch einen pulsierenden Gleichstrom erzeugt. Die Impulsfrequenz (50 bis 300 Hz) steuert dabei den Tropfenübergang (vgl. Abb. 11). Der Grundstrom I_G hält das Schmelzbad und das Elektrodenende flüssig. Bei jedem Impuls gehen aufgrund der ansteigenden Lorenzkraft ein oder mehrere Tropfen zum Werkstück über.

Neben der Einbrandsteuerung durch Einstellung der Lichtbogenlänge bietet der Impulslichtbogen die Möglichkeit, die Strom-Zeitfunktion eines Impulses – z.B. durch Variation des Impulsstroms I_P – gezielt zu beeinflussen. Dadurch werden die Tropfengröße, die Impulsfrequenz und die Art des Tropfenabgangs so gesteuert, dass bei vielen Anwendungen gute Kompromisse hinsichtlich Wurzelerfassung und Kerbmilderung am Nahtübergang erreicht werden können. Der Impulslichtbogen bewirkt darüber hinaus eine Schweißbadbewegung, die der Porenbildung entgegenwirkt [16]. Beim Schweißen im unteren Leistungsbereich hat der Impulslichtbogen gegenüber dem Kurzlichtbogen die Vorteile der Spritzerfreiheit und der genaueren Leistungssteuerung des Lichtbogens. Dies ermöglicht das Schweißen dünner Bleche mit Dicken ab ca. 2 mm ohne diese durchzubrennen.

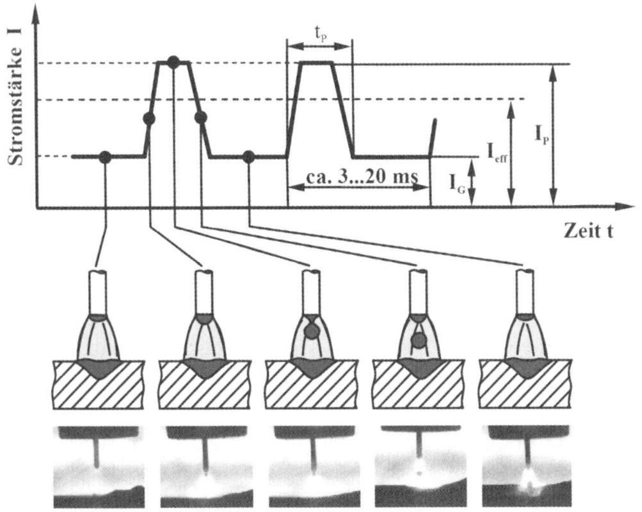

Abb. 11: Tropfenablösung beim Impulslichtbogen

Digital geregelte Schweißinverter bieten zusätzlich spezielle Programme zum Schweißen in Zwangslagen an, bei denen durch eine periodische Leistungsabnahme mit niedriger Frequenz (ca. 1 bis 10 Hz) auch beim voll mechanisierten Schweißen dünner Bleche ein definierter Einbrand in Kombination mit einer gleichmäßigen, groben Schuppung erreicht werden kann (vgl. Abb. 12).

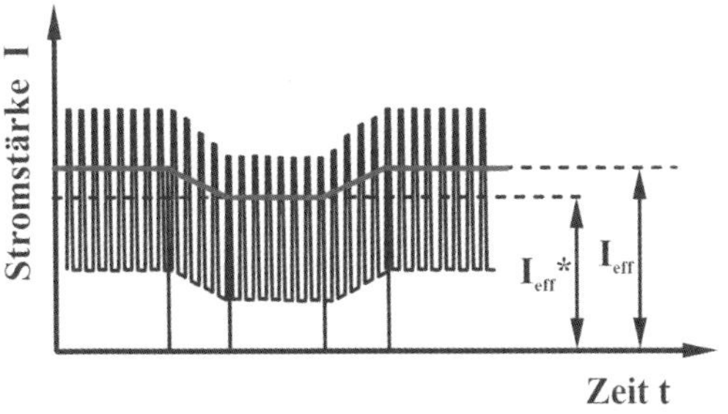

Abb. 12: Strom-Zeit-Funktion beim Schweißen mit dem Pulstrom überlagerter niederfrequenter Leistungsabnahme

Vor allem durch die hohe Wärmeleitfähigkeit von Aluminium wird zu Beginn der Schweißung die eingebrachte Wärmeenergie aus dem erwärmten Bereich der Schweißnahtflanken in den Grundwerkstoff abgeleitet. Mit wachsender Schweißnahtlänge kommt es aber zur Erwärmung immer größerer Bereiche der Fügeteile, wodurch eine Vorwärmung der noch zu verschweißenden Schweißnahtflanken entsteht. So entstehen an den Schweißnahtanfänge vermehrt Bindefehler und an den Schweißnahtenden vermehrt Mehrfachunregelmäßigkeiten wie Wurzelüberhöhungen, Einbrandkerben und Decklagenunterwölbungen. Gerätetechnisch wird dem bei modernen Schweißstromquellen durch spezielle Schweißprogrammabläufe entgegengewirkt, bei denen ein höherer Startstrom manuell oder automatisch auf den eigentlichen Schweißstrom abgesenkt wird. Endkrater entstehen, wenn der Lichtbogen erlischt, damit die Zugabe von Schweißzusatz plötzlich stoppt und das erstarrte Schweißgut schrumpft. Dies kann durch ein langsames Abziehen des Brenners oder durch ein Endkraterfüllprogramm der Schweißstromquelle vermieden werden [17]. Da Nahtanfänge und Nahtenden häufig besonders kritische makrostrukturelle wie auch mikrostrukturelle Kerben darstellen, gilt es durch geeignete Schweißnahtfolgepläne die makrostrukturellen von der mikrostrukturellen Kerben örtlich zu trennen. Zu diesem Zweck wird die Schweißung in einem makrostrukturell schwingungsunkritischen Bereich begonnen, bis zur eigentlichen Fuge hingeschweißt und die Schweißnaht zum Verbinden der Fügeteile ausgeführt. Anschließend wird wieder soweit über die eigentliche Fuge hinaus geschweißt, bis der Endkrater ebenfalls in einem makrostrukturell schwingungsunkritischen Bereich platziert werden kann (vgl. Abb. 13).

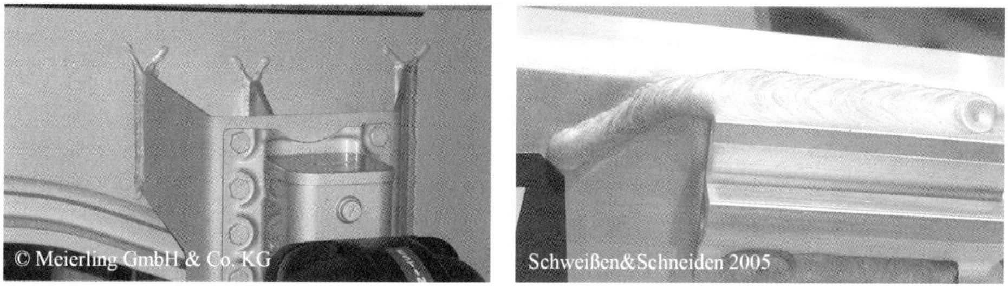

Abb. 13: Schweißnahtausführungen zur Trennung von makro- und mikrostrukturellen Kerben

Die Schweißgeschwindigkeit muss genau auf die Geräteeinstellungen abgestimmt werden. Diese Abstimmung geschieht üblicherweise in sukzessiven Probeschweißungen. Zu hohe Schweißgeschwindigkeiten können mangelnde Wurzelerfassung und Bindefehler verursachen. Zu niedrige Schweißgeschwindigkeiten verursachen jedoch auch Bindefehler, wenn das flüssige Schweißgut in die noch zu schweißende Fuge vorläuft. Um jederzeit eine ausreichende Schutzgasabdeckung des flüssigen Schweißguts zu gewährleisten, wird der Brenner senkrecht oder leicht stechend geführt. Durch die leicht stechende Brennerführung können flachere Nähte beim Stumpfstoß und Hohlkehlnähte mit weicheren Nahtübergängen realisiert werden.

Bei den Schweißdrähten zum MIG-Schweißen ist vor allem darauf zu achten, dass die Drähte trocken gelagert werden, da die Oxidschicht nicht nur Wasserstoffporenbildung und Oxideinschlüsse begünstigt, sondern auch die Drahtförderung stört. Bei der Herstellung von Qualitätsdrähten wird vor dem Ziehen ein Schälzug durchgeführt, durch den Ziehmittel, welche sich in die weiche Oberfläche des Aluminiums eindrücken können, entfernt werden.

2.2 WIG-Verfahren

Beim Wolfram-Inertgas-Schweißen brennt der Lichtbogen frei zwischen einer nicht abschmelzenden Elektrode aus reinem oder dotiertem Wolfram und dem Werkstück. Das Schmelzbad wird dabei durch eine Gasumhüllung aus inerten Gasen (Argon oder Helium) geschützt. Der Schweißzusatz (Schweißdraht) wird entweder von Hand in Stabform oder beim vollmechanischen Schweißen als Draht durch ein Vorschubwerk zugegeben.

Als verfahrensbedingte Unregelmäßigkeiten sind neben den auch für das MIG-Schweißen typischen Wasserstoffporen und Bindefehlern vermehrte Oxid- und Wolframeinschlüsse anzuführen.

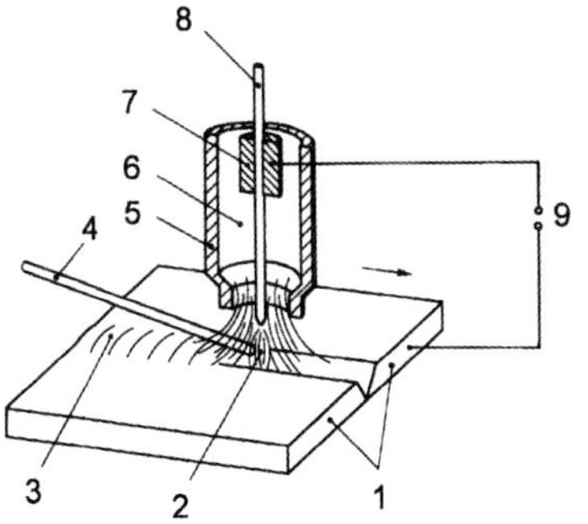

Legende

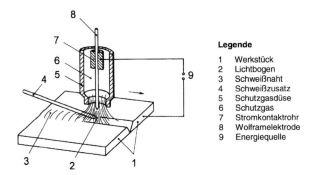

1 Werkstück
2 Lichtbogen
3 Schweißnaht
4 Schweißzusatz
5 Schutzgasdüse
6 Schutzgas
7 Stromkontaktrohr
8 Wolframelektrode
9 Energiequelle

Abb. 14: Wolfram-Inertgasgasschweißen nach DIN ISO 857-1 [11]

Beim WIG-Schweißen von Stahl wird die nicht abschmelzende Wolframelektrode als Kathode des Lichtbogens geschaltet, da durch die dort zu leistende Austrittsarbeit der Elektronen und den wandernden Kathodenfleck der Minuspol immer kälter ist als der Pluspol. Das WIG-Schweißen von Aluminiumlegierungen mit Gleichstrom und negativer Elektrode ist dagegen nur für wenige Anwendungen mit hochheliumhaltigen Gasen möglich. Beim WIG-Schweißen mit Argon kann die bei ca. 2050 °C schmelzende Oxidschicht nur durch die zum Werkstück hin beschleunigten positiv geladenen Ionen im Lichtbogen aufgerissen und beseitigt werden, da nur die Ionen aufgrund ihrer im Vergleich zu den Elektronen größeren Masse die dazu notwendige kinetische Energie aufweisen. WIG-Schweißen mit Gleichstrom und positiv gepolter Elektrode ist jedoch aufgrund der geringen Strombelastbarkeit der Elektrode nur mit geringen Leistungen bei sehr dünnwandigen Aluminiumstrukturen möglich. Aus diesem Grund wird zum WIG-Schweißen von Aluminiumlegierungen üblicherweise Wechselstrom verwendet, wobei die positive Halbwelle eine Reinigungswirkung hinsichtlich der Oxidschicht hat und die negative Halbwelle zur Kühlung der Elektrode dient [18].

Eine vollständige Beseitigung der Deckschicht der Oxidschicht mit speziellen für Aluminium geeigneten Schleifmitteln ist beim WIG-Schweißen nur in soweit sinnvoll, wie dickere Deckschichten beseitigt werden, die durch längere Lagerung in feuchter Atmosphäre Wasser eingelagert haben [19]. Eine vollständige Beseitigung der Oxidschicht bis auf die sich spontan bildende Sperrschicht kann unter Umständen zu Lichtbogenunruhe und damit zu möglicher Lufteinwirbelung in den Lichtbogen führen. Dies ist darin begründet, dass die Elektronenemission aus dem Oxid leichter erfolgt als aus dem Metall und ein gewisses Maß an Oxidschicht so die Lichtbogenstabilität verbessert.

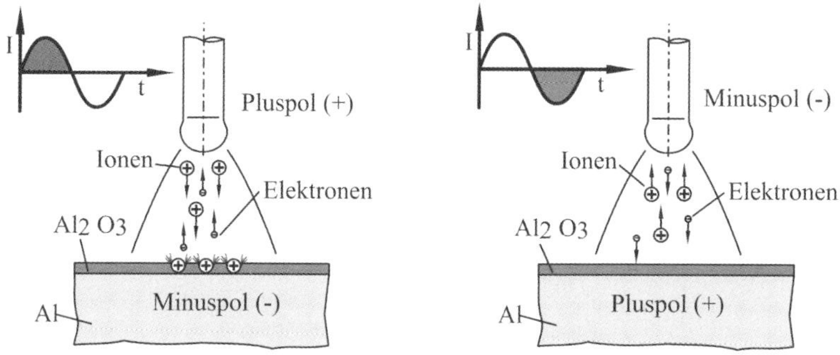

Abb. 15: Reinigungswirkung beim WIG-Schweißen mit Wechselstrom (nach [18])

Die hohe Strombelastung während der positiven Stromhalbwelle führt dazu, dass bei sinusförmigem Wechselstrom die Spitze der Wolframelektrode kugelförmig zurückbrennt. Aus diesem Grund werden Wolframelektroden für das Aluminiumschweißen auch nicht wie beim Minuspolschweißen von Stahl spitzwinklig angeschliffen. Wolframelektroden zum Aluminiumschweißen werden bis zu einem Durchmesser von 1,6 mm überhaupt nicht, dickere Elektroden entweder mit einem Spitzenwinkel von 90° oder kegelstumpfförmig angeschliffen. Überbelastete, abschmelzende Wolframelektroden (z.B. durch Wahl eines zu kleinen Elektrodendurchmessers oder eines zu geringen Spitzenwinkels) stellen eine wesentliche Ursache für Wolframeinschlüsse in der Schweißnaht dar. Bei der Form der Elektrodenspitzen zum WIG-Schweißen mit Wechselstrom ist zu beachten, dass je dicker die Elektrodenspitze während des Schweißens ist, der Einbrand umso flacher und breiter wird.

Bei der Verwendung von sinusförmigem Wechselstrom muss bei jedem Nulldurchgang zwischen den Halbwellen des Stroms eine elektronische Zündhilfe wirksam werden. Durch eine Hochspannungsimpulszündung wird eine impulsförmige Wechselspannung von einigen tausend Volt zwischen Elektrode und Werkstück angelegt. Die sehr kurzen Spannungsimpulse erzeugen einen Zündfunken zwischen Elektrode und Werkstück. Die Zündhilfen moderner WIG-Schweißstromquellen ermöglichen auch das erstmalige Zünden des Lichtbogens bei einer Schweißnaht bereits beim Heranführen der Elektrode an das Werkstück ohne Berührung oder beim Abheben der Elektrode der vor Schweißbeginn auf dem Werkstück aufgesetzten Elektrode. Dadurch werden die für das Zünden des Lichtbogens durch kurze Berührungen typischen Wolframeinschlüsse im Nahtanfang vermieden.

Moderne WIG-Schweißstromquellen in Invertertechnik bieten die Möglichkeit, mit einem künstlich erzeugten rechteckförmigen Wechselstrom zu arbeiten. Da der Nulldurchgang beim rechteckförmigen Wechselstrom sehr schnell erfolgt, ist das Wiederzünden des Lichtbogens auch ohne Zündhilfe sicherer, der Lichtbogen brennt insgesamt stabiler. Da zum Aufreißen der Oxidschicht nicht die gesamte positive Halbwelle benötigt wird, erlauben moderne WIG-Schweißstromquellen eine Balancierung der rechteckigen Stromhalbwellen, die durch geringere Anteile der positiven Halbwelle längere Standzeiten der Elektroden ermöglicht. Zusätzlich wird dadurch die Verwendung spitzerer Elektroden zum Erreichen schmalerer und tieferer Einbrände begünstigt.

Weil der Brenner um einen konstanten Winkel von ca. 20° geneigt, stechend geführt werden sollte, ist die Güte und Gebrauchstauglichkeit WIG-geschweißter Aluminiumverbindungen in sehr großem Maß von der Handfertigkeit des Schweißers abhängig.

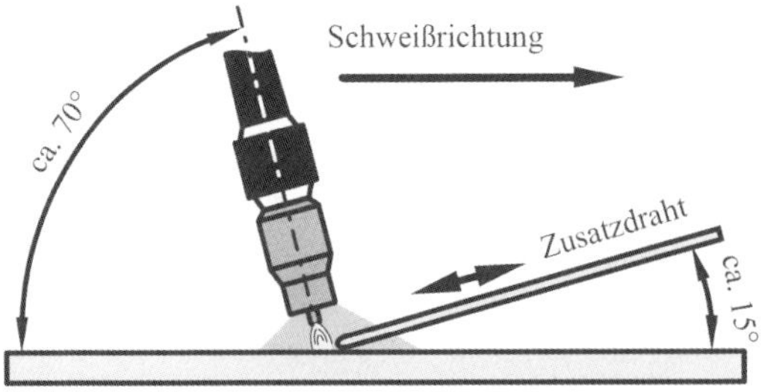

Abb. 16: Führung des Brenners und des Zusatzstabs beim WIG-Schweißen von Aluminium

Der Brennerabstand zum Werkstück ist so gering wie möglich zu halten, ohne jedoch das Schmelzbad oder die Fugenflanken zu berühren. Berührungen führen unweigerlich zu Wolframeinschlüssen. Das Schweißen mit einem zu langen Lichtbogen birgt dagegen die Gefahr von zu geringen Einbränden und Bindefehlern. Die Zugabe des Schweißzusatzes geschieht tupfend in flachem Winkel. Dabei ist darauf zuachten, dass sich die Spitze des Zusatzstabs immer unter der Schutzgasabdeckung befindet, ohne aber die Wolframelektrode zu berühren. Wird der heiße Stab während des Schweißens aus der inerten Atmosphäre hinausgezogen, oxidiert die Spitze des Stabs. Beim nächsten Zuführen ans Schmelzbad entstehen dadurch Oxideinschlüsse, die aufgrund ihrer größeren spezifischen Masse nicht aufschwimmen, sondern im erstarrenden Schweißgut einfrieren. Um konstante Nahtquerschnitte zu gewährleisten, müssen Schweißgeschwindigkeit und Zusatzzuführung, besonders beim Schweißen dünner Bleche, der Temperatur an der momentanen Fügestelle angepasst werden, welche aufgrund der hohen Wärmeleitfähigkeit von Aluminium während des Schweißens starken Schwankungen unterliegt.

Mit dem WIG-Verfahren lassen sich Werkstückdicken von 0,5 mm bis zu 5 mm als einseitige Schweißungen wirtschaftlich fertigen [7]. Darüber hinaus wird das WIG-Verfahren aufgrund der guten Badbeherrschbarkeit in der Wurzel und der bedingt durch den relativ langsamen Prozess (Schweißgeschwindigkeiten < 26 cm/min) in der Regel gut entgasten und damit porenarmen Nähte für bestimmte Bauteile (z.B. Behälter) von Regelwerken sogar vorgeschrieben. Bei zu geringem Schutzgasangebot ist der Prozess allerdings sehr porenanfällig. Aus diesem Grund kann er deshalb nicht unter Montagebedingungen im Freien angewendet werden. Häufig wird das WIG-Verfahren in Kombination mit dem MIG-Verfahren angewandt, wobei die Wurzellagen WIG- und die Decklagen MIG-geschweißt werden.

2.3 Schweißnahtvorbereitung

Die Schweißnahtvorbereitung ist für das MIG- und WIG-Schweißen von Aluminiumlegierungen in DIN EN ISO 9692 Teil 3 [20] genormt. Die Fuge sollte mit mechanischen Verfahren (z.B. Schneiden, Sägen oder Fräsen) vorbereitet werden. Stegflankenkanten besonders für einseitige Stumpfnähte ohne Unterlage sollten entgratet und gebrochen sein [20]. Das Brechen der wurzelseitigen Stegflankenkanten verhindert dabei einen linienförmigen Wurzelrückfall und das Hochspülen von Oxiden ins Schweißgut.

Die Wahl der Nahteinzelheiten (Winkel, Stegabstand, Steghöhe) hängt von der Werkstückdicke, der Arbeitsposition und dem Schweißprozess ab. Größere Stegabstände (> 1,5 mm) erlauben kleinere Flankenöffnungswinkel. Auch beim Schweißen größerer Werkstückdicken mit Argon-Helium-Gemischen oder Helium als Schutzgas können aufgrund der besseren Einbrandverhältnisse gegenüber dem Schweißen mit Argon kleinere Flankenöffnungswinkel verwendet werden. Wenn die Stegabstände 1,5 mm oder größer sind, ist vorzugsweise eine Schweißbadsicherung zu benutzen [20]. Als temporäre Schweißbadsicherungen werden dabei vorwiegend Bleche oder Schienen aus rostfreiem Stahl verwendet, in die zum einseitigen Schweißen von Stumpfstößen eine Nut eingearbeitet wird. Die Querschnitte von Strangpressprofilen können dagegen auch so gestaltet werden, dass die Profile integrierte Funktionselemente wie permanente Schweißbadstützen, Positionierhilfen oder Nahtverstärkungen aufweisen [7]. Zu den typischen Anwendungen von Strangpressprofilen mit mehreren integrierten Funktionseinheiten gehören z. B. Wandprofile von Schienenfahrzeugen, die durch sehr lange Längsnähte verbunden werden. Die Profilquerschnitte sind dabei so gestaltet, dass nicht nur das flüssige Schweißgut der Nähte gegen ein Durchfallen gesichert wird, sondern auch die Schweißfugen durch Positionierhilfen wie z. B. Clipsverbände gegen Verzug gesichert werden. Dies ist von besonderem Interesse, weil der Verzug bei Aluminiumschweißkonstruktionen im Vergleich zu Stahlschweißkonstruktionen aufgrund des relativ hohen Wärmeausdehnungskoeffizienten größer ist. Durch die Sicherung der Fuge wird ein voll mechanisiertes Schweißen der Profile erst möglich und der durch hohe Quernahtspannungen begünstigten Heißrissbildung entgegengewirkt. Bei nicht vorhandenen Positionierhilfen würde verstärkter Kantenversatz auftreten, der nach DIN EN ISO 10042 [21] als Unregelmäßigkeit bewertet wird und darüber hinaus in Regelwerken zum Nenn- und Strukturspannungsnachweis (vgl. Abschnitt 3) wie den IIW–Empfehlungen [22], dem Eurocode 9 [23] und der FKM-Richtlinie [24] zur Herabstufung in eine niedrigere Kerbfallklasse führt.

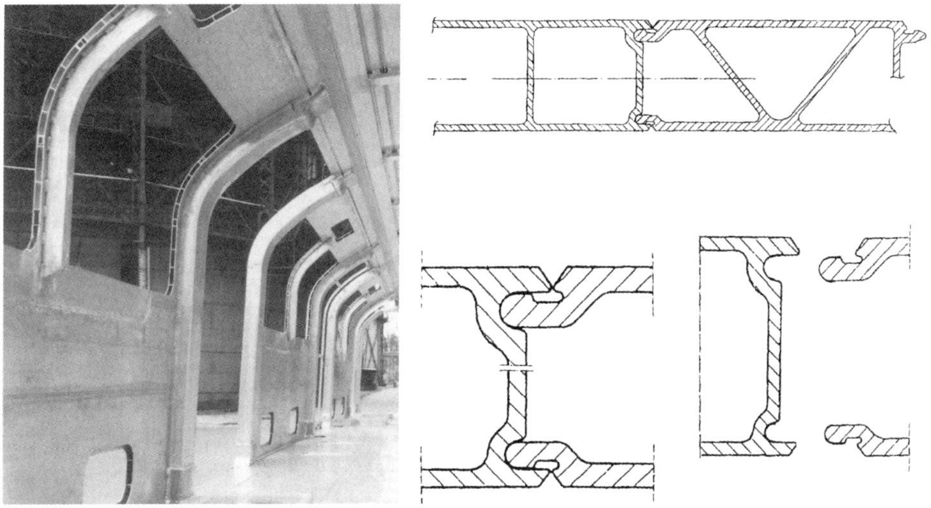

Abb. 17: Wandprofile von Schienenfahrzeugen

3 Schweißbarkeit aus der Sicht der Konstruktion

3.1 Kerben

Eine aus der Sicht der Konstruktion für die Schweißbarkeit und damit für die Betriebsfestigkeit des Schweißteils bedeutende Einflussgröße stellt die Kerbwirkung dar. Kerbwirkung entsteht nach RADAJ [25] durch Unstetigkeit der Form (Geometriekerben), des Werkstoffs (Werkstoffkerben) oder der Belastung (Belastungskerben als Bereiche örtlich konzentrierter Krafteinleitung oder Hertzscher Pressung). Sie kann durch eine einzige Kerbart oder durch mehrere Kerbarten in Überlagerung verursacht sein. Den drei Kerbarten gemeinsam ist die örtliche Beanspruchungserhöhung (Spannung, Dehnung, Formänderungsenergie).

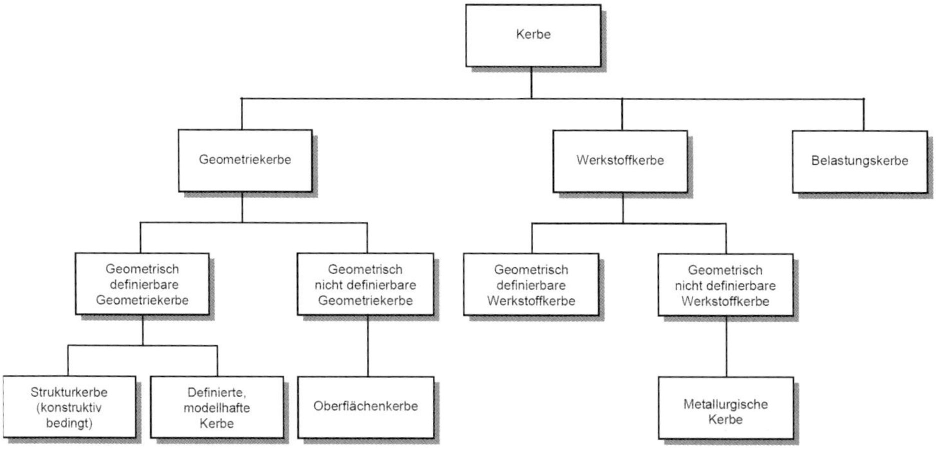

Abb. 18: Arten von Kerben

Hinsichtlich ihrer Ausdehnung und Erfassung können die Geometriekerbe und die Werkstoffkerbe weiter unterteilt werden in eine geometrisch definierbare (nach RUDOLPH [26] als Makrokerbe definiert) und eine geometrisch nicht definierbare Kerbe (nach RUDOLPH [26] als Mikrokerbe definiert).

Die geometrisch definierbare und damit berechenbare Kerbe ist Gegenstand der von NEUBER [27] begründeten Kerbspannungslehre. Die geometrisch definierbare Geometriekerbe ist durch die geometrischen Größen Kerbkrümmungsradius, Kerbtiefe, Kerbquerschnittsbreite (oder -durchmesser) und ggf. Kerböffnungswinkel gekennzeichnet und damit mit analytischen Methoden der Festigkeitsberechnung erfassbar. So können bei Nutzung der modernen Instrumentarien der Festigkeitsanalyse konstruktionsbedingte Strukturkerben wie Einschnitte, Querschnittsübergänge, Ansätze, Bohrungen, Nuten, Rillen oder Fügungen (Schrumpfsitze, Schraubverbindungen) weitgehend in das jeweils zugrunde liegende Berechnungsmodell integriert werden. Mit Hilfe von definierten modellhaften Kerben (siehe weiter unten „fiktiver Radius") versuchen neuzeitliche Ansätze nicht definierbare Kerben diesen definierbaren und damit berechenbaren Kerben anzunähern, um dadurch eine Erfassung in den Bemessungskonzepten zu ermöglichen. Im Hinblick auf die Werkstoffkerben werden als geometrisch definierbar abgegrenzte Bereiche erniedrigter oder erhöhter Steifigkeit, Elastizität oder Fließgrenze im ansonsten homogenen Werkstoff verstanden (z.B. Gummi-Metall-Verbindung, Austenit-Ferrit-Verbindung). Die Schichtung der WEZ stellt hinsichtlich der inhomogenen Fließgrenze zwar eine geometrisch definierbare Werkstoffkerbe dar, ihre Erfassung und Berechnung stellen sich jedoch als nicht so einfach heraus, wie das für Geometriekerben der Fall ist.

Die geometrisch nicht definierbare Kerbe ist aufgrund ihrer geringen Abmessungen und ihrer schwierigen Erfassung nicht direkt berechenbar und damit nicht Gegenstand der klassischen Kerbspannungslehre. Als nicht definierbare Unstetigkeit der Form kann die Oberflächenkerbe verstanden werden, welche als einzeln nicht erfassbare Oberflächenstörung (z.B. in Form von Drehriefen, Schweißnahtschuppung oder von Schweißnahtanfang- bzw. -ende) nicht unerheblichen Einfluss auf das Ermüdungsverhalten einer Schweißkonstruktion ausüben kann.

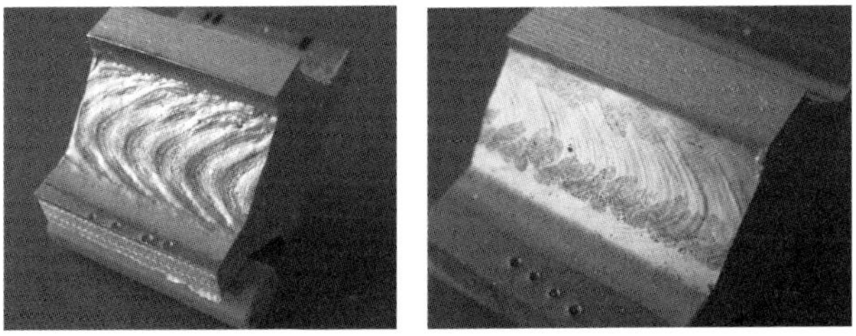

Abb. 19: unterschiedliche Schweißnahtschuppungen MIG-geschweißter Kehlnähte aus Al Mg4,5Mn0,7 (Schweißzusatz S Al 5183), verursacht durch unter schiedliche Schweißparameter

Abb. 20: Praxisrelevante Schweißnahtverläufe (gesehen auf der Messe „Schweißen und Schneiden 2005“)

Eine geometrisch nicht definierbare Unstetigkeit des Werkstoffs stellt die so genannte metallurgische Kerbe dar. Sie ist einerseits gekennzeichnet durch die durch den Schweißprozess hervorgerufenen, nie gänzlich auszuschließenden inneren Schweißnahtunregelmäßigkeiten wie Mikrorisse, Poren, Einschlüsse und Bindefehler, andererseits durch Gefügeveränderungen, welche durch den Schweißprozess im Grundwerkstoff hervorgerufen werden. Aus der Sicht des Konstrukteurs sind diese Unstetigkeiten nicht direkt erfassbar; sie werden lediglich über Sicherheitsfaktoren in der Bemessung berücksichtigt.

Obwohl gerade im Bereich hoher Kerbschärfe die geometrische Kerbe dominierend ist, darf im Sinne der ganzheitlichen Betrachtung der Schweißbarkeit der Einfluss des Werkstoffs und der Schweißtechnik nicht außer Acht gelassen werden.

3.2 Konzepte zur Bemessung dynamisch beanspruchter Schweißkonstruktionen

Die Ermüdungsfestigkeit von Schweißkonstruktionen lässt sich ausgehend von globalen (z.B. vollständiger Bruch) oder lokalen (z.B. Bildung des Anrisses) Phänomenen und Größen beschreiben. Die technischen Festigkeitsnachweise werden auf der Basis dieser Größen nach globalen bzw. lokalen Konzepten geführt. Nach RADAJ [25] orientiert sich die Bemessung einer Konstruktion beim globalen Konzept direkt an den angreifenden Kräften und Momenten und den daraus resultierenden Beanspruchungen. Diese werden dabei als konstant bzw. linear ansteigend verteilt über dem untersuchten Querschnitt betrachtet. Beim lokalen Konzept basiert die Festigkeitsbeurteilung dagegen auf den lokalen Beanspruchungen im kritischen, zu untersuchenden Querschnitt. Untersucht wird die Schädigung aufgrund örtlich begrenzter Mechanismen, welche elastische und plastische Verformungen sowie die Risseinleitung berücksichtigen.

3.2.1 Nennspannungskonzept

Das Nennspannungskonzept bildet als klassisches globales Konzept für viele Bereiche des konstruktiven Ingenieurbaus (z.B. Behälterbau, Schienenfahrzeugbau und Schiffbau [28]) die Grundlage für den Festigkeitsnachweis dynamisch beanspruchter Aluminium-Schweißverbindungen. In den der Bemessung zugrunde liegenden Regelwerken (z.B. Eurocode 9 [23], FKM-Richtlinie [24]) werden typisierte Schweißstöße hinsichtlich ihrer Geometrie, ihrer Ausführung und ihrer Belastungsart vorgegebenen Kerbfallklassen zugeordnet. Die Kerbfallklassen weisen für den jeweiligen Schweißstoß und den verwendeten Werkstoff zulässige Nennspannungen aus, die nach der elementaren Festigkeitslehre aus Schwingfestigkeitsversuchen abgeleitet sind.

Das Nennspannungskonzept stößt bei komplexeren Bauteilen, in denen mehrachsige Lasten eingeprägt sind, jedoch schnell an seine Grenzen. Ausgehend vom kritischen Querschnitt kann die betreffende Stoßform versuchsweise einem Kerbfall mit ähnlichen Schweißstößen unter angenäherten Beanspruchungen zugeordnet werden. Hierbei besteht aber die Gefahr von Fehleinschätzungen sowohl auf der unsicheren Seite (Unterdimensionierung der Konstruktion) als auch auf der sicheren Seite (unwirtschaftliche Überdimensionierung der Konstruktion). Weiterhin bleibt oft unklar, welche der mit den heutigen Mitteln der Finite-Elemente (FE)- oder Boundary-Elemente (BE)-Methoden recht verlässlich ermittelten Beanspruchungen dem Schwingfestigkeitsnachweis als Bezugsspannungen zugrunde zu legen und insbesondere welche ertragbaren Spannungen den Bezugsspannungen gegenüber zu stellen sind.

Nicht zuletzt erweist sich die starre Bindung an Kerbklassen mit vorgegebenen konstruktiven Details unter bestimmten Beanspruchungen zum Teil als erschwerend für die Entwicklung moderner Formen von Schweißverbindungen, die in Verbindung mit zunehmend wirtschaftlicherer Materialausnutzung (im Sinne des Leichtbaus) mit neuzeitlichen Fertigungstechniken (z.B. Laserschweißen oder Reibrührschweißen) und den zur Spannungsberechnung verfügbaren FE- oder BE-Methoden möglich sind. Aus diesem Grund verzichten z.B. Bereiche mit außergewöhnlich hohen Anforderungen an Leichtbaugüte und Schadenstoleranz (z.B. Automobilbau, Flugzeugbau und Raumfahrttechnik) vollständig auf das Nennspannungskonzept und wenden statt dessen lokale Konzepte zur Festigkeitsbewertung an [29]. Den in diesen Bereichen realisierten Ideen und fertigungstechnischen Möglichkeiten zur Erstellung neuer und insbesondere wirtschaftlicher Schweißkonstruktionen fehlt jedoch bislang die Grundlage eines gesicherten und verallgemeinerungsfähigen Festigkeitsnachweises. Die FKM-Richtlinie [24] und begleitende Empfehlungen beispielsweise des International Institutes of Welding (IIW) [22] tragen der aufgezeigten Tendenz vom Ansatz her schon Rechnung, indem neben dem herkömmlichen Nennspannungsnachweis mit zugeordneten Kerbfallklassen ein Strukturspannungsnachweis auf der Grundlage von FE-Rechnungen ermöglicht wird.

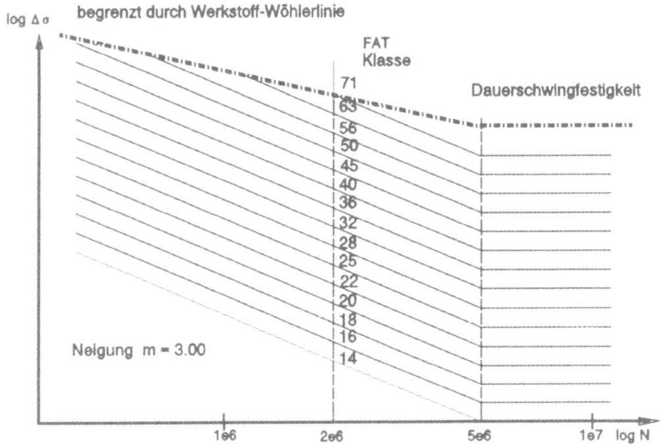

Nr.	Konstruktives Detail (Aluminium)	Beschreibung	FAT
400	**Kreuzstöße und/oder T-Stöße**		
411	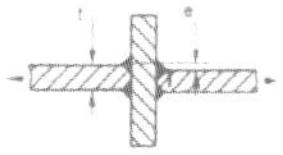	Kreuzstoß oder T-Stoß, K-Naht voll durchgeschweißt, Kantenversatz e < 0.15·t, Nahtübergang beschliffen, Blechriß	28
412	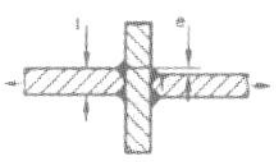	Kreuzstoß oder T-Stoß, K-Naht voll durchgeschweißt, Kantenversatz e < 0.15·t, Blechriß	25
413	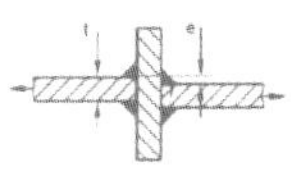	Kreuzstoß oder T-Stoß, Kehlnaht oder teilweise durchgeschweißte K-Naht, Kantenversatz e < 0.15·t, Blechriß	22
414	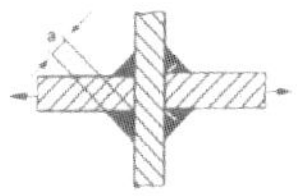	Kreuzstoß oder T-Stoß, Kehlnaht oder K-Naht, auch beschliffene Nähte, Wurzelriß in der Naht, Spannung in der Schweißnaht.	16
500	**Unbelastete Anschweißteile**		
511	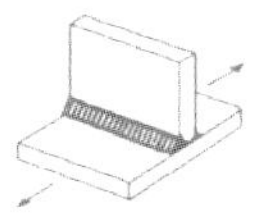	Unbelastete Quersteife, nicht dicker als Grundblech K-Naht, beschliffen zweiseitige Kehlnähte, beschliffen Kehlnaht, (auch einseitig) falls dicker als Grundblech	 36 36 28 25

Abb. 21: Auszug aus der FKM-Richtlinie [24] (bzw. den IIW-Empfehlungen [22]);

oben: Wöhlerkurven für Aluminium;

unten: Ermüdungswiderstand konstruktiver Details aus Aluminium zum Bewerten auf der Basis von Normalspannungen

3.2.2 Strukturspannungskonzept

Die Strukturspannung (oder auch „geometriebedingte Spannung") beschreibt das makrostrukturelle Verhalten einer Schweißkonstruktion oder eines konstruktiven Details ohne Berücksichtigung mikrostruktureller lokaler Kerbeffekte. Das Strukturspannungskonzept überträgt damit die Elemente des Nennspannungskonzepts auf die lokalen Verhältnisse und realisiert die Festigkeitsbewertung durch einen Vergleich der Strukturspannungsamplituden im Risseinleitungsbereich mit in Regelwerken verankerten (z.B. IIW-Empfehlungen [22], Eurocode 9 [23], FKM-Richtlinie [24]) oder experimentell ermittelten Referenz-Wöhlerlinien ertragbarer Strukturspannungen. Die Strukturspannung ist eine theoretische Rechengröße zur Beschreibung der Beanspruchungen im Bereich des Schweißnahtübergangs. Sie kann entweder rechnerisch mit Hilfe der Finite-Elemente-Methode oder experimentell aus Beanspruchungsmessungen mit Dehnungsmessstreifen in genau definierten Abständen zur Schweißnaht – je nach Variante des Strukturspannungskonzepts – durch Extrapolation oder direkt abgeleitet werden. Analog zu Nennspannungen handelt es sich bei Strukturspannungen im Prinzip um idealisierte Rechenwerte. Strukturspannungen erfassen jedoch zusätzlich zu den Nennspannungen den Einfluss unterschiedlicher Schweißstoßausbildungen auf die Schwingfestigkeit.

Um größere Bereiche einer Struktur mit vertretbarem Aufwand zu berechnen, werden die Element-Strukturen (vorwiegend Flächenelemente, denen eine konstante Blechdicke zugeordnet wird) im allgemeinen vergleichsweise grob gewählt, dabei bleibt aber insbesondere die Feinstruktur der Nahtgeometrie weitgehend unberücksichtigt. FE-Rechnungen nach dem Strukturspannungskonzept erfassen definitionsgemäß die aus der Grobstruktur des Bauteils und aus dem Lastfall herrührenden Einflüsse auf die Spannungsverteilung vor dem Schweißnahtbereich. Die bei einer Schweißverbindung letztlich Schwingfestigkeit bestimmenden Kerbeinflüsse aus der Schweißnahtform, aus der von der Fertigungsqualität bestimmten Feinstruktur der Schweißnaht sowie aus der Blechdicke bleiben im Strukturspannungsnachweis weiterhin unberücksichtigt [29].

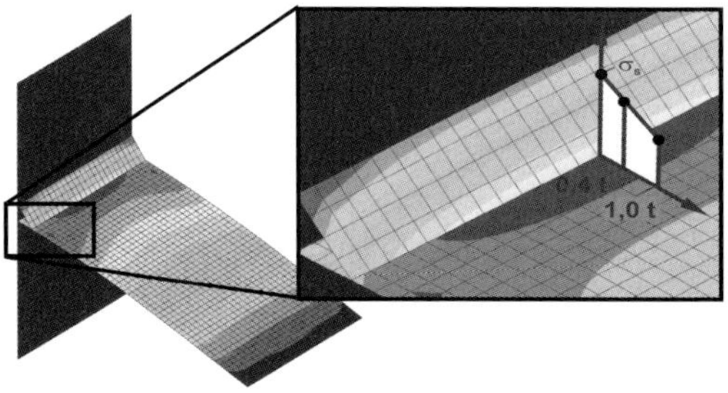

Abb. 22: Modellierung eines T-Stoßes nach dem Strukturspannungskonzept

Zwar kann durch das Strukturspannungskonzept der enge Kerbfall-Rahmen derzeitiger Bemessungsunterlagen für praktisch beliebige Belastungsarten sowie unterschiedliche Stoß- und Nahtformen geöffnet werden, allerdings können den auftretenden Strukturspannungen bislang in nur wenigen Einzelfällen entsprechende zulässige oder ertragbare Strukturspannungen gegenüber gestellt werden [29]. Deren ausschließlich experimentelle Ermittlung scheidet wegen des Umfangs der bei Schweißverbindungen zu berücksichtigenden Parametervielfalt aus geometrischen und schweißtechnischen Einflussgrößen wie Blechdicke, Stoßform, Nahtform, Nahtausbildung sowie aus Schnittkraft bezogenen Einflussgrößen (belastungsabhängig) wie Biegemoment, Querkraft und Normalkraft aus. Numerisch hingegen lässt sich diese Parametervielfalt mit einer Beschreibung der örtlichen Beanspruchungen an den Schwingbruch bestimmenden Nahtübergängen und Nahtwurzeln der Schweißverbindungen über Naht-Formzahlen nach den lokalen Konzepten erfassen.

3.2.3 Lokale Konzepte

Eine tiefer gehende Durchdringung der Zusammenhänge zwischen den zum Bauteilversagen führenden Vorgängen liefern die Lokalen Konzepte, die zusätzlich den Kerbeffekt analysieren und die Kerbspannungen und Kerbdehnungen ausgehend vom lokalen Beanspruchungszustand bestimmen. Die Beschreibung der örtlichen Beanspruchungen bildet die Voraussetzung für die numerische Spannungsberechnung beliebig ausgebildeter Schweißstöße unter unterschiedlichen Belastungen. Die zu diesem Zweck eingesetzte Submodelltechnik, welche lediglich die versagenskritischen Bereiche der Schweißverbindung in dem ansonsten eher grob vernetzten Modell detailliert nachbildet, verspricht den wirtschaftlichen Einsatz der FE-Methode.

Grundlegend wird zwischen dem Kerbspannungskonzept bei elastischer Kerbbeanspruchung (Anwendung im HCF-Bereich) und dem Kerbdehnungskonzept bei elastisch-plastischer Kerbbeanspruchung (Anwendung zusätzlich im LCF-Bereich) unterschieden.

Kerbspannungskonzept

Der Grundgedanke des Kerbspannungskonzepts (oder des „lokalen Konzepts der elastischen Spannungen“) besagt, dass die im Bereich der Kerbhöchstspannung über ein kleines Werkstoffvolumen gemittelte Kerbspannung für das Versagen ausschlaggebend ist. In der Kerbe wird folglich immer ein bestimmtes Volumen beansprucht.

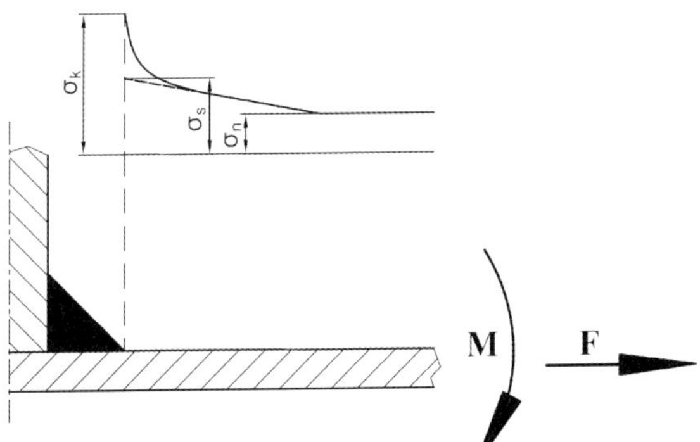

Abb. 23: Schematische Darstellung der Überlagerung von Nennspannung σ_n, Strukturspannung σ_s und Kerbspannung σ_k am Beispiel einer T-Stoß-Verbindung

Im Bereich der Kristallitabmessungen (insbesondere im Kerbgrund) verliert die Elastizitätstheorie ihre Gültigkeit. Weil die einzelnen Kristallite unterschiedlich gewichtete anisotrope Elastizität aufweisen und demzufolge mit Mikrofließen zu rechnen ist, trifft die Annahme des homogenen und isotropen elastischen Kontinuums hier nicht zu. An scharfen Kerben ist deshalb mit örtlichem Fließen einhergehend mit einer Abflachung der Spannungskonzentration zu rechnen. Dieses unter dem Begriff „Mikrostützwirkung“ bekannte Phänomen wird im Rahmen des Kerbspannungskonzepts über unterschiedliche Ansätze erfasst.

Nach der klassischen Kerbspannungslehre nach NEUBER [27] übernimmt ein kleines Gefügeteilchen von der Breite ρ^* (der so genannten Ersatzstrukturlänge) die Kraftübertragung im Bereich der höchstbeanspruchten Zone. Die Spannungen (Vergleichsspannungen) werden über diese Ersatzstrukturlänge (nach RADAJ [25] auch Mikrostrukturlänge genannt) senkrecht zum Kerbgrund gemittelt. Die Ersatzstrukturlänge hängt von der Struktur und der Zusammensetzung des Werkstoffs ab, ist jedoch von der Probenform und -größe unabhängig. Sie kann erheblich größere Werte als die realen Strukturlängen (z.B. Korngröße) annehmen und wird als ein festigkeitsrelevantes Abgrenzungskriterium herangezogen [25]: Geometrieabweichungen kleiner als etwa $0{,}1\rho^*$ werden als Rauheit (siehe „nicht definierbare Geometriekerbe") aufgefasst, was darüber liegt, wird als kerbwirksam angesehen.

Basierend auf der Theorie der Ersatzstrukturlänge erfasst das Konzept des fiktiven Ersatzradius

$$\rho_f = \rho_0 + s \cdot \rho^* \qquad (1)$$

(mit s als dimensionslosem Faktor der Mikrostützwirkung, der von der Beanspruchungsart, der Probenform und der Festigkeitshypothese abhängig ist, ρ^* als Ersatzstrukturlänge und ρ_0 als realem Radius) nach beispielsweise RADAJ [30] und SEEGER [31] die Mikrostützwirkung über eine fiktive Vergrößerung des Nahtübergangsradius. Die auf diese Weise ermittelte ermüdungswirksame einachsige Kerbspannung ergibt durch den Bezug auf die Nennspannung die Kerbwirkungszahl des Schweißstoßes.

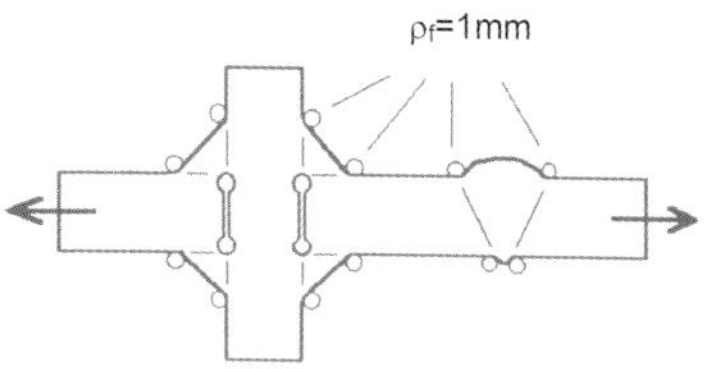

Abb. 24: Bestimmen der effektiven Kerbspannung (modifiziert nach IIW-Empfehlungen [22])

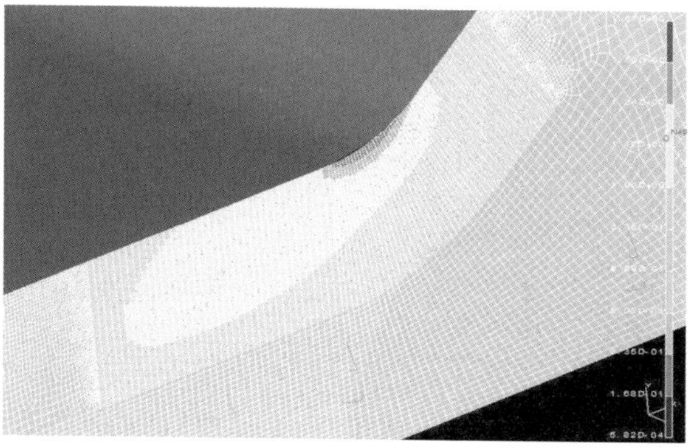

Abb. 25: Visualisierung der Kerbspannung im Bereich des Nahtübergangs

Für Stahlschweißverbindungen wurde die Anwendbarkeit des Konzepts für einen fiktiven Radius ρ_f=1mm (mit s_{Stahl} = 2,5, ρ^*_{Stahl} = 0,4 mm und ρ_0 = 0 (worst case)) hinreichend nachgewiesen. Die Erweiterbarkeit auf Aluminiumschweißverbindungen wurde von MORGENSTERN et al. [32] für einen fiktiven Radius von 0,6...1 mm durch iterative Simulation bestätigt. Aus Gründen der Einheitlichkeit wird auch hier ein fiktiver Radius von ρ_f = 1 mm vorgeschlagen.

Einen weiteren Ansatz zur Berücksichtigung der Mikrostützwirkung liefert SONSINO [28] mit seinem Konzept des höchstbeanspruchten Werkstoffvolumens. Die dabei zugrunde liegende Hypothese besagt, dass die Schwingfestigkeit bis Anriss umso größer ist, je kleiner das höchstbeanspruchte Werkstoffvolumen ist. Je größer das höchstbeanspruchte Werkstoffvolumen ist, umso kleiner ist wiederum die ertragbare Schwingfestigkeit aufgrund der Stützwirkung und der erhöhten Wahrscheinlichkeit von Versagen auslösenden Schwachstellen des Werkstoffs. Bei Kenntnis des höchstbeanspruchten Volumens an einer kritischen Stelle kann mit Hilfe einer entsprechenden Kurve, die aus Nennspannungswöhlerlinien für unterschiedliche Formzahlen und Mittelspannungen oder auch aus Bauteilwöhlerlinien abgeleitet wird, eine zutreffende Lebensdauerabschätzung vorgenommen werden. Sie ist umso zuverlässiger, je mehr Werkstoff, Fertigung, Oberflächen- und Eigenspannungszustände vergleichbar sind.

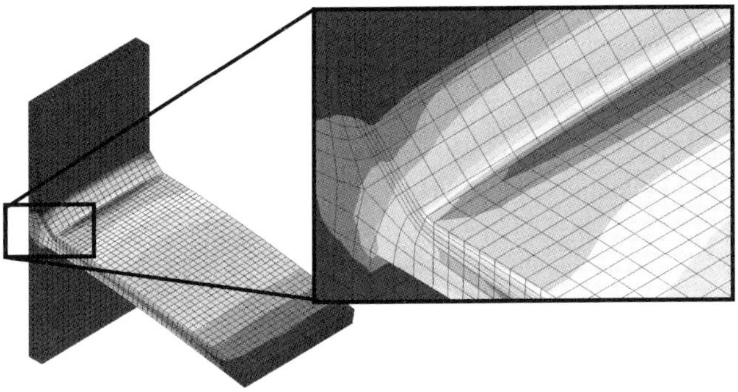

Abb. 26: Modellierung eines T-Stoßes nach dem Kerbspannungskonzept

Kerbdehnungskonzept

Die dem Kerbdehnungskonzept zugrunde liegende Vorstellung besagt, dass das mechanische Werkstoffverhalten im Kerbgrund hinsichtlich lokaler Deformation, lokaler Schädigung und Risseinleitung dem mechanischen Verhalten einer miniaturisierten, axial belasteten, ungekerbten oder schwach gekerbten Probe hinsichtlich globaler Deformation, globaler Schädigung und vollständigem Bruch gleichgesetzt werden kann. Die Beanspruchungen in den Schwingbruch bestimmenden Nahtübergangs- und Nahtwurzelkerben werden zur Durchführung des Schwingfestigkeitsnachweises mit Hilfe eines numerischen Modells ermittelt, welches die Schweißstoß- und die Schweißnaht-Geometrie detailliert abbildet.

Im Kerbgrund wird im Bereich der höchstbeanspruchten Stellen die Proportionalitätsgrenze der linearen Elastizitätstheorie überschritten. Infolge beginnender plastischer Verformung werden die Spannungsspitzen lokal reduziert, weiter entfernte Zonen dafür aber stärker zur Kraftübertragung herangezogen werden, sodass sich unweigerlich eine veränderte Spannungsverteilung ergibt (Makrostützwirkung). Der durch lokales Fließen hervorgerufene Kerbspannungsabbau kann ausgehend von der zyklischen Spannungs-Dehnungs-Kurve und beispielsweise der Makrostützwirkungsformel nach NEUBER [27] bei der Ermittlung der vorliegenden Beanspruchung berücksichtigt werden. Eine messtechnische Erfassung der Dehnung im Kerbgrund ist ebenfalls möglich.

Die Bewertung der Kerbbeanspruchungen auf Versagen durch Anriss erfolgt durch eine Gegenüberstellung mit einer Anriss-Wöhlerlinie, die dem jeweiligen ungekerbten Werkstoff zugeordnet ist. Der Werkstoffkerbe kann insofern Rechnung getragen werden, dass abhängig von der Risseinleitungsstelle jeweils unterschiedliche ZSD- und Dehnungs-Wöhlerlinien für Schweißgut und Grundwerkstoff herangezogen werden.

Literatur

[4] DIN 8528: Schweißbarkeit – metallische Werkstoffe, Begriffe, Blatt 1. Ausg. 06.1973. Berlin: Beuth-Verlag.

[5] Rieberer, A.: Schweißgerechtes Konstruieren im Maschinenbau – Berechnungs- und Gestaltungsbeispiele. Fachbuchreihe Schweißtechnik, Bd. 95. Düsseldorf: DVS-Verlag, 1989.

[6] DIN EN 573-3: Aluminium und Aluminiumlegierungen – Chemische Zusammensetzung und Form von Halbzeug: Teil 3: Chemische Zusammensetzung, Ausg. 12.1994. Berlin: Beuth-Verlag.

[7] DIN EN ISO 18273: Schweißzusätze – Massivdrähte und -stäbe zum Schmelzschweißen von Aluminium und Aluminiumlegierungen. Ausg. 05.2004. Berlin: Beuth-Verlag.

[8] DIN EN 1011: Empfehlungen zum Schweißen metallischer Werkstoffe, Teil 4: Lichtbogenschweißen von Aluminium und Aluminiumlegierungen. Ausg. 02.2001. Berlin: Beuth-Verlag.

[9] DIN EN 515: Aluminium und Aluminiumlegierungen – Halbzeug, Bezeichnungen der Werkstoffzustände. Ausg. 12.1993. Berlin: Beuth-Verlag.

[10] Ostermann, F.: Anwendungstechnologie Aluminium. Berlin u.a.: Springer Verlag, 1998.

[11] Altenpohl, D.: Aluminium von innen – Das Profil eines modernen Metalles. 5. Aufl. Düsseldorf: Aluminium-Verlag, 1994.

[12] Klock, H.; Schoer, H.: Schweißen und Löten von Aluminiumwerkstoffen. Fachbuchreihe „Schweißtechnik“, Band 70. Düsseldorf: DVS-Verlag, 1977.

[13] Talat: Training in Aluminium Application Technologies. European Aluminium Association, 2006 (Quelle: www.alu-scout.de).

[14] DIN ISO 857-1: Schweißen und verwandte Prozesse – Begriffe, Teil 1: Metallschweißprozesse. Ausg. 11.2002. Berlin: Beuth-Verlag.

[15] Killing, R.: Kompendium der Schweißtechnik, Band 1: Verfahren der Schweißtechnik. Fachbuchreihe Schweißtechnik Band 128/1, Düsseldorf: DVS-Verlag, 1997.

[16] Brenner, V.: Aluminiumschweißen in der Praxis. 2003 (Quelle: www.ewm.de)

[17] DVS: Fachkunde Schweißtechnik. CD-ROM für den berufsbildenden Unterricht, Düsseldorf: DVS-Verlag, 2005.

[18] MIG-WELD: Anwendungstechnische Hinweise zum Schutzgasschweißen von Aluminium. 2006 (Quelle: www.migweld.de/html/alu_anwendtechn.html).

[19] DVS: Fügetechnik – Schweißtechnik. erarb. von der Fachgruppe "Schweißtechnische Ingenieurausbildung" der DVS-Arbeitsgruppe "Schulung und Prüfung". – Düsseldorf : DVS-Verlag, 2004.

[20] EWM: MIG/MAG-Fibel - EWM-Schweißlexikon. 2005 (Quelle: www.ewm.de).

[21] EWM: WIG-Fibel – EWM-Schweißlexikon. 2005 (Quelle: www.ewm.de).

[22] Haas, B.: Schutzgasschweißen von Aluminium. Sonderdruck der Fa. Linde AG, 1997.

[23] DIN EN ISO 9692-3: Schweißen und verwandte Prozesse – Empfehlungen für Fugenformen, Teil 3: Metall-Inertgasschweißen und Wolfram-Inertgasschweißen von Aluminium und Aluminium-Legierungen. Ausg. 07.2001. Berlin: Beuth-Verlag.

[24] DIN EN ISO 10042: *Lichtbogenschweißverbindungen an Aluminium und seinen schweißgeeigneten Legierungen ?Bewertungsgruppen von Unregelmäßigkeiten.* Ausg. 02.2006. Berlin: Beuth-Verlag.

[25] Hobbacher, A.: Empfehlungen zur Schwingfestigkeit geschweißter Verbindungen und Bauteile. IIW-Dok. XIII-1539-96/XV-845-96 (1997).

[26] Eurocode 9: Bemessung und Konstruktion von Aluminiumbauten – Teil 2: Ermüdungsanfällige Tragwerke. Ausg. 03.2001. Berlin: Beuth-Verlag.

[27] FKM-Richtlinie: Rechnerischer Festigkeitsnachweis für Maschinenbauteile aus Stahl, Eisenguss- und Aluminiumwerkstoffen. 4. erweiterte Ausgabe. Forschungskuratorium Maschinenbau, Frankfurt: VDMA Verlag GmbH, 2002.

[28] Radaj, D.: Ermüdungsfestigkeit – Grundlagen für Leichtbau, Maschinen- und Stahlbau. 2. Aufl. Berlin u.a.: Springer Verlag, 2003.

[29] Rudolph, J.: Zur rechnerischen Bauteil-Ermüdungsfestigkeit unter dem besonderen Aspekt der Schweißnahtnachbearbeitung. Habilitationsschrift der Universität Dortmund, 2003 (Quelle: http://eldorado.uni-dortmund.de).

[30] Neuber, H.: Kerbspannungslehre. 3. Aufl. Berlin u.a.: Springer-Verlag, 1985.

[31] Radaj, D.; Sonsino, C. M.: Fatigue Assessment of Welded Joints by Local Approaches. Cambridge: Abington Publishing, 1999.

[32] Olivier, R.; Köttgen, V.B.: Schweißverbindungen I – Schwingfestigkeitsnachweise für Schweißverbindungen auf der Grundlage örtlicher Beanspruchungen. Forschungskuratorium Maschinenbau, Frankfurt: VDMA Verlag GmbH, 1989.

[33] Radaj, D.: Berechnung der Dauerfestigkeit von Schweißverbindungen ausgehend von den Kerbspannungen. In: VDI-Berichte Nr. 661, Düsseldorf: VDI-Verlag, 1988, S. 67–98.

[34] Seeger, T.; Amstutz, H.: Betriebsfestigkeitsnachweise für Schweißverbindungen auf der Grundlage örtlicher Konzepte. In: DVS-Bericht 187, Fortschritte bei der Konstruktion und Berechnung geschweißter Bauteile, Düsseldorf: DVS-Verlag GmbH, 1997, S. 190–208.

[35] Morgenstern, C.; Sonsino, C.M.; Hobbacher, A.; Sorbo, F.: Schwingfeste Auslegung von Schweißverbindungen aus Aluminium mit dem Konzept des fiktiven Ersatzradius von r_f=1mm. In: DVM-Bericht 132 – Fügen und Betriebsfestigkeit, 32. Tagung des DVM-Arbeitskreises Betriebsfestigkeit. Berlin: DVM-Verlag, 2005.

Betriebsfestigkeit von Bauteilen aus metallischen Werkstoffen

H. Idelberger, C. M. Sonsino

1 Einleitung

Unter Betriebsfestigkeit versteht man die Festigkeit von Bauteilen unter Betriebsbelastungen, die sowohl das Festigkeitsverhalten unter Sonderbelastungen, wie einmalige oder seltene Überlastungen, Knicken oder Beulen, Kriechen, als auch die Schwingfestigkeit einschließt, Abbildung 1 [1,2]. Die Kriterien zur betriebsfesten Bemessung richten sich demnach nach der Art der abzudeckenden Belastungsgrenze und Belastungs-Zeitfunktion sowie nach der Lebensdauererforderung [3,4] und sind somit *bauteilabhängig*.

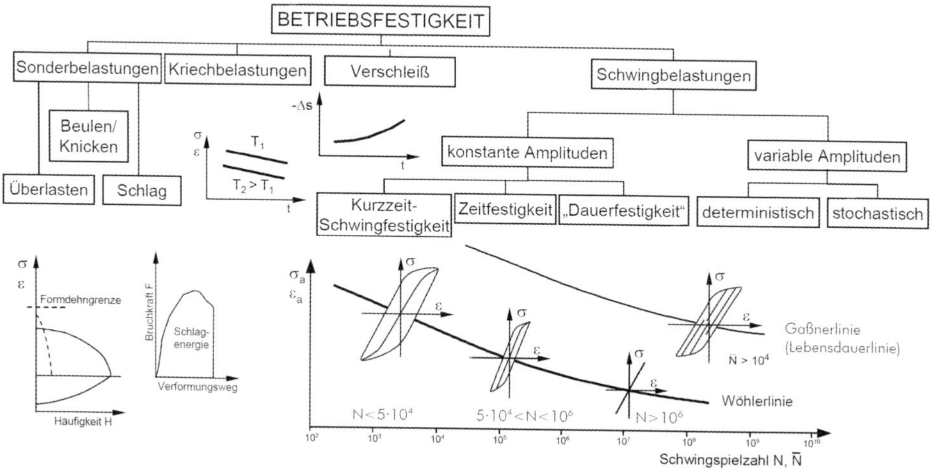

Abb. 1: Einteilung der Betriebsfestigkeit

Bei *hochwertigen Gussbauteilen* [1], wie Fahrwerkskomponenten (Achsen, Naben oder Räder), muss gewährleistet sein, dass durch eine wenn auch seltene Sonderbelastung hervorgerufene Schlagbeanspruchung kein Sprödbruch auftritt. Bei Fahrzeugrädern darf die Formdehngrenze nicht überschritten werden, weil dadurch der Rundlauf beeinträchtigt werden kann oder Anrisse entstehen können, von denen dann ein Ermüdungsbruch ausgeht. Im Falle von temperaturbeaufschlagten Komponenten des Gasturbinenbaus muss dem Kriechverhalten Rechnung getragen werden. Diese zu berücksichtigenden Sonderzustände sind in der Regel auch mit Festigkeits- und damit Lebensdauerforderungen gekoppelt, z.B. bei Scheibenbremsen oder Turbinenrädern die Kurzzeitschwingfestigkeit ($N < 5 \cdot 10^4$ Schwingspiele), bei Getriebeschalthebeln die Zeitfestigkeit ($5 \cdot 10^4 < N < 2 \cdot 10^6$ Schwingspiele), bei Pleueln, Kurbelwellen oder Zahnrädern die sogenannte Dauerfestigkeit[1*]) ($N > 2 \cdot 10^6$ Schwingspiele) und schließlich bei Getriebegehäusen, Lüfterschaufeln, Fahrzeugrädern u.a. die Schwingfestigkeit mit zeitlich veränderlichen

Amplituden ($\bar{N} > 10^4$ Schwingspiele), bei denen Sonder-, hohe und niedrige Beanspruchungen unterschiedlicher Häufigkeit während der gesamten Einsatzdauer auftreten können.

Bei *Stahlkonstruktionen im Anlagenbau* [2], wie dünnwandigen Kesseln, muss gewährleistet sein, dass durch eine mögliche Überlastung kein Beulen auftritt. Bei Hochdruckbehältern darf die Formdehngrenze nicht überschritten werden, weil dadurch die Funktionstüchtigkeit von Verschlüssen beeinträchtigt werden kann. Im Falle von temperaturbeaufschlagten Komponenten des Reaktorbaus muss dem Kriechverhalten Rechnung getragen werden. Diese zu berücksichtigenden Sonderzustände sind ebenso mit Festigkeits- und damit Lebensdauerforderungen gekoppelt, z.B. bei Druckbehältern oder Winderhitzern die Kurzzeitschwingfestigkeit, bei Wellen oder Zahnrädern in den meisten Fällen die sogenannte Dauerfestigkeit und schließlich bei Lochrohrdüsen, Rührwerken u.a. die Schwingfestigkeit mit zeitlich veränderlichen Amplituden.

Für eine betriebsfeste Bemessung von Bauteilen reicht die Kenntnis konventioneller Werkstoffkennwerte wie Zugfestigkeit, Streckgrenze, Bruchdehnung, Brucheinschnürung, Schlagarbeit und sogenannte Dauerfestigkeit nicht aus. Das Schwingfestigkeitsverhalten eines Werkstoffes wird auch durch die konstruktive Formgebung (Spannungskonzentration) und die Fertigung bestimmt.

2 Werkstoff- und Belastungskenngrößen

Die Werkstoffauswahl richtet sich nach dem Einsatz des jeweiligen Bauteils, d.h. nach den Belastungsbedingungen, der geforderten Lebensdauer, der Zulässigkeit eines Rissfortschritts oder des Kriechens unter Berücksichtigung von vorliegenden Umweltbedingungen, wie z.B. Temperatur und Korrosion. Hierzu müssen entsprechende Kennwerte vorliegen [8].

2.1 Gussbauteile

2.1.1 Bruchverhalten und konstruktive Formgebung

Bei einer betriebsfesten Auslegung müssen hochwertige Gussbauteile auch nach Entstehen eines unvorhergesehenen Anrisses einer Sonderbelastung, wie z.B. einer *schlagartigen Belastung*, durch eine entsprechende Festigkeitsreserve standhalten. Solche Belastungen können z.B. an Fahrwerkskomponenten bei der Fahrt über ein Hindernis, durch ein Schlagloch oder bei einem Aufprall gegen eine Bordsteinkante auftreten. Abbildung 2 stellt zwei Nutzfahrzeug-Radnaben aus einem geschmiedeten und einem gegossenen Werkstoff gegenüber, bei denen in den höchstbeanspruchten kritischen Bereichen künstliche Anrisse mit einer Tiefe von 0,5 mm eingebracht sind. Bei den konventionellen Werkstoffkennwerten zeigt sich zwar der Schmiedestahl dem Gusswerkstoff überlegen, jedoch ist aufgrund der gießtechnisch einfach anzubringenden Rippen in kritischen Bereichen der Gussnabe im Vergleich zu der geschmiedeten Nabe eine deutlich höhere Schlagkraft erforderlich, um einen Gewaltbruch zu erzeugen. Die Höhe der unter schlagartiger Belastung erforderlichen Bruchkraft mit konstruktiv bedingtem höheren Ris-

[1*] Mit zunehmender Schwingspielzahl, auch nach dem Abknickpunkt der Wöhlerlinie, muss stets mit einer Abnahme der Schwingfestigkeit gerechnet werden, die je nach Werkstoff unterschiedlich hoch ausfallen kann [10].

sausbreitungswiderstand, wie dies z.B. bei der mit Rippen versehenen Gussnabe der Fall ist, unterscheidet sich also von den an Proben ermittelten Werkstoffkennwerten. Abbildung 2 zeigt außerdem, dass bei der Gussnabe auch die örtliche Gestaltung die Höhe der Bruchkraft bestimmt; der Bruchwiderstand ist bei Belastung zwischen den Rippen geringer als an den Rippen.

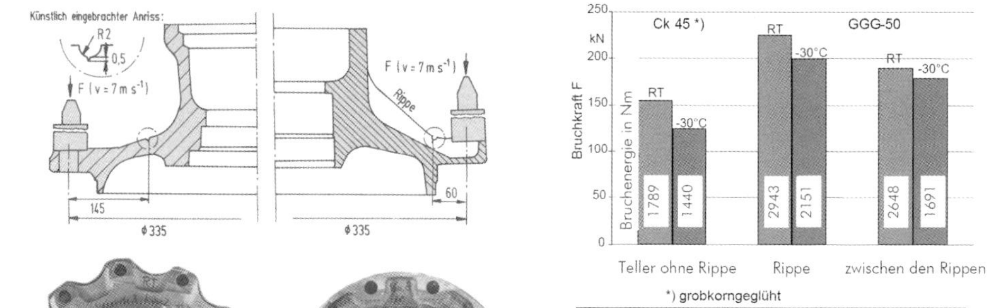

Werkstoff	$R_{p0,2}$ [MPa]	R_m [MPa]	A_5 [%]	Z [%]	A_v(RT) in J
Ck 45	359	707	15	33	19
GGG-50	373	577	7	7	5

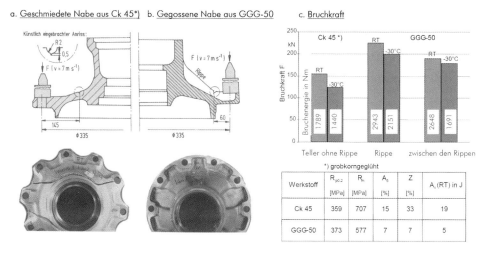

Abb. 2: Einfluss der konstruktiven Formgebung auf das Schlagverhalten von Nutzfahrzeug-Radnaben mit künstlich eingebrachten Anrissen

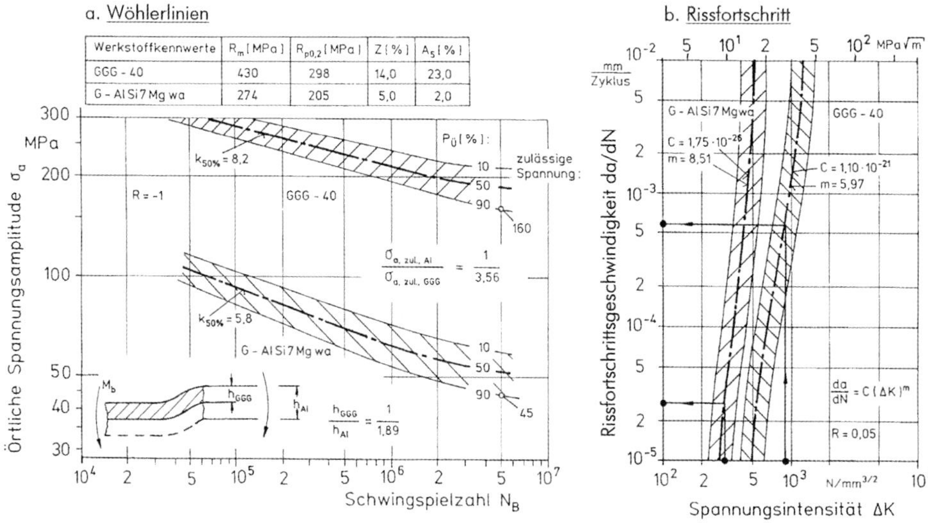

Abb. 3: Schwingfestigkeit und Rissfortschritt für eine Eisengraphit- und eine Aluminiumgusslegierung

Zur Beurteilung des *Bruchverhaltens unter zyklischer Belastung* dienen die bruchmechanischen Kennwerte des Rissfortschritts bzw. der Bruchzähigkeit. Allerdings führt der Vergleich dieser Kennwerte, wie der Vergleich der Zähigkeitskennwerte, ebenfalls bezüglich des Bauteilverhaltens nicht immer zu richtigen Schlussfolgerungen.

Abbildung 3 zeigt, dass sowohl die Rissfortschrittskennwerte der Aluminiumgusslegierung G-AlSi7Mg wa als auch ihre Schwingfestigkeitskennwerte deutlich denjenigen des GGG-40 unterlegen sind. Jedoch sind bei einer Substitution aus Leichtbaugründen die für die Leichtmetallgusslegierung zugrunde zu legenden zulässigen Spannungen niedriger, Abbildung 3a, und somit ebenfalls die Spannungsintensitäten im Falle eines Werkstofffehlers deutlich geringer, Abbildung 3b. Folglich ist die Rissfortschrittsgeschwindigkeit im Falle eines Fehlers oder Anrisses im Bauteil aus der Aluminiumgusslegierung niedriger als im Bauteil aus Kugelgraphitguss.

2.1.2 Elastoplastisches Werkstoffverhalten

Für die Bewertung des Werkstoffverhaltens unter seltenen Überlastungen, die die Streckgrenze überschreiten können, oder unter wiederholten elastoplastischen Beanspruchungen, ist die Kenntnis der zügigen und zyklischen Spannungs-Dehnungskurven und von dehnungsgesteuert aufgenommenen Anrisswöhlerlinien erforderlich, Abbildung 4. Die Gegenüberstellung der zügigen und zyklischen Spannungs-Dehnungskurven zeigt, ob ein Werkstoff bei wiederholter elastoplastischer Beanspruchung Festigkeit aufbaut (zyklische Verfestigung), abbaut (zyklische Entfestigung) oder sich neutral verhält. Diese Kurven werden u.a. auch für die Berechnung von Kerbgrundbeanspruchungen bei der Anwendung des Kerbgrundkonzeptes für die Bemessung von Bauteilen verwendet. In der Regel besitzen Eisengraphitgusswerkstoffe und Aluminiumgusswerkstoffe eine zyklische Verfestigung.

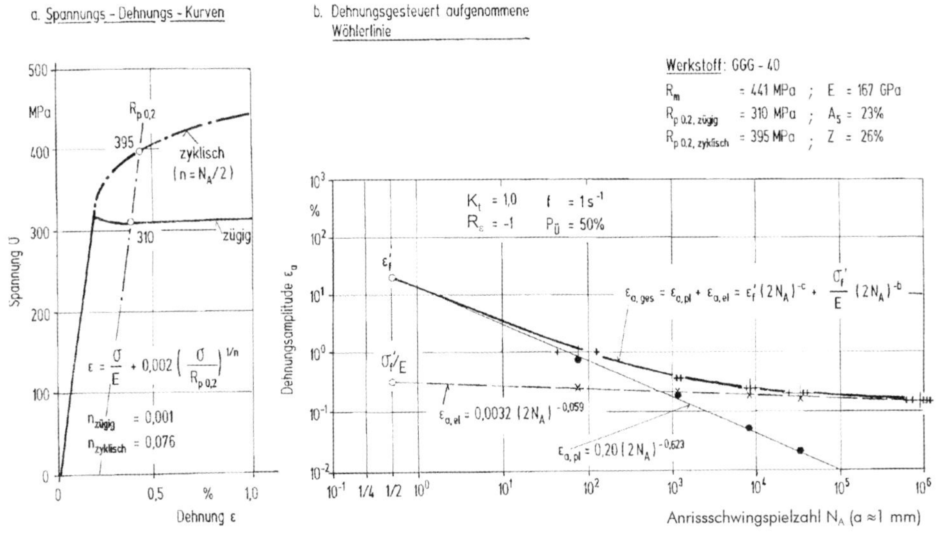

Abb. 4: Kennwerte zum elastoplastischen Werkstoffverhalten von GGG-40

Bei gegossenen Bauteilen, wie Scheibenbremsen, Auspuffkrümmern, Zylinderblöcken, Turboladerverdichterrädern oder -turbinenrädern, treten aufgrund von Brems- oder Start-Stopp-Vorgängen Belastungen im Bereich der Kurzzeitschwingfestigkeit ($N < 5\ 10^4$ Schwingspiele) auf. Um ihren Einfluss auf die Lebensdauer abzuschätzen, werden die dehnungsgesteuert aufgenommenen Anrisslebensdauerwerte zugrundegelegt. Der Grund, dass nicht last- sondern dehnungsgesteuert aufgenommene Wöhlerlinien verwendet werden, liegt darin, dass in kritischen Bereichen mit hoher Beanspruchungskonzentration, wie z.B. Kerben oder Querschnittsübergängen, der örtliche Beanspruchungsablauf trotz einer Überschreitung der 0,2 %-Werkstoffdehngrenze aufgrund der vorliegenden Beanspruchungsgradienten stets dehnungskontrolliert ist. Bei der Werkstoffauswahl für Bauteile, die elastoplastischen Beanspruchungen ausgesetzt werden, muss der Vorrang demjenigen Werkstoff gegeben werden, der unter den gegebenen Belastungsbedingungen, wie Temperatur und Korrosion, höhere Dehnungen ertragen kann und die höhere Zähigkeit aufweist. Auf weitere zu beachtende Einflussgrößen auf das Lebensdauerverhalten von Bauteilen bei Verwendung von Wöhlerlinien, die mit ungekerbten Proben ermittelt wurden, wird im Abschnitt 3 eingegangen.

2.1.3 Werkstofffestigkeit, Kerb- und Mittelspannungsempfindlichkeit

Bei der Werkstoffauswahl für schwingfest zu bemessende Bauteile werden Konstrukteure noch oft von dem Glauben verleitet, dass mit steigender Festigkeit auch die Schwingfestigkeit steigt. Dies trifft bei den Gusswerkstoffen nur für ungekerbte oder schwach gekerbte Proben bis zu einer bestimmten Festigkeitsgrenze zu, Abbildung 5. Da Bauteile stets kritische Bereiche mit erhöhten Beanspruchungskonzentrationen aufweisen, kann das Werkstoffverhalten nur anhand von Kennwerten für gekerbte Proben beurteilt werden. Aus Abbildung 5 lässt sich entnehmen, dass bei Formzahlen oberhalb von $K_t = 2{,}5$ durch eine Steigerung der Zugfestigkeit mit Hilfe einer entsprechenden Legierung oder Wärmebehandlung die Schwingfestigkeit nicht mehr angehoben werden kann. Wenn also ein Bauteil scharfe Kerben besitzt, kann sein Schwingfestigkeitsverhalten durch einen Werkstoff mit einer höheren Zugfestigkeit nicht mehr verbessert werden; d.h. die höhere Zugfestigkeit eines Werkstoffes kann folglich nur dann ausgenutzt werden, wenn Spannungskonzentrationen konstruktiv, z.B. durch größere Radien, abgebaut werden. In Fällen wo ein Abbau der Spannungskonzentration nicht möglich ist, können mechanische oder thermochemische Oberflächenbehandlungsverfahren nachgeschaltet werden, wobei Werkstoffe mit höheren Zugfestigkeiten bzw. Streckgrenzen wegen ihrer Fähigkeit entsprechend höhere Druckeigenspannungen zu speichern, auch größere Steigerungsraten der Schwingfestigkeit besitzen, als Werkstoffe mit geringeren Zugfestigkeiten. Auf Nachbehandlungsverfahren wird in Abschnitt 2.1.4 eingegangen.

In Abbildung 6 sind die Ergebnisse aus Abbildung 5 mit den Werten einiger Stähle verglichen. Aufgrund der inneren Kerben, die bei Eisengraphitgusswerkstoffen durch den eingelagerten Graphit entstehen, ist die relative Minderung der Schwingfestigkeit beim Vorliegen von bearbeitungsbedingten Kerben niedriger als bei gewalzten oder geschmiedeten Stählen. Die im Vergleich zu Stählen gefügebedingte Kerbunempfindlichkeit von Gusswerkstoffen führt im gekerbten Zustand zu einem mit Stählen vergleichbaren Schwingfestigkeitsverhalten. Dies ermöglicht in Verbindung mit den Gestaltungsfreiräumen der Gusstechnik Werkstoffsubstitutionen auch bei hochbelasteten Bauteilen, u.a. wie bei Pleueln, Kurbelwellen, Schwenklagern, Radlagern. Das gleiche gilt auch für den Vergleich zwischen Aluminiumknet- und Aluminiumgusslegierungen.

Eine weitere wichtige Kenngröße für die Bemessung von Gussbauteilen ist die Mittelspannungsempfindlichkeit, die zur Beurteilung des Einflusses von montage- oder belastungsbedingten Mittelspannungen auf die ertragbare Schwingfestigkeit dient. Zugmittelspannungen mindern bei allen metallischen Konstruktionswerkstoffen die Schwingfestigkeit, vgl. Abbildung 5a und 5b. Die Mittelspannungsempfindlichkeit hängt stark von der Werkstoff-Zugfestigkeit ab, Abbildung 7.

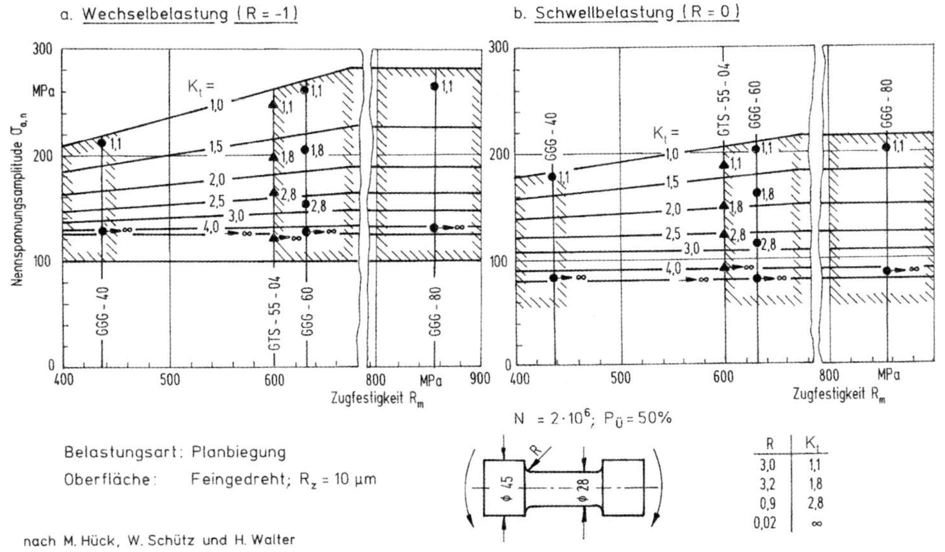

Abb. 5: Einfluss der Zugfestigkeit und Formzahl auf die Schwingfestigkeit von Eisengraphitgusswerkstoffen

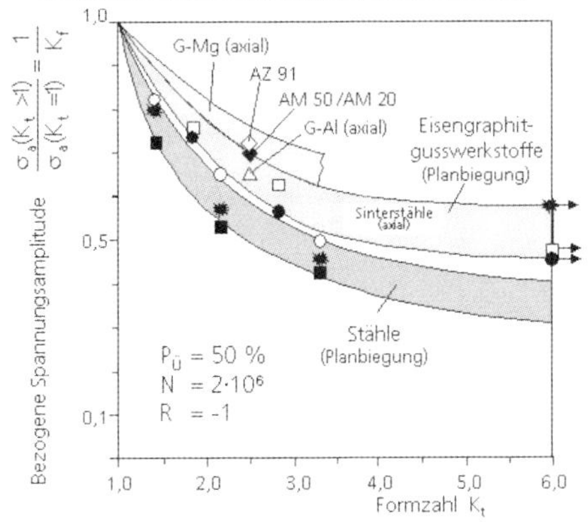

b. Bezugswerte

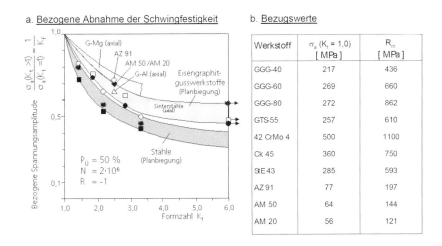

Werkstoff	σ_a (K_t = 1,0) [MPa]	R_m [MPa]
GGG-40	217	436
GGG-60	269	660
GGG-80	272	862
GTS-55	257	610
42 CrMo 4	500	1100
Ck 45	360	750
StE 43	285	593
AZ 91	77	197
AM 50	64	144
AM 20	56	121

Abb. 6: Einfluss der Formzahl auf die Abnahme der Schwingfestigkeit von Eisengraphitgusswerkstoffen und Stählen

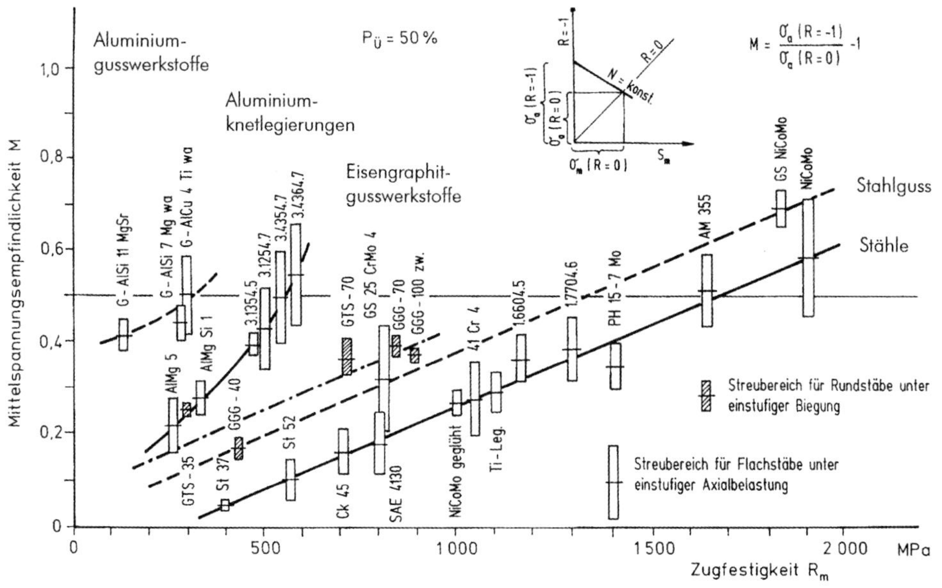

Abb. 7: Mittelspannungsempfindlichkeit metallischer Konstruktionswerkstoffe

Allerdings sind bei Werkstoffen mit großer Mittelspannungsempfindlichkeit die ertragbaren Schwingfestigkeiten höher als bei Werkstoffen mit geringer Mittelspannungsempfindlichkeit, wenn montagebedingte oder fertigungsinduzierte Druckmittelspannungen bzw. Druckeigenspannungen vorliegen.

2.1.4 Oberflächenzustand und Nachbehandlungsverfahren

Auf den Einfluss von Mikrolunkern oder Lunkern auf die Schwingfestigkeit, die bei der Herstellung von hochwertigen Gussbauteilen durch Qualitätssicherungsmaßnahmen ohnehin ausgeschaltet werden müssen, wird hier nicht eingegangen.

2.1.4.1 Eisengraphitgusswerkstoffe

Aufgrund der Reaktion der Schmelze während des Gießprozesses mit den Formwerkstoffen, u.a. von Vorgängen während der Erstarrung können sich an der Gussoberfläche bzw. im oberflächennahen Bereich Verunreinigungen, Mikroporen oder Zonen mit Gefügeentartungen bilden, Abbildung 8. Gegenüber dem feingedrehten oder geschliffenen Oberflächenzustand kann der Gusszustand eine um ca. 20 % niedrigere Schwingfestigkeit aufweisen, Abbildung 9. Da aber nicht jedes Bauteil entweder formbedingt oder aus wirtschaftlichen Gründen geschliffen oder feingedreht werden kann, kann durch eine Oberflächenverfestigung, z.B. durch Reinigungsstrahlen, eine Schwingfestigkeitserhöhung um ca. 30 % erreicht werden. Diese Steigerungsbeiträge sind nur dann möglich, wenn bedingt durch die Belastungsart Biegung oder Kerben Spannungsgradienten und keine festigkeitsmindernden Inhomogenitäten vorliegen. Bei dickwandigen Gussbauteilen mit wesentlich größeren Wandstärken als den in den hier vorliegenden Bildern dargestellten Geometrien sind durch Kugelstrahlen weitaus geringere Steigerungen, nämlich maximal 15 bis 20 % zu erwarten. Die Effektivität des Kugelstrahlens hängt von der Abstimmung der Prozessparameter mit dem jeweiligen Werkstoff und der Bauteilgeometrie ab. Ein Verfestigungsstrahlen mit einem höheren Almenwert als beim Reinigungsstrahlen kann eine höhere Schwingfestigkeit ergeben.

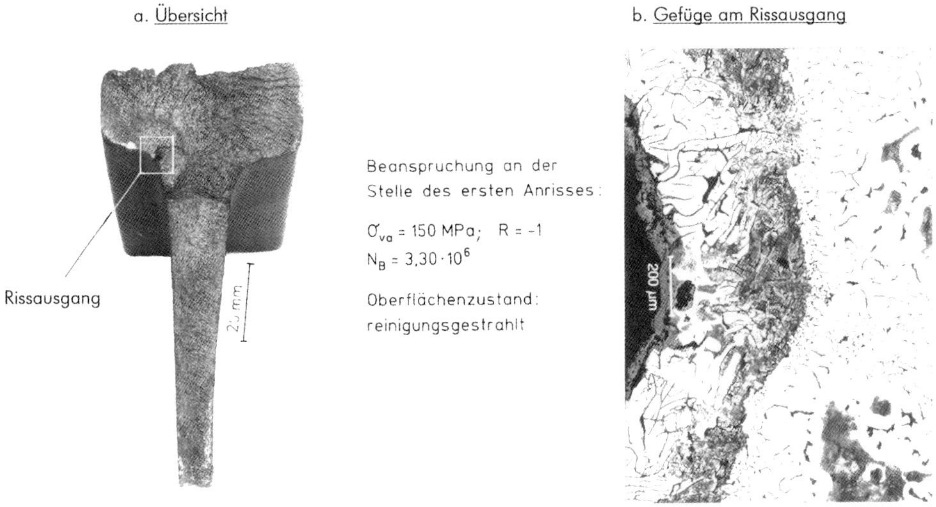

Abb. 8: Bruchaussehen einer LKW-Fahrwerkskomponente aus GGG-40

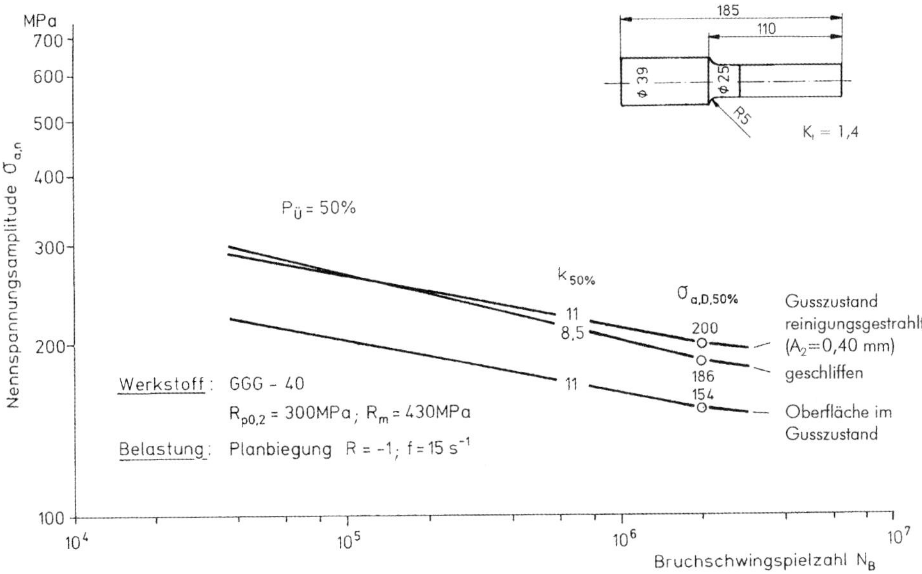

Abb. 9: Einfluss einer Oberfläche im gegossenen Zustand auf die Schwingfestigkeit

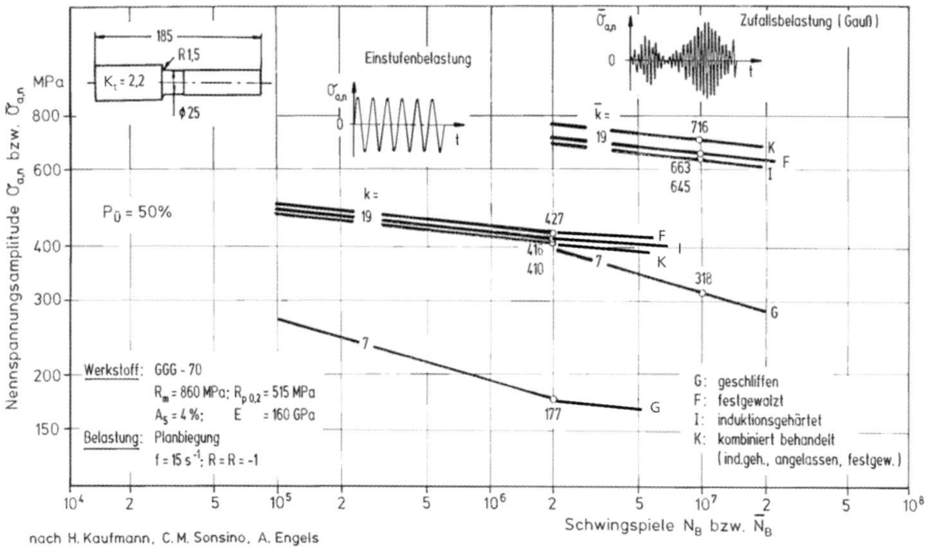

Abb. 10: Einfluss verschiedener Nachbehandlungsverfahren auf die Schwingfestigkeit von GGG-70

In der Serienfertigung von Gussbauteilen gibt es auch andere, noch wirkungsvollere Möglichkeiten, um die Schwingfestigkeit nach einer Schleifbehandlung zu steigern, z.B. durch Festwalzen, Induktionshärten oder durch eine Kombination von beiden Nachbehandlungsverfahren. Abbildung 10 und 11 zeigen beispielhaft den Einfluss dieser Verfahren auf die Schwingfestigkeit von GGG-70.

Während unter Wechselbelastung ($R = -1$) die sogenannte Dauerfestigkeit um etwa den Faktor 2,4 gesteigert werden kann, wird die ertragbare Schwingfestigkeit unter Gaußscher Zufallsbelastung im Bereich von 10^7 Schwingspielen um etwa den Faktor 2,1 für Festwalzen und Induktionshärten und um etwa 2,3 bei der kombinierten Behandlung verbessert, Abbildung 10. Im Bereich der Zeitfestigkeit bzw. bei Zufallsbelastung bei kleineren Lebensdauerwerten als 10^7 Schwingspiele fallen die Steigerungsbeträge geringer aus.

Unter Schwellbelastung ($R = 0$) jedoch führen diese Verfahren aufgrund der Wechselwirkung zwischen den Druckeigenspannungen und den härtebedingten Kerb- und Mittelspannungsempfindlichkeiten zu Steigerungsbeträgen zwischen 2,2 und 2,9 im Bereich der sogenannten Dauerfestigkeit sowie 1,7 und 2,1 unter zufallsartiger Belastung bei 10^7 Schwingspielen, Abbildung 11. Die größte Steigerung wird durch eine kombinierte Behandlung erzielt. Das Festwalzen allein liefert bessere Ergebnisse als das Induktionshärten. Allerdings muss darauf hingewiesen werden, dass diese Verfahren durch eine geeignete Abstimmung der jeweiligen Prozessparameter mit dem Werkstoff und der Geometrie ein hier vermutlich noch nicht ausgeschöpftes Optimierungspotential besitzen.

Abbildung 12 zeigt den Einfluss der Nachbehandlungsverfahren auf die Schwingfestigkeit von Kurbelwellen. Die bei Kurbelwellen aus dem Werkstoff GGG-70 unter Wechsel- und Schwellbelastung erzielten Steigerungen fallen wegen der schärferen Radien, d.h. verschieden hohen induzierten Druckeigenspannungen und Prozessparametern im Vergleich zu den Untersuchungen mit Proben, Abbildung 10 und 11, unterschiedlich aus. Während das Festwalzen unter Wechselbelastung die Schwingfestigkeit um den Faktor 1,8 anhebt, wird unter Schwellbelastung eine Verbesserung um den Faktor 3,0 erzielt.

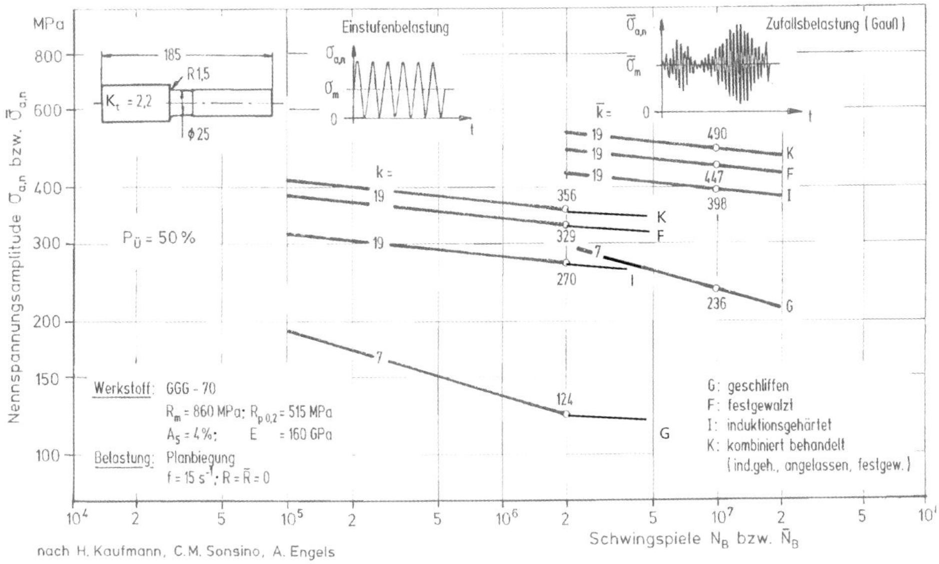

Abb. 11: Einfluss verschiedener Nachbehandlungsverfahren auf die Schwingfestigkeit von GGG-70

2.1.4.2 Aluminiumgusswerkstoffe

Auch bei Aluminiumgusslegierungen wird die Schwingfestigkeit maßgeblich vom gießtechnisch bedingten Oberflächen- und Gefügezustand (Verunreinigungen und Poren) bestimmt. Abbildung 13 zeigt das Gefüge im kritischen Bereich eines Gehäuseflansches aus G-AlSi10Mg wa und den Rissausgang von einer oberflächennahen Pore. Der Porositätsgrad *P* nach ASTM E 155 war in diesem Bereich $P < 4$. Das Bauteil ertrug die angegebene örtliche Beanspruchung für den überwiegenden Teil der Lebensdauer ohne Anriss, bis dann der Riss von der Pore aus iniziiert und der Versuch bei einer Oberflächenrisslänge von 14 mm beendet wurde. Dieses Beispiel zeigt ebenso wie das Beispiel in Abbildung 8, dass Poren oder andere metallographische Unregelmäßigkeiten, abhängig von ihrer Größe, durchaus toleriert werden können.

Der Einfluss der Porosität auf die Schwingfestigkeit wurde im Rahmen einer systematischen Untersuchung am Beispiel der höherfesten warmausgehärteten Legierung G-AlSi7Mg 0,6 wa und der niedrigfesten nicht ausgehärteten Legierung G-AlSi11MgSr unter Axialbelastung erfasst. Es wurde festgestellt, dass bei einer Erhöhung des Porositätsgrades $P = 0$ (entspricht einem maximalen Porendurchmesser von 0,3 mm) auf P = 4 (entspricht einem maximalen Porendurchmesser von 0,6 mm) im ungekerbten Zustand die Schwingfestigkeit um 10 % und bei einer Erhöhung auf P = 8 (entspricht einem maximalen Porendurchmesser von 1 mm) um ca. 18 % abnimmt, Abbildung 14. Im gekerbten Zustand hingegen tritt bei der warmausgehärteten Legierung eine Abnahme der Schwingfestigkeit erst oberhalb des Porositätsgrades 4 auf und zwar bei $P = 8$ um etwa 8 %, also weit weniger als im ungekerbten Zustand. Bei der nicht ausgehärteten Gusslegierung hingegen ist im gekerbten Zustand die Minderung der Schwingfestigkeit genauso hoch wie im ungekerbten Zustand. Dieses unterschiedliche Festigkeitsverhalten ist durch die Wechselwirkung zwischen Spannungsgradienten, Fließvorgängen an den Porenrändern im Kerbgrund in Abhängigkeit von den verschiedenen Streckgrenzen und den unterschiedlich hohen höchstbeanspruchten Werkstoffvolumen zu erklären.

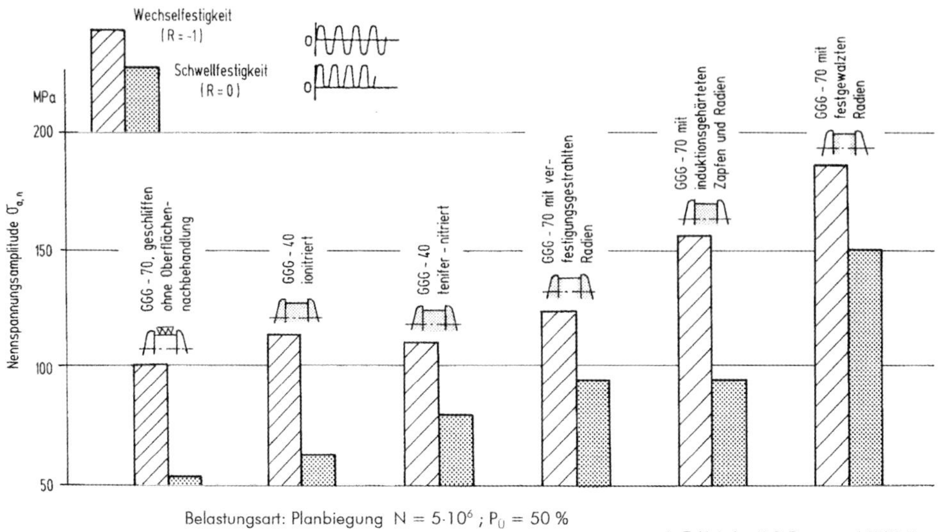

nach F. Mahnig, H. G. Trapp und H. Walter

Abb. 12: Erhöhung der Schwingfestigkeit von Kurbelwellen durch verschiedene Oberflächenbehandlungen

a. Übersicht

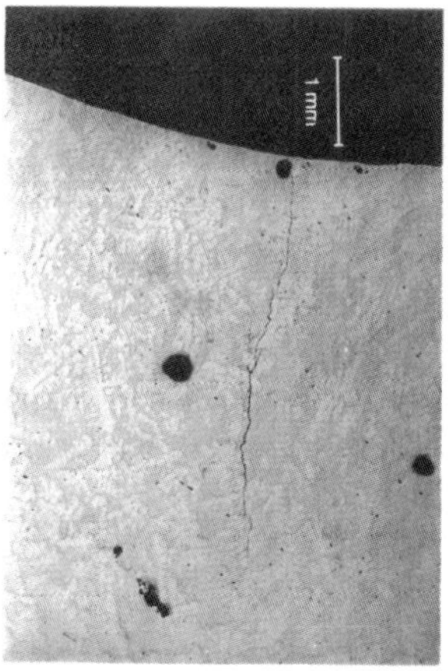

R_m = 200 MPa; HB 31,5 / 2,5 = 86

b. Oberflächennaher Bereich

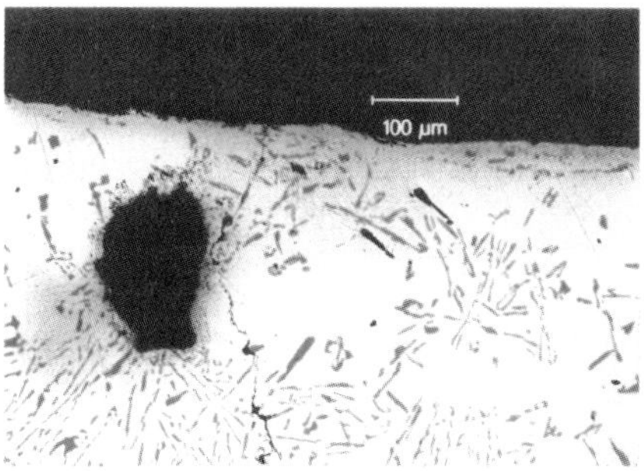

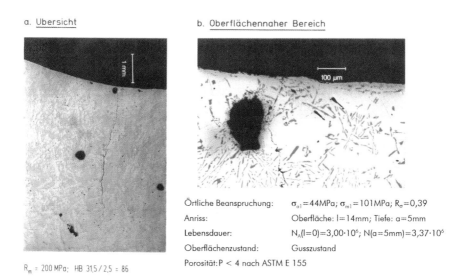

Örtliche Beanspruchung:	σ_{al}=44MPa; σ_{ml}=101MPa; R_σ=0,39
Anriss:	Oberfläche: l=14mm; Tiefe: a=5mm
Lebensdauer:	N_A(l=0)=3,00·10^6; N(a=5mm)=3,37·10^6
Oberflächenzustand:	Gusszustand

Porosität: P < 4 nach ASTM E 155

Abb. 13: Anriss am Flansch eines Getriebegehäuses aus G-AlSi10Mg wa

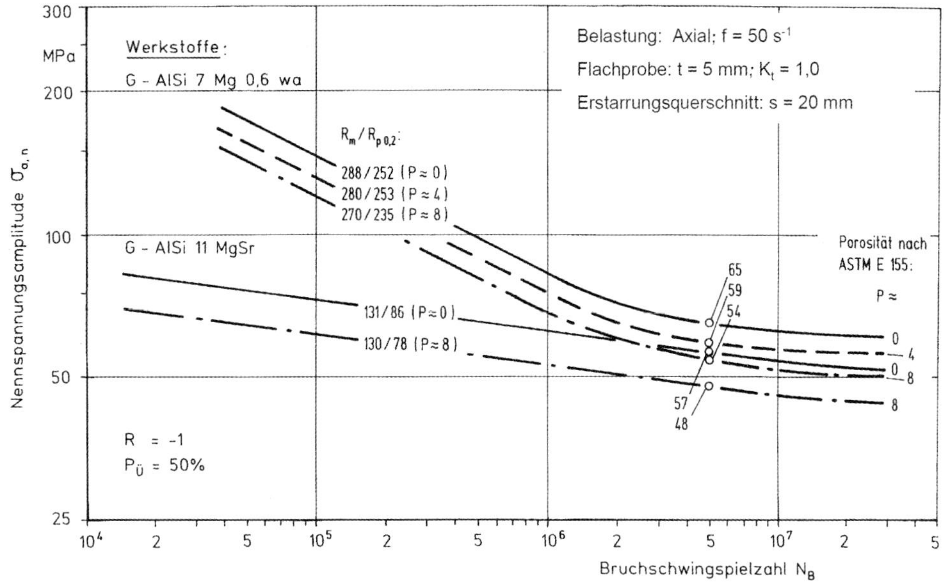

Abb. 14: Gegenüberstellung der Wöhlerlinien von Flachproben (Formzahl $K_t = 1{,}0$) aus den Werkstoffen G-AlSi7Mg 0,6 wa und G-AlSi11MgSr

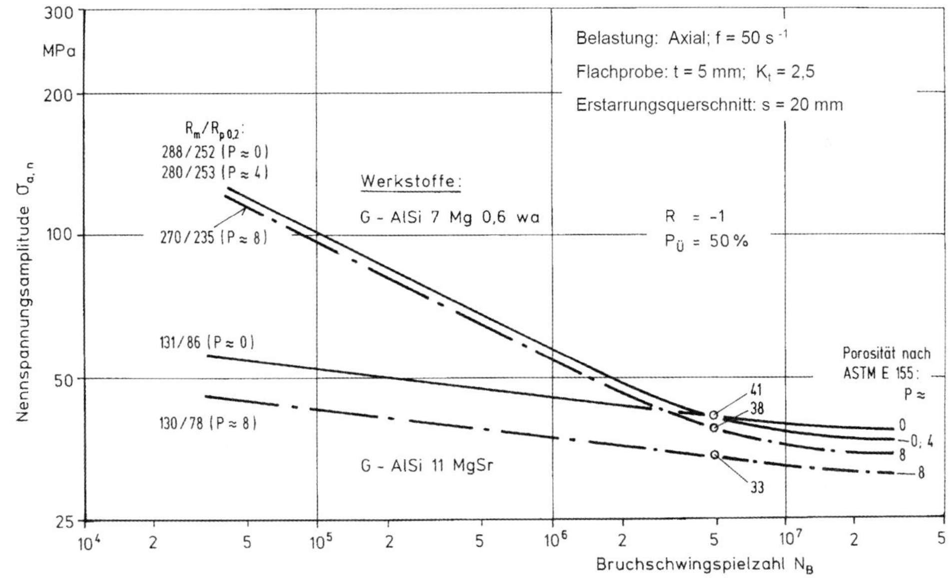

Abb. 15: Gegenüberstellung der Wöhlerlinien von Flachproben (Formzahl $K_t = 2{,}5$) aus den Werkstoffen G-AlSi7Mg 0,6 wa und G-AlSi11MgSr

Daraus lässt sich folgern, dass bei warmausgehärteten Legierungen und beim Vorliegen von Spannungsgradienten infolge Biegung oder Kerben die Porosität weniger schädlich ist als bei nicht ausgehärteten Aluminiumgusslegierungen. Aus den Abbildungen 14 und 15 ist ferner zu entnehmen, dass die Neigungen der Wöhlerlinien infolge der verschieden hohen Streckgrenzen sich sehr deutlich voneinander unterscheiden. Dies bedeutet, dass die warmausgehärteten Legierungen mit ihren steileren Neigungen Überschreitungen der sogenannten Dauerfestigkeit durch zeitlich veränderliche Amplituden mehr tolerieren können als nicht warmausgehärtete Legierungen; die letztgenannten sind mehr für Anwendungen im Bereich der sogenannten Dauerfestigkeit geeignet.

Unter warmausgehärteten AlSi-Legierungen werden oft die Werkstoffe G-AlSi10Mg wa und G-AlSi7Mg wa untereinander verglichen. Die zweitgenannte Legierung ist gießtechnisch einfacher zu handhaben als die erstgenannte; sie ist außerdem etwas duktiler und deswegen im Bereich der Zeitfestigkeit dem Werkstoff G-AlSi10Mg wa überlegen. Die Kennwerte der genannten Legierungen gelten für Sandguss oder Niederdruckguss. Durch neuere Fertigungsverfahren wie z.B. Vakuumdruckguss, können Porositäten verringert und höhere Schwingfestigkeiten erreicht werden.

2.1.5 Umgebungseinflüsse

Bei der Auslegung von Bauteilen muss auch der Einfluss der Temperatur und Umgebung berücksichtigt werden. Abbildung 16 zeigt den Einfluss der Temperatur auf das Schwingfestigkeitsverhalten der Nickelbasisgusslegierung IN 713 C in Luft, die z.B. für die Herstellung von integralgegossenen Turboladerturbinenrädern eingesetzt wird. Während unter Einstufenbelastung eine Temperaturerhöhung von 760° C die Anrisslebensdauer um den Faktor 2 gegenüber der Lebensdauer unter 400 bzw. 600° C mindert, stellt sich unter zeitlich veränderlichen Amplituden bei 600 und 760° C die gleiche Lebensdauer ein. Unter langen Haltezeiten bei stationä-

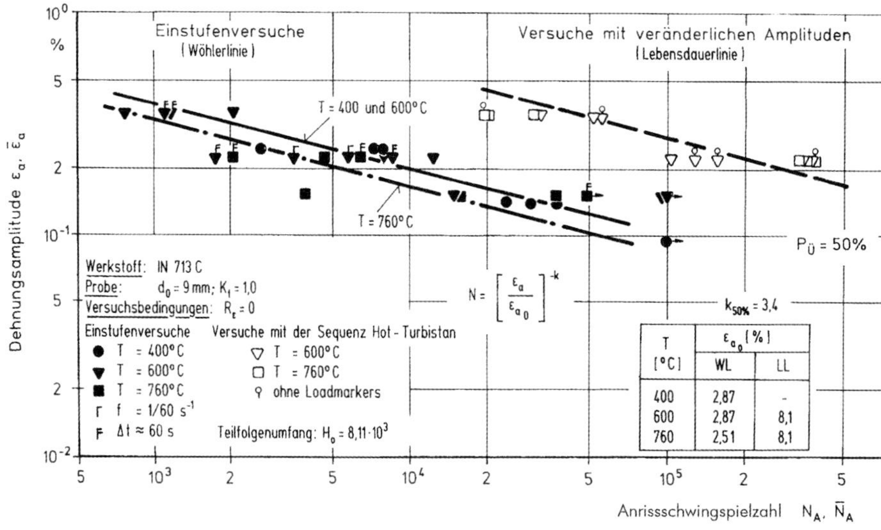

Abb. 16: Dehnungsgesteuert aufgenommene Wöhler- und Lebensdauerlinien nach dem Versagenskriterium erster technischer Anriss bei einem Lastabfall von 5 % ($a \approx 1$ mm)

rem Betrieb können bei hohen Temperaturen zusätzlich auch Oxidations- und Kriecheffekte auftreten, die die Lebensdauer mehr beeinträchtigen können als aus Abbildung 16 zu entnehmen ist.

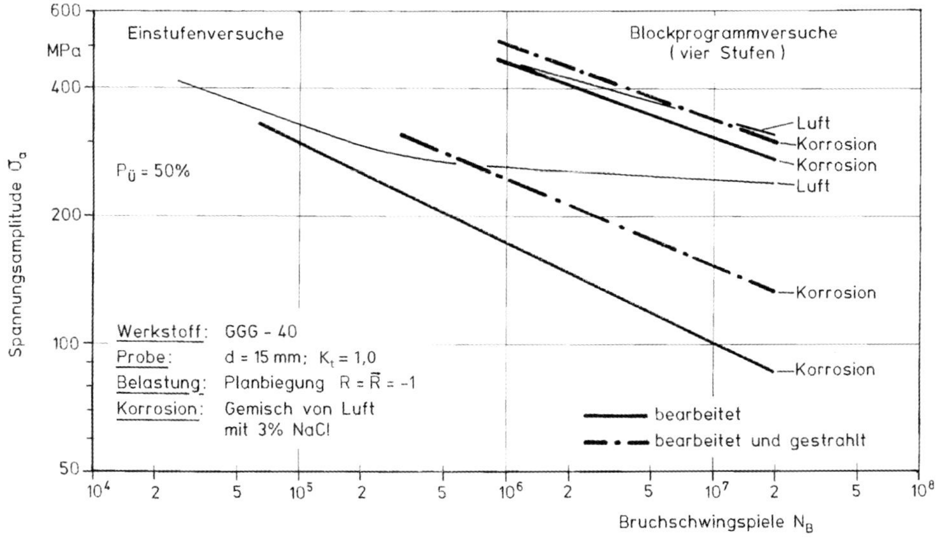

Abb. 17: Einfluss der Korrosion auf die Schwingfestigkeit von GGG-40

Bei Eisengraphitgusswerkstoffen können auch wie beim Stahl chloridhaltige wässrige Lösungen je nach Chlorionenkonzentration die Lebensdauer bzw. die Korrosionsschwingfestigkeit sehr stark herabsetzen. Das Betropfen mit destilliertem Wasser kann die Korrosionsschwingfestigkeit von Temperguss um maximal 10 % gegenüber Luft, mit künstlichem Meerwasser hingegen um etwa 45 % mindern. In Abbildung 17 wird die Schwingfestigkeit von GGG-40 in Luft und unter einem Gemisch aus Luft und Kochsalz verglichen. Durch Kugelstrahlen wird zwar die Korrosionsschwingfestigkeit erhöht, aber die Korrosion nicht unterbunden. Allerdings können Beschichtungen, wie z.B. verzinken, eine sehr effektive Korrosionsschutzmaßnahme sein.

Eine weitere Korrosionsart ist die Reibkorrosion, die häufig aufgrund von Relativbewegungen zwischen einer Werkstoffpaarung auftritt. Grundsätzlich verhalten sich Eisengraphitgusswerkstoffe hinsichtlich der Reibkorrosion wegen der Schmierwirkung der Graphiteinlagerungen günstiger als Stahl. Die Reibkorrossion kann durch Kugelstrahlen sehr effektiv unterbunden werden, Abbildung 18. Durch die Oberflächenverfestigung und induzierten Druckeigenspannungen wird die nrissbildung verzögert.

Es ist bekannt, dass Aluminiumgusslegierungen wie G-AlSi10Mg wa unter bestimmten Bedingungen, z.B. Fahrzeugräder unter der Wärmestrahlung von Scheibenbremsen oder dem Kontakt mit streusalzhaltigem Wasser, ebenfalls gegenüber dem kalten bzw. korrosionsfreien Zustand etwa 15 % an Schwingfestigkeit bzw. den Faktor 4 an Lebensdauer verlieren können. In Hinblick auf die thermische Belastung verlieren diese Legierungen erst oberhalb von etwa 150° C, abhängig von ihrer chemischen Zusammensetzung und der Oberflächenbehandlung, an

Schwingfestigkeit; Kolbengusslegierungen wie G-AlSi12CuMgNi hingegen erst oberhalb von 220° C.

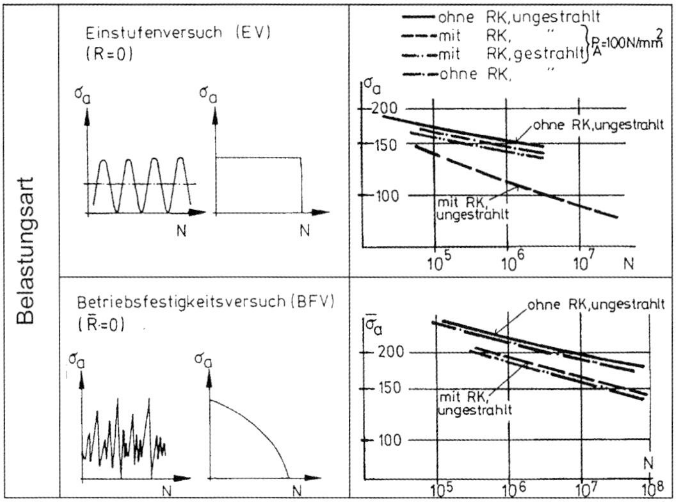

Abb. 18: Einfluss von Belastungsart und kugelgestrahlter Oberfläche auf die Reibkorrosion (RK) von GGG-40

2.2 Stahlkonstruktionen im Anlagenbau

2.2.1 Werkstoffauswahl und Kennwerte

Bei der Bemessung eines Hochdruckbehälters, Kessels oder Winderhitzers im Bereich der Kurzzeitschwingfestigkeit ist aufgrund der auftretenden hohen elastoplastischen Beanspruchungen die Kenntnis von dehnungsgesteuert aufgenommenen Anrisswöhlerlinien erforderlich, da in den kritischen Bereichen solcher Bauteile bzw. Anlagen aufgrund der hohen Spannungskonzentration und Spannungsgradienten die örtlichen Beanspruchungen verformungsgesteuert sind. Hierbei muss dem Werkstoff der Vorzug gegeben werden, der eine hohe Zähigkeit besitzt, weil dieser gegenüber einem weniger zähen Werkstoff nicht nur bezüglich einer Überlast toleranter ist, sondern bei gleicher örtlicher Beanspruchung eine höhere Lebensdauer aufweist. Abbildungen 19 und 20 zeigen entsprechende Werkstoffkennwerte. Die höhere Duktilität bedingt außerdem eine geringere Kerb- und Mittelspannungsempfindlichkeit.

Für Bauteile die im Bereich der sogenannten Dauerfestigkeit eingesetzt werden, z.B. Wellen oder Zahnräder, erfolgt die Werkstoffauswahl oft noch anhand von Festigkeitskennwerten, die an ungekerbten Proben ermittelt werden. Diese Kennwerte sind allerdings nur bedingt anwendbar, da die meisten Bauteile kritische Stellen mit erhöhter Spannungskonzentration aufweisen. Abbildung 21 zeigt den Zusammenhang zwischen der 0,2 %-Dehngrenze bzw. Zugfestigkeit und der sogenannten Dauerfestigkeit in Abhängigkeit von der Formzahl. Sinngemäß gilt dieser Zusammenhang auch für die Zeitfestigkeit, sowie für einen Betriebsfestigkeitskennwert (Kollektivhöchstwert für eine festgelegte Lebensdauer). Im Fall einer erhöhten Spannungskonzentration kann durch Verwenden eines höherfesten Werkstoffes die sogenannte Dauerfestigkeit

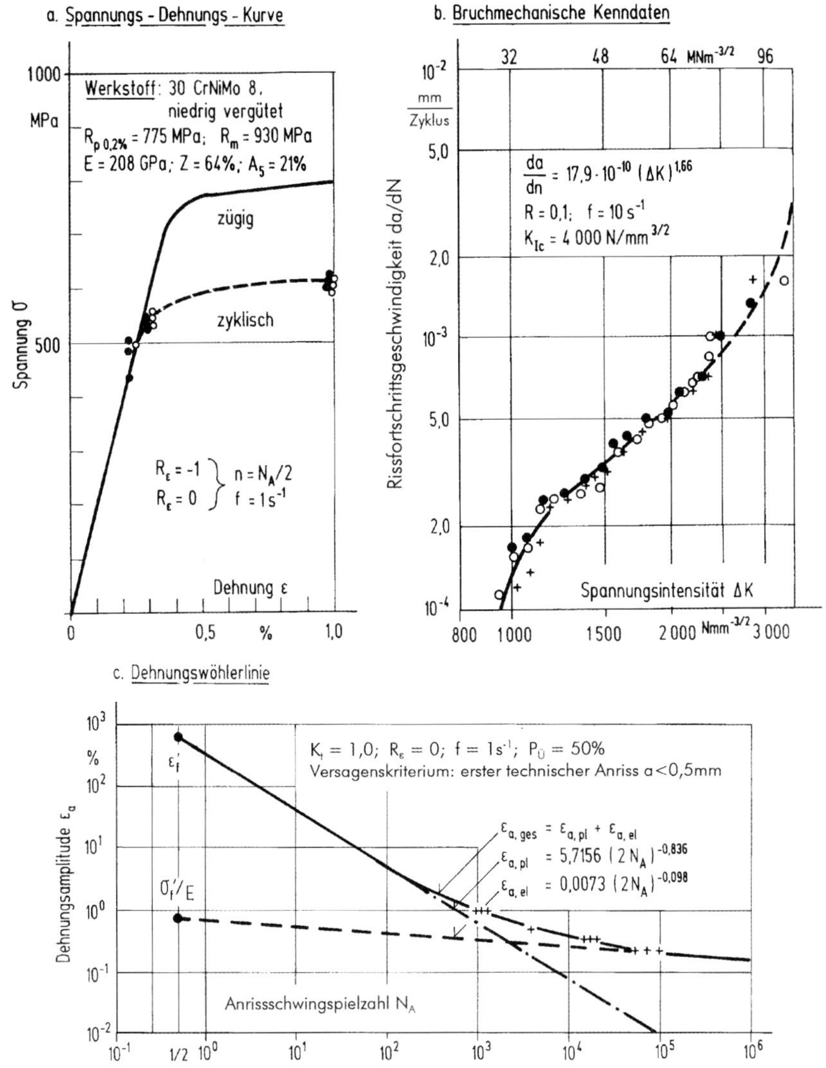

Abb. 19: Kennwerte zum Werkstoffverhalten von 30CrNiMo8 niedrig vergütet

nicht wesentlich gesteigert werden. Durch eine solche Maßnahme würde man sich sogar Nachteile einhandeln, denn mit zunehmender Festigkeit werden sowohl die Mittelspannungs- als auch die Kerbempfindlichkeit infolge der Verformungsbehinderung in der Kerbe durch den mehrachsigen Spannungszustand gesteigert. Bei Anwendung eines hochfesten Werkstoffes wird zugleich die Empfindlichkeit gegen die Oberflächenrauigkeit erhöht. Auch muss bezüglich der Bearbeitbarkeit mit kürzeren Werkzeugstandzeiten gerechnet werden.

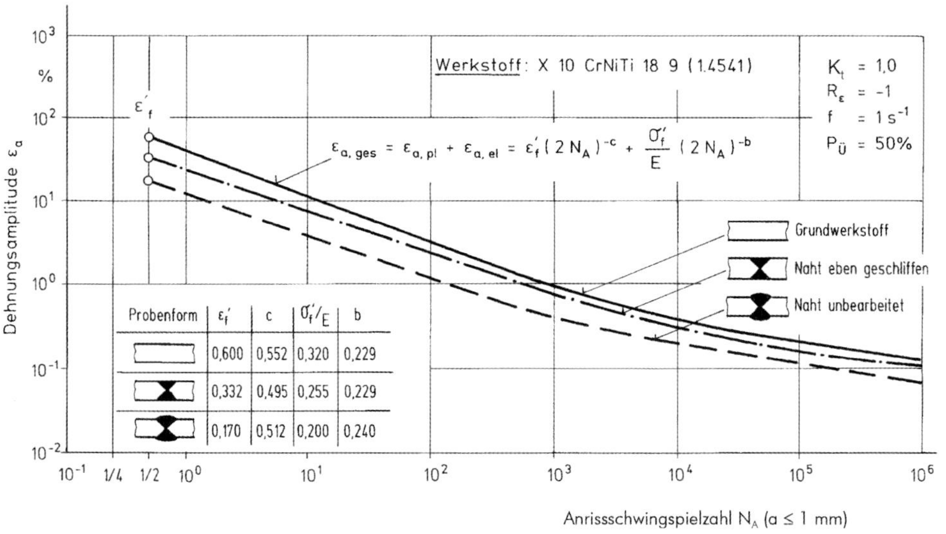

Abb. 20: Dehnungsgesteuert aufgenommene Anrisswöhlerlinien in Abhängigkeit von der Schweißnahtausführung

Bei einer Bemessung in solchen Fällen empfiehlt sich aus diesen Gründen ein Abbau von Spannungsspitzen durch konstruktive Maßnahmen, wie größere Kerbradien, um eine bessere Ausnutzung der Werkstoffeigenschaften zu erzielen und gegebenenfalls ein Übergang auf weniger feste und zähere Werkstoffe, um die aufgeführten Nachteile zu vermeiden.

Allerdings ist eine hohe Werkstofffestigkeit dann erforderlich, wenn eine mechanische Oberflächenbehandlung wie Kugelstrahlen oder Festwalzen aufgrund hoher Druckeigenspannungen effektiv sein soll, wenn eine hohe Vorspannung, z.B. bei zusammengesetzten Bauteilen oder Schrauben benötigt wird, oder bei Bauteilen, die seltenen hohen Überlastungen unterwor-

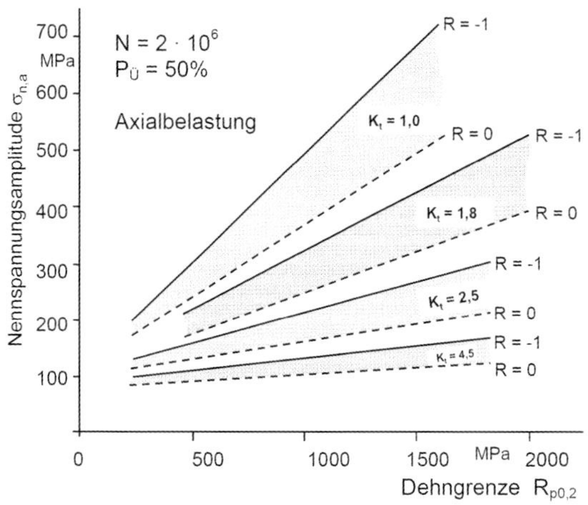

Werkstoff	$R_{p0.2}$ [MPa]	R_m [MPa]
St 37	255	390
C 45	334	576
St 52	400	560
42 SiMnVS 3	478	777
49 MnVS 3	520	790
50 CrV 4	675	865
41 CrS 4	680	845
30 CrNiMo 8	740	840
42 CrMo 4	840	910
1.6604.5	1020	1150
42 CrMo 4	1029	1097
70 Si 7	1162	1294
1.7704.6	1190	1315
38 NiCrMoV 7 3	1504	2026
X 2 NiCoMo 18 7 5	1785	1885
60 SiCr 7	1990	2227

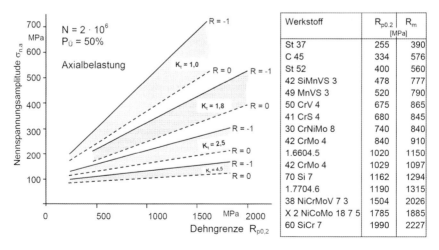

Abb. 21: Schwingfestigkeit verschiedener Stähle in Abhängigkeit von der Formzahl

fen sein können. Ein Weg, eine hohe Festigkeit zu erreichen ist z.B. das Vergüten. Wenn es aber darum geht, hierbei eine ausreichend hohe Duktilität aus o.g. Gründen zu gewährleisten, muss dies über eine geeignete chemische Zusammensetzung erzielt werden.

Die in Abbildung 21 für Grobbleche ($t > 3$ mm) dargestellte Abhängigkeit zwischen der Schwingfestigkeit, 0,2 %-Dehngrenze und Spannungskonzentration ist ebenso für Feinbleche ($t < 3$ mm) des Karosseriebaus gültig [11]. Ab einer bestimmten Kerbschärfe ist durch die Auswahl eines höherfesten Stahles eine Erhöhung der Schwingfestigkeit nicht mehr zu erwarten, Abbildung 22.

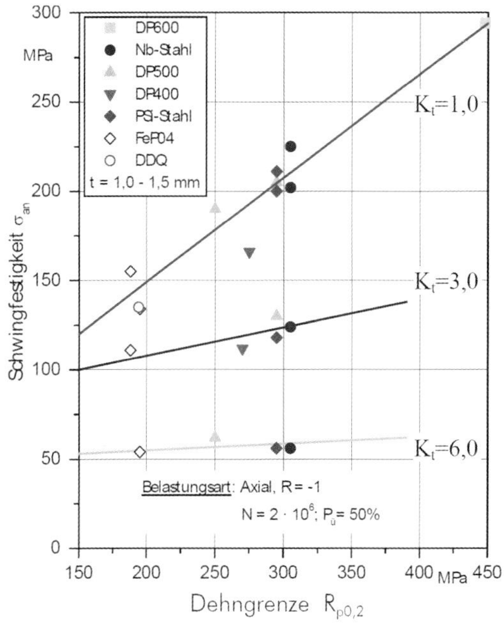

Abb. 22: Schwingfestigkeit gekerbter und ungekerbter Karosseriestähle in Abhängigkeit von der Formzahl

Die vorstehend erörterten Zusammenhänge über den Einfluss von Kerben und der Werkstofffestigkeit sind auch auf Schweißverbindungen übertragbar, Abbildung 23 und 24. Während im ungekerbten Zustand die hoch- und niedrigfesten Werkstoffe sich im nicht geschweißten Zustand deutlich voneinander unterscheiden, verhalten sie sich im geschweißten Zustand im Bereich der Zeit- und sogenannten Dauerfestigkeit sowie unter variablen Amplituden [12] aufgrund der hohen Spannungskonzentration in den Nahtübergangskerben gleich; die Spannungskonzentration überdeckt den Einfluss der Werkstofffestigkeit. Diese Zusammenhänge sind bedingt durch die örtliche Geometrie einer Schweißnaht in Bezug auf die Nennspannung nicht unbedingt sofort erkennbar, jedoch nach einer Umrechnung in örtliche Spannungen deutlich ersichtlich. Aus diesem Grund wird in Regelwerken zur Bemessung von Schweißverbindungen kein Unterschied bezüglich der Werkstofffestigkeit gemacht. Bei hohen Beanspruchungen hingegen ist der höherfeste Werkstoff wegen seiner höheren 0,2 %-Dehngrenze dem niedrigfesten überlegen.

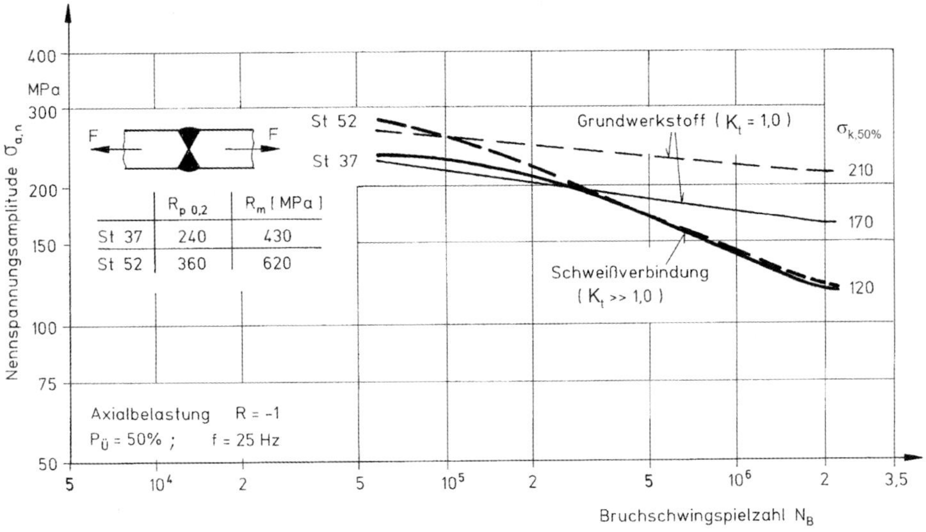

Abb. 23: Verlauf und Lage der Wöhlerlinien für Grundwerkstoff und Schweißverbindung

Auch bei Schweißverbindungen kann eine Schwingfestigkeitserhöhung erzielt werden, wenn Nahtübergangskerben durch ein Aufschmelzen (WIG-Bearbeitung) oder Schleifen, Abbildung 20, entschärft oder durch Kugelstrahlen verfestigt werden. Vorteile von geschweißten höherfesten Stählen durch Kugelstrahlen können erst dann ausgenutzt werden, wenn Nahtübergangskerben mit größeren Radien versehen sind, die das Strahlen des Kerbgrundes erlauben.

Die Werkstoffkennwerte für eine schwingfeste Bemessung sind auch von Umgebungsbedingungen, wie Korrosion, Temperatur, und der Belastungsgeschwindigkeit abhängig. Abbildung 25a zeigt am Beispiel einer HV-Naht die zulässigen Schwingfestigkeiten in Luft und unter

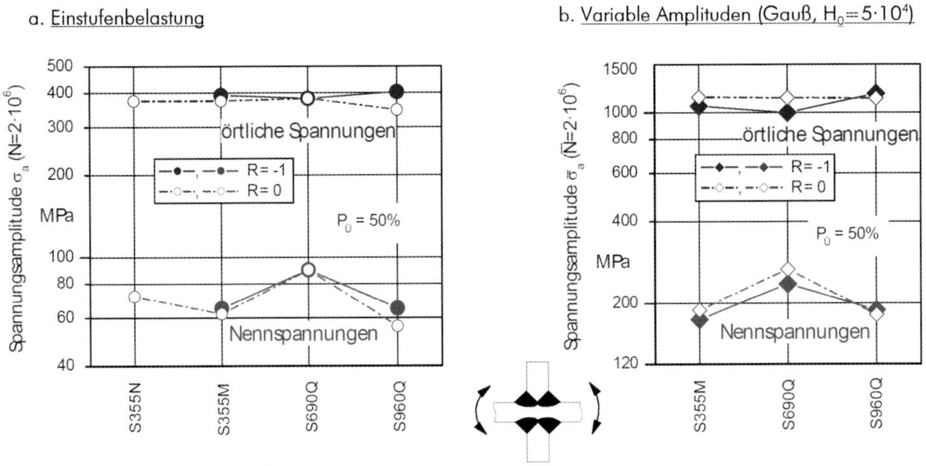

Abb. 24: Schwingfestigkeit von Schweißverbindungen an Querstreifen mit 30 mm Dicke

Meerwasser nach dem Eurocode Nr. 3 und Abbildung 25b den Einfluss von Meerwasser auf die Rissfortschrittsgeschwindigkeit für den Stahl FeE 355. Unter Korrosion liegt keine sogenannte Dauerfestigkeit wie in Luft vor und die Rissfortschrittsgeschwindigkeit erhöht sich mit abnehmender Frequenz, während in Luft die Frequenz eine untergeordnete Rolle spielt. Die Korrosionsschwingfestigkeit von Schweißverbindungen kann durch Kugelstrahlen oder kathodischen Schutz erheblich verbessert werden. Bei nicht geschweißten Bauteilen stellen Festwalzen und Beschichtungen, aber auch ihre Kombination sehr effektive Korrosionsschutzmaßnahmen dar.

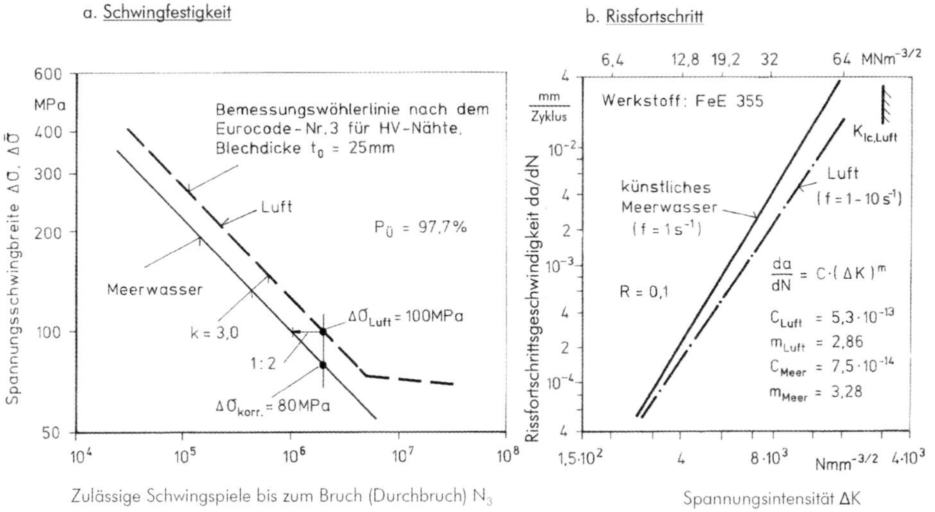

Abb. 25: Schwingfestigkeits- und Rissfortschrittskennwerte

Abbildung 26 zeigt den Einfluss der Temperatur, Frequenz und Haltezeiten bei einem austenitischen Druckbehälterstahl im Bereich der Kurzzeitschwingfestigkeit. Je größer die Haltezeit ist, um so größer ist die Lebensdauerminderung aufgrund von Oxidationsvorgängen.

2.2.2 Belastungskennwerte

Unter Belastungskennwerten sind die Kennwerte zu verstehen, die die Umgebung und den zeitlichen Verlauf der Belastung und ihre Geschwindigkeit (Frequenz, Haltezeit) beschreiben, d.h. die Art des Umgebungsmediums, die Temperatur, die Beanspruchungs-Zeitfunktion, die Frequenz und die Haltezeit. Die Abbildungen 25 und 26 zeigten bereits den Einfluss der Umgebung und der Belastungsgeschwindigkeit. Bei Beanspruchungen mit veränderlichen Amplituden sind ebenfalls die Kollektivform und der Kollektivhöchstwert von großer Bedeutung. Je geringer die Fülligkeit des Kollektives ist, um so größer ist die zu erwartende Lebensdauer.

Abbildung 27 zeigt den Lebensdauerunterschied für eine geschweißte Längssteife in Abhängigkeit von der Kollektivform. Hierbei ist auch zu bemerken, dass sowohl die Höhe der Amplituden im Wöhlerversuch als auch die Höhe des Kollektivhöchstwertes bei veränderlicher Beanspruchung die Lebensdauer in entscheidendem Maß beeinflussen können, wenn eine mechanische oder thermische Nachbehandlung vorgenommen wird.

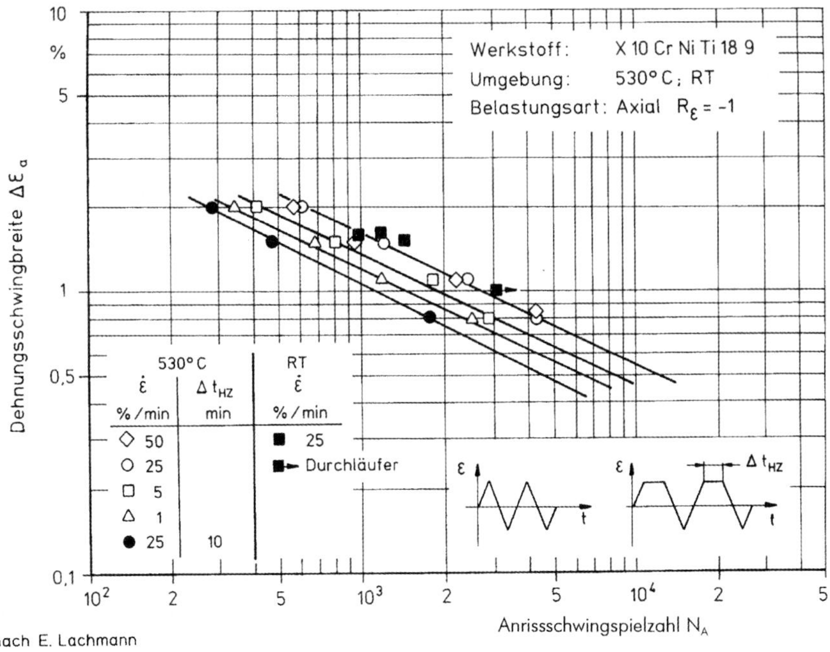

Abb. 26: Einfluss von Temperatur, Dehngeschwindigkeit und Haltezeit auf die Anrisslebensdauer

Im Fall der geschweißten Längssteife bleibt das Spannungsarmglühen im Bereich der Zeitfestigkeit bis etwa 10^6 Schwingspiele und bei den zeitlich veränderlichen Amplituden bis etwa $2 \cdot 10^7$ Schwingspiele ohne Einfluss auf die Lebensdauer wegen des Abbaus von Eigenspannungen durch elastoplastische Verformungen in den Nahtübergangskerben. Erst bei geringeren Beanspruchungen macht sich das Spannungsarmglühen bemerkbar, wobei der Einfluss des Beanspruchungsablaufs (konstante und veränderliche Amplituden) und der Beanspruchungshöhe auf die Lebensdauer unterschiedlich ist.

3 Bemessungsverfahren

Die beschriebenen Werkstoffkenngrößen und Einflüsse auf die Betriebsfestigkeit werden bei der Bauteilbemessung, wie in den folgenden Abschnitten beschrieben, berücksichtigt.

3.1 Versagenskriterien

Bei der Bemessung von Bauteilen können verschiedene Versagenskriterien zugrundegelegt werden, z.B. der erste technische Anriss mit definierter Risstiefe, der Durchbruch oder der Restbruch. Durch die Bruchmechanik kann die Lebensdauerphase zwischen dem ersten technischen Anriss und Bruch behandelt werden, falls ein Rissfortschritt zugelassen werden kann, bis die Sicherheit und die Funktionstüchtigkeit beeinträchtigt sind. Bei abgesicherter Anwendung der Bruchmechanik können Inspektionsintervalle festgelegt und ggf. rechtzeitig Reparaturmaßnahmen eingeleitet und Ersatzkomponenten beschafft werden, ohne eine Anlage vorzeitig stilllegen zu müssen. Bei Sicherheitsbauteilen kann dagegen eine Rissentstehung nur bei nachgewiesener Sicherheit akzeptiert werden, so dass ein Anriss unter üblichen Einsatzbedingungen ausgeschlossen ist. Je nach diesen Kriterien werden zur Bemessung entweder Anrisswöhlerlinien, Bruchwöhlerlinien oder Rissfortschrittsgesetze zugrundegelegt.

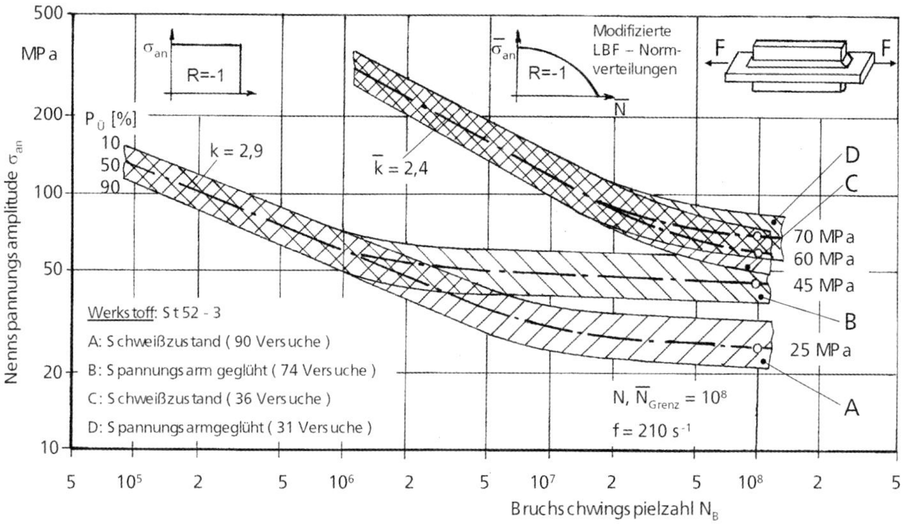

Abb. 27: Vergleich der Wöhler- und Lebensdauerlinien für eine geschweißte Längssteife

3.2 Bemessungskonzepte

Für die Auslegung eines Bauteils werden zunächst folgende Vorgaben, wie Belastung, Gestalt, Werkstoff und Fertigung, benötigt, Abbildung 28. Während die Beanspruchbarkeit durch Werkstoffauswahl, Fertigung, Umwelt- und Belastungsbedingungen bestimmt wird, bedingen die Belastungen und die Gestalt die globalen und örtlichen Beanspruchungen. Die Erfassung und Bewertung der Beanspruchungen erfolgt in der Regel nach folgenden Konzepten [3–6].

- Nennspannungskonzept:
  Dieses Konzept setzt die Definition einer Nennbeanspruchung (Spannung oder Dehnung) und Formzahl für gefährdete Bereiche einer Konstruktion voraus und stellt zwecks Lebensdauerbestimmung die Nennspannung einer Wöhlerlinie gegenüber, die entsprechende Bauteilmerkmale (Formzahl, Größe, Werkstoff, Fertigung, Umwelt- und Belastungsbedingungen) enthalten muss. Dieses Konzept wird sowohl für die Bemessung von nicht geschweißten als auch geschweißten Bauteilen angewendet. Die entsprechenden Wöhlerlinien sind in verschiedenen Veröffentlichungen, Katalogen und Regelwerken nach Kerbfällen zugeordnet. Weitere Bauteilmerkmale müssen anhand von Erfahrungen berücksichtigt werden.

Für komplex gestaltete Bauteile, die weder die Bestimmung einer Nennbeanspruchung noch die Ermittlung einer Formzahl erlauben, kann dieses Konzept nicht angewendet werden.

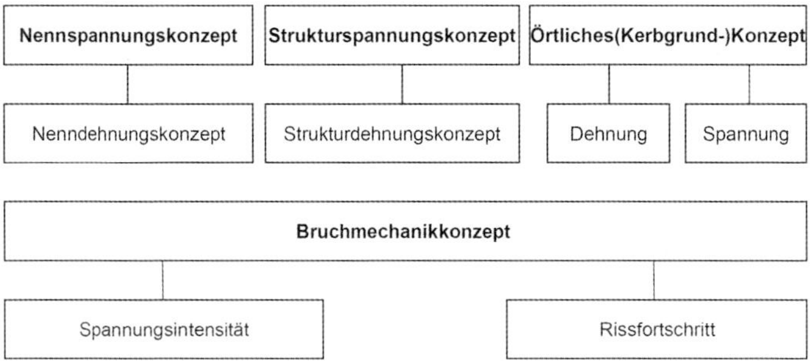

Abb. 28: Bemessungskonzepte der Betriebsfestigkeit

- Strukturspannungskonzept:
  Mit Hilfe einer Finite- oder Boundary-Elemente-Berechnung (FEM, BEM) bzw. mit Dehnungsmessstreifen werden die Beanspruchungen und ihre Verteilungen in der Nähe von kritischen Bereichen erfasst und einer geeigneten Wöhlerlinie gegenübergestellt. Strukturbeanspruchungen in der Nähe einer kritischen Stelle enthalten bereits die gestaltsbedingte Überhöhung der Beanspruchungen; d.h. sie sind größer als Nennbeanspruchungen und liefern deswegen bei Verwendung einer Nennbeanspruchungswöhlerlinie ein auf der sicheren Seite liegendes Ergebnis.
- Örtliches (Kerbgrund-)Konzept:
  Die Nachteile der vorstehend genannten Konzepte liegen darin, dass die örtlich maximale Beanspruchung nicht genau erfasst wird. Da das Versagen von dieser Beanspruchung eingeleitet wird, wird diese rechnerisch (FEM, BEM) durch eine genauere Modellierung der kritischen Stellen als die benachbarten Bereiche bzw. experimentell mit Dehnungsmessstreifen kleinerer Messlängen bestimmt. Die örtlich maximale Beanspruchung wird dann einer mit ungekerbten Proben unter axialer Belastung dehnungsgesteuert aufgenommenen Anrisswöhlerlinie (im Bereich von etwa $N > 5 \cdot 10^5$ Schwingspiele liefern Dehnungs- und Laststeuerung identische Werte wegen der linearen Beziehung $\sigma = E \cdot \varepsilon$) zugeordnet.
- Örtliches Beanspruchungskonzept unter Berücksichtigung von Beanspruchungsgradienten und höchstbeanspruchtem Werkstoffvolumen:
  Die Kenntnis der örtlich maximalen Dehnung oder Spannung reicht für die Lebensdauerabschätzung nicht immer aus, da die Beanspruchungsgradienten und das durch diese resultierende höchstbeanspruchte Werkstoffvolumen die Lebensdauer entscheidend beeinflussen, Abbildung 29. Abbildung 30 zeigt an einem einfachen Beispiel die Definition und Berechnung des höchstbeanspruchten Werkstoffvolumens [7]. Dieses Werkstoffvolumen ist definiert als der Bereich, in dem die maximale örtliche Spannung um 10 % abfällt. In Abbildung 31 ist demonstriert, wie nach diesem Konzept Ergebnisse, die mit unterschiedlichen Probengrößen, Spannungskonzentrationen und unter verschiedenen Belastungsarten ermittelt wurden, in einen sehr engen Rahmen zusammengefasst werden können. Somit wird der Zusammenhang zwischen höchstbeanspruchtem Werkstoffvolumen und örtlich ertragbarer Schwingfestigkeit deutlich aufgezeigt.

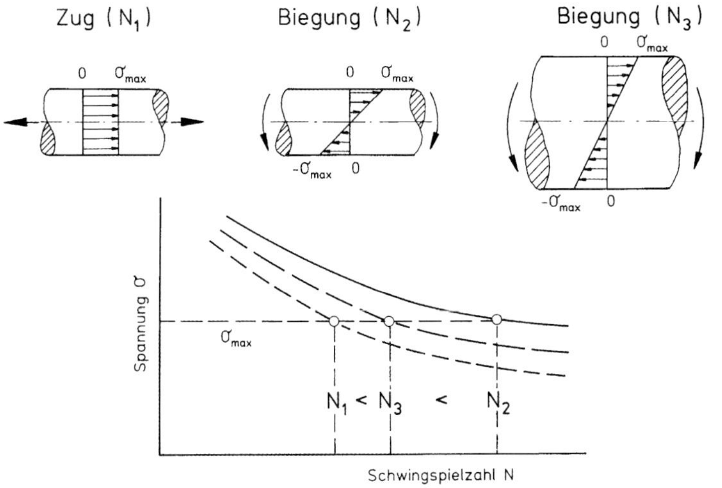

Abb. 29: Größeneinfluss – Einfluss des höchstbeanspruchten Werkstoffvolumens auf die Schwingfestigkeit

$$V_{90\%} = t \cdot d \cdot s \quad \text{mit}$$

$$s = \frac{2 \cdot \pi \cdot r}{16}$$

$$V_{90\%} = 2 \cdot t \cdot d \cdot s \quad \text{mit}$$

$$\chi^* = \frac{2}{r}, \; t = \frac{0{,}1}{\chi^*}, \; s = \frac{2 \cdot \pi \cdot r}{16}$$

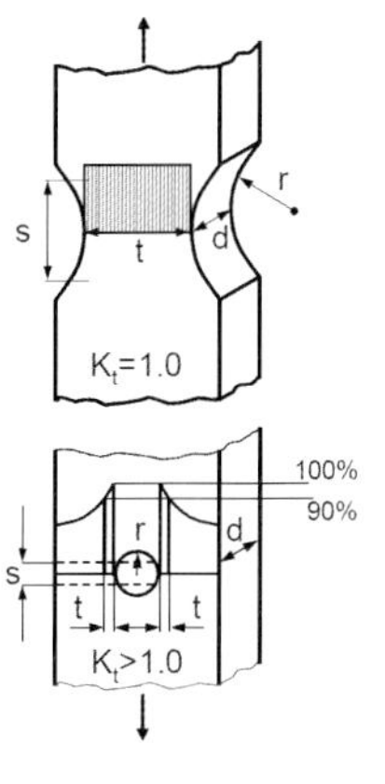

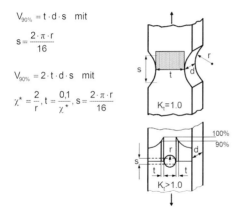

Abb. 30: Beispiel für die Bestimmung des höchstbeanspruchten Werkstoffvolumens

Demzufolge muss bei der Zuordnung der örtlich maximalen Beanspruchung zu einer Wöhlerlinie der Einfluss des höchstbeanspruchten Werkstoffvolumens mit berücksichtigt werden. Im Großserienbau (wie z.B. in der Automobilindustrie) werden hierzu die Kennwerte an Bauteilen selbst oder an geeigneten bauteilähnlichen Proben bestimmt.

Das vorstehende und dieses Konzept werden in der Regel für die Bemessung von nicht geschweißten Bauteilen herangezogen. Sie lassen sich aber auch für Schweißverbindungen anwenden, wenn die maximale Beanspruchung in der Nahtübergangskerbe bestimmt werden kann.

- Bruchmechanikkonzept:
  Unter dem Bruchmechanikkonzept wird eine Verfahrensweise zur Berechnung der Lebensdauer von Bauteilen auf der Basis des Rissfortschritts verstanden, bei der die Risseinlei-

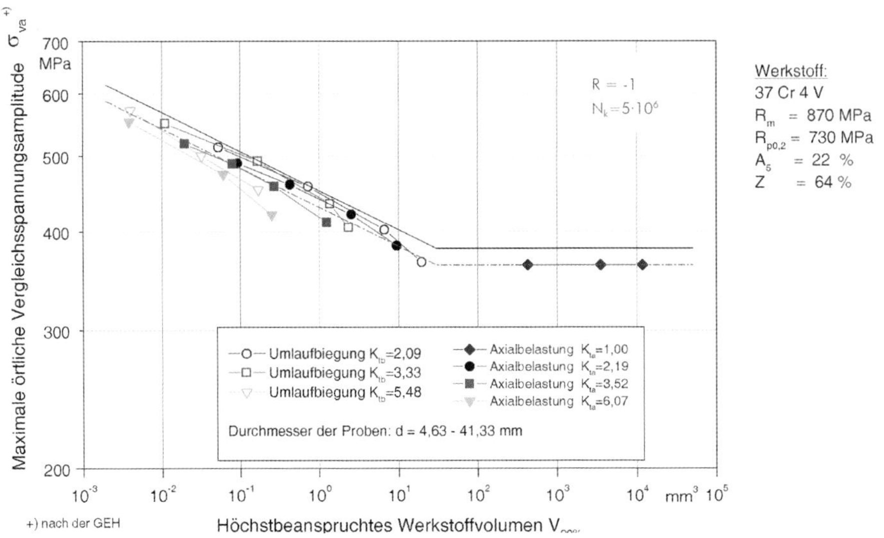

Abb. 31: Abhängigkeit zwischen Schwingfestigkeit und höchstbeanspruchtem Werkstoffvolumen

tungsphase vernachlässigt oder separat erfasst wird. Der Rissfortschritt wird meistens linearelastisch beschrieben. Der Anfangsriss kann ein kleiner fiktiver Riss sein, der mit der Oberflächenrauigkeit oder Mikroeinschlussgröße in Verbindung gebracht wird, an der Auflösungsgrenze zerstörungsfreier Fehlerprüfverfahren liegt, vor allem aber der experimentell ermittelten Lebensdauer angepasst wird.

Die Berechnung des Rissfortschritts mit Hilfe bruchmechanischer Methoden kann eine sinnvolle Ergänzung oder sogar eine Lebensdauerabschätzung sein, insbesondere wenn bereits die Lebensdauer bis zum Anriss bestimmt wurde. Im Flugzeugbau wird sie beispielsweise in den sogenannten Bauvorschriften gefordert; d.h. von ihrer Erfüllung hängt die Bescheinigung der Flugtauglichkeit durch die Abnahmebehörde ab.

3.3 Vergleichsbeanspruchung

Die Beanspruchungen in kritischen Bereichen von Bauteilen sind mehrachsig. Sie können nur dann bewertet werden, wenn sie mittels einer geeigneten Festigkeitshypothese in eine Vergleichsspannung umgewandelt werden.

3.3.1 Gussbauteile

Für Aluminium- und Eisengraphitgusswerkstoffe kann die Normalspannungshypothese (NH) ohne Einschränkung, sowohl für Beanspruchungen mit konstanten als auch veränderlichen Hauptbeanspruchungsrichtungen, angewendet werden. Im Falle einer veränderlichen Hauptspannungsrichtung, die z.B. durch eine Phasenverschiebung zwischen Biegung und Torsion eingeleitet werden kann, tritt eine Verlängerung der Lebensdauer ein, Abbildung 32, 33 und 34,

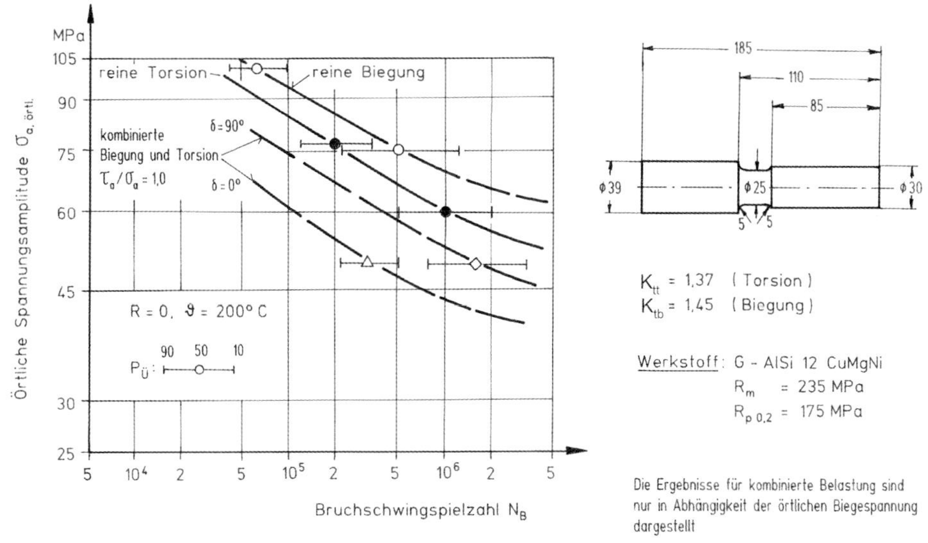

Abb. 32: Wöhlerlinien für reine und kombinierte Biegung und Torsion

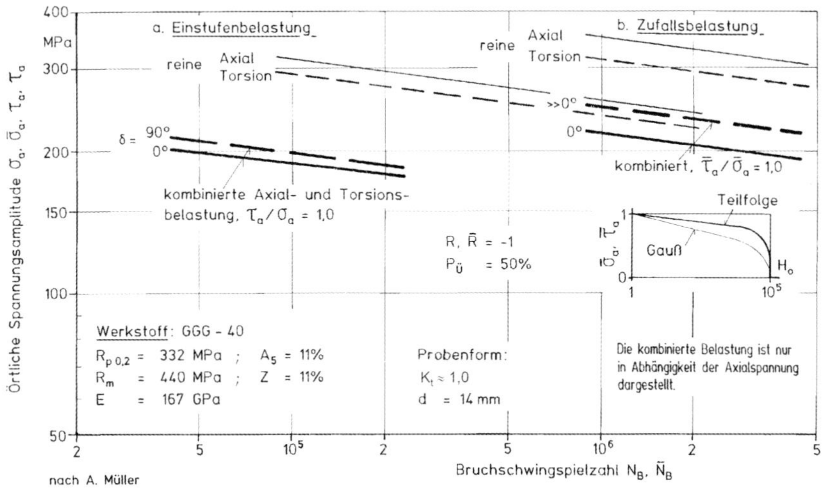

Abb. 33: Einfluss von mehrachsigen Wechselbeanspruchungen auf die Schwingfestigkeit von GGG-40

wobei bei duktileren Werkstoffen, z.B. Stählen, durch eine Phasenverschiebung eine deutliche Minderung der Lebensdauer entsteht.

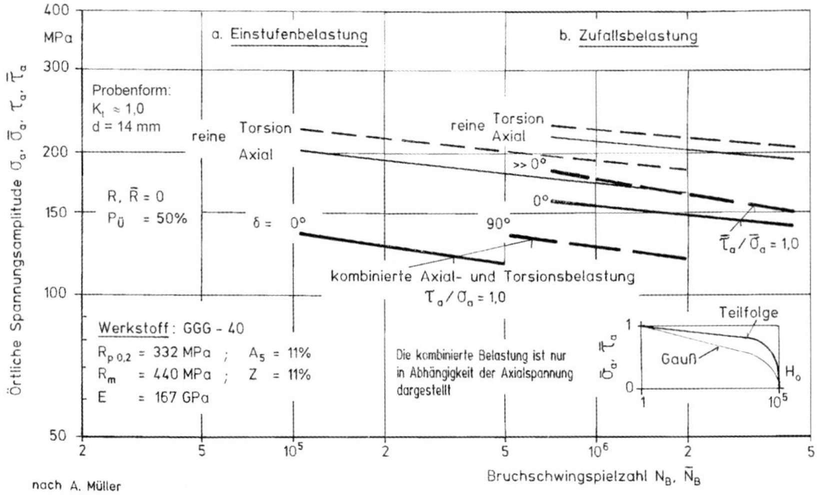

Abb. 34: Einfluss von mehrachsigen Schwellbeanspruchungen auf die Schwingfestigkeit von GGG-40

3.3.2 Stahlkonstruktionen im Anlagenbau

Für Stähle kann wegen ihrer Duktilität die auch in Regelwerken vorgeschlagene Gestaltänderungsenergie- (GEH) oder die ihr gleichwertige Schubspannungshypothese (SH) benutzt werden, wenn konstante Hauptbeanspruchungsrichtungen vorliegen und eine Hauptdehnung deutlich größer ist als die anderen. Falls ein mehrachsiger Beanspruchungszustand mit veränderlichen Hauptrichtungen vorliegt, versagen die GEH bzw. SH. Abbildung 35 zeigt, dass

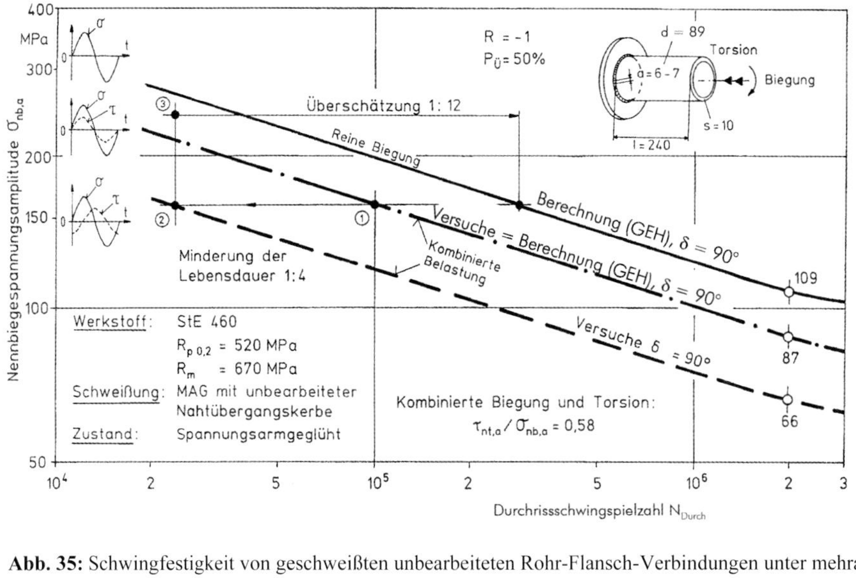

Abb. 35: Schwingfestigkeit von geschweißten unbearbeiteten Rohr-Flansch-Verbindungen unter mehraxialer Belastung

bei einer phasengleichen kombinierten Biege- und Torsionsbeanspruchung einer geschweißten Rohr-Flansch-Verbindung mit konstanten Hauptbeanspruchungsrichtungen bei Anwendung der GEH ausgehend von Nennbeanspruchungen die Lebensdauer zufriedenstellend berechnet werden kann. Bei einer Phasenverschiebung hingegen, die eine Änderung von Hauptbeanspruchungsrichtungen bewirkt, kann die GEH die auftretende Minderung der Lebensdauer nicht berechnen; sie versagt durch eine Überschätzung der tatsächlichen Lebensdauer, wodurch sogar die in verschiedenen Regelwerken vorgeschriebenen Sicherheiten aufgezehrt werden. Dieser Nachteil im Falle der Beanspruchung mit veränderlichen Richtungen kann jedoch durch eine örtliche Betrachtung der Beanspruchungskomponenten und Anwendung der Hypothese der wirksamen Vergleichsspannung (WVS), Abbildung 36, behoben werden.

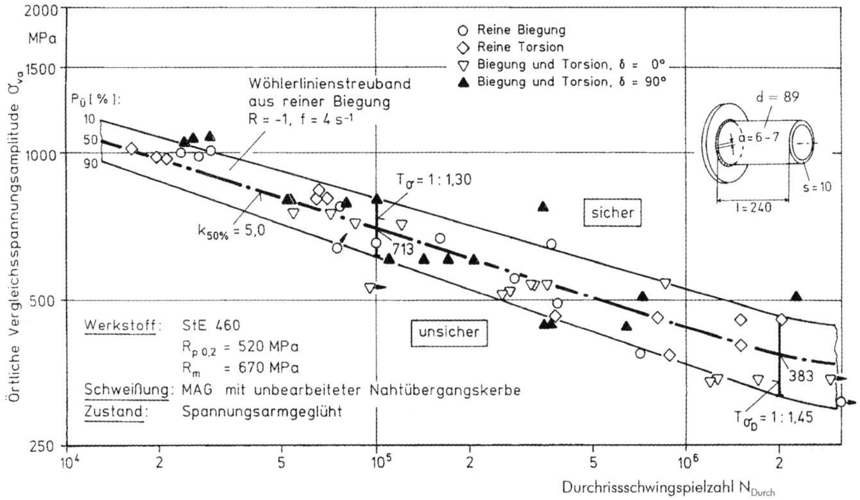

Abb. 36: Bewertung mehrachsiger Spannungszustände mittels der Hypothese der wirksamen Vergleichsspannung (WVS) für geschweißte unbearbeitete Rohr-Flansch-Verbindungen

3.4 Zulässige Spannungen

3.4.1 Sicherheitsbetrachtung für Gussbauteile

Bei der betriebsfesten Bemessung von Gussbauteilen werden üblicherweise Werkstoffkennwerte für eine geforderte Ausfallwahrscheinlichkeit zugrundegelegt, die aus Mittelwerten mit einer Überlebenswahrscheinlichkeit von $P_{ü} = 50$ % abgeleitet werden.

Zu diesem Zweck muss sowohl die Streuung der Betriebsbelastung als auch die der Fertigung und der ertragbaren Bauteillebensdauer berücksichtigt werden. Je nach Sicherheitsrelevanz des betreffenden Bauteils und Versagenskriterium wird eine unterschiedlich hohe rechnerische Ausfallwahrscheinlichkeit P_A berücksichtigt und ein anzusetzender Sicherheitsbeiwert abgeleitet. Besteht beim Versagen des Bauteils ein hohes Risiko für Leben und Umwelt, so wird ausgehend von einer kleinen Ausfallwahrscheinlichkeit ein hoher Sicherheitsbeiwert berechnet. Je geringer das Risiko, das z.B. durch Inspektionen gemindert werden kann, um so kleinere Sicherheitsbeiwerte können zur Ableitung der zulässigen Beanspruchung oder der Lebensdauer angenommen werden.

3.4.2 Regelwerke für Stahlkonstruktionen im Anlagenbau

Bei der betriebsfesten Bemessung von Stahlkonstruktionen werden Werkstoffkennwerte zugrundegelegt, die aus Mittelwerten mit einer Überlebenswahrscheinlichkeit von $P_{ü} = 50$ % mit Hilfe eines Sicherheitsabschlages abgeleitet werden. Die Sicherheitsabschläge sind in verschiedenen Regelwerken unterschiedlich hoch, Abbildung 37. Während nach dem Eurocode Nr. 3 bei einem Streumaß von $T_N = 1 : 1{,}5$ und einer Überlebenswahrscheinlichkeit von $P_{Ü} = 97{,}7$ % ein Sicherheitsfaktor von 1,37 berücksichtigt wird, wird nach dem ASME Code ein Sicherheitsfaktor von 2,0 gegen Spannung oder Dehnung angegeben. Allerdings muss hier erwähnt werden, dass diese Sicherheitsfaktoren im Zusammenhang mit der im jeweiligen Regelwerk verwendeten Methode zur Berechnung der Beanspruchungen und mit der Datenbasis, aus denen die Kennwerte abgeleitet wurden, zu sehen sind.

Neben diesen pauschalen Sicherheitsfaktoren besteht auch die Möglichkeit, statistisch begründete Sicherheitsbeiwerte abzuleiten. Hierzu wird sowohl von der Streuung der Betriebsbelastung als auch von der Streuung der ertragbaren Bauteillebensdauer ausgegangen.

Die Lebensdauerabschätzung mit den zulässigen Werkstoffkennwerten ist Bestandteil des rechnerischen Festigkeitsnachweises. Aufgrund von Unsicherheiten sowohl auf der Seite der Schadensakkumulation als auch bei den anzusetzenden zulässigen Werkstoffkennwerten ist ein experimenteller Festigkeitsnachweis, sofern dies möglich ist, zu empfehlen. Dabei ist die Annahme der zutreffenden Betriebsbelastung von ausschlaggebender Bedeutung, so dass eine Kontrolle dieser Annahme durch Betriebsmessungen bei Inbetriebnahme oder beim Probelauf der Anlage erfolgen sollte. Ansonsten muss der Festigkeitsnachweis durch entsprechende Sicherheitsbeiwerte abgesichert werden.

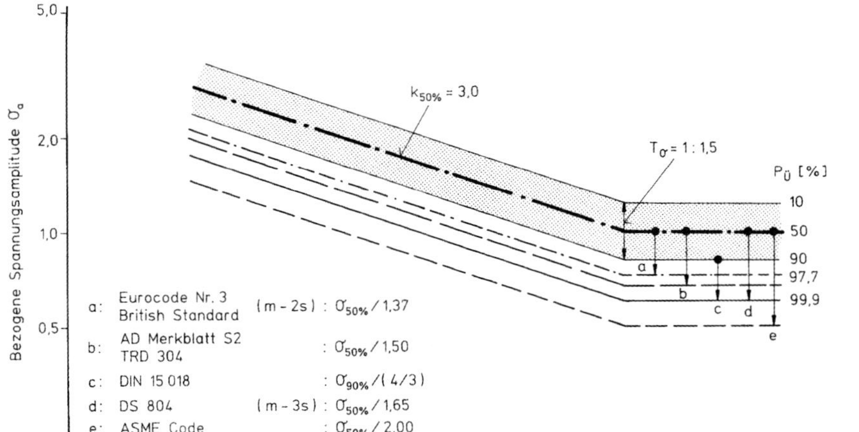

Abb. 37: Ableitung von Bemessungswöhlerlinien nach verschiedenen Regelwerken

3.5 Lebensdauerabschätzung

Die Frage nach der Lebensdauerabschätzung stellt sich insbesondere bei Beanspruchungen mit zeitlich veränderlichen Beanspruchungsamplituden [9]. Sie wird meistens mit einer Modifikation der linearen Schadensakkumulationshypothese nach Palmgren-Miner $\Sigma(n/N)_i \leq D_{zul}$ bezüglich der Neigung der Wöhlerlinie ($k' = 2k - m$) im hohen Schwingspielzahlbereich ($N > 2 \cdot 10^6$) nach Haibach und der Festlegung der zulässigen Schadenssumme D_{zul} vorgenommen, Abbildung 38. Auf andere Schadensakkumulationshypothesen wird hier nicht eingegangen.

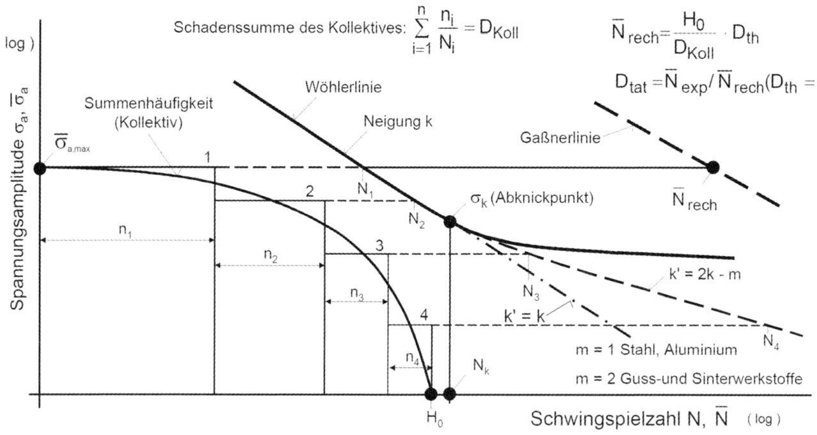

Abb. 38: Berechnung der Lebensdauer (schematisch)

Aufgrund der sehr großen Streuungen der tatsächlichen Schadenssummen $D_{tat} = \bar{N}_{rech} / \bar{N} > 10^4$ (D_{th} = 1,0), in Abbildung 39 für Stähle und Aluminiumlegierungen im nicht geschweißten und geschweißten Zustand dargestellt [13], wird in der Praxis D_{zul} = 0,5 für nicht geschweißte und D_{zul} = 0,3 für geschweißte Bauteile empfohlen. Allerdings, wenn eine Bemessung an die Grenzen eines Bauteils gehen soll, dann sind Nachweisversuche unter variablen Amplituden zu empfehlen, wenn keine geeigneten Erfahrungen vorliegen.

Bei *Aluminiumgussverbindungen* für eine Bemessung auf Anriss kann D_{zul} = 0,5, für den Rissfortschritt kann D_{zul} = 1,0 angesetzt werden. Für *Eisengraphitgusswerkstoffe* kann D_{zul} für die Abschätzung der Anrisslebensdauer je nach Werkstoff, Oberflächenzustand, Spannungskonzentration, Belastungsart, Kollektivform und Mittellastschwankungen Werte zwischen 0,03 und 10 annehmen; d.h. in solchen Fällen sollten ebenfalls Erfahrungen herangezogen oder Nachweisversuche durchgeführt werden.

Abbildung 40 zeigt, wie unterschiedlich sich die Werkstoffe GGG-70 und GGG-100, zwischenstufenvergütet, im Einstufenversuch und im Betriebsfestigkeitsversuch verhalten. Aufgrund einzelner höherer Belastungen im Betriebsfestigkeitsversuch wird beim GGG-100 der Restaustenit in Martensit umgewandelt und damit eine Festigkeitssteigerung erzielt, die unter Einstufenbelastung nicht in diesem Maße auftritt. Dies erklärt, warum das Schädigungsverhalten ohne Erfahrung und abschließende Verifikation nicht zuverlässig vorausgesagt werden kann.

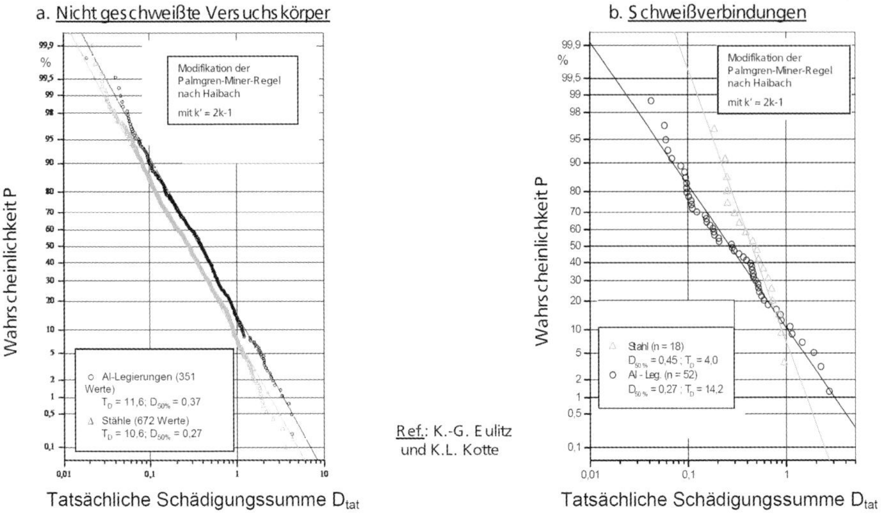

Abb. 39: Verteilung tatsächlicher Schadenssummen für Versuchskörper aus Stahl und Aluminium

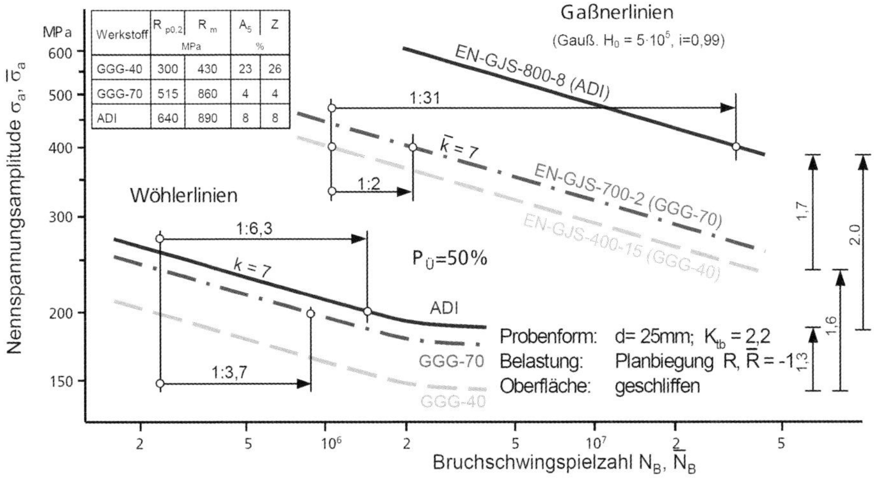

Abb. 40: Verhältnisse zwischen Wöhler- und Lebensdauerlinien für unterschiedliche Eisengraphitgusswerkstoffe

4 Sicherheit und Qualität

Grundsätzlich müssen Bauteile so bemessen werden, dass die geforderte Lebensdauer ohne Ausfall erreicht wird. Diese Forderung kann je nach Relevanz der Bauteile durch unterschiedliche Qualitäts- und Wirtschaftlichkeitsmaßstäbe erfüllt werden, die von der Einteilung in Primär- und Sekundärkomponenten nach den Gesichtspunkten der Sicherheit und Funktionstüchtigkeit abhängt, Abbildung 41 und 42; hierbei werden Primärkomponenten in Sicherheits- und Funktionskomponenten unterteilt.

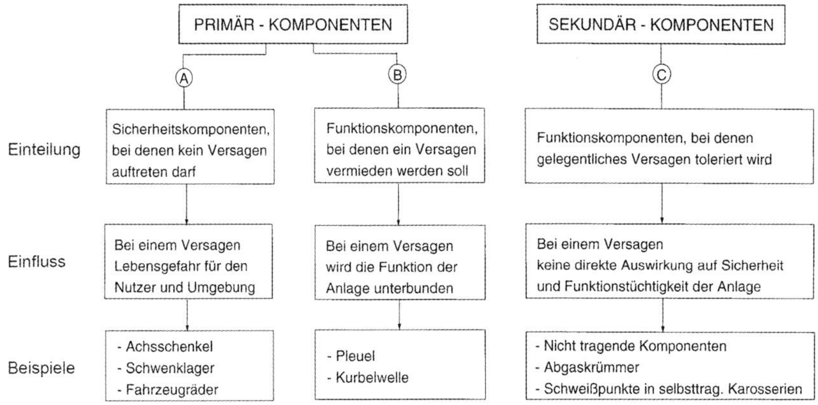

Abb. 41: Einteilung von Gussbauteilen nach den Gesichtspunkten der Sicherheit und Funktionstüchtigkeit

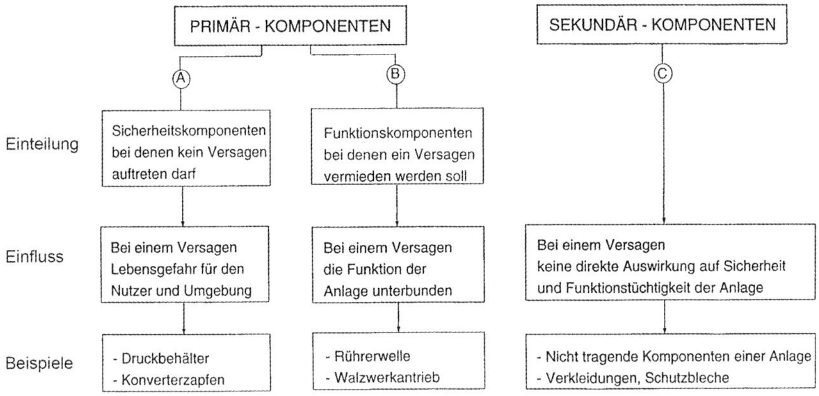

Abb. 42: Einteilung von Komponenten des Anlagenbaus nach den Gesichtspunkten der Sicherheit und Funktionstüchtigkeit

Bei Sicherheitskomponenten muss ein Versagen ausgeschlossen werden, weil dies Lebensgefahr für den Nutzer und die Umgebung bedeutet. Bei solchen Bauteilen werden bei der Bemessung hohe Sicherheitsfaktoren zugrundegelegt. Bei Funktionskomponenten wird zwar die Vermeidung eines Versagens ebenfalls angestrebt, wenn dieses aber auftritt, ist nur die Funktion der Bauteilgruppe unterbunden. Bei Sekundärkomponenten hingegen hat der Schaden keine direkte Auswirkung auf die Sicherheit und Funktionstüchtigkeit. Demzufolge werden bei Primärkomponenten höhere Qualitätsanforderungen, auch wegen der wirtschaftlichen Folgen bei einem Versagen, gestellt. Zum Beispiel bei lebenswichtigen Sicherheitskomponenten, muss die Bemessung alle im Betrieb auftretenden Belastungen nach dem stets neuesten Stand der Technik und Wissenschaft abdecken. Hierzu ist nicht nur die genaue Erfassung der Betriebsbelastungen erforderlich, sondern auch die Kenntnis der versagenskritischen Bereiche des Bauteils und der örtlichen Anstrengung (Verhältnis zwischen der auftretenden und vom Werkstoff bzw. von der Fertigungstechnologie abhängigen zulässigen Vergleichsbeanspruchung) erforderlich. Danach kann die tolerierbare Qualität des Bauteils unter Gesichtspunkten der Wirtschaftlichkeit festgelegt werden.

Solche, an die Sicherheit gekoppelten Qualitätsforderungen eines Bauteils können nur durch entsprechende Festigkeitsversuche unter Simulation von Betriebsbedingungen oder Feldversuche gewährleistet werden, mit denen die kritischen Bereiche und die Art des Versagens erkannt werden müssen. Ein weiterer Vorteil von Betriebsfestigkeitsversuchen liegt darin, dass durch sie die Konstanz der Fertigungsqualität unter Anwendung der statistischen Methoden der Signifikanz ständig überprüft werden kann. Allerdings muss der Festigkeitsnachweis auch durch entsprechende Qualitätsvorschriften in der Konstruktion, Materialbeschaffung und Fertigung gestützt werden. Messungen von Betriebsbeanspruchungen zur Verifizierung und gegebenenfalls rechtzeitigen Korrektur der Berechnungen sollten soweit wie möglich vorgesehen werden. Schließlich muss, sofern die Bauteile hierfür zugänglich sind, während des Betriebes und der Instandhaltung, insbesondere bei Sicherheitsbauteilen, eine Absicherung der geforderten Funktionstüchtigkeit und Sicherheit in Verbindung mit der zu erreichenden Lebensdauer gewährleistet werden.

5 Zusammenfassung

Für eine betriebsfeste Auslegung von Bauteilen müssen zunächst die Vorgaben zur einsatzbedingten Belastung, funktionsabhängigen Gestaltung, zum vorgesehenen Werkstoff und zur Fertigung bekannt sein. Während Belastung und Gestaltung die globalen und örtlichen Beanspruchungen bedingen, wird die Beanspruchbarkeit im Wesentlichen durch die Werkstoffauswahl und Fertigung bestimmt. Hierbei werden je nach Bauteilausführung verschiedene Bemessungskonzepte und verschiedene Beurteilungskriterien zugrundegelegt. Der rechnerische Festigkeitsnachweis wird durch entsprechende Qualitätsvorschriften in der Materialbeschaffung, Konstruktion, Fertigung und Kontrolle und, wenn möglich, durch Betriebsmessungen gestützt. Insbesondere bei Sicherheitskomponenten muss durch Inspektionen im Rahmen der Instandhaltung eine Absicherung der erfolgten Lebensdauervorhersage gewährleistet werden.

Literatur

[1] C. M. Sonsino und V. Grubisic: Hochwertige Gussbauteile – Forderungen zur Betriebsfestigkeit. VDI-Berichte, Nr. 1173, 1995, S. 159–190.

[2] V. Grubisic und C. M. Sonsino: Betriebsfeste Bemessung von Stahlkonstruktionen im Anlagenbau. Mat.-wiss. u. Werkstofftech. 26 (1995) 416–424.

[3] O. Buxbaum: Betriebsfestigkeit – Sichere und wirtschaftliche Bemessung schwingbruchgefährdeter Bauteile, Verlag Stahleisen mbH, 2. Auflage, Düsseldorf, 1992.

[4] E. Haibach: Betriebsfestigkeit – Verfahren und Daten zur Bauteilberechnung, 3. Auflage, VDI-Verlag, Düsseldorf, 2006.

[5] H. Gudehus und H. Zenner: Leitfaden für eine Betriebsfestigkeitsrechnung, Verlag Stahleisen mbH, 4. Auflage, Düsseldorf, 1999.

[6] D. Radaj: Ermüdungsfestigkeit – Grundlagen für Leichtbau, Maschinen- und Stahlbau, Springer-Verlag, Heidelberg, 1995.

[7] C. M. Sonsino: Zur Bewertung des Schwingfestigkeitsverhaltens von Bauteilen mit Hilfe örtlicher Beanspruchung. Konstruktion 45 (1993) 1, S. 25–33.

[8] C. M. Sonsino: Werkstoffauswahl für schlagartig und zyklisch belastete metallische Bauteile. DVM-Bericht, Nr. 127, 2000, S. 21–38.

[9] C. M. Sonsino: Principles of Variable Amplitude Fatigue Design and Testing. Fatigue Testing and Analysis under Variable Amplitude Loading Conditions, ASTM STP 1439, P. C. McKeighan and N. Ranganathan, Eds., ASTM Internatinal, West Conshohocken, PA, 2005, pp. 3–23.

[10] C. M. Sonsino: Dauerfestigkeit – Eine Fiktion. Konstruktion 57 (2005) 4, S. 87–92.

[11] Eureka-BMFT-Forschungsprojekt Nr. 03M3021: Neue Stähle mit hoher statischer, dynamischer und Dauerfestigkeit für den Automobilbau. Krupp Hoesch Stahl AG, Audi AG, Bundesanstalt für Materialprüfung und -forschung, Fraunhofer-Institut für Betriebsfestigkeit LBF, Darmstadt (1989–1994).

[12] C. M. Sonsino; H. Kaufmann; G. Demofonti; S. Riscifuli; G. Sedlacek; C. Müller; F. Hanus und H. G. Wegmann: High-Strength Steels in Welded State for Light-Weight Construktions under High and Variable Stress Peaks. Fraunhofer-Institut für Betriebsfestigkeit LBF, Darmstadt. Europäische Kommision, Luxemburg, Bericht-Nr. EUR 19989 (2001).

[13] K.-G. Eulitz und K. L. Kotte: Persönliche Mitteilung. TU Dresden, 2005.

Lebensdauerberechnung mittels kommerzieller Softwareprogramme

H. Idelberger

1 Einleitung

Wie jeder Bemessungsvorgang besteht auch eine Lebensdauerberechnung aus einem Abstimmen der während der vorgesehenen Nutzungszeit erwarteten Betriebsbeanspruchungen auf die ertragbaren Bauteilbeanspruchungen. Beide Schritte, d.h. die Aufstellung des Kollektivs der Betriebsbeanspruchungen und die Bestimmung der ertragbaren Bauteilbeanspruchungen können mit großen Unsicherheiten behaftet sein und größere Fehler verursachen als die sich anschließende Bewertung mit Hilfe einer Schadensakkumulationshypothese. Sofern möglich, sollten Lebensdauerberechnungen durch Betriebsfestigkeitsversuche abgesichert oder mit Hilfe betrieblich beobachteter Lebensdauerwerte überprüft werden. Es liegt in der Natur der Sache, dass die Lebensdauerwerte technisch gleicher Bauteile auch unter gleichen Betriebsbedingungen streuen [1–4].

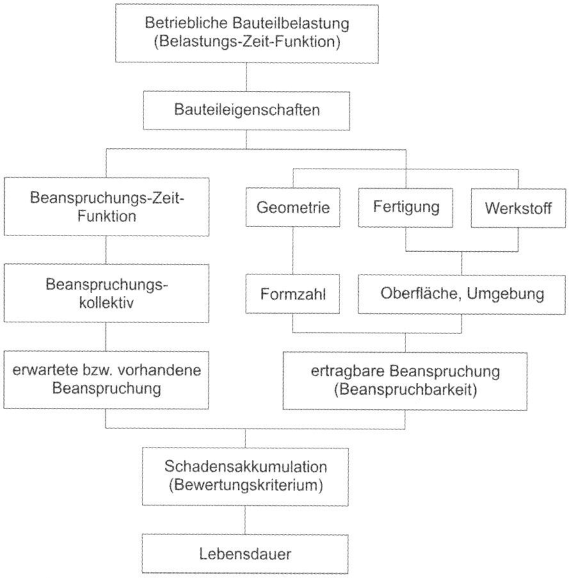

Abb. 1: Schematischer Ablauf einer Lebensdauerberechnung

Die Lebensdauerberechnung erfolgt durch Vergleich der Kennfunktion für die *erwartete* bzw. *vorhandene Beanspruchung* mit der Kennfunktion für die *ertragbare Beanspruchung (Be-*

anspruchbarkeit). Die Lebensdauer wird über eine *Schadensakkumulation*sberechnung bestimmt, siehe Abbildung 1.

2 Analyse der Belastungs- bzw. Beanspruchungs-Zeit-Funktionen

Um eine stochastische Belastungs- oder eine Beanspruchungs-Zeit-Funktion (siehe Abbildung 2) bewerten bzw. für eine Lebensdauerberechnung verwenden zu können, muss diese mit Hilfe statistischer Verfahren in einfachere Kennfunktionen umgewandelt werden. Dies geschieht in der Regel mit sogenannten Klassier- oder Zählverfahren, die sich bezüglich der berücksichtigten charakteristischen Kenngrößen bzw. Merkmale in ein- und zweiparametrige Zählverfahren unterteilen. Die heute praxisrelevanten Verfahren sind die Klassengrenzenüberschreitungszählung und die Bereichspaarzählung als einparametrige Verfahren, sowie die Rainflow-Zählung als zweiparametriges Verfahren. Zählverfahren werden verwendet, um die Größe und Häufigkeit der in der Belastungs- bzw. Beanspruchungs-Zeit-Funktion enthaltenen Schwingspiele zu bestimmen.

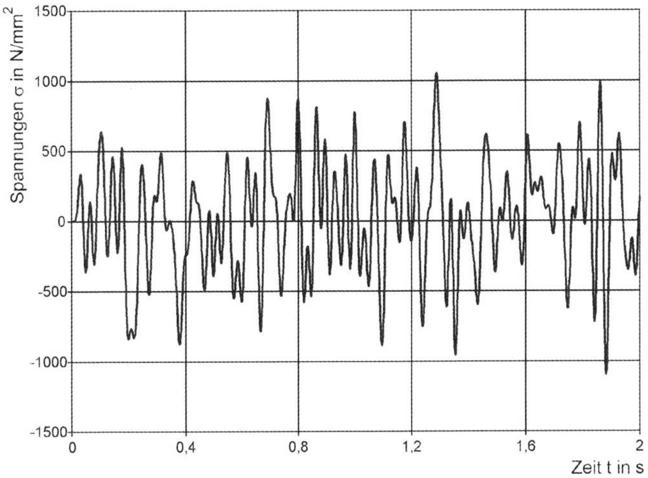

Abb. 2: Beispielhafte Darstellung einer Beanspruchungs-Zeit-Funktion

2.1 Einparametrige Zählverfahren

Verfahren, bei denen ein Merkmal der Zeitfunktion gezählt wird, heißen einparametrig. Solche Merkmale einer Zeitfunktion sind u.a. die *Umkehrpunkte* der Funktion (Maxima, Minima, Spitzen), *Bereiche* (Spanne zwischen zwei aufeinander folgenden Umkehrpunkten) oder die Überschreitung von *Klassengrenzen* in steigender oder fallender Richtung [1].

Klassengrenzenüberschreitungszählung

Bei der Klassengrenzenüberschreitungszählung (KGÜZ) wird die Zeitfunktion in eine bestimmte Anzahl von Klassen unterteilt und an jeder auf- oder absteigenden Flanke eines Schwingspieles die Überschreitung markiert. Anschließend wird die Summenhäufigkeit jeder Klassengrenze gebildet, d.h. die Anzahl der Überschreitungen wird gezählt. Aus diesen Werten kann ein Klassengrenzenüberschreitungskollektiv, wie in Abbildung 3 für die Beanspruchungs-Zeit-Funktion nach Abbildung 1 dargestellt, hergeleitet werden, welches die absoluten Belastungen bzw. Beanspruchungen über der Summenhäufigkeit der Klassengrenzenüberschreitungen (einparametrige Häufigkeitsverteilung) in einer einfachlogarithmischen Darstellung zeigt. Dieses Kollektiv beinhaltet die Absolutwerte der Einzelschwingspiele, allerdings nicht deren Amplitude und Mittelwerte. Daher ist es also besonders gut geeignet, um einen Überblick über die in der Zeitfunktion enthaltenen Extremwerte zu vermitteln.

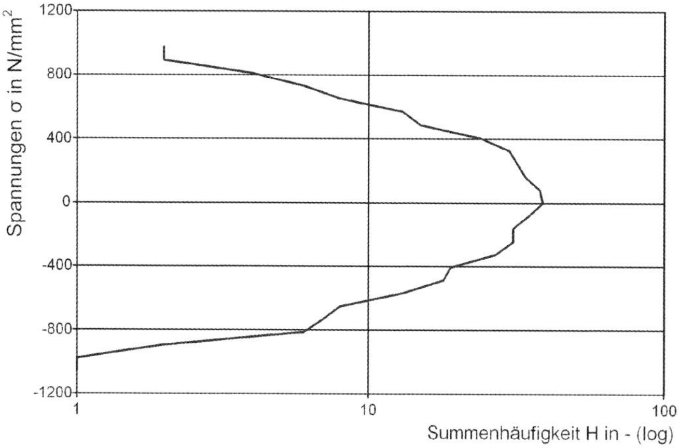

Abb. 3: Klassengrenzenüberschreitungskollektiv

Bereichspaarzählung

Bei der Bereichspaarzählung (BPZ) werden die auf- und absteigenden Flanken, beginnend im Umkehrpunkt, in Abschnitte konstanter Größe unterteilt. Bereiche gleicher Größe, also mit gleicher Anzahl von Abschnitten, und unterschiedlichem Vorzeichen können dann zu einem Bereichspaar zusammengefasst werden. Diese Bereichspaare können allerdings auch in jedem Bereich bzw. jeder Flanke durch kleinere Schwingspiele oder Bereichspaare unterbrochen sein. Mit Hilfe einer Zwischenspeicherung, in der die Abschnitte der einzelnen Bereiche gespeichert werden, erhält man als Zählergebnis eine Summenhäufigkeit, die die Anzahl der Bereichspaare wiedergibt. Die Bereichspaarzählung führt unmittelbar zu einer Summenhäufigkeitskurve, durch die bestimmt ist, wie häufig Bereichspaare vorkommen, die eine bestimmte Schwingbreite bzw. Doppelamplitude erreichen oder überschreiten. Das aus diesem Ergebnis resultierende Bereichspaarkollektiv (einparametrige Häufigkeitsverteilung), wie in Abbildung 4 für die Beanspruchungs-Zeit-Funktion nach Abbildung 1 dargestellt, zeigt die Schwingbreite über der Summenhäufigkeit in einer einfachlogarithmischen Darstellung und enthält bezüglich der Beanspruchungen ausschließlich Informationen über die Schwingbreite. Da die Mittelwerte der Schwingspiele nicht erfasst werden gehen die Extrema verloren.

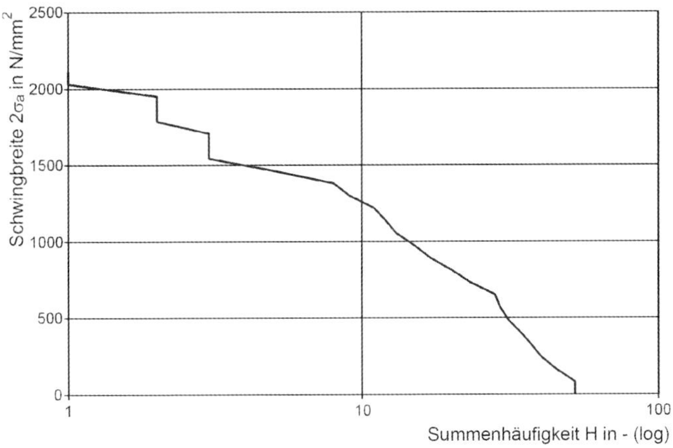

Abb. 4: Bereichspaarkollektiv

2.2 Zweiparametrige Zählverfahren

Die zweiparametrigen Zählverfahren, bei denen gleichzeitig zwei unmittelbar aufeinanderfolgende oder zusammengehörende Merkmale einer Zeitfunktion registriert werden, entstanden aus dem Bedürfnis, neben Größe und Häufigkeit auch das Wechselverformungsverhalten durch die Beanspruchungsschwankungen besser abzubilden.

Rainflowzählung

Bei der Rainflowzählung werden geschlossene Hysteresen erfasst. Das Verfahren entspricht der Bereichspaarzählung mit zusätzlich erfassten Mittelwerten der gebildeten Bereichspaare, d.h. das Ergebnis der Rainflowzählung ist mit der Bereichspaar-Mittelwertzählung identisch. Die Zählergebnisse werden in Matrixform (zweiparametrige Häufigkeitsverteilung), wie in Abbildung 5 für die Beanspruchungs-Zeit-Funktion nach Abbildung 1 dargestellt, dokumentiert.

Die Grundidee des Zählverfahrens kann anhand einer Spannungs-Dehnungs-Hysterese für metallische Werkstoffe erklärt werden. In einer Folge von klassierten Umkehrpunkten werden alle Schwingspiele entnommen und gezählt, die zu geschlossenen Hysteresen gehören. Die Definition dieser Schwingspiele wurde von den japanischen Autoren mit von einem Pagodendach abfließendem Regen erklärt, daher der Name des Verfahrens. Angefangene Schwingspiele, die zu (noch) offenen Hysteresen gehören, bleiben so lange Bestandteil der verbleibenden Umkehrpunktfolge, bis diese Hysteresen im weiteren Verlauf ebenfalls geschlossen werden. Am Ende der Rainflowzählung kann ein Residuum als Folge von Umkehrpunkten übrigbleiben. Das Residuum enthält keine geschlossenen Schwingspiele mehr. Das Verfahren ist an werkstoffmechanische Gesetzmäßigkeiten orientiert und war ursprünglich für die Beschreibung örtlicher Beanspruchungen gedacht. Es hat sich aber gezeigt, dass es unabhängig hiervon auch zur Beschreibung von Nennbeanspruchungen und Belastungen Vorteile bietet, schon deshalb, weil das Ergebnis der Rainflowzählung auch die Ergebnisse der einparametrigen Klassengrenzenüberschreitungs- und Bereichspaarzählung enthält. Darüber hinaus ist der wesentliche Nachteil der Bereichspaarzählung, die fehlende Information über die Mittelwerte der Schwingspiele, bei der Rainflow- bzw. Bereichspaar-Mittelwertzählung aufgehoben.

Mit der Erfassung von Hysteresen liegt somit bei der Rainflowzählung eine sinnvolle Beschreibung der die Werkstoffschädigung (Ermüdung) verursachenden Beanspruchungen vor. Aus diesem Grund wird das Verfahren heute als das Zählverfahren angesehen, mit dem der Schädigungsinhalt einer Beanspruchungs-Zeit-Funktion am besten erfasst wird.

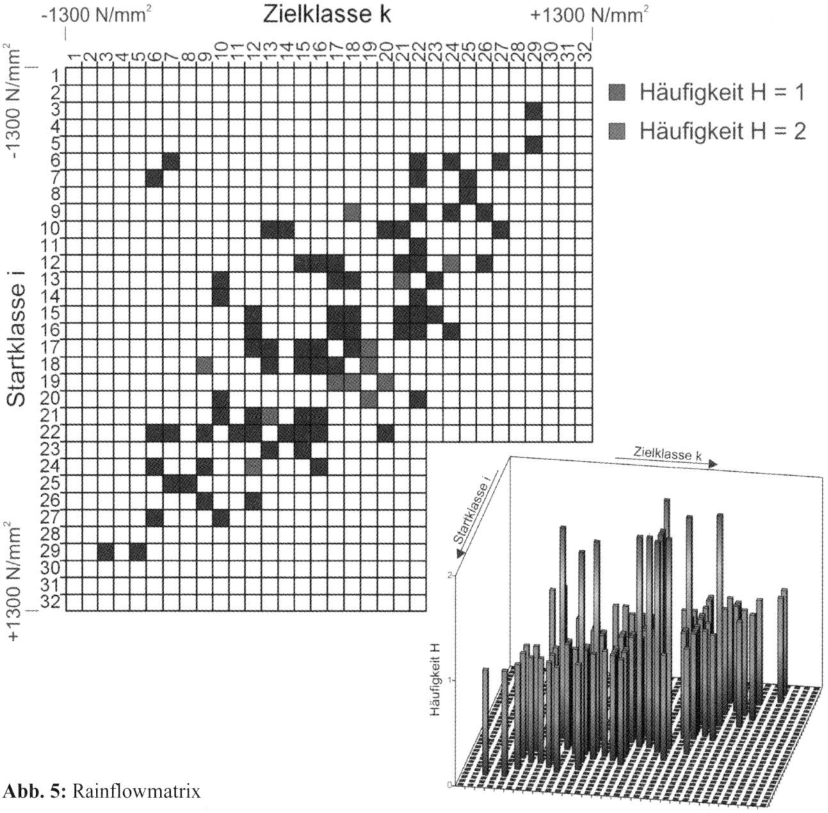

Abb. 5: Rainflowmatrix

3 Berechnungskonzepte

Die Lebensdauerberechnung dient der Bauteilauslegung für eine definierte Nutzungsdauer unter Vorgabe einer technisch, wirtschaftlich und sicherheitsbezogen sinnvoll festzulegenden Ausfallwahrscheinlichkeit. Die Berechnungskonzepte setzen also voraus, dass das Bauteil den Abmessungen und der Gestalt nach festgelegt ist [5,6].

3.1 Nennspannungskonzept

Beim Nennspannungskonzept wird die *erwartete* bzw. *vorhandene Beanspruchung* pauschal durch ein Nennspannungskollektiv beschrieben. Der gesamte Einfluss der Kerbe in Bezug auf die *Beanspruchbarkeit* bzw. *ertragbare Beanspruchung* wird durch Verwendung der Spannungs-Wöhlerlinie des Bauteils (in Abhängigkeit vom Werkstoff, der Geometrie und der Fertigung) und der vorliegenden Beanspruchungsart berücksichtigt. Der zahlenmäßige Vergleich der beiden Kennfunktionen erfolgt in der Schädigungsberechnung mit Hilfe der linearen *Schadensakkumulation* nach Palmgren und Miner.

Der Vorteil des Nennspannungskonzeptes liegt also in der Verwendung von Wöhlerlinien gekerbter und damit bauteilähnlicher Proben bzw. von Bauteilen selbst. Aus diesem Grund ist das Konzept für die Lebensdauerberechnung einfacherer Maschinenbauteile zu empfehlen. Der Ablauf einer Lebensdauerberechnung nach dem Nennspannungskonzept ist schematisch in Abbildung 6 dargestellt.

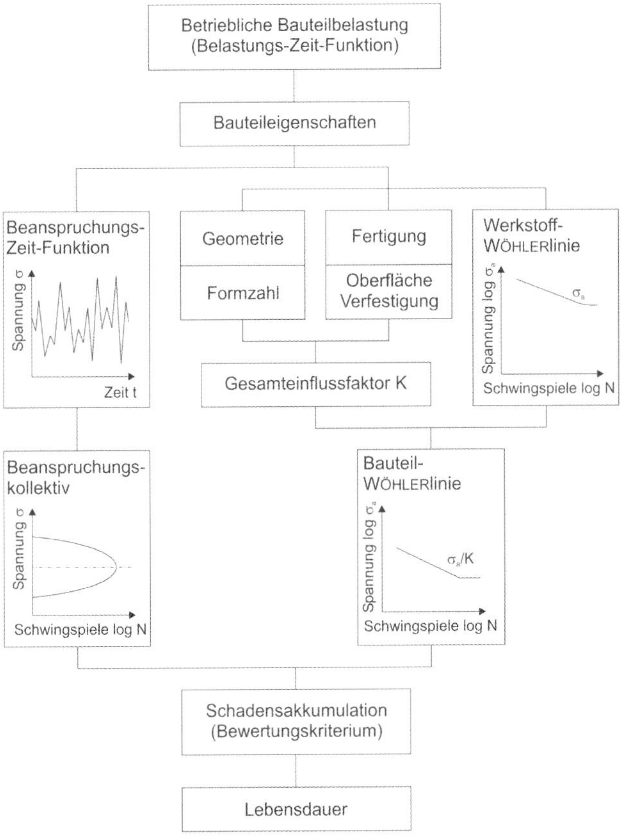

Abb. 6: Nennspannungskonzept

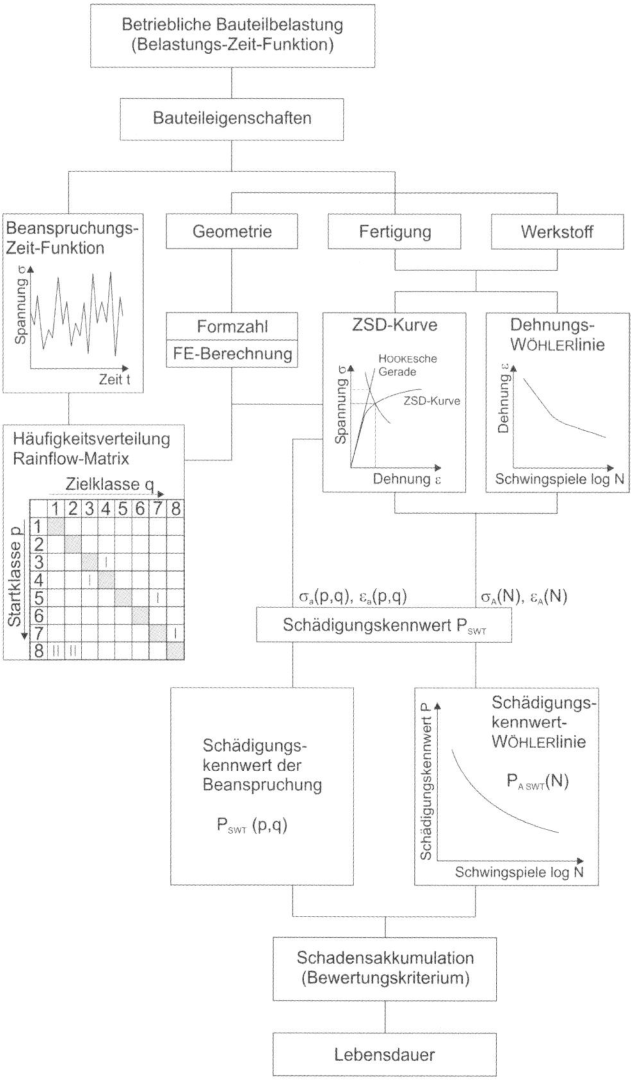

Abb. 7: Kerbgrundkonzept

3.2 Kerbgrundkonzept

Als Grundlage für die Lebensdauerberechnung nach dem Kerbgrundkonzept wird für die *erwartete* bzw. *vorhandene Beanspruchung* die Rainflow-Matrix der Beanspruchungs-Zeit-Funktion und für die *Beanspruchbarkeit* bzw. *ertragbare Beanspruchung* die zyklische Spannungs-dehnungs-Kurve (ZSD-Kurve) sowie die entsprechende Dehnungs-Wöhlerlinie benötigt. Für jedes Element der Rainflowmatrix wird mit der Formzahl die elastische Oberspannung und deren Amplitude berechnet. Mit Hilfe der ZSD-Kurve und der Neuber-Regel folgen daraus die elastisch-plastischen Werte der Oberspannung, der Spannungsamplitude und der Dehnungsamplitude. In Verbindung mit einem Schädigungskennwert und einer Schädigungshypothese (in der Regel die lineare *Schadensakkumulationshypothese*) kann aus dem Schädigungskennwert der Beanspruchung und der Schädigungskennwert-Wöhlerlinie die Lebensdauer berechnet werden.

Das Kerbgrundkonzept bietet Vorteile zur Bewertung der Ergebnisse von Finite-Elemente-Berechnungen bezüglich der Lebensdauer, da es sich in etwas abgewandelter Form als Kerbspannungs- oder Strukturspannungskonzept einsetzen lässt, ohne dass eine Formzahl für die Kerbe definiert werden muss. Der Ablauf einer Lebensdauerberechnung nach dem Kerbgrundkonzept ist schematisch in Abbildung 7 dargestellt.

3.3 Bruchmechanikkonzept

Bei schwingend belasteten Bauteilen spielt neben dem Anriss das Risswachstumsverhalten eine große Rolle. In Bauteilen, in denen Risse zugelassen werden, darf zwischen zwei Inspektionen die Risslänge keinen kritischen Wert erreichen. Es ist also die Berechnung der Risslänge in Abhängigkeit von der Anzahl der Schwingspiele erforderlich. Das Bruchmechanikkonzept (Risswachstumskonzept) auf Grundlage der Spannungsintensitätsfaktoren (SIF) kann dazu angewendet werden. In Abhängigkeit von der Bauteilgeometrie und der Schwingbreite der Beanspruchung wird der zyklische Spannungsintensitätsfaktor berechnet.

Die Risswachstumskurve ist im Wesentlichen vom Werkstoff abhängig und kann im Bereich des stabilen Risswachstums durch die Paris-Erdogan-Gleichung beschrieben werden. Mit einer numerischen Integration wird die Risslänge in Abhängigkeit von der Schwingspielzahl bzw. die Schwingspielzahl für eine vorgegebene Risslänge berechnet. Der Ablauf einer Lebensdauerberechnung nach dem Bruchmechanikkonzept ist schematisch in Abbildung 8 dargestellt.

4 Zusammenfassung

Die betriebsfeste Auslegung anhand von kommerzieller Software hilft Maschinen, Fahrzeuge oder andere Konstruktionen gegen zeitlich veränderliche Betriebslasten unter Berücksichtigung ihrer Umgebungsbedingungen für eine bestimmte Nutzungsdauer zuverlässig zu bemessen. Bemessungsverfahren nach dem Nennspannungs-, dem Kerbgrund- und dem Bruchmechanikkonzept bilden dabei den theoretischen Hintergrund für die heutigen Anwendungen.

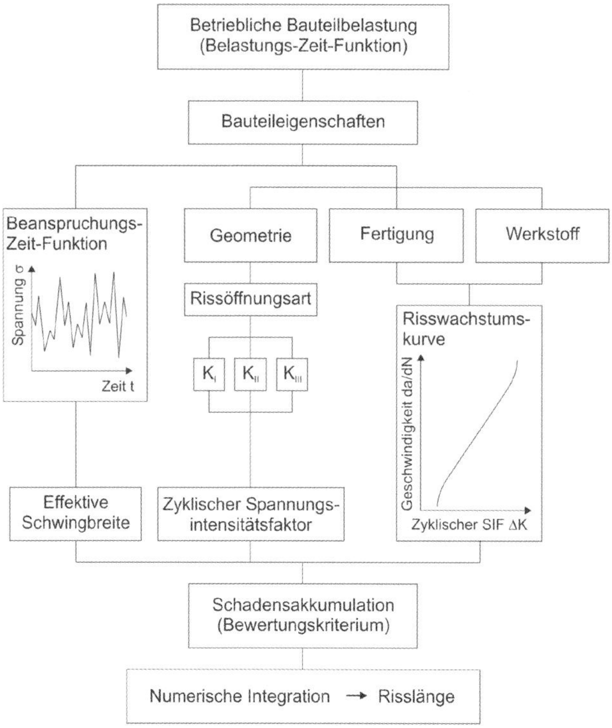

Abb. 8: Bruchmechanikkonzept

Literatur

[1] O. Buxbaum: Betriebsfestigkeit – Sichere und wirtschaftliche Bemessung schwingbruchgefährdeter Bauteile, Verlag Stahleisen mbH, 2. Auflage, Düsseldorf, 1992.

[2] E. Haibach: Betriebsfestigkeit – Verfahren und Daten zur Bauteilberechnung, VDI-Verlag, 3. Auflage, Düsseldorf, 2006.

[3] H. Gudehus und H. Zenner: Leitfaden für eine Betriebsfestigkeitsrechnung, Verlag Stahleisen mbH, 4. Auflage, Düsseldorf, 1999.

[4] D. Radaj: Ermüdungsfestigkeit – Grundlagen für Leichtbau, Maschinen- und Stahlbau, Springer-Verlag, Heidelberg, 1995.

[5] H. Naubereit und J. Weihert: Einführung in die Ermüdungsfestigkeit, Carl Hanser Verlag, München, 1999.

[6] H. Zenner, A. Sigwart und T. Graf: Leben 2000 Handbuch, Lebensdauerberechnung für schwingend beanspruchte Bauteile nach dem Nennspannungskonzept, Institut für Maschinelle Anlagentechnik und Betriebsfestigkeit, TU Clausthal, 1999.

Autoren

Sachregister

M